中国自动化学会发电自动化专业委员会　组编

发电厂热工故障分析处理与预控措施

（第七辑）

高明　吴钢／主编　孙长生／主审

中国电力出版社
CHINA ELECTRIC POWER PRESS

内 容 提 要

　　在各发电集团、电力科学研究院和电厂热控专业人员的支持下，中国自动化学会发电自动化专业委员会组织，从收集的 2022 年全国发电企业因热控原因引起或与热控相关的机组故障案例中，筛选了涉及系统设计配置、安装、检修维护及运行操作等方面的 106 起典型案例，进行了统计分析和整理、汇编。

　　发电厂热控专业的专业人员可通过这些典型案例的分析、提炼和总结，积累故障分析查找工作经验，探讨优化完善控制逻辑、规范制度和加强技术管理，制定提高热控系统可靠性、消除热控系统存在隐患的预控措施，以进一步改善热控系统的安全健康状况，遏制机组跳闸事件的发生，提高电网运行的可靠性。

图书在版编目（CIP）数据

发电厂热工故障分析处理与预控措施. 第七辑/中国自动化学会发电自动化专业委员会组编；高明，吴钢主编. -- 北京：中国电力出版社，2024.12. -- ISBN 978-7-5198-9097-1

　Ⅰ. TM621.4

中国国家版本馆 CIP 数据核字第 2024PM3615 号

出版发行：中国电力出版社
地　　址：北京市东城区北京站西街 19 号（邮政编码 100005）
网　　址：http://www.cepp.sgcc.com.cn
责任编辑：娄雪芳（010-63412375）
责任校对：黄　蓓　王海南
装帧设计：王红柳
责任印制：吴　迪

印　　刷：三河市万龙印装有限公司
版　　次：2024 年 12 月第一版
印　　次：2024 年 12 月北京第一次印刷
开　　本：787 毫米×1092 毫米　16 开本
印　　张：19.75
字　　数：476 千字
印　　数：0001—1000 册
定　　价：98.00 元

编　审　单　位

组编单位：中国自动化学会发电自动化专业委员会

主编单位：陕西延长石油富县发电有限公司、国网浙江省电力有限公司电力科学研究院

参编与编审单位：国家电投集团内蒙古白音华煤电有限公司坑口发电分公司、国家能源集团宁夏电力有限公司、浙江浙能温州发电有限公司、中煤广元能源有限公司、通辽电投发电有限责任公司、杭州意能电力技术有限公司、中国大唐集团有限公司、中电华创电力技术研究有限公司、国家能源集团科学技术研究院有限公司、阳城国际发电有限责任公司、西安热工研究院有限公司、浙江浙能技术研究院有限公司、国能神华九江发电有限责任公司、国能宁夏六盘山能源发展有限公司、内蒙古京宁热电有限责任公司、浙江浙能嘉华发电有限公司、华电电力科学技术研究院有限公司、浙江浙能镇海发电有限责任公司、宁夏枣泉发电有限责任公司、贵州西能电力建设有限公司、广东粤电靖海发电有限公司、国家电投集团贵州金元股份有限公司纳雍发电总厂、杭州华电下沙热电有限公司、华电福新广州能源有限公司、新乡中益发电有限公司、淮北国安电力有限公司、大唐陕西发电有限公司渭河热电厂

参　编　人　员

主　编	高　明	吴　钢				
副主编	杨天明	匡剑勋	朱介楠	吴永朋	罗兴宇	王　悦
参　编	刘玉成	陈小强	蔡钧宇	赵长祥	卢利军	邱若冰	曲广浩
	王　微	马　旭	韩　峰	王　蓉	翁献进	林逢春	陶小宇
	王　浩	王　鑫	崔　斌	高雨春	张瑞臣	何鹏锐	田晓男
	宁　磊	谢　松	滑乐中	刘自愿	周建伟	张安祥	陈　昊
	周超泉	许洪升					
主　审	孙长生						

前 言

火电机组防"非停"管控是一项复杂的管理工作，涉及多个专业及大量的设备，其中热控系统的可靠性在机组的安全经济运行中起着关键作用。热控专业除了必须重点关注直接引起锅炉 MFT 或汽轮机跳闸的信号可靠外，逻辑不完善、运行人员事故处理不恰当、辅助设备故障时的联锁和可靠性等造成机组的"非停"也时有发生。由于缺少交流平台，相同的故障案例在不同电厂多次发生。

为此，中国自动化学会发电自动化专业委员会秘书处继 2017～2021 年相继出版了《发电厂热工故障分析处理与预控措施》第一辑至第六辑后，在各发电集团、电力科学研究院和电厂专业人员的支持下，进行了 2022 年发电厂热控或与热控相关原因引起的机组跳闸案例的收集，筛选了 106 起，组织国网浙江省电力有限公司电力科学研究院、陕西延长石油富县发电有限公司、国家电投集团内蒙古白音华煤电有限公司坑口发电分公司等单位专业人员，进行了提炼、整理、专题研讨、汇总成本书稿，供专业人员工作中参考并采取相应的措施，以提高热控系统的可靠性。

本书第一章对火力发电设备与控制系统可靠性进行了统计分析；第二章至第六章分别归总了电源系统故障、控制系统故障、系统干扰故障、就地设备异常引发机组故障，以及检修维护运行过程故障，每例故障按事件过程、事件原因查找与分析、事件处理与防范三部分进行编写，第七章为总结前述故障分析处理经验和教训，吸取提炼各案例采取的预控措施基础上，提出提高热控系统可靠性的重点建议，给电力行业同行提供参考和借鉴。

在编写整理中，除对一些案例进行实际核对发现错误而进行修改外，尽量对故障分析查找的过程描述保持原汁原味，尽可能多地保留故障处理过程的原始信息，以供读者更好地还原与借鉴。

本书编写过程，得到了各参编单位领导的大力支持，参考了全国电力同行们大量的技术资料、学术论文、研究成果、规程规范和网上素材，与此同时，各发电集团，一些电厂、研究院的专业人员提供的大量素材中，有相当部分未能提供人员的详细信息，因此书中也未列出素材来源。在此对那些关注热控专业发展、提供素材的幕后专业人员一并表示衷心感谢。

最后，鸣谢参与本书策划和幕后工作人员！存有不足之处，恳请广大读者不吝赐教。

编写组

2024 年 6 月 30 日

目 录

第一章

2022 年热控系统故障原因统计分析与预控

电网为适应新能源电厂运行方式带来的冲击，除让火电机组进入"弱开机、低负荷、强备用、长调停"状态，同时对火电机组的尝试调峰和灵活性运行提出了更高要求，劣化了火力发电厂的运行环境，加大了热控系统的控制难度和故障发生的概率。

为降低非计划停运（简称"非停"）频次，火电机组需要通过对典型故障的分析查找、总结提炼，制定有效的优化完善控制系统预控措施，加强设备维护提升热控系统的健康状态。为此，中国自动化学会发电自动化专业委员会在各发电集团、电力科学研究院和相关电厂的支持下，收集了 2022 年全国发电企业因热控原因引起或与热控相关的机组故障案例，从中筛选了涉及系统设计配置、安装、检修维护及运行操作等方面的 106 起可靠性预控措施（详见第 7 章内容），以供专业人员通过这些典型案例的分析、提炼和总结，积累故障分析查找工作经验，拓展案例分析处理技术和进行优化完善控制逻辑预控措施制定时参考。

第一节　2022 年热控系统故障原因统计分析

通过收集筛选的 106 起涉及各主要发电集团热控故障典型案例的归类统计分析，给出 2022 年全国火电机组由于热控设备（系统）原因导致机组"非停"的主要原因与次数占比分布，热控故障分类，如图 1-1 所示。

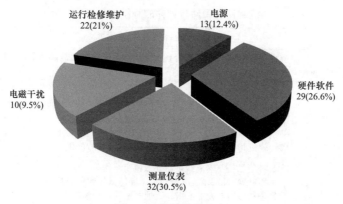

图 1-1　热控故障分类

本章节对各类故障原因进行分类统计，并通过对这些典型案例的统计，对故障趋势特点进行分析，提出引起关注的相关建议和重点关注的问题，如设备中劣化分析和更新升级、重视自动系统品质维护、制度的规范和执行、加强技术管理和培训等相关措施和建议，以进一步消除热控系统的故障隐患，减少热控系统故障。

一、控制系统电源故障

　　控制系统电源是保证控制系统安全稳定运行的基础，收集 2022 年电源故障 13 起，电源装置故障原因统计分类见表 1-1。

表 1-1　　　　　　　　　　　　　　电源装置故障原因统计分类

故障	次数	备注
电源设计不可靠	2	燃气轮机调压站紧急切断（ESD）阀电源设计不可靠导致全厂机组停运。 主汽门位置变送器电源设计不合理导致再热器保护误动
不间断电源（UPS）电压波动	1	磨煤机风门因 UPS 电压波动关闭导致炉膛压力低保护动作主燃料跳闸（MFT）
电源切换装置故障	3	热工电源柜双电源切换装置故障导致机组跳闸。 两起保安电源系统故障切换导致辅机跳闸和 MFT。 磨煤机分离器出料阀双电源切换装置异常导致机组跳闸
电源部件老化或故障未及时处理	2	数字电液控制系统（DEH）电源分配模块老化故障导致机组跳闸。 DEH 系统直流电源故障未及时处理导致机组跳闸
电源配置不合理	3	空气压缩机分散控制系统（DCS）控制站失电导致机组跳闸。 锅炉变压器高压侧开关故障造成 4 台磨煤机停运导致机组 MFT。 给水泵汽轮机自动停机遮断（AST）电磁阀电源配置不合理导致机组跳闸
检修失误或原因不明	2	机组临修隐患造成 220V 直流母线失电导致机组跳闸。 24V 直流母排电压瞬间变化造成机组跳闸

　　从表 1-1 中，3 例与电源设计或配置不合理有关，3 例因设备电源切换装置故障引起，需要在电源配置上进行优化完善，运行维护中开展定期测试和日常检查，消除电源系统存在的隐患，来提高电源系统的可靠性。

二、控制系统硬件与软件故障统计分析

　　控制系统硬件与软件故障统计分类见表 1-2。

表 1-2　　　　　　　　　　　　　控制系统硬件与软件故障统计分类

故障	次数	备注
控制系统设计	2	全磨组 RB1 触发逻辑不合理造成点动后燃料辅机故障减负荷（RB）动作。 逻辑功能设计不完善与操作不规范导致控制异常
模件通道	5	控制器接线卡故障机组跳闸。 控制站模件故障引起送引风机控制异常触发 MFT 跳闸锅炉。 遮断电磁阀 DO 卡故障导致机组跳闸。 采用事件顺序记录（SOE）模件输出的保护信号瞬间跳变导致锅炉 MFT。 燃气轮机阀位控制卡（BRAUN E1612）故障停机
控制器	4	DCS 控制站控制器离线重启导致机组跳闸。 逻辑控制器（LM）故障引起抗燃油压低导致机组跳闸。 控制器扫描周期设置不当导致轴向位移保护拒动。 控制器切换后停止运行导致机组停运

续表

故障	次数	备注
网络通信	6	增压风机逻辑修改后未编译下载建立有效的通信导致 MFT。 燃气轮机控制系统（TCS）458 逻辑通信故障影响机组启动及运行。 DCS 网络通信故障导致锅炉 MFT。 DCS 通信信号类型与数据处理不当引发故障。 DEH 到 DCS 通信数据流大引起通信数据异常。 西门子 SGT5-8000H 燃气轮机 ARGUS 总线故障
DCS 软件和逻辑	6	吸收塔入口烟气温度高高跳烟气脱硫系统（FGD）逻辑设置错误导致锅炉 MFT。 热工控制应用平台（INFIT）给水主控逻辑不完善导致锅炉给水流量低低机组跳闸。 重复引用"机组负荷"信号引起逻辑判断错误导致 MFT 动作。 DCS 执行周期与时间函数参数设置不匹配引发故障。 控制系统内部逻辑缺陷引发石灰石供浆流量理论值突变。 DCS 逻辑变量未赋初值导致保护拒动
DEH/给水泵汽轮机电液调节系统（MEH）	6	高压调节阀 VPC 端子板故障导致振动大机组跳闸。 中压调节阀线性可变差动传感器（LVDT）反馈故障导致机组跳闸。 高压调节阀松动造成单向阀试验卡涩导致机组安全油压低跳闸。 给水泵汽轮机危机遮断器误动机组跳闸。 DEH 内部逻辑缺陷引发再热器保护动作导致锅炉 MFT。 燃料阀启机过程中阀位指令反馈偏差大导致燃气轮机跳闸

由上述 29 例统计可知，故障原因除模件故障（包括 LVDT 反馈、网络通信等）、控制器故障（包括辅助部件）外，更多的案例是人为导致的故障（如控制系统软件参数配置、控制逻辑组态不够完善带来的设计缺陷、设置错误或不完善，控制器扫描周期设置不当、逻辑修改后未编译下载、系统执行周期与时间函数参数设置不匹配、逻辑变量未赋初值等），应引起专业的高度重视。除针对软件组态逻辑问题的优化改进需要继续研究完善，做好系统部件老化趋势的分析判断外，更应加强规范化操作的培训，在控制系统的设计、调试和检修过程中，规范地设置控制参数、完整地考虑控制逻辑，避免人为原因造成机组"非停"事件的发生，达到全面提升机组控制系统设计、组态、运行和维护过程中的安全预控能力。

三、干扰

干扰故障统计分类见表 1-3。

表 1-3　　　　　　干 扰 故 障 统 计 分 类

故障	次数	备注
地电位变化	2	动力电缆干扰信号电缆导致润滑油箱液位低低跳闸。 润滑油中静电导致的汽轮机保护系统（ETS）模件损坏
线路干扰	8	电源干扰引起停机电磁阀误动导致机组跳闸。 排气热偶现场屏蔽干扰引发排气温度突变导致机组跳闸。 轴电压干扰引起温度信号波动。 轴振信号电缆敷设不规范受干扰导致机组振动大保护误动。 交流润滑油泵联锁试验电磁阀电缆屏蔽不规范导致机组跳闸。 电缆分屏蔽层接地线接地不良引起轴振大保护动作。 给煤机控制电源电缆受谐波干扰导致锅炉 MFT 保护动作。 润滑油压力低试验电磁阀回路受电磁干扰造成压力低保护误动

上述 10 起干扰案例主要为线路干扰，原因与电缆屏蔽接地不可靠相关，使干扰有了可侵入的通路。希望借助本章节案例的分析、探讨、总结和提炼，采取相应的防护措施，减少机组可能受到的干扰，并提高机组的抗干扰能力。

四、现场设备故障

就地设备往往处于比较恶劣的环境，容易受到各种不利因素的影响，其状态也很难全面监控，很容易因就地设备的异常而引起控制系统故障，甚至导致机组跳闸事件的发生。因此，就地设备的灵敏度、准确性及可靠性往往直接决定了机组运行的质量和安全。执行机构故障统计分类见表 1-4，测量仪表与部件故障统计分类见表 1-5，管路故障统计分类见表 1-6，线缆异常故障统计分类见表 1-7，独立装置异常故障统计分类见表 1-8。

表 1-4 　　　　　　　　　　　　　执行机构故障统计分类

故障	次数	备注
设备及部件故障	6	总线型电动执行器故障处理。 润滑油温控阀异常引发油温上升导致机组解列停机。 最小流量再循环调节阀快开电磁阀故障触发给水流量低机组跳闸。 给水泵汽轮机停机电磁阀异常引发给水泵保护动作触发锅炉 MFT。 给水泵汽轮机进汽调节阀电液转换器故障引发给水泵全停触发锅炉 MFT。 过滤调压器故障使前置模块出口总门异动导致燃气轮机跳闸
维护不到位	5	执行机构进气管接头松动中压旁路减温水异常引起旁路跳闸。 电磁阀试验时安全油压信号消失引发机组停机。 高压缸调节阀反馈波动故障处理。 调节阀激振造成反馈装置输出信号突变影响机组负荷输出。 汽轮机保护通道试验时继电器老化故障造成机组跳闸

表 1-5 　　　　　　　　　　　　测量仪表与部件故障统计分类

故障	次数	备注
测量元件	5	工作推力瓦金属温度元件故障导致机组跳闸。 润滑油油箱液位低开关动作导致汽动给水泵跳闸。 测量元件故障引起"抗燃油箱温度高"保护动作导致锅炉 MFT。 火焰探测器接线端子松动导致火焰监测信号丢失引起跳机。 压力开关故障引发"低抗燃油压跳机"导致锅炉 MFT
检修维护	2	电缆高温开路导致火灾保护动作跳闸。 抗燃油压低低开关进水导致机组跳闸
测量信号异常	3	主蒸汽压力信号异常造成再热器保护动作。 振动信号异常引发"汽轮机轴振大"保护动作导致汽轮机跳闸。 振动信号坏质量恢复时误发"振动大"信号跳闸机组

表 1-6 　　　　　　　　　　　　　　管 路 故 障 统 计 分 类

故障	次数	备注
取样管	2	排汽压力取样管设计不合理造成引风机跳闸引发 MFT 机组跳闸。 炉水循环水泵流量计高压侧取样管断裂造成机组停运
取样管堵塞	2	采样探头组件音速孔堵塞引起脱硫烟气排放连续监测系统（CEMS）净烟气数据异常。 二次风流量波动大造成总风量低导致 MFT 跳闸

表 1-7　　　　　　　　　　　　**线缆异常故障统计分类**

故障	次数	备注
接触不良	2	接线端子松动引起温度信号跳变造成电动给水泵保护跳闸 轴承温度信号回路接触不良造成引风机跳闸
电荷积聚	1	通道内部电荷积聚引起温度异常导致磨煤机跳闸
电缆破损	1	信号线破损短路触发轴承振动故障保护联锁燃气轮机顺控停运
高温烫坏	1	高温导致电缆绝缘能力降低汽轮机调节阀异常波动

表 1-8　　　　　　　　　　　　**独立装置异常故障统计分类**

故障	次数	备注
设计缺陷	1	DVI 功能块设计不严谨造成 ETS 超速保护误动作机组跳闸
维护不及时	1	磨煤机跳闸后大油枪无法投运造成 MFT 动作

上述 32 起案例大多数与在维护不到位有关。因此机组日常运行中，除提高案例本身涉及的相关设备预控水平外，应深入定期重点检查这些与联锁保护相关的测量仪表装置及部件，发现问题及时整改。

五、检修维护运行故障

检修维护故障统计分类见表 1-9，运行操作不当故障统计分类见表 1-10。

表 1-9　　　　　　　　　　　　**检修维护故障统计分类**

故障	次数	备注
逻辑修改操作不当	4	逻辑检查过程误删中压调节阀憋压逻辑导致中压调节阀关闭跳机。 检修人员强制参数限值错误导致机组跳闸。 误修改逻辑及定值导致脱硫系统跳闸锅炉 MFT。 热控人员修改轴向位移保护逻辑操作不当导致机组跳闸
检修维护不到位	7	维护人员操作排污阀不当导致水冷壁流量低低机组跳闸。 电磁阀线圈缺陷处理时导致抗燃油低低保护动作跳闸机组。 卸荷阀漏油消缺导致"抗燃油压低低"保护动作机组跳闸。 检修人员未强制信号导致送风机跳闸。 检修真空泵切换阀操作不当导致真空低低保护误动作。 检修工艺不规范造成低油压保护动作导致机组跳闸。 某自备电厂孤岛运行机组跳闸

表 1-10　　　　　　　　　　　　**运行操作不当故障统计分类**

故障	次数	备注
应急处理能力不足	5	主给水电动门故障后操作不当导致汽包水位高跳机。 一次风机跳闸后操作不当引起主蒸汽压力突升、主蒸汽温度突降手动停机。 磨煤机断煤后突然来煤时处置不当造成汽包水位高 MFT。 降负荷中操作不当造成循环水中断低真空保护动作跳机。 汽轮机主控切为手动后操作不当导致汽包水位低低 MFT
运行操作不当	6	锅炉掉焦导致机组 MFT。 燃烧不稳运行调整不及时锅炉 MFT。 轴封蒸汽带水造成汽轮机转子局部静壁碰摩导致振动大机组跳闸。 运行调节不当造成炉膛压力高机组跳闸。 机组启动过程中高压胀差超限手动打闸停机。 660MW 机组冲转过程中因安全油压低手动打闸

上述统计的 22 起案例的原因主要集中在检修维护人员逻辑修改、维护操作不当（误删除逻辑、误修改逻辑与定值，强制参数限值错误，缺陷处理时操作不当、检修工艺不规范等方面）和运行人员运行经验及运行状况变化应急处理能力不足（设备故障、风机跳闸、主控切为手动后或降负荷）。这些都与人员操作水平、检修操作的规范性和保护投退的规范性相关，通过对案例的分析、探讨、总结和提炼，可以提高运行、检修和维护操作的规范性和预控能力。

第二节　2022 年热控系统故障趋势特点与典型案例思考

通过对 2022 年收集的因热控原因导致机组跳闸或运行异常的案例分析和统计，认为故障主要原因涉及热控设备日益老化、热控逻辑不完善、隐患排查不彻底、就地设备维护不当、部分设备存在设计隐患、电缆敷设和维护未遵循规程规定、电源配置不合理、维护人员水平不足和操作不规范等。综合这些案例的分析统计结果，发电厂专业人员总结案例的具体措施和专业的跟踪研究，在此，就故障的应对策略提出一些建议供参考。

一、热控设备老化

大多数设备的故障率是时间的函数，典型故障曲线即常说的"浴盆曲线"（效率曲线），指设备从投入到报废为止的整个寿命周期内，其可靠性的变化曲线，是以使用时间为横坐标，以失效率为纵坐标的一条两头高、中间类似浴盆的曲线。运行十多年的设备已开始趋于浴盆的右边曲线，导致近年热控设备因老化造成误动和参数异常的风险日益增加。

（1）某厂环保平台显示 3 号脱硫 CEMS 净烟气二氧化硫折算浓度超标，而 DCS 画面 3 号脱硫 CEMS 净烟气二氧化硫浓度折算值小时均值为 24.3mg/m³（标准状态），未有超标现象。经检查，由于 3 号机组脱硫 CEMS 净烟气二氧化硫分析仪 43 模拟量输出板老化，异常死值造成输出至 DCS 侧数据失准。虽环保侧数据未见异常，但运行监盘人员未及时发现 3 号机组脱硫 CEMS 净烟气 DCS 侧湿态、干态二氧化碳浓度数据失准，造成 3 号脱硫 CEMS 净烟气二氧化碳分析仪连续故障超过 8h，环保平台 3 号机组脱硫 CEMS 净烟气二氧化硫折算浓度超标，反映了环保平台数据监控缺失。因此，该厂制定了相应的反事故措施：维护人员每日巡检除 CEMS 就地巡检外，需电话与脱硫运行进行 3 号脱硫 CEMS 净烟气就地仪表数据和 DCS 数据一致性核对。临停或检修时在 3 号脱硫 CEMS 净烟气 DCS 上设置二氧化硫死值报警；脱硫环保运行值班人员每 2h 核对 3 号脱硫 CEMS 净烟气湿态、干态二氧化硫历史曲线，检查曲线否存在异常，并核对环保平台数据与 DCS 数据一致性。

（2）某电厂 1 号机组 28 号数据处理单元（DPU）故障造成 DCS 通信堵塞，引发 1～9 号主从 DPU 重启，风烟系统调节参数异常，引起炉膛压力高保护动作 MFT，机组跳闸。DCS 1～9 号主从 DPU 已投运 20 年，其他 DPU 也已达到 10 年。

（3）某电厂 1 号机组汽轮机安全监视系统（TSI）控制系统 7 号瓦振动模件故障，误发"7 号瓦绝对振动大"信号，触发汽轮机跳闸。TSI 系统运行已 10 年。

（4）某机组由于高压旁路压力变送器 2 电压波动，无法主蒸汽压力高信号，高压旁路"主蒸汽压力升高斜率超限"保护动作，高压旁路快开，快开后未及时发现，调整不当造成"汽包水位高"保护动作。根本原因为高压旁路压力变送器元件老化。

（5）某机组 1 号瓦 Y 向振动前置器性能下降，抗干扰能力降低造成运行人员使用对讲机使振动数据异常，机组跳闸，根本原因为振动前置器使用年限长达 14 年，电子元器件性能下降，抗干扰能力下降。

分析这些案例的主要原因，都与设备老化有关，建议如下：

（1）电子元器件寿命的限制，运行周期一般在 10～12 年，其性能指标将随时间的推移逐渐变差。多家电厂 DCS、TSI 系统运行时间超过十年，硬件老化问题日渐严重，未知原因故障明显上升。建议对运行时间久、抗干扰能力下降、模件异常现象频发、有不明原因的热工保护误动和控制信号误发的 DCS、DEH 设备，应及时进行性能测试和评估，据测试和评估结果制定和完善《DCS 失灵应急处理预案》，并按照重要程度适时更换。

（2）建立 DCS 诊断画面，DCS 诊断应显示电源、控制器、I/O 模件状态，严格控制电子间的温度和湿度。日常应加强对系统维护，每日巡检重点关注 DCS 故障报警、控制器状态、控制器负荷率、硬件故障等异常情况。

（3）做好热控设备的劣化统计分析、备品备件储备和应急预案的演练工作，发现问题及时正确处置。

二、热工控制逻辑不完善

组态逻辑考虑不周，部分算法块应用设置不合理，逻辑存在深层次隐患当就地设备存在故障的情况，不能进行有效的报警、调节和联锁呈多发势。

（1）某机组基建中 DCS 设计存在时序缺陷，当主油箱液位 3 测点信号发生跳变时，"三取二"逻辑 MSL3SEL2 封装块内部数据流计算顺序错误，误发信号导致机组跳闸。查找原因的试验中过程，发现当信号从坏质量恢复到好点时，若同时触发保护动作对象，数据流异常会造成坏质量闭锁功能失效，从而导致保护误动。进一步检查分析发现，发现当DCS 系统封装块中存在中间变量时，数据流排序功能并不能保证序号分配完全正确，需进行人工复查和试验确认。

（2）某电厂 6 号机组除氧器水位控制系统没有设置水位高联锁关闭除氧器上水主、副调节阀及水位高高联锁开启除氧器溢流阀逻辑，在大幅度变工况下造成除氧器水位高Ⅲ值联关四抽电动门和止回阀，锅炉 MFT 动作。

（3）某电厂 1 号锅炉过热器 B 侧一级减温水电动调节阀反馈变为坏点，造成给水流量设定值异常，给水流量降至 453t/h，给水流量低低保护动作，锅炉 MFT。

（4）某电厂 6 号锅炉运行人员下调炉膛压力设定值后，引风机功率突然加大，炉膛压力低低保护触发，锅炉 MFT。

（5）某电厂 1 号机组脱硫吸收塔浆液密度计故障，致使吸收塔液位计算值由 8.75m 突变至 −120m，吸收塔液位低触发浆液循环水泵全停，FGD 请求 MFT 保护动作，锅炉 MFT。

（6）某电厂来煤水分高造成 A 给煤机断煤，炉前油杂质多，造成油燃料跳闸（OFT）保护动作，延时点火逻辑不合理造成机组 MFT。

（7）某机组 2A 引风机润滑油压力突降，压力低低 1、2、3 开关动作后延时 10s 跳闸该引风机，再 5s 后该引风机 B 润滑油泵才联锁启动，逻辑设计不合理导致机组 RB 误动作。

（8）MARK VIe 三选中模块对输入信号的品质时刻进行质量可靠性评估计算，当其中或全部输入信号不可信时，将输出预先设置的计算方案或预先设置的数值，如果这个预先设置得不合理，将成为设备运行的一个隐患。某机组首次采用 MARK VIe 系统改造，对热井水位计算预先设定的参数值不合理，当热井水位跳变时，模块输出水位值为 0，造成 2B 凝结水泵跳泵，同时闭锁了 2A 凝结水泵启动。

上述案例与监督不力、隐患排查不到位相关，建议如下。

（1）针对上述问题 1，修改汽轮机主油箱油位低保护逻辑，增加延时模块，防止出现时序问题或油位测点测量异常导致信号误发。同时，对 MSL3SEL2 封装块及相关类型的封装块采取防误动措施，重新梳理内部数据流问题后，经试验确保数据流排列正确。因此，设计、优化逻辑时，应分析这些逻辑的功能与时序的关系，合理组态，并实际测试其在各种异常工况下逻辑时序处理及功能块设置符合 DCS 组态规范要求。

（2）加强热控检修及技术改造过程监督管理，实施热控设备维护标准化管理，在涉及 DCS 改造和逻辑修改时应加强对控制系统逻辑组态的检查审核、严格完成保护系统和调节回路的试验及设备验收。同时，加强运行人员的培训，提高运行人员对 DCS 控制逻辑和控制功能的掌握，以及异常工况下的应急处置能力。

（3）深入开展热工逻辑梳理及隐患排查治理工作，为每个现场设备、保护联锁回路、每个自动调节回路建立隐患排查卡片。从每个保护、联锁、自动涉及的取源部件及取样管路、测量仪表（传感器）、热工电源、设备防护、行程开关、传输电缆及接线端子、输入输出通道、控制器及通信模件、组态逻辑、伺服机构、设备寿命管理、安装工艺、设备质量、人员本质安全等所有环节进行全面排查。

（4）应对照事故案例、反事故措施、相关标准开展隐患排查，梳理保护联锁、模拟量调节、启停允许条件中的缺陷，及时优化完善；单列辅机配置的发电机组，辅机的保护条件已间接上升为主保护条件，应核查辅机保护判据的可靠性。

三、单点保护信号不可靠

热工测点信号易受测量元件变送器故障、接线松动、信号断线、信号干扰等因素的影响。单点信号作为保护联锁动作条件时，外部环境的干扰和系统内部的异常都会导致对应保护误动概率增加，除前述故障案例中发生的多起单点信号误发导致机组跳闸外，另有更多的是导致设备运行异常。

（1）某机组因汽动给水泵前置泵入口流量瞬间到 0 后变坏点，汽动给水泵再循环阀在流量到 0 后 15s 内开启到 41% 但未达到 60%，导致最小流量保护动作，1 号汽动给水泵跳闸，负荷由 250MW 下降至 149MW，电动给水泵联启正常，检查原因是汽动给水泵前置泵入口流量变送器故障。

（2）某锅炉 1 号给煤机因误发下插板执行器全关反馈信号导致跳闸，检查原因为执行器内部电缆由于振动导致与执行器壳体发生碰磨，绝缘层破损。

（3）某岛电厂因供天然气管道上的总阀门问题，导致 6 部燃气机组全数跳闸，造成全岛无预警大规模停电事件，检查原因是天然气管道上的总阀门及保护信号均为"单点"。

因此，单点信号作为重要设备与控制系统动作条件，一旦异常会导致严重的设备事故甚至是社会安全责任事故，由此可见单点保护的持续完善，对提高机组可靠性的重要性不言而喻，建议如下。

（1）深入进行保护与重要控制系统中的单点信号排查，且加深对单点保护的认识深度，不仅排查直接参与保护逻辑的单点信号，还应查找热力系统中那些隐藏着的单一重要设备或逻辑；如循环水泵备用联启逻辑中，采用的母管压力低联启逻辑中，母管压力取样点是否为单点。

（2）二点信号采取"或门"判断逻辑（如电气送过来的机组大联锁中的"电跳机"两个开关量保护信号采用"或门"逻辑），共用冗余设备采用一对控制器（如全厂公用 DCS 中六台空气压缩机的控制逻辑集中在一对控制器中，控制器或对应机柜异常，可能导致所有空气压缩机失去监控或全厂仪用气失去），也应列入"单点"且为重点管控范围。应组织可靠性论证，存在误发信号导致设备误动安全隐患的保护与控制系统，采取必要的防范措施。

（3）对于单点保护的控制系统，应通过增加测点的方式实现"三取二"逻辑判断方式。对于无法增加冗余测点的，应对信号进行可靠性处理，如增加信号品质判断处理等，当信号品质判断为坏点时，自动退出该点保护并设报警，也可选用与该点信号相关联的信号作为容错逻辑。

四、逻辑优化前论证不充分，修改方案与试验验收不周全

基建或改造项目的修改方案和质检点内容，都应事前充分讨论，保证修改方案完善、质检点内容设置周全。

某机组日立公司 H5000M 系统的 DEH 和 ETS 改造后，全部功能纳入 OVATION DCS 一体化控制。在机组运行中，由于水煤比（过热度）调节品质差，主蒸汽温度大幅下降，触发主蒸汽温度低保护动作，机组跳闸。经检查，原因为 MFT 保护条件中的主蒸汽温度低保护设定值整定错误，主蒸汽温度低保护定值严重偏离了东汽厂提供的设计值，当调节级压力为 13.03MPa 时，主蒸汽温度保护设定值达到最大值 550℃，该动作值偏离原始设计值＋41.2℃。这个事件发生前，方案中虽也要求对软、硬联锁保护逻辑、回路及定值进行传动试验一环，但试验检查内容不周全，未明确折线函数的检查内容。在主保护试验中没有针对折线函数进行逐点检验，使组态中的隐患在后续试验过程中未能发现。

五、就地热控设备故障频发，部分设备存在设计缺陷

就地运行环境恶劣加速就地热控设备老化，加上部分设备设计缺陷和检修维护不到位，造成就地热控设备故障不断。

（1）某电厂 4 号机组给水泵汽轮机真空压力开关取样管接头开裂松动，给水泵汽轮机凝汽器漏真空，排气压力高跳闸。

（2）某电厂 3 号炉 A 一次风机因润滑油压力开关受潮误发"润滑油压力低"保护信号跳闸，给水流量低造成机炉全跳。

（3）某电厂 2 号机组测量筒内沉积的磁化的金属颗粒扰动吸附到浮筒壁上致使抗燃油位磁性开关动作误发油位低信号，1 号抗燃油泵跳闸，2 号抗燃油泵未联启，造成汽轮机跳闸。

（4）某电厂 1 号主汽门控制伺服卡 HSS13 故障，造成主汽门关闭，机组停运。同年，

5A 给水泵汽轮机低压调节阀伺服卡故障，反馈坏点，关闭汽门，给水泵汽轮机跳闸。某品牌伺服卡存在设计缺陷，易故障。

（5）某电厂 3 号机组增压风机动叶执行机构反馈装置组合传感器故障，导致反馈信号突变，造成增压风机出力降低炉膛压力高停机。同年，该电厂 2 号机组 B 引风机动叶电动执行机构组合传感器的反馈磁环与动齿轮脱开，造成反馈一直不变，指令反馈偏差大，导致执行机构一直到全开，炉膛压力低 MFT 跳闸。某品牌电动门组合传感器存在设计缺陷，易故障。

为减少上述案例的发生，需要专业了解设备的运行和性能的变化趋势，认真日常巡检，加强设备维护技能培训，建议如下。

（1）认真统计、分析每次热工保护动作发生的原因，举一反三，消除多发性和重复性故障。对重要设备元件严格按规程要求进行周期性测试，完善设备故障、测试数据库、运行维护和损坏更换登记等台账。通过与规程规定值、出厂测试数据值、历次测试数据值、同类设备的测试数据值比较，从中了解设备的变化趋势，做出正确的综合分析、判断，为设备的改造、调整、维护提供科学依据。

（2）建立控制系统运行日常巡检制度，以便及时发现控制系统异常状况。运行期间应加强对执行机构控制电缆绝缘易磨损部位和控制部分与阀杆连接处的外观检查；检修期间做好执行机构等设备的预先分析、状态评估及定检工作，针对易冲刷的阀门除全面检查外，应核实紧固力矩；对阀杆与阀芯连接部位采取切实可行的固定措施，防止阀杆与阀芯发生松脱现象。

（3）重视就地热控设备维护。TSI 传感器、火检探头、调节阀伺服阀、两位式开关、执行器、电磁阀等故障多发，是设备检修和日常巡检维护的重点。压力测量宜采用模拟量变送器替代开关量检测装置，例如，炉膛压力保护信号、凝汽器真空保护信号的检测可选用压力变送器，便于随时观察取样管路堵塞和泄漏情况；有条件的情况下，应在 OPC 和 AST 管路中增加油压变送器，实时监视油压，及时发现处理异常现象。

（4）加强老化测量元件（尤其是压力变送器、压力开关、液位开关等）日常维护，对于采用差压开关、压力开关、液位开关等作为保护联锁判据的保护，宜采用模拟量变送器的测量信号。

（5）在机组停机备用或大小修时，对现场的所有 TSI 传感器的螺钉螺母进行检查紧固，紧固前置器与信号电缆的接线端子，信号电缆应尽可能绕开高温部位及电磁干扰源。检查各轴承箱内的出线孔是否有渗油，并记录各 TSI 测点的间隙电压，作为日后的数据分析。

六、忽视信号电缆检修维护

信号电缆敷设不当、老化及绝缘破损、槽盒进水、端子锈蚀、高温区域电缆防护不当等问题造成因信号电缆引起"非停"事故不断发生。

（1）某电厂 3 号机组轴封溢流电动门电缆短路、电动门突开，"凝汽器 A 真空低"动作，3 号机组跳闸。

（2）某电厂 1 号机组两台引风机入口挡板控制电缆绝缘烧损，两台引风机相继跳闸，导致"引风机全停"保护动作，机组跳闸。

（3）某电厂 2 号机组 DCS 控制器因保安电源电缆破损失去电源，误发"A 低压缸排气温度高"跳机信号，汽轮机跳闸。

（4）某电厂 2 号汽轮机 1 号轴承振动（Y）振动探头与延长线金属接头松动虚接，导致传感器电压突变，振动信号突升，触发 ETS 振动保护动作，机组跳闸。

（5）某电厂高压缸导汽管管道部分外层保温脱落，造成其上方电缆槽盒内的电缆长期受高温辐射，导致部分电缆绝缘层受热损坏，内部导线相间发生间接虚接，AST 油压开关两路电缆相间阻值过低，在外界干扰情况下阻值降低触发油压低信号，触发"汽轮机已挂闸"信号消失，机组跳闸。

（6）某电厂四抽电动门电缆在电缆槽盒至穿线口处过于锋利导致电缆损伤，误发指令信号，电动门自动关闭，使给水泵汽轮机失去汽源，备用汽源切换过程中造成汽动给水泵振动大跳闸。

分析上述案例，我们可看到基本都是由电缆损坏引起，若在检修维护、监督、日常巡检中，予以重视，则可以避免，为此建议如下。

（1）加强控制电缆安装敷设的监督，信号及电源电缆的规范敷设及信号电缆屏蔽层的可靠接地是最有效的抗干扰措施〔尤其是现场总线控制系统（FCS）〕，避免 380V AC 动力电缆与信号电缆同层、同向敷设，同时电缆敷设应避开热源、潮湿、震动等不利环境。

（2）对控制电缆定期进行检查，电缆损耗程度评估、绝缘检查列入定期工作当中。机组运行期间加强对控制电缆绝缘易磨损部位的外观检查；在检修期间对重要设备控制回路电缆绝缘情况进行进线测试，检查电缆桥架和槽盒的转角防护、防水封堵、防火封堵情况，提高设备控制回路电缆的可靠性。

（3）对于重要保护信号宜采用接线打圈或焊接接线卡子的接线方式，避免接线松动，并在停机检修时进行紧固；对重要阀门的调节信号应尽可能减少中间接线端子；对热工保护系统的电缆应尽可能远离热源，必要时进行整改或更换高温电缆。

（4）针对目前多发的热工信号接线松动问题，应采取预控措施改进接线工艺，提高信号传输的安全可靠性。提倡采用红外设备定期开展设备接线松动问题排查。

七、电源模块未进行定期检修更换，电源配置不合理

电源故障的原因多为电源模块老化、检修时未进行解体检修检查老化情况、电源未冗余配合和设计不合理。

（1）某电厂 2 号机组因 ETS 电源装置故障，导致 AST 电磁阀失电，汽轮机跳闸。

（2）某电厂 9 机组 DEH 控制系统因 24V 电源模件故障，SDP 转速卡失电导致 110% 超速保护误动作，机组跳闸。

（3）某电厂 2 号机组因锅炉热控电源柜失电，导致磨煤机出口煤阀电磁阀全部失电，锅炉"失去全部火焰"导致 MFT 动作。

（4）某电厂 3 号机组 AST 电磁阀等失电控制的设备采用了交流电磁阀控制，因 6kV 及 380V 厂用电压突降，UPS 逆变器输入电压降低至 164V DC。ETS 系统危急遮断一、二通道电磁阀开启，汽轮机危急遮断油压快速下降，汽轮机跳闸。

（5）某电厂 UPS 电源 1 为 A、C、E 给煤机控制电源供电且为唯一电源，UPS 电源异常导致给煤机跳闸，主蒸汽温度和压力快速下降速率超过规程的限度，手动打闸停机。

（6）某厂给水泵汽轮机紧急跳闸系统（METS）设计 2 路 220V 交流电源经接触器切换后同时为 2 个跳闸电磁阀供电，2 个跳闸电磁阀任一个带电给水泵汽轮机跳闸，此设计存在切换装置故障后两路电磁阀均失电的隐患；另一电厂循环水控制柜电源设计为 UPS 和电动机控制中心（MCC）电源供电，运行中由于循环水控制柜 UPS 电源装置接地故障，同时造成 MCC 段失电，当从 UPS 切至 MCC 电源时两个控制器短时失电重新启动，导致循环水出力不足，真空低保护动作停机。

上述案例可见，电源配置的合理性仍然是需要引起重视的问题，建议如下。

（1）UPS 供电主要技术指标应满足《火力发电厂热工自动化系统检修运行维护规程》（DL/T 774—2015）的要求，并具有防雷击、过电流、过电压、输入浪涌保护功能和故障切换报警显示，且各电源电压宜进入故障录波装置和相邻机组的 DCS 系统以供监视；UPS 的二次侧不经批准不得随意接入新的负载。

（2）独立配置的重要控制子系统［如 ETS、TSI、METS、MEH、火焰检测器、炉膛安全监控系统（FSSS）、循环水泵等远程控制站及 I/O 站电源、循环水泵控制蝶阀等］，必须有两路互为冗余且不会对系统产生干扰的可靠电源。同时，在运行操作员站设置重要电源的监视画面和报警信息，以便及时发现问题、处理问题。

（3）对于保护联锁回路失电控制的设备，如 AST 电磁阀、磨煤机出口闸阀、抽气止回阀、循环水泵出口蝶阀等若采用了交流电磁阀控制，应保证其控制电源的可靠性，电源的切换时间应满足快速电磁阀的切换要求。

（4）检修期间做好冗余电源的切换试验工作，规范电源切换试验方法，明确质量验收标准。在 DCS、DEH 等控制电源切换试验验收标准中，电源回路连续带载运行的应满足最低时间要求（建议不低于 24h），确保控制系统供电电源的可靠性。

八、维护人员水平有待提高，操作须规范化

热控人员的维护不当和操作失误造成"非停"事件时有发生，并且很多错误比较低级，需要加强人员的技术培训和操作监护制度的严格执行。

（1）某电厂 4 号炉机组负荷 267MW，磨煤机 B、C、D、F 运行，因磨煤机 C 一次风量逐步下降，下降至 50t/h 以下时磨煤机跳闸。后检查 4 号炉磨煤机 C 热风隔离挡板控制柜发现控制柜内有水迹，控制气源过滤器滤杯存在大量积水。排尽控制气源管和过滤器内积水后更换电磁阀，清除控制回路上的水滴后挡板动作正常。分析认为，控制柜内电磁阀动作时，气源中积水排出喷溅到柜内电气回路，相关信号短路引起挡板误关。后过滤器改为带自动排水功能的过滤器，对柜内电气回路与电磁阀排气口之间采取隔离措施。

（2）某电厂热控人员强制低压旁路阀后疏水罐液位开关高二值时，误将汽轮机跳闸信号由 0 强制为 1，导致机组跳闸。

（3）某电厂 1 号机组 6 号高压加热器水位测量平衡容器注水冲洗不充分，参考端管内存有气泡，水位变送器测量信号失准，水位高保护误动作，汽轮机跳闸。

（4）某电厂 1 号机组，检修人员安装给水流量性能试验测点时，强制给水流量为当前值，但未解除汽包水位自动，在机组变负荷时给水调节失控，汽包水位高锅炉 MFT。

（5）某电厂更换抗燃油系统试验模块压力表时，安全措施执行不到位，未关严压力表手动门，检修人员在拆开故障压力表时抗燃油系统泄压，导致抗燃油系统压力低，机组保

护动作。

（6）某电厂热控人员消除给水流量变送器接头渗漏缺陷时，退出保护强制错误，造成给水流量保护误动。

上述案例主要原因基本与维护人员操作规范化和专业水平有关，在此建议如下。

（1）组织热控人员开展专项培训，认真学习热工保护管理细则等热工各项管理制度和"非停"事故，切实认识到热工操作的重要性和危险性，增强检修人员的工作责任心和考虑问题的全面性，提高检修人员的防误意识及防误能力。

（2）制定热工保护定值及保护投退操作制度，对热工逻辑、保护投切操作进行详细规定，明确操作人和监护人的具体职责，重要热工操作必须有监护人。

（3）在涉及 DCS 改造和逻辑修改时，应加强对控制系统的硬件验收和逻辑组态的检查审核，严格完成保护系统和调节回路的试验及设备验收。

第二章

电源系统故障分析处理与防范

本章对收集的 2022 年电源系统故障进行筛选，分别按供电电源故障和控制设备电源故障进行了归总和提炼。从这 13 起案例中，我们可看到故障原因主要集中在电源设备故障、部件老化、发现电源故障未及时跟踪处理、电源配置不合理或电源设计不可靠等方面。

通过对这 13 例案例的统计分析，我们看到火电机组控制系统电源在设计、安装、维护和检修中仍存在安全隐患。这些隐患，有的是在设计、安装阶段未落实电源系统的标准、相关反事故措施和可靠性要求导致，有的则是由检修维护和试验不当引起。这提醒我们在运行维护中，应定期进行电源设备（系统）可靠性的评估、检修与试验。

希望借助本章节案例的介绍、总结和提炼，能对读者提高电源系统设计、检修和维护能力，完善、优化电源系统的有效策略和相应的预控措施，提高电源系统运行可靠性上有所帮助。

第一节　供电电源故障分析处理与防范

本节收集了供电电源故障案例 7 起，分别为空气压缩机 DCS 控制站失电导致机组跳闸、热工电源柜双电源切换装置故障导致机组跳闸、DEH 系统直流电源故障未及时处理导致机组跳闸、DEH 系统电源分配模块老化故障导致机组跳闸、机组临修隐患造成 220V 直流母线失电导致机组跳闸、磨煤机风门因 UPS 电压波动关闭导致炉膛压力低保护动作MFT、两起保安电源系统故障切换导致辅机跳闸和 MFT。

一、空气压缩机 DCS 控制站失电导致机组跳闸

2022 年 11 月 19 日，4 号机组负荷 900MW，B、C、D、E、F 制粉系统运行，双套引送一次风机运行，主蒸汽温度 600℃，主蒸汽压力 25.5MPa，再热蒸汽温度 608℃，再热蒸汽压力 5.1MPa，汽轮机转速 3000r/min，机组自动发电控制系统（AGC）、CCS 投入，3、4、7、8、9、12 号空气压缩机运行，其余空气压缩机备用，空气压缩机出口母管压力0.644MPa。

（一）事件过程

19 时 57 分，监盘发现压缩空气压力降低至 0.59MPa（正常时 0.63MPa 左右），发"炉侧压缩空气压力低报警"（低于 0.6MPa 报警），除灰 DCS 画面全部参数变坏点，立即

汇报值长和单元长，通知灰硫专业人员检查。

20时05分，压缩空气压力下降至0.22MPa，监盘人员申请值长解列AGC降负荷，紧停D磨煤机，RB动作，机组控制方式切至TF方式运行。

20时06分，压缩空气降至0.2MPa以下，汽动给水泵再循环气动阀全开、A侧高压缸排汽止回阀全开信号消失、主再热蒸汽管道疏水气动阀全开、高中压缸本体疏水气动阀全开、高压缸排汽止回阀前疏水气动阀全开、补气阀疏水气动阀全开、高中压主汽门疏水气动阀全开、1～6段抽汽止回阀前后疏水气动阀和电动阀后疏水气动阀全开、高低压加热器正常疏水气动调节阀逐渐关闭、高低压加热器事故疏水气动调节阀逐渐开启、主机凝结水泵再循环气动调节阀逐渐全开，主机凝汽器水位开始升高。

20时08分，高低压加热器正常疏水调节阀全关、事故疏水阀全开，主机凝汽器水位快速升高，开启5号低压加热器出口电动门后放水电动门，水位不下降。

20时15分，主机凝汽器液位升至1700mm，DEH画面发快速减负荷信号，机组负荷直线下降。

20时16分，机组负荷降至122MW时，锅炉MFT、汽轮机跳闸、发电机解列，厂用电自切正常，首次故障信号为"给水流量低"。

（二）事件原因查找与分析

1. 事件原因检查

机组跳闸后，热控人员查看历史曲线，给水流量低至610t/h时，锅炉MFT（此时主蒸汽压力23.5MPa）。检查保护条件，给水流量低于616.7t/h、延时1s发出给水流量低保护动作MFT信号。

现场发现，空气压缩机DCS控制站（DROP18）失电，如图2-1所示；空气压缩机DCS控制画面异常，如图2-2所示。检查发现，四个电源模块全部失去电源指示，模块电源空气断路器1与模块电源空气断路器2电源空气断路器未跳闸（如图2-3所示），开关输出无电压。KB1空气断路器未跳闸但空气断路器上口无电压，1-A1（6A）空气断路器未跳闸（如图2-4所示）；KB2空气断路器跳闸，空气断路器上口电压正常，1-B1空气断路器（6A）跳闸，双路电源失去（如图2-5所示）。

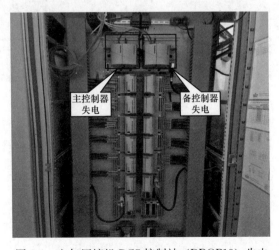

图2-1 空气压缩机DCS控制站（DROP18）失电

图 2-2　空气压缩机 DCS 控制画面异常

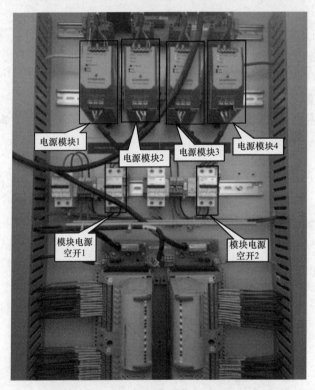

图 2-3　KB1、1-A1 空气断路器未跳闸

　　原供电电源示意，如图 2-6 所示。原供电电源设计，如图 2-7 所示。检查 MCCB 段电源至空气断路器 CB1（1）下口测量有电，但经过 UPS 后空气断路器 KB1 上口无电，1-A1 空气断路器无电，判断为 UPS 电源装置故障无输出电压，模块电源空气断路器 1 失去电源，第一路电源失去，电源模块 1 和 2 无电。

　　检查电源回路为 MCCA 段至 KB2 空气断路器至 1-B1 空气断路器（6A）至模块电源空气断路器 2（10A），空气断路器 KB2 上下口有电，1-B1 空气断路器跳闸，模块电源空气断路器 2 未跳闸，送电后电源模块 4 指示灯全灭，测量电压输出为 0V，判断为电源模块 4 故障导致 1-B1 空气断路器跳闸，第二路电源失去，电源模块 3 和电源模块 4 失电。

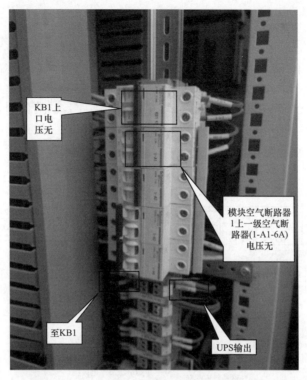

KB1上口电压无

模块空气断路器1上一级空气断路器(1-A1-6A)电压无

至KB1

UPS输出

图 2-4　KB2、1-B1 空气断路器跳闸

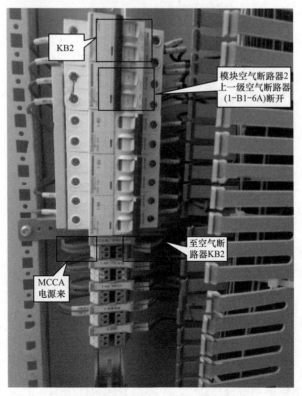

KB2

模块空气断路器2上一级空气断路器(1-B1-6A)断开

至空气断路器KB2

MCCA电源来

图 2-5　模块电源空气断路器未跳闸

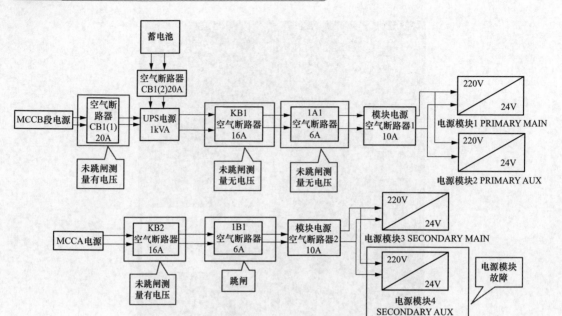

图 2-6　原供电电源示意

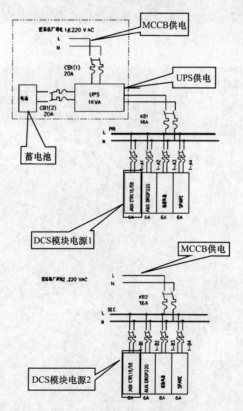

图 2-7　原供电电源设计

检查 DCS 电源模块 1 和电源模块 3，为控制器和模件供电；电源模块 2 和电源模块 4，为外部供电（DCS 继电器线圈和变送器供电）。

检查 12 台空气压缩机启动信号为指令发出通过 SR 触发器后置 1（保持信号），停止指令为通过 SR 触发器复位位置信号，因 18 号站 DCS 控制系统失电导致继电器线圈失电，继电器翻转导致空气压缩机跳闸，经联系空气压缩机厂家回复：电路板设计为长信号启动，失去后停止，无法修改。

2. 事件原因分析

空气压缩机跳闸根本原因：DCS18 号站双路电源失去，空气压缩机启动信号翻转。

机组跳闸直接原因：机组压缩空气压力降至 0MPa，机组给水泵再循环、凝结水再循环、高低压加热器危急疏水等气动阀门失去驱动压力打开。

机组跳闸间接原因：主机凝汽器液位升至 1700mm，汽轮机快速甩负荷，机组负荷降至 122MW，主蒸汽调节阀 A、B 关至 25％、30％，主蒸汽压力升至 23.5MPa，给水流量达到保护动作值，锅炉 MFT。

3. 暴露问题

（1）设计不合理，DCS 双路电源有一路电源 MCCB 段先供至 UPS 装置后接入 DCS 供电，遇到类似情况不能及时恢复 UPS 供电装置。

（2）双路电源失去无声光报警；未能在失去电源时第一时间发现。

（3）事故预想不足，未能及时就地启动空气压缩机。

（4）对于 UPS 电源输出故障未能及时发现，日常巡检不到位。

（三）事件处理与防范

（1）更改原设计电源回路，将故障 UPS 电源装置跨接，四个电源模块单独供电。修改后供电电源示意，如图 2-8 所示。另增加一路保安电源，全面排查其他 DCS 控制站双电源回路是否正常。

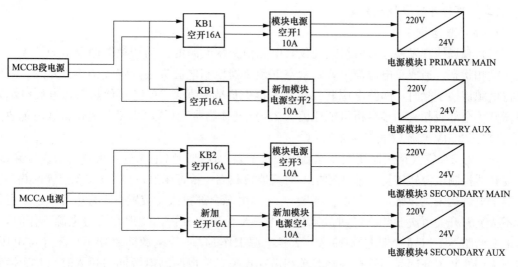

图 2-8 修改后供电电源示意

（2）增加电源模块失电报警光字牌，方便运行人员及时发现。

（3）加强人员技能培训，编制空气压缩机全停应急处置措施，便于出现突发事件时，能够及时有效处理，避免事故扩大。

（4）完善巡检计划及路线，做好监督管理。

（5）定期进行双电源及控制器切换，确保机组可靠运行。

（6）定期检查停运空气压缩机指令继电器是否动作灵活，触点有无氧化及触点通断是否正常。

（7）在空气压缩机就地控制面板旁悬挂就地启动操作牌，方便运行人员及时启动空气压缩机。

二、热工电源柜双电源切换装置故障导致机组跳闸

某电厂 3 号机组为 600MW 超超临界机组，三大主机均由哈电集团设计、生产、安装调试。3 号机组热工仪表电源柜电源（220V）共两路，1 号电源取自机组 UPS，2 号电源取自机组保安段，正常运行中 1、2 号电源开关合闸，通过交流电源自动切换器（西安航天自动化股份有限公司 JQ-35K 型，已服役 15 年）向负载供电。

2022 年 1 月 20 日事件前，3 号机组负荷 315MW，制粉系统 A、B、C、E、F 运行，排烟温度 A 侧 115.9℃，B 侧 125.7℃，交流电源自动切换器电源由 1 号电源供电，各参数正常。

（一）事件过程

2022 年 1 月 20 日 12 时 42 分，3 号机组负荷 315MW，制粉系统 A、B、C、E、F 运行，排烟温度 A 侧 115.9℃，B 侧 125.7℃，交流电源自动切换器电源由 1 号电源供电，DCS 显示 3A、3B 空气预热器主电机同时跳闸，辅电机均未联启，盘显电机故障，A、B 空气预热器排烟温度持续上升，请示调度同意后手动停机转临检。

经故障排除和处理后，机组于 21 日 4 时 45 分并网，临检期间电厂对外供热温度 100～105℃，流量 8700～8900t/h，集中供热未受影响。

（二）事件原因查找与分析

1. 事件原因检查

（1）现场检查发现 3 号机组热控仪表电源柜交流电源的自动切换器两路电源开关，均处于脱扣状态，造成总电源消失，两台空气预热器控制电源失去，空气预热器停运。就地进行电源切换试验时，两路电源联锁正常，排查负载时发现 3A 空气预热器送电后电源切换器开关全部脱扣，初步分析可能原因为 3A 空气预热器变频器 220V 控制电源或电缆故障（取自热工 220V 热控仪表电源柜）。

（2）对 3A 空气预热器变频器控制电缆及变频柜控制回路绝缘进行检查，未发现异常；将变频器控制电源转接至就地变频柜，对其他负载逐一检查未发现异常；3A 空气预热器变频器上电试运未见异常，电源切换装置 1、2 号电源全部投入，装置由 1 号电源供电，运行后不久装置开关再次脱扣。经对故障现象进一步梳理和分析，发现在 1 号电源工作时，2 号电源断路器下口异常带电约 190V，2 号电源工作时，1 号电源断路器下口无异常电压，判断为切换装置内部晶闸管存在绝缘单相击穿现象，造成两路电源同时投入时，对切换装置内部切换逻辑判断造成干扰，导致两路电源同时跳闸。

2. 暴露问题

（1）安全生产责任制落实和现场安全风险分级管控不到位，在生产保供时期发生设备异常导致机组被迫停运。

（2）设备隐患排查不到位。电厂于 2020～2021 年对 600MW 机组的电气重要阀门盘共

6套双电源切换装置进行了更换改造，但未能及时发现并更换热工电源柜双电源切换装置隐患，造成问题发生。

（3）设备管理不到位。对重要设备运行情况了解不够深入，未对生产现场使用年限较长的重要设备可能导致的严重后果引起足够的认识，导致设备管理工作缺失，未能及时发现存在的设备管理死角，造成部分年限较长设备没有得到及时更新。

（三）事件处理与防范

（1）全面落实全员安全生产责任制，将安全生产责任的压力层层分解，传递到各级岗位和人员，切实落实安全管理主体责任。认真反思安全管理和事故管理过程中存在的漏洞和风险，真正将防范措施落实执行到位。

（2）为保证热工仪表电源稳定，避免干扰双电源切换装置切换逻辑判断，将3号机组热控仪表电源柜保留一路供电电源运行，同时，将柜内重要负载单独转接由UPS电源供电，全部负载送电试运良好。

（3）全面开展隐患排查治理，结合机组停机检修机会，更换该热控仪表总电源切换装置，消除潜在安全风险。

（4）落实各级人员岗位职责，加强技术监督管理，积极对照技术监督要求开展重要设备监督排查工作。

（5）认真贯彻安委会精神，做好保电、保热相关工作。加大风险辨识培训工作力度，提高人员对风险、隐患的辨识能力和技能水平，加大设备日常检查、定期检查和专项检查力度，深挖隐患，闭环整改。

三、DEH系统直流电源故障未及时处理导致机组跳闸

（一）事件过程

2022年4月5日，某电厂3号机组负荷275MW，主蒸汽压力23.78MPa，主蒸汽温度564℃，再热蒸汽压力3.82MPa，再热蒸汽温度565℃，A、B汽动给水泵运行，A、B空气预热器运行，A、B引风机正常运行，送风机正常运行，一次风机和A、B、D、E磨煤机正常运行。3号机组跳闸，锅炉首出"汽轮机跳闸"，ETS首出"DEH故障输出"。

（二）事件原因查找与分析

1.事件原因检查

事件后检查，ETS首出"DEH故障"的原因是AST电磁阀失电引起机组的安全油压低。AST电磁阀失电的原因是机组DEH系统的冗余直流220V DC电源装置中的一路发生故障，而另一路输出电压偏低，直接导致AST电磁阀失电，AST电磁阀的油路通道打开，安全油压被破坏导致机组跳闸。

进一步检查，该DEH直流电源7年前进行过技改更换。2022年1月25日进行春节前防机组"非停"专项隐患排查时，电控专业已发现DEH系统直流电源其中一路输出电压偏低，不满足运行要求，但因两组电源出口为并联方式，有故障的装置出口存在反流电压，没有完全隔离断开故障装置的措施，未及时进行在线更换。

2.事件原因分析

直接原因：冗余直流220V DC电源装置一路故障，另一路输出电压下降，导致AST电磁阀失电发"DEH故障"信号引起汽轮机跳闸。

间接原因：运行中已发现 DEH 系统直流电源偏低问题，但未及时进行处理。

3. 暴露问题

（1）故障发生前 3 个月，在机组"非停"专项隐患排查时，仅做冗余切换试验及输出电压测量，未进行数据溯源比较和检测电源模件性能变化，未及时发现电源下降的安全隐患。

（2）已发现 DEH 系统直流电源其中一路输出电压偏低不满足运行要求问题，但未引起重视予以及时消除或采取有效的预控措施（在找不到完全隔离断开故障装置的措施及时进行在线更换时，本可采取向调度申请停机备用的方式进行整改）。

（三）事件处理与防范

（1）对于保护联锁回路失电控制的设备，如 AST 电磁阀、磨煤机出口闸阀、抽气止回阀、循环水泵出口蝶阀等若采用交流电磁阀控制，应保证电源的切换时间满足快速电磁阀的切换要求。

（2）应制定并不断完善控制系统、仪表设备故障时的应急处理预案，并经检修时预演保证处理流程与方法正确，以便运行中能可靠应用，例如，及时在周边柜取一路 220V AC 电源，通过输入一个新的 24V DC 电源模块输出并联至现有继电器柜 24V DC 电源母排上，再逐一拆除原两个电源模块，进行新模块更换。

（3）完善电源系统优化，在运行操作员站设置重要电源的监视画面和报警信息，主重要设备的电源报警应设置为一级报警，在线监视进线电压，以便问题能及时发现和处理。

（4）对于重要设备的电源，可采用红外测温方法辅助日常巡检。

（5）定期进行回路电源测量并记录，及时发现与消除隐患。

四、DEH 系统电源分配模块老化故障导致机组跳闸

（一）事件过程

2022 年 4 月 3 日 10 时 16 分，某电厂机组负荷 180MW 正常运行中（主蒸汽压力 13.74MPa，主蒸汽温度 540℃，再热蒸汽温度 487℃）。协调画面"汽轮机指令""DEH 阀位控制"显示变灰色，汽轮机调节阀关闭，有功负荷快速下降，汽包水位快速上升至事故放水门动作，4min 后锅炉 MFT 动作熄火，首出原因"汽包水位高Ⅲ值"。

（二）事件原因查找与分析

1. 事件原因检查

锅炉跳闸后，现场检查 DEH 主控柜，发现主 DPU31、辅 DPU159 已故障离线，进一步检查为 DEH 柜电源分配模块故障，导致 DPU 死机。

检查 DEH 控制柜电源装置为双重冗余配置，由两套直流电源模块和一块电源分配模块板构成。两套直流电源模块为冗余配置，每套直流电源模块 220V AC 电源转换为 24V DC 和 48V DC 电压后，通过电源分配模块（非冗余）输出至控制柜内，24V DC 输出 6 路（4 路用于控制柜内模件系统和访问电源、1 路用于 DPU 系统电源和 1 路备用），48V DC 作为模件采样电源。

检查现场 DEH 柜内电源模块的输入、输出状态指示灯亮全部熄灭。测量模件供电电压仅为 7.15V，进一步检查电源模块 24V DC 输出端电压仅为 7.16V，判断电源模块故障导致输出电压下降，DPU 及模件供电电压不足，造成死机故障发生。

2. 事件原因分析

电源分配模块故障引起输出电压 24V DC 大幅降低，造成主辅 DPU 及模件因供电电压

不足而不能正常工作；导致该 DPU 控制下的汽轮机调节阀控制卡输出失去，汽轮机调节阀关闭，汽包水位高三值 MFT 动作。

对拆除的设备进行测试，直流电源模块 24V DC 输出空载电压分别为 20.12、22.8V，电源分配模块 24V DC 输出端空载电压为 14.55V，确定电源分配模块故障。

3. 暴露问题

（1）设备寿命管理未落实，电子器件寿命未管理，一般为 8～10 年，而案例 2 的 DEH 柜电源模块随着控制系统长周期连续运行已 15 年，电子元件老化问题未能引起足够重视。

（2）设备维护管理不深入，停机检修仅做冗余切换试验及输出电压测量，但未进行数据溯源比较和检测电源模件性能变化，未及时发现电源下降的安全隐患。

（三）事件处理与防范

（1）DEH 双路电源切换装置和各控制系统电源模块均为电子硬件设备，其中，发热部件中，某些元器件的工作动态电流和工作温度要高于其他电子硬件设备，通常其劣化加速导致寿命短于和故障概率高于其他电子硬件设备。目前，控制系统硬件劣化情况检验没有具体的方法和标准，但通过建立设备投用台账，记录电源的故障与更换年限，进行电源模件劣化统计分析与定期更换，现有数据表明一般宜 5～8 年左右进行更换。

（2）完善电源系统优化，在运行操作员站设置重要电源的监视画面和报警信息，主重要设备的电源报警应设置为一级报警，在线监视进线电压，以便问题能及时发现和处理。

（3）对于冗余的电源、控制器、通信模块等应在发现存在单个部件异常时尽早更换，将缺陷消灭于未然。

五、机组临修隐患造成 220V 直流母线失电导致机组跳闸

某电厂 300MW 国产亚临界燃煤机组，ETS 柜双回路 AST 跳闸电源均取自机组 220V 直流母线。该 220V 直流系统配置一套直流充电器和一段 220V 直流母线。

（一）事件过程

2022 年 5 月 8 日 10 时 28 分 49 秒，某机组负荷 190MW，机组协调控制方式，A、B、D 三台磨煤机运行，机组各运行参数均正常，3 号机组 220V 直流母线失电，3 号机组高中压主汽门、调节阀关闭，汽轮机跳闸，锅炉 MFT。

（二）事件原因查找与分析

1. 事件原因检查

事件后检查现场发现，该机组 220V 直流蓄电池双投"隔离开关"QS2 在断开位置，蓄电池未与直流母线并列运行，而 220V 直流充电器的直流输出熔断器熔断，从而导致机组的 220V 直流母线失电。

进一步检查机组临修完成后，运行人员未对 220V 直流系统运行方式进行检查恢复，导致直流系统处于非正常运行方式。同时，运行人员巡视设备不到位，机组运行后未及时发现蓄电池未与直流母线并列运行，汽轮机直流润滑油泵启动时，造成充电器输出熔断器熔断。

2. 事件原因分析

机组临修后，运行人员未对 220V 直流系统运行方式进行恢复，导致蓄电池未与直流母线并列运行，直流润滑油泵启动时造成 220V 直流母线失电导致机组跳闸。

3. 暴露问题

（1）AST 电磁阀电源设计取自同一条 220V 直流母线，不符合 DL/T 261—2022《火

力发电厂热工自动化系统可靠性评估技术导则》中 6.4.2.1 电源配置要求第 4）款"采用双通道设计时，每个通道的 AST 电磁阀应各由一路进线电源供电"的规定。

（2）运行人员检查不到位，机组开机前和试运直流润滑油泵试启时，未能检查到 220V 直流系统处于非正常运行方式，引起 220V 直流充电器直流输出熔断器熔断造成 220V 直流母线失电。

（三）事件处理与防范

（1）电源配置上，对保护联锁回路失电控制的设备，例如，AST 电磁阀、磨煤机出口闸阀、抽气止回阀、循环水泵出口蝶阀等若采用交流电磁阀控制，保证电源的切换时间满足快速电磁阀的切换要求。

（2）在运行操作员站设置重要电源的监视画面和报警信息，冗余电源的任一单个电源故障应及时报警；主重要设备的电源报警应设置为一级报警，在线监视进线电压，以便问题能及时发现和处理。

（3）健全电源测试数据台账，将电源系统巡检列入日常维护内容，可利用红外测温方法加强电源模件、接线端子等的巡检，巡检时关注电源的变化，机组停机时测试电源数据进行溯源比较，发现数据有劣化趋势，及时查明原因或更换模块。

（4）加大风险辨识培训工作力度，提高人员对风险、隐患的辨识能力和技能水平。

六、磨煤机风门因 UPS 电压波动关闭导致炉膛压力低保护动作 MFT

2023 年 8 月 21 日，某燃煤 300MW 机组正常运行中，因 UPS 电压波动引发磨煤机一次风隔绝门关闭，炉膛压力低三值保护动作。

（一）事件过程

14 时 44 分 30 秒，10 号机组负荷 289.63MW，B、C、D 磨煤机运行，锅炉主蒸汽温度 537.77℃，主蒸汽压力 16.63MPa，汽包水位—13.55mm，炉膛负压—62.56Pa。

14 时 44 分 36 秒，B、C、D 磨煤机一次风隔绝门关闭。6s 后，10 号机集控室马赛克屏电气"UPS 逆变故障"光字牌报警，马赛克屏所有电视及吹灰系统电脑失电黑屏。

14 时 44 分 48 秒，炉膛负压波动最大值—3161.74Pa，炉膛压力低三值动作 MFT，联跳汽轮机、发电机。

检查各 DCS 操作站正常、各辅助设备动作正常，马赛克屏上电脑黑屏数秒后自行恢复，运行人员按机组停机操作处理。

8 月 22 日 20 时 30 分，10 号炉重新点火，2h50min 后，10 号机组并网。

（二）事件原因查找与分析

1. 事件原因检查

（1）UPS 装置"UPS 逆变故障"报警检查。10 号机组 UPS 装置为美国 GE 公司生产，设备型号为 TruePro-PP-80kVA，于 2011 年投运，2019 年更换部分核心部件。事件后对 UPS 装置初步检查情况如下。

1）UPS 运行方式为主电源供电、旁路正常备用状态，各参数运行正常。

2）查询 DCS 记录，UPS 供电的测量数据（来自 10 号机组主变压器高压侧电压变送器）14 时 44 分 34 秒发生波动，测量数据幅值由 231.51kV 最低降至 211.67kV。

3）UPS 装置冷却风扇共 24 台，18 台运行 6 台停运，配电室环境温度正常。

4）检查 UPS 装置"系统状态报警记录"中显示，UPS 输出电压降低并波动的同一时段内，UPS 出现 2 次"逆变器故障切旁路"报警（实际时间为 8 月 21 日 14 时 44 分）。

次日会同电力科学研究院、UPS 装置厂家技术人员对 UPS 装置进一步检查。

1）对 UPS 装置进行多次切换试验：主电源转蓄电池供电、蓄电池转静态旁路供电及 UPS 装置主电源自动恢复功能均正常，但切换静态旁路时，发现汽包电接点水位计出现闪烁、消防系统电脑闪屏现象。

2）将 UPS 装置转维修旁路，退出 UPS 装置运行后，对 UPS 装置各部件外观及装置内部的接线情况检查，未发现部件有明显烧损和异常状况。

3）UPS 装置的冷却风扇为自动控制方式，UPS 装置内的 IGBT 模块上温度高于 55℃时自动启动；拆下冷却风扇一一进行外接电源试运，发现 6 台冷却风扇不转，判断部分冷却风扇损坏。

（2）磨煤机一次风隔绝门异常关闭检查。磨煤机一次风隔绝门电源开关设置在 APP2 屏柜，该屏柜设置 UPS 和自动启停控制系统（APS）两路供电电源，通过手动转换开关选择由 UPS 或 APS 供电，手动切换开关选择在 UPS 供电方式。B、C、D 磨煤机一次风隔绝门在无关闭指令情况下，关状态几乎同时消失。因磨煤机一次风隔绝门为单电磁阀控制，带电打开，失电关闭，判断 UPS 供电异常。

（3）马赛克屏所有电视及吹灰系统电脑黑屏检查。检查马赛克屏电视及吹灰程控柜供电电源由 UPS 提供，且只有一路电源，判断马赛克屏所有电视及吹灰系统电脑失电黑屏由 UPS 供电异常引起。

（4）UPS 装置检查。检查 UPS 装置馈线屏和供电的负载设备，未发现有短路现象；对 UPS 负载进行操作试验均正常。

2．事件原因分析

（1）直接原因：UPS 输出电压波动，导致 B、C、D 磨煤机一次风隔绝门关闭，锅炉瞬间失去燃料，炉膛压力大幅波动，触发炉膛压力低三值保护动作，锅炉 MFT，联跳汽轮机、发电机。

（2）间接原因：UPS 装置 6 台冷却风扇故障，造成 UPS 装置内的 IGBT 块温度高，导致 UPS 工作异常，输出电压波动引起磨煤机一次风隔绝门关闭。

3．暴露问题

因 UPS 装置柜部分冷却风扇故障引起 UPS 装置散热不良、元器件温度升高，触发 UPS 切换至旁路运行，切换过程中由于 UPS 装置的交流输出滤波电容值劣化降低，导致 UPS 供电系统电压出现了大幅波动或短暂失电，进而引起所有磨煤机一次风隔绝门关闭。

（三）事件处理与防范

（1）立即采购 UPS 装置电容、冷却风扇等易损件的备品，利用机组调峰停运的机会进行更换，并扩大排查各台机组同类设备情况。

（2）UPS 未更换电容、冷却风扇等易损件前，暂将 APP1、APP2 屏柜切换至 APS 供电，并打开 UPS 装置的后柜门，用落地风扇加强 UPS 装置通风冷却，对 UPS 装置持续进行特巡特维。

（3）将 APP1、APP2 柜电源手动电源切换开关更换为自动无扰切换装置，并扩大排查各台机组重要设备的供电可靠性。

（4）完善细化设备巡查清单内容，并严格落实执行。

七、两起保安电源系统故障切换导致辅机跳闸和 MFT

某电厂燃煤单元机组保安电源系统设 A、B 段，供汽轮机润滑油泵、发电机密封油泵、磨煤机油站、给煤机及送风机、引风机油站等交流事故负载。保安 A 段工作电源取自 380V 锅炉 A 段，备用电源取自 380V 锅炉 B 段；保安 B 段工作电源取自 380V 锅炉 B 段，备用电源取自 380V 锅炉 A 段。380V 锅炉 A、B 段电源取自对应的机组 6kVA、B 段。电气侧顺序控制系统（ECS）保安电源故障切换逻辑，如图 2-9 所示。

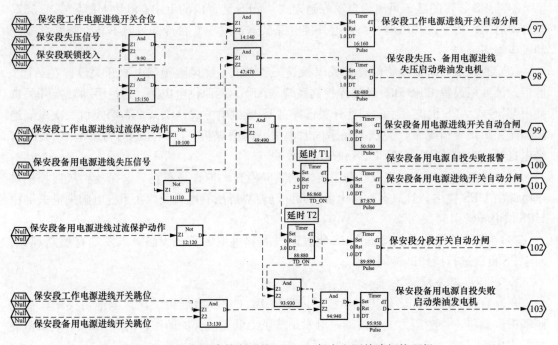

图 2-9 电气侧顺序控制系统（ECS）保安电源故障切换逻辑

正常运行时，保安段母线由保安段工作电源进线开关供电，保安段备用电源进线开关热备用，保安段失电时将进行故障切换。

ECS 根据失电压信号自动分闸工作电源进线开关；若保安段工作电源进线开关保护未动作且备用电源进线 TV 有电压，则 ECS 根据失电压信号自动合闸备用电源进线开关；若保安段工作电源进线开关保护未动作且备用电源进线 TV 无电压，则由 ECS 启动柴油发电机。

当备用电源进线开关合上后保安段仍失电时，则 ECS 延时 T_1 后先自动分闸备用电源进线开关，延时 T_2 后再自动分闸分段开关，若备用电源进线开关保护未动作，则由 ECS 启动柴油发电机。

（一）事件过程

1. 备用电源自投时序不匹配致辅机跳闸

事件 1：事发前机组负荷 120MW，A、B、D 磨煤机运行

09 时 28 分 07 秒，ECS 保安 A 段工作电源进线开关合闸、分闸指令通道故障闭合致开关误跳。因保安 A 段失电压信号报警、复归多次，保安 A 段备用电源进线开关自动合闸、

分闸多次后机构故障，备用电源自投失败。保安 A 段失电后，所属负载顺序控制系统（SCS）A 送风机、A 引风机油站工作油泵失电跳闸、备用油泵联启失败，送风机、引风机因油站油泵全停而延时 30s 跳闸，FSSS 系统 A 给煤机、D 给煤机及 A 磨煤机、D 磨煤机油站加载油泵立即失电跳闸。A 磨煤机、D 磨煤机在加载油泵跳闸后经延时保护联跳。

9 时 30 分，保安 A 段失电压信号报警持续 1.5s 后自动启动柴油发电机成功。

2. 磨煤机附属设备电源不一致及保护时序不匹配导致 MFT

事件 2：事发前机组负荷 153MW，A、B、D 磨煤机运行

4 时 25 分 46 秒，380V 锅炉 A 段进线开关跳闸报警，380V 锅炉 A 段失电、保安 A 段失电，所属负载 A、B 给煤机和 A、D 磨煤机油站加载、润滑油泵跳闸。

4 时 25 分 49 秒，ECS 保安 A 段失电压信号报警，保安 A 段故障切换，工作电源进线开关自动分闸，备用电源进线开关自动合闸，1s 后保安 A 段备用电源自投成功，失电压信号复归。

4 时 25 分 52 秒，FSSS 发出保安 A 段失电压信号复归自动重油泵启指令；A、D 磨煤机跳闸，原因为加载油泵跳闸延时 5s 联跳。1s 后 D 磨煤机停运后又联跳 D 给煤机，原运行的 A、B、D 给煤机跳闸，"给煤机全停"触发燃料丧失 MFT 保护。

（二）事件原因查找与分析

1. 事件原因检查

根据图 2-9，当时保安段失电压信号报警后，工作电源、备用电源进线开关立即故障切换。备用电源进线开关自动合闸指令发出后，保安段失电压信号报警持续 T_1 后，判断备用电源自投失败并自动分闸备用电源进线开关，失电压信号报警持续 T_2 后，自动分闸分段开关并启动了柴油发电机。

检查 ECS 内在线组态延时参数 $T_1=1s$，$T_2=1.5s$。查阅 ECS 报警历史发现，异常时保安 A 段失电压信号多次报警的持续时间为 1～1.5s，使备用电源进线开关自动合闸指令发出 1s 后，图 2-9 中的保安段失电压信号未复归，逻辑判断为备用电源进线开关自投失败而又自动分闸备用电源进线开关，分闸过程中失电压信号刚复归又再次报警，延时参数 T_1 偏短而与失电压信号报警的持续时间不匹配，引起备用电源进线开关反复自动分闸、合闸，柴油发电机也未能更早自启。

检查发现，B 给煤机电源在保安 A 段而 B 磨煤机油站加载油泵、润滑油泵电源在保安 B 段，D 给煤机电源在保安 B 段而 D 磨煤机油站加载、润滑油泵电源在保安 A 段，同一磨煤机附属的给煤机和油站电源未取自同一保安段，由于交叉造成保安 A 段失电时，运行中的三台给煤机直接或间接跳闸。

另外，ECS 内从保安 A 段失电、保安 A 段失电压信号报警、保安 A 段备用进线开关自投再到失电压信号复归的过程时间约 4s，FSSS 虽然根据保安 A 段失电压信号复归发出油泵自动重启指令，但 A、D 磨煤机加载油泵失电跳闸延时 5s 联跳磨煤机的指令也同时触发，延时参数偏短而与失电压恢复过程时间不匹配。

进一步检查磨煤机及附属设备电源，磨煤机包含给煤机、油站加载油泵和润滑油泵三个附属设备，必须同时运行，同一磨煤机的附属设备在同一保安段取电比较合理，且与磨煤机的 6kV 电源相对应。考虑前后墙对冲式锅炉的对称稳燃，同一侧上下布置的 D、B 磨煤机间和 E、A 磨煤机间保安电源应相互交叉，同一层前后布置的 B、A 磨煤机间和 D、E 磨煤机间

保安电源也要相互交叉，磨煤机及附属设备电源一致性整改示意，如图 2-10 所示。

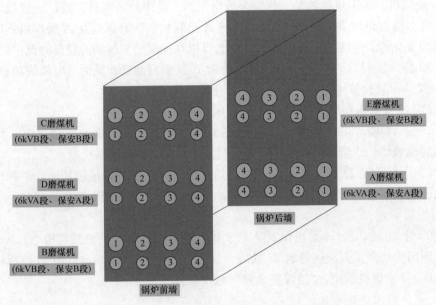

图 2-10　磨煤机及附属设备电源一致性整改示意

2. 过程时序匹配问题分析与优化

（1）问题分析。保安段故障切换整个过程时序的匹配，需从各阶段耗时分析、加快失电压信号检测速度、加快 DCS 和现场设备软硬件控制速度和合理设置延时参数着手。

1）为失电压信号检测，即保安段失电至 ECS 内失电压信号报警耗时，优化控制在 1.5s。

2）为备用电源自投，即 ECS 内失电压信号报警、备用进线开关自动合闸至失电压信号复归耗时，优化控制在 1s。

3）为保安负载重启，即保安段负载电机在 FSSS 或顺序控制系统（SCS）内失电压信号复归后自动完成重启耗时，或直接通过就地控制回路在保安段重新上电后自行启动耗时，优化控制在 1.5s。

若备用自投失败，则保安段失电至柴油发电机启动、失电压信号复归整个过程耗时达 15s，对应磨煤机已在复归前因加载油泵、润滑油泵失电而延时跳闸，因此，过程时序匹配优化的重点是确保备用进线开关自动合闸成功，以及随后的油泵等交流事故负载重启。

（2）优化措施。

1）耗时近 3s，电气缩短失电压信号检测回路时间继电器延时设定值，并重新试验后已缩短为约 1.5s，失电压信号检测延时调整后的记录时序，如图 2-11 所示。为防止误动，时间继电器延时设定值不宜再短。

日期时间	毫秒数	源节点	性质	测点名	描述	SOE值
13:57:22	623	14	Dx:SOE	4SGBDL1-OFF	保安4B段工作电源进线断路器1跳位	1:T
13:57:24	159	14	Dx:SOE	4SGB01A	保安4B段失压	1:T
13:57:24	342	14	Dx:SOE	4SGBDL1-03	保安4B段工作电源进线1 PT失压	1:T
13:57:24	596	14	Dx:SOE	4SGBDL2-OFF	保安4B段工作电源进线断路器2跳位	0:F
13:57:24	668	14	Dx:SOE	4SGB01A	保安4B段失压	0:F

图 2-11　失电压信号检测延时调整后的记录时序

2）对比不同机组、不同保安段切换试验记录，发现 ECS 内失电压信号报警至复归最快的约 0.6s，最慢的近 1.7s。备用电源自投成功时失电压信号报警至复归时长记录，如图 2-12 所示。由图 2-12 箭头处可知，备用电源自投成功时失电压信号报警至复归时长近1.7s。

时间差异除优化 ECS 逻辑页功能块执行时序外，需要电气配合分析电压继电器返回特性和备用进线开关合闸特性以加快硬件控制速度，并将图 2-9 中保安段备用电源进线开关自动合闸指令发出后失电压信号报警持续而自动分闸、启动柴油发电机的 T_1、T_2 延时值由 1、1.5s 延长为 2.5、3s。

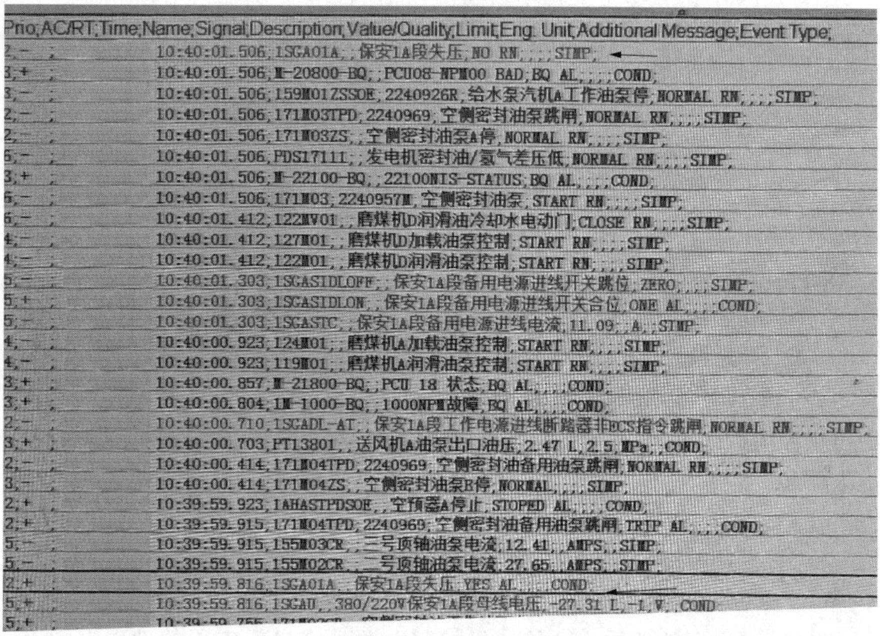

图 2-12　备用电源自投成功时失电压信号报警至复归时长记录

3）耗时包括失电压信号从 ECS 到 FSSS 或 SCS 的网络传输时间、FSSS 或 SCS 内保安负载重启指令发出到重启成功收到反馈时间，优化前耗时约 2s。在无法改善网络传输的前提下，可将重启指令和反馈逻辑页执行周期由 500ms 加快至 200ms，并优化逻辑页功能块执行时序，优化后可缩短至 1.5s。

以上总耗时应小于保安段失电致保安段负载电机跳闸触发相关保护的延时参数，除延时参数优化后保证保安段失电 5s 内加载油泵完成自动重启外，还将加载油泵停运后联跳磨煤机的延时参数由 5s 改为 8s（但不能过长而影响磨煤机燃烧器安全）。

3. 负载电机在保安段故障切换时的启动控制优化

（1）DCS 操作器失电压复归遥控自动重启。保安段失电时，负载电机失电跳闸，DCS内操作器将故障报警。试验发现，不同操作器检测到故障状态后功能特性不同。ABB 系统现有 MSDD 驱动器标准逻辑设计在故障后无法根据失电压信号复归脉冲发出重启指令，需要另行设计辅助逻辑。Xdps 系统 DEVICE 操作器的"任一报警信号不闭锁操作器输出指令"参数 $FLB=1$ 时允许故障状态下通过"超驰指令 1"（Emd1 引脚）根据失电压信号复归脉冲而发出重启指令。DEVICE 操作器在"设备行程监视时间"（TOVER 参数）内有禁止同向指令连续操作的限制，但只要失电压信号复归脉冲宽度大于 TOVER 参数，可在首次行程时间监视完成后再次发出重启指令，如果首次重启指令发出后未收到加载油泵运行反馈，该功能相当于增加一次人工抢合机会。Nexus 系统的 DEVICE 操作器还设有确认 TOACK 引脚输入，若失电压信号复归脉冲同时作为 TOACK 输入，使故障报警后无须人工确认，并在一个设备行程监视时间内复位报警并接受一次超驰重启指令输入。TOACK 引脚和 FLB 参数可结合使用。

DCS 操作器失电压复归遥控自动重启，如图 2-13 所示。保安段失电压检测为单点开关量信号，考虑增加 ECS 保安段电压模拟量低 300V 失电压检测信号，该信号复归略晚于开关量信号。另图 2-13 中，开关量、模拟量失电压检测复归的脉宽为 8s，TOVER 参数值一般为 5s，因此，该 DEVICE 操作器具备自动故障报警确认和连发两次自动失电压重启指令功能。

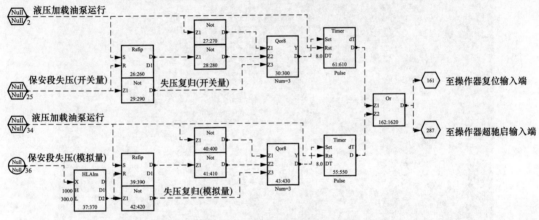

图 2-13　DCS 操作器失电压复归遥控自动重启

（2）给煤机短时失电就地重启。给煤机控制电源由来自保安段的动力电源经隔离变压器供电，在 FSSS 内采用两点 DO 脉冲控制，FSSS 未设计保安段失电压信号复归自动重启给煤机逻辑，启动自保持由就地电气回路实现。保安段失电时就地启动指令继电器失电，其自保持常开触点瞬时断开切断自保持回路。保安段故障切换恢复供电后，给煤机就地启动回路因无 FSSS 启动指令而保持停止状态，给煤机变频器无法自动重启可致事故扩大。

为使给煤机具备短时失电重启功能，在就地增加延时继电器回路，用延时继电器的延时断开触点替代原自保持回路的常开触点，以在保安段短时失电或母线低电压时自保持回路保持闭合，在延时时间内恢复供电时通过自保持回路直接启动。延时断开时间应大于保安段失电至备用电源进线切换时间，但不宜过长。根据第一阶段失电检测 1.5s 和第二阶段备用自投 1s 的优化控制目标，延时继电器延时参数设置为 3s。同时，原 FSSS 内"给煤机全停"触发燃料丧失 MFT 保护增加 3s 延时。

试验验证，给煤机 196NT 控制器的最低工作电压是额定电压的 80.9%，在"remote"方式下且面板无 ALARM 报警时断电，则重新上电后 196NT 控制器保持"remote"方式，只要保证短时失电后自保持回路保持闭合，给煤机变频器能够立即启动，且不影响 MFT 或给煤机保护动作时的瞬时跳闸功能。

（3）风机油站泵组双电源切换装置及指令脉宽优化。送风机、引风机油站采用双电源切换装置，其中，主电源接自保安 A 段，辅电源接自 380V 锅炉 MCCB 段，装置正常输出由主电源供电，主电源失电时自动切至辅电源，当主电源恢复时又自动回切至主电源供电。工作、备用油泵在 SCS 内采用两点 DO 脉冲控制，未设计保安段失电压信号复归自动重启油泵逻辑，启动自保持由就地电气回路实现。两台油泵在 SCS 内设有外部故障跳闸或油泵运行延时证实后，系统低油压自动启备用油泵逻辑。

事件中，从双电源切换装置状态记录分析，在保安 A 段失电后，迅速切至辅电源供电。保安 A 段备用电源进线开关自动合闸后母线电压恢复，装置又自动回切至主电源供电，伴随着备用电源进线开关多次自动合闸、分闸，装置同步进行多次主辅电源切换而无法连续供电，送风机、引风机因两台油泵全停延时 30s 跳闸。

试验发现，油站双电源切换装置切换时间不稳定，当保安段失电故障切换至备用电源进线恢复供电时，备用油泵自动启动没有每次成功，切换装置按主→辅→主的顺序切换过程中，辅电源供电时备用油泵自动启动，主电源恢复、装置回切时又失电跳闸，回切后又因备用油泵启动指令回零而保持在失电跳闸状态。

综上分析试验，优化的具体措施如下。

1）SCS 操作器内 DO 指令脉宽由 3s 改为 6s，保证保安段失电切至备用电源进线恢复供电时，切换装置在主→辅→主的顺序切换后，备用油泵启动指令脉冲仍然有效。

2）参照（1）优化操作器功能或组态，当工作油泵因失电故障跳闸时，若备用油泵自动联启失败，工作油泵还能接受备用油泵故障跳闸信号自动重启一次。

3）风机油站工作、备用油泵可并列运行，可直接在 SCS 增加保安段失电压复归自动重启油泵逻辑。

另外，风机油站工作、备用油泵电源取自双电源切换装置输出，实际上是增加了故障环节，应取消装置在辅电源供电正常时至主电源的自动回切功能，或者直接取消该切换装置。

（4）备用油泵低油压保护逻辑优化。工作、备用油泵组互为备用的传统设计是通过联锁投撤开关串联油泵停运状态信号实现电气联锁，或者通过系统低油压信号实现热工联锁。工作油泵跳闸后，工作油泵停运信号和低油压信号以完全冗余的方式任一都可自动启动备用油泵。使用 DCS 平台后，大多取消了联锁投撤开关，采用"工作油泵运行延时证实后，系统低油压自动联启备用油泵"逻辑，当电气故障或保安段失电引起工作油泵跳闸后，因运行证实信号消失无法触发该逻辑，若外部故障自动启备用油泵逻辑失效则可能导致故障扩大。

风机油站工作、备用油泵可并列运行，建议采用"风机运行延时证实后系统低油压联启备用油泵"逻辑，以使低油压自动启备用油泵逻辑随时有效。

当保安段失电需柴油发电机启动后才能恢复供电时，母线失电达 15s，而操作器 DO 启泵指令脉宽、设备行程监视时间都小于 10s，因此，低油压自动启信号脉宽应大于 15s。

（三）事件处理与防范

（1）汽轮机、发电机油系统交流油泵就地启停控制回路都采用双位置继电器，只要 SCS 不发停止指令，保安段失电油泵跳闸后双位置继电器仍保持在合闸位置，保安段恢复供电后能不依赖于 SCS 而自行启动，因此，电气将磨煤机油站单台配置的加载、润滑油泵改为双位置继电器形式。

（2）通过多次试验发现，不同保安段失电压信号报警至复归时间存在一定差异，由电

31

气专业人员对明显偏慢的进行开关动作速度、继电器返回特性分析试验，确认是否存在性能劣化隐患。保安段切换试验时应模拟各种异常工况，负载要尽量按机组正常运行状态投运，根据试验数据确认 ECS、SCS 及 FSSS 内各相关延时参数设置是否合理。

（3）仪控专业人员完成本专业范围内单点保护整改工作，但失电压检测、机电大联锁等电气与仪控专业间联络信号需要电气专业确认，具备单点冗余整改条件的应整改，提高信号检测可靠性。

（4）因 ECS 系统控制器负荷率较低，所有逻辑页执行周期为 200ms，而 SCS 和 FSSS 系统控制器负荷率相对较高，只有部分主逻辑页执行周期为 200ms，应通过 DCS 整体改造提高控制器处理能力，提高 ECS、SCS 及 FSSS 各子系统间网络传输速度和页处理速度，加快保安段故障切换和负载失压复归自动重启速度，获取更多的时间裕度。

第二节 控制设备电源故障分析处理与防范

本节收集了控制设备电源故障案例 6 起，分别为 24V 直流母排电压瞬间变化造成机组跳闸、锅炉变压器高压侧开关故障造成 4 台磨煤机停运导致机组 MFT、磨煤机分离器出料阀双电源切换装置异常导致机组跳闸、给水泵汽轮机 AST 电磁阀电源配置不合理导致机组跳闸、燃气轮机调压站 ESD 阀电源设计不可靠导致全厂机组停运、主汽门位置变送器供电电源设计不合理导致再热器保护误动。

一、24V 直流母排电压瞬间变化造成机组跳闸

2022 年 5 月 3 日，某发电公司 1 号机组负荷 600MW，A、B、C、D、E 制粉系统运行，双套引送风机运行。主蒸汽温度 566℃，主蒸汽压力 24.3MPa，再热蒸汽温度 568℃，再热蒸汽压力 4.32MPa，汽轮机转速 3000r/min。

（一）事件过程

2022 年 5 月 3 日 20 时 24 分，某发电公司 1 号机组数字电液控制系统（DEH）汽轮机保护画面发讯"TURBING CONTROLLEE TRIP（汽轮机控制器跳闸）"，锅炉 MFT，发电机逆功率保护跳闸。

20 时 24 分 15 秒 130 微秒，DEH 系统报警"LOW VOLTAGE 24V DC APPEAR（24V DC 电压低）"。

20 时 24 分 15 秒 230 微秒，DEH 报警面报"DUAL STI300 SUPPLY SENSOR1（双路 STI300 转速 1 供电故障）""DUAL STI300 SUPPLY SENSOR2（双路 STI300 转速 2 供电故障）""DUAL STI300 SUPPLY SENSOR3（双路 STI300 转速 3 供电故障）""TURBINE MAIN MEAS FAILURE（汽轮机主要测量故障）"等报警信息。

（二）事件原因查找与分析

1. 事件原因检查

机组跳闸后，热控人员检查汽轮机控制器跳闸画面，汽轮机控制器跳闸画面，如图 2-14 所示。锅炉 MFT 首出信号显示，如图 2-15 所示。汽轮机控制器跳闸记录，如图 2-16 所示。转速卡电源故障，如图 2-17 所示。

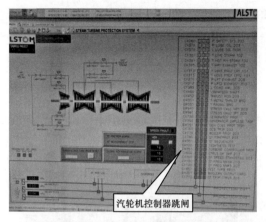

图 2-14 汽轮机控制器跳闸画面

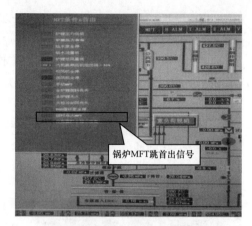

图 2-15 锅炉 MFT 首出信号显示

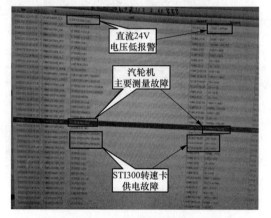

图 2-16 汽轮机控制器跳闸记录

图 2-17 转速卡电源故障

24V DC 电源电路, 如图 2-18 所示. 现场检查直流 24V 电源模块 (4 个) 输出电压分别为 24、24、25、25V, 电源母线电压为 23.09V, 220V AC 工作电源分别来自汽轮机保安段和电气 UPS.

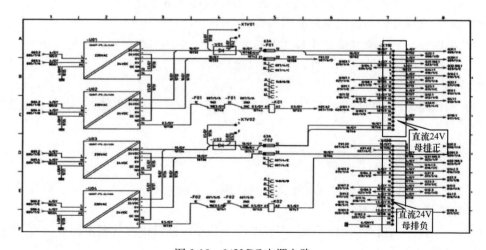

图 2-18 24V DC 电源电路

检查汽轮机 DEH 系统主、备控制器 STI300 转速卡，状态灯显示正常，备用控制器主运行状态。

查阅 2022 年 3 月 1 日机组 C 级检修文件包检修记录，24V DC 直流母排电压测量值为 23V DC。

对现场 6 个转速探头回路进行检查，均无异常。再次测量 24V 母排供电电压为 21.9V。24V DC 电源电路，如图 2-19 所示。判断为直流 24V 母线电压不稳定，供电电压小于 22V，DEH 画面报 24V DC 电源电路，如图 2-20 所示。

现场进行复现试验，调低直流 24V 电源模块电压，在母排电压输出调至 21.31V 时，复现跳闸时现象。

图 2-19　24V DC 电源电路

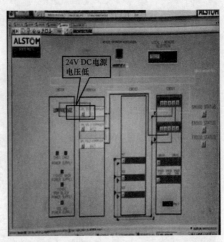

图 2-20　DEH 画面报 24V DC 电源电路

2. 事件原因分析

通过 DEH 系统报警画面信息与直流 24V 电源测量值，判断为主、备控制器的 STI300 转速卡瞬间供电电压不足，STI300 转速卡发故障报警，MFC3000 主、备控制器切换（STI300 故障时会切换至备用控制器）的同时 DEH 发"汽轮机主要测量故障"信号，信号至汽轮机控制器跳闸通道，保护动作，汽轮机跳闸，联锁锅炉 MFT、发电机逆功率跳闸。阿尔斯通厂家技术人员对 MFC3000 主、备控制器重新进行了数据下装。

根据上述查找分析，本次事件原因如下。

直接原因：24V 直流母排电压瞬间下降至 21.31V 引起机组跳闸。

间接原因：电源模块老化，性能下降，导致带载能力下降。

3. 暴露问题

（1）因双路 STI300 转速卡都发故障，MFC3000 主、备控制器频繁切换，导致部分数据丢失。

（2）DEH 系统 220V AC/24V DC 电源模块长期运行，存在老化现象，性能下降，导致直流 24V 电源母排电压带载能力下降。

（3）DEH 系统 24V DC 母线电压无直观监视。

（三）事件处理与防范

（1）厂家技术人员对 DEH 系统 MFC3000 主、备控制器进行数据库检查，数据进行重新下装，并做切换试验。

（2）调整 4 块直流 24V 电源模块输出电压使母线电压为 24V。

（3）计划对 DEH 系统直流 24V 母线增装数字电压表，并更换 4 块 220V AC/24V DC 电源模块。

（4）定期检查 DEH 系统直流 24V 供电电源母线电压。

（5）对生产现场控制系统使用的电源模块进行检查。

二、锅炉变压器高压侧开关故障造成 4 台磨煤机停运导致机组 MFT

2022 年 12 月 26 日，某电厂 2 号机组负荷 300MW，风量 1308t/h，A、B、D、E 制粉系统运行，双套引、送风机运行，主蒸汽温度 563℃，主蒸汽压力 15.9MPa，再热蒸汽温度 565℃，再热蒸汽压力 2.09MPa，汽轮机转速 3000r/min。2 号机组 1 号锅炉变压器高压侧开关 2A3H 状态正常，2 号机组锅炉 PC A 段进线开关 2A3L 状态正常，2 号锅炉 PC A 段母线电压正常（402V），带 B、D、F 给煤机、1、2、3 号等离子隔离变压器及锅炉 MCCA 段，锅炉 MCCA 段接带 A、B、C 磨煤机润滑油站电源一及 1 号送风机、1 号一次风机润滑油站电源一。

（一）事件过程

14 时 26 分，2 号机组 1 号锅炉变压器高压侧开关 2A3H 发"电气故障"，2 号机组 1 号锅炉变压器高压侧开关 2A3H 跳闸，2 号机组锅炉 PC A 段进线开关 2A3L 跳闸，锅炉 PC A 段失电，B、D 给煤机跳闸，锅炉 MCCA 段失电，A 磨煤机跳闸（首出润滑油条件不满足）、B 磨煤机跳闸（首出润滑油条件不满足）、1 号一次风机跳闸（首出润滑油泵全停）、1 号送风机跳闸（首出润滑油泵全停）、D 磨煤机跳闸（首出煤层失去火焰）。运行人员紧急投微油，但 D1～D6 着火不成功。后抢启磨煤机等操作不成功，主蒸汽温度持续下降，高压缸应力持续上升。

14 时 40 分，2 号机组汽轮机主保护发"STRESS CALC HPT 203（高压缸应力大）"信号，保护动作机组跳闸。

（二）事件原因查找与分析

1. 事件原因检查

事件后查找 DCS 操作记录，煤量与给水流量记录曲线，如图 2-21 所示。

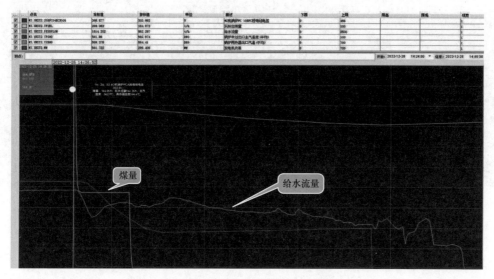

图 2-21　煤量与给水流量记录曲线

14时26分54秒，运行急投微油，但D1～D6着火不成功，加强调整给水流量，同时密切监视储水箱水位。

14时27分20秒，运行人员抢启A磨煤机，但因A磨煤机分离器温度高无启允许信号，开大冷风调节阀，关小热风调节阀，以调整降低磨煤机分离器温度。5s后，对C磨煤机通风，准备启C磨煤机；40s后，开一次风机、送风机联络门；15s后，投入B层油枪。

14时29分34秒，B1～B6油枪全部着火正常，此时C磨煤机风量满足条件，但负荷已降至164MW，C磨煤机点火能量不满足，无启动允许信号。1s后投入E层油枪。

14时29分55秒，E2～E6油枪全部着火正常，但E1点火不成功。

14时29分E磨煤机跳闸（首出煤层失去火焰），1min后，运行监盘人员手动启E磨煤机失败。

14时30分44秒，投入C层油枪，19s后，C1～C5油枪全部着火正常，C6点火不成功。

14时34分01秒，A磨煤机分离器温度降至90℃以下，此时负荷降至129MW且等离子发生器仅能投入4、5、6号等离子发生器，A磨煤机点火能量不满足，无启动允许信号。

14时36分20秒，投入F层油枪，20s后，F1～F6油枪全部着火正常。

14时27分50秒～14时39分05秒，主蒸汽温度由562.8℃下降至480.3℃。1min16s后下降至408.1℃。此时机组负荷139MW，再热蒸汽温度504℃。

14时28分59秒～14时40分16秒，高压缸应力由1.3％上升到62.6％。25s后升至86.6％。

14时40分，2号机组汽轮机主保护发"STRESS CALC HPT 203（高压缸应力大）"保护信号，机组跳闸。机组跳闸时相关参数记录曲线，如图2-22所示。

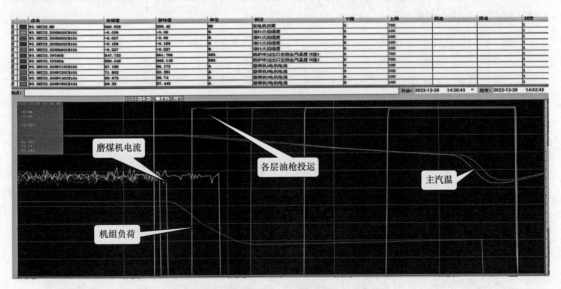

图2-22 机组跳闸时相关参数记录曲线

经查，该保护装置生产厂家为江苏金智科技股份有限公司，型号为WDZ-5242变压器保护测控装置，于2016年3月投入使用；2021年4月大修时校验该保护装置，各项参数正常，符合运行条件；电气二次专业人员每周进行一次巡检作业，巡检过程中均会认真检查所辖范围内各台保护装置的运行情况，该类保护装置未发生类似缺陷。事件后检查装置记录，如图 2-23 所示。

图 2-23　事件后检查装置记录

2. 事件原因分析

（1）根据上述操作记录分析，机组跳闸原因分析如下。

1）直接原因：由于 4 台磨煤机跳闸，主蒸汽温度快速下降，高压缸应力大发出保护动作信号，导致机组跳闸。

2）间接原因：经现场检查，2 号机组 1 号锅炉变压器高压侧开关柜（20BBA10）保护装置发"过流一段跳闸""过流二段跳闸"信号；检查一段二次定值设为 6.87A，实际显示动作值 A 相 0.06A、B 相 0.06A、C 相 0.06A；二段二次定值为 1.37A，实际显示动作值 A、B、C 三相均为 0A，且保护装置"跳闸"信号灯无法进行复位，判断为保护装置故障后运算出错，致使保护装置误动作开关跳闸。

（2）磨煤机跳闸原因分析。A、B 磨煤机跳闸原因是 A、B 磨煤机 1 号油泵运行，在 MCCA 段失电时联锁启动 2 号油泵，而 2 号油泵运行信号在 2s 后才显示正常，这期间"润滑油条件不满足"发出，因跳磨煤机逻辑未设置 2s 延时，磨煤机跳闸逻辑，如图 2-24 所示。

D 磨煤机跳闸原因为 PC A 段电源消失，D 给煤机跳闸，燃料失去，D 磨煤机煤层失去火焰。

（3）送风机、一次风机跳闸原因分析。MCCA 段电源失去，送风机、一次风机因 1 号油泵信号消失，2 号油泵运行信号 2s 后才返回，这期间润滑油泵全停导致跳闸，送风机跳闸逻辑，如图 2-25 所示；一次风机跳闸逻辑，如图 2-26 所示。

3. 暴露问题

（1）保护装置定期校验均正常，在一次设备无故障的情况下保护装置误动作，导致锅炉 PC A 段失电，保护装置可靠性差。

（2）逻辑回路不合理，在一台油泵跳闸后，虽然联锁启动了另一台，但从油泵跳闸到备用油泵运行信号返回时间超过逻辑设置的 2s 延时，导致双油泵运行信号失去跳闸磨煤机、送风机、一次风机。

（3）电源配置不合理，PC A 段带 B、D、F 给煤机，MCCA 段带 A、B、C 磨煤机润滑油站电源，导致 A、B、D 磨煤机全部跳闸。

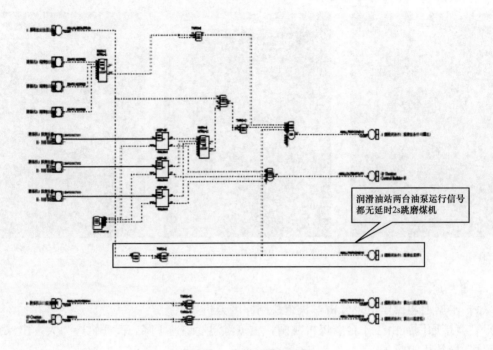

图 2-24　磨煤机跳闸逻辑

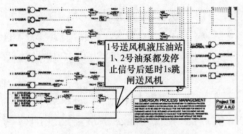

图 2-25　送风机跳闸逻辑

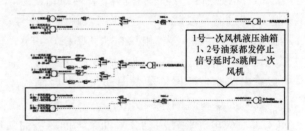

图 2-26　一次风机跳闸逻辑

（三）事件处理与防范

（1）更换 2 号机组 1 号锅炉变压器高压侧开关柜（20BBA10）综合保护装置，并对保护装置进行传动试验，加强机组停运后保护装置校验传动工作，做好保护装置传动校验记录。

（2）优化逻辑保护，经与设备厂家沟通，将油泵跳闸后延时跳磨煤机由 2s 修改为 4s，咨询兄弟单位类似设备逻辑配置，优化风机跳闸逻辑条件，提高逻辑动作可靠性。

（3）对磨煤机油站电源进行倒换，将锅炉 MCCA 段的 A、C 磨煤机油站电源一倒换至锅炉 MCCB 段；将锅炉 MCCB 段 D、F 磨煤机润滑油站电源一倒换至 MCCA 段；确保锅炉 MCC 段接带磨煤机润滑油站电源一与 PC 段接带给煤机为同一设备系统。同时举一反三，普查一、二期所有设备负荷电源分配情况，对设置不合理的电源召开专题会讨论，并落实整改闭环。

三、磨煤机分离器出料阀双电源切换装置异常导致机组跳闸

某电厂 1 号机组 A、B、C、D、E、F 磨煤机分离器出料阀电磁阀电源均取自交流 220V 锅炉热控电源盘 10CSB01，柜内采用两路电源冗余配置，一路取自机组保安段，另一路取自机组 UPS，两路电源通过双电源切换装置进行主备切换，双电源切换装置主板为 GE 生产的 MX150 微控制器转换开关控制板。

（一）事件过程

2022 年某月某日 19 时 50 分，机组负荷 550MW，协调控制方式，AGC 投入，汽轮机顺序阀运行，A、B 空气预热器和 A、B 引/送/一次风机运行，引风机/一次风机自动，送风机手动，A、B、C、D、E、F 磨煤机运行，机组参数稳定运行。

19 时 53 分，"锅炉热控电源盘 10CSB01 电源异常"报警信号发出，随后机组跳闸，MFT 首出为"锅炉失去全部火焰"。

（二）事件原因查找与分析

1. 事件原因检查

根据机组停运前的"锅炉热控电源盘 10CSB01 电源异常"报警信号，检查 1 号炉 13.7m 层锅炉热控电源盘，发现柜内 10CSB01 的双电源切换装置控制面板显示异常，机械装置指示在跳闸位，切换装置后电源输出电压值为 0。检查锅炉热控电源盘 10CSB01 的两路进线电源电压正常，盘内线缆回路检查无异常。操作双电源切换装置控制面板按键无任何响应，多次进行切换试验也无法正常运行，随后更换该装置主板，送电后进行电源切换试验正常，确认故障部件为双电源切换装置主板。

拆下锅炉热控电源盘 10CSB01 双电源切换装置主板，检查发现该主板上 U124 电容有明显灼烧痕迹，MOV12 元器件、K4 继电器背部印刷线存在腐蚀、锈蚀痕迹，查阅说明书和咨询设备厂家，可能影响转换开关的电压转换，需返厂进行进一步检测。

检查锅炉热控电源盘 10CSB01 环境条件，因该盘柜位于室外的 1 号炉 13.7m 层，靠近锅炉本体，盘柜周围灰尘较多，柜体、滤网及柜内虽进行定期维护但仍存在一定积灰；此外，无有效的温湿度控制措施。

2. 事件原因分析

直接原因：双电源切换装置主板故障，导致盘柜切换装置后电源失电，其所带的所有磨煤机分离器出料阀电源失电后关闭，全开信号消失，所有"煤燃烧器无火"信号发出，"所有磨组失去火焰（3/4）"条件满足动作，最终触发"锅炉失去全部火焰"保护动作，MFT 跳闸停机。

间接原因：电源切换设计不可靠，锅炉热控电源盘柜安装环境差，不满足电源安全可靠运行的要求。

3. 暴露问题

（1）电源负载分配和锅炉热控电源盘柜安装位置及电源切换设计不能满足电源安全可靠运行的要求，六台磨煤机分离器出料阀（气动门）电磁阀电源全部取自锅炉 13.7m 层锅炉热控电源盘 10CSB01，配电柜两路进线电源仅通过一套双电源切换装置进行切换，切换装置故障将引起所有磨煤机分离器出料阀电磁阀电源失电而自动关闭，全开信号消失，进而引发全部燃料中断、机组跳闸。

（2）防止机组非正常停机的技术措施针对性不强。六台磨煤机分离器出料阀电磁阀电源全部取自锅炉热控电源盘 10CSB01 的双电源切换装置后，属于"单一设备故障引发机组非计划停运"隐患，但隐患排查时未能被发现。

（三）事件处理与防范

（1）排查重要电源系统、双路电源切换装置、设备电源负载集中布置隐患，保证所有冗余设备电源直接取自相互独立且非同一段的二路电源供电，就地远程柜电源直接来自 DCS 总电源柜的二路电源。

（2）切换装置切换的电压，应保证高于控制器正常工作电压一定范围，避免电压低时，控制器早于电源切换装置动作前重启或扰动。

（3）加强热控配电柜双电源切换装置的检修和维护力度，将热控配电柜双电源切换装置的切换试验列为重点检修项目。

四、给水泵汽轮机 AST 电磁阀电源配置不合理导致机组跳闸

11 号机组汽轮机为 N330-17.0/543/565 型亚临界、一次中间再热、单轴、高中压合缸、双缸双排汽凝式汽轮机；锅炉为上海锅炉厂有限公司制造的 SG-1036/17.5-M867 型亚临界压力中间一次再热控制循环炉，单炉膛 Ⅱ 型，露天布置；发电机为上海发电机厂制造的 QFSN-330-2 型水氢氢发电机。配置 2 台汽动给水泵，给水泵汽轮机遮断系统采用单 AST 电磁阀失电跳闸设计。

（一）事件过程

2022 年 11 月 19 日 15 时 00 分，11 号机组负荷 296MW，主蒸汽温度 542℃，主蒸汽压力 16.5MPa，再热蒸汽温度 558℃，再热蒸汽压力 2.97MPa，给水流量 802t/h，主蒸汽流量 839t/h。

15 时 01 分，11 号机组跳闸，负荷到零。电侧逆功率保护动作正常，主开关 2511、灭磁开关跳闸；锅炉 MFT 保护首出为"汽包水位超限跳闸"动作，停机过程各参数正常。

（二）事件原因查找与分析

1. 事件原因检查

11 月 19 日 11 时 30 分，11 号机组 110V 直流 Ⅰ 组蓄电池加装蓄电池在线监测装置工作完成，恢复 1 号充电机带 Ⅰ 组蓄电池及 110V 直流 Ⅰ 段母线运行。恢复过程中，1 号充电机输出隔离开关机械合闸不到位，造成 110V 直流 Ⅰ 段母线失电。

因热工电源柜双电源接触器切换时间大于甲、乙给水泵汽轮机跳闸电磁阀失电保持时间，110V 直流 Ⅰ 段母线失电后，造成甲、乙给水泵汽轮机跳闸电磁阀失电动作，引起甲、乙给水泵汽轮机跳闸。同时，由于电动给水泵电源开关失去控制电源（由 110V 直流 Ⅰ 段母线供电），联动失败。锅炉汽包水位低导致 MFT 动作，机组跳闸。

2. 事件原因分析

直接原因：电气工作人员在 11 号机组 110V 直流 Ⅰ 组蓄电池加装蓄电池在线监测装置工作中失误。

间接原因：设计不当，两台给水泵汽轮机 AST 电磁阀电源连接同一段电源上，不满足《火力发电厂热工自动化系统可靠性评估技术导则》（DL/T 261—2022）要求二路独立电源的风险防范要求。另给水泵汽轮机 AST 电磁阀采用单电磁阀失电动作设计，安全可靠

性差。

3. 暴露问题

（1）设备维护不到位：在机组计划性检修和日常检查维护过程中，未及时发现直流系统充电机输出隔离开关动静触头接触不良的异常情况。

（2）试验管理不到位：机组计划性检修中的电源柜双电源切换试验，因负载未接入系统，未能及时发现负载特性与切换开关切换时间的匹配性问题。

（3）对 AST 电源风险认识不到位：两台给水泵汽轮机 AST 电磁阀电源连接在同一段电源上，风险较高。

（三）事件处理与防范

（1）开展同类问题排查：对直流系统等电气系统同类型隔离开关、开关机构进行全面排查，形成问题清单，专业组充分研究后制定整改计划，开展专项治理。

（2）加强设备隐患治理：利用机组调停、计划性检修等机会，对所有热控双电源柜进行切换试验，排查是否存在导致负载失电的隐患。结合机组计划性检修对存在失电隐患的双电源切换装置进行升级改造，实现无扰切换。

（3）优化电源配置：2 台给水泵汽轮机 AST 电源分开配置。全面梳理机组设备电源分布，按照重要设备甲、乙侧电源分段配置，利用机组检修机会进行调整。

五、燃气轮机调压站 ESD 阀电源设计不可靠导致全厂机组停运

某燃气轮机电厂机组有二拖一（1、2 号燃气轮机拖动 3 号汽轮机）、一拖一（5 号燃气轮机拖动 4 号汽轮机）运行，2022 年 6 月 16 日，因燃气轮机调压站 ESD 阀电源设计不可靠导致全厂机组跳闸停运。

（一）事件过程

10 时 52 分，该燃气轮机电厂机组二拖一机组中 1、3 号机组运行（1 号燃气轮机 197MW，3 号汽轮机 108MW，机组群功率 305MW），一拖一机组运行（4 号汽轮机 112MW，5 号燃气轮机 191MW，机组群功率 303MW），全厂机组总负荷 608MW。

10 时 52 分，运行人员监盘发现 1 号燃气轮机、3 号汽轮机、4 号汽轮机、5 号燃气轮机负荷都到 0MW，机组跳闸。

（二）事件原因查找与分析

1. 事件原因检查

事件后查看报警画面，10 时 51 分 36 秒，"调压站入口过滤器前关断阀已关"报警信号，1、5 号燃气轮机 P2 压力低保护动作，余热锅炉保护动作联跳 3、4 号汽轮机。

检查 DCS 画面上"调压站入口过滤器前关断阀"显示黄色故障，调压站对比计量表压力、流量等参数变为坏点。

现场检查发现 ESD 阀关闭（调压站入口过滤器前关断阀，该阀门安装在调压站内燃气公司管辖的区域，设备资产归属于燃气公司），联系燃气调度派人检查，共同就地确认 ESD 阀处于失电关闭状态。

ESD 阀的电源取自电加热器控制柜，控制柜的两路电源均接在工业废水 MCC 段上，检查发现工业废水 MCC 段失电。经检查确认为该段所带 1 号排水泵发生接地故障，引发零序保护动作，导致整段失电。

2. 事件原因分析

燃气轮机调压站 ESD 阀供电电源失去，导致调压站入口过滤器前关断阀和相关仪表失去电源停止工作。

3. 暴露问题

（1）ESD 阀控制电源设计不可靠。ESD 阀控制电源取自电加热器控制柜，该柜两路电源均取自工业废水 MCC 段。由于工业废水 MCC 段所带 1 号排水泵发生接地，导致工业废水 MCC 段整段失电。

（2）对安全生产极端重要性的认识不到位。未将 ESD 阀纳入厂内设备管理范围，关口未能前移，对该阀门电源设计和实际接线方式不掌握，基建期设计、验收把关不严，生产期隐患排查工作不严不细造成此次全厂停止对外供电。

（3）对 ESD 阀关闭后可能造成的严重后果认识不到位。未将其纳入防止全厂停电的隐患排查内容，也没有协同燃气公司有效地开展共用设备的隐患排查工作，重大隐患长期存在，生产管理出现明显漏洞。

（三）事件处理与防范

（1）排查重要电源系统、双路电源切换装置、设备电源负载集中布置隐患，整改所有冗余设备电源，保证直接取自相互独立且非同一段的二路电源供电，就地远程柜电源直接来自 DCS 总电源柜的二路电源。若对保护联锁回路失电控制的设备（如 AST 电磁阀、磨煤机出口闸阀、抽气止回阀、循环水泵出口蝶阀等）采用交流电磁阀控制，应保证电源的切换时间满足快速电磁阀的切换要求。此外，在运行操作员站设置重要电源的监视画面和报警信息，冗余电源的任一单个电源故障应及时报警；主重要设备的电源报警设置为一级报警，在线监视进线电压，以便问题能及时发现和处理。

（2）加强热控配电柜双电源切换装置的检修和维护力度，将热控配电柜双电源切换装置的切换试验列为重点检修项目。

（3）健全外部协调机制，了解掌握燃气公司负责设备的运行方式和定期维护及管理内容，协商共同管理的设备监督内容及方式。

六、主汽门位置变送器供电电源设计不合理导致再热器保护误动

某电厂 300MW 机组因主汽门位置变送器供电电源设计不合理，导致机组跳闸。

（一）事件过程

2022 年 8 月 3 日 6 时 56 分，某电厂机组 CCS 方式运行，机组负荷 315MW，1 号高压主汽门关闭、2 号高压主汽门关闭信号先后发出，锅炉 MFT，发电机解列，首出原因为"再热器保护动作"。

（二）事件原因查找与分析

1. 事件原因检查

机组跳闸后，检查再热器保护逻辑为高压旁路关闭时，1、2 号高压主汽门或高压调节阀均关闭，发出"蒸汽阻塞"信号延时 20s 触发机组"再热器保护动作"。

检查 1 号高压主汽门、2 号高压主汽门位置变送器供电电源，发现电源开关跳闸。检查该变送器供电电源开关至就地接线盒电缆绝缘、接线及 DEH 机柜内设备，均未见异常。

拆下 1 号高压主汽门位置变送器检查，发现线路板存在局部变色，电子元器件管脚存

在腐蚀碱化且有电阻脱落情况。

2. 事件原因分析

直接原因：沿海区域盐雾造成 1 号高压主汽门位置变送器内电子元器件腐蚀老化，脱落。

间接原因：供电电源设计不合理，2 台主汽门位置变送器共用一路供电电源开关，1 号高压主汽门位置变送器故障导致与 2 号高压主汽门位置变送器共用的电源开关跳闸，触发了再热器保护动作。

3. 暴露问题

（1）电源回路设计不合理：影响跳炉跳机的冗余测量设备未遵循电源回路（电源、电源开关、电缆）应独立配置的原则以防止回路中一路电源、电缆故障带来的安全隐患。

（2）设备隐患排查不深入：未辨识出 1、2 号高压主汽门位置变送器共用一路供电电源，一旦电源故障将触发机组再热器保护动作 MFT 的风险。

（3）对沿海区域盐雾造成电子元器件腐蚀隐患及危害认识不足，未制定专项检查、检修及维护措施。

（三）事件处理与防范

（1）对同类机组 DEH 系统涉及保护的测量与控制仪表设备的电源回路进行排查，应保证全程满足独立配置的原则（如 1、2 号高压主汽门和 1、2 号中压主汽门的位置变送器、两个冗余的跳闸电磁阀）。

（2）优化电源报警和电源的日常巡检，冗余电源的任一单个电源故障应及时报警，并及时安排处理予以消除。

（3）重视沿海区域环境对电子元器件腐蚀隐患，制定专项检查、检修及维护措施。

第三章

控制系统故障分析处理与防范

本章收集了 29 起 2022 年因控制系统故障导致机组运行异常的案例，分别按控制系统设计配置、模件故障、控制器故障、网络通信系统故障、DCS 软件和逻辑运行故障和 DEH/MEH 系统控制设备运行故障 6 个方面进行了总结与提炼。从这 29 起案例中可看到，故障原因除逻辑缺陷（设计缺陷、设置错误或不完善）、模件故障（包括 LVDT 反馈、网络通信等）、控制器故障（包括辅助部件）外，更多案例是人为原因导致（例如，控制器扫描周期设置不当、逻辑修改后未编译下载、系统执行周期与时间函数设置不匹配、逻辑变量未赋初值等）。

希望借助本章节案例的介绍、总结和提炼，能对专业人员在完善、提高机组控制系统设计、组态、运行和维护过程中的安全预控能力有所帮助。

第一节　控制系统设计配置故障分析处理与防范

本节收集了因控制系统设计配置不当引起机组故障 2 起，分别为全磨组 RB1 触发逻辑不合理造成点动后燃料 RB 动作、逻辑功能设计不完善与操作不规范导致控制异常。案例反映了 DCS 控制系统软件参数配置、控制逻辑还不够完善，进一步说明了在控制系统的设计、调试和检修过程中，规范地设置控制参数、完整地考虑控制逻辑是提高控制系统可靠性的基本保证。

一、全磨组 RB1 触发逻辑不合理造成燃料 RB 动作

（一）事件过程

2022 年 9 月 7 日，3 号机组 5 台磨煤机运行，实际负荷 280MW，负荷指令（限速后）280MW，主蒸汽压力 16.51MPa。

因 3A 给煤机检修，就地操作停运给煤机。给煤机停运后触发机组 RB 保护动作，机组减负荷。3A 给煤机停运触发制粉 RB 动作属于正常。

（二）事件原因查找与分析

1. 事件原因检查

3 号机组 RB1 跳 E 磨煤机逻辑，如图 3-1 所示，其中，RB1（减负荷信号 1）跳闸 E 磨煤机触发条件为下述条件同时满足：①E 磨煤机在运行；②A～E 层煤层均投运；③发生制粉 RB。

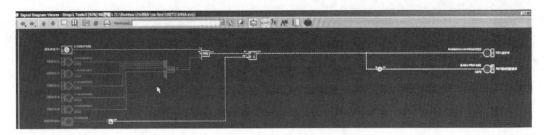

图 3-1　3 号机组 RB1 跳 E 磨煤机逻辑

A～E 层煤层均投运信号需在对应磨煤机或给煤机跳闸 5s 后消失（反向延时 5s），因此虽 A 煤层已停运，但 A 层煤层投运信号需 5s 后才会消失。因此，满足 RB1（减负荷信号 1）条件。

2. 事件原因分析

3 号机组全部磨煤机组运行工况下，制粉系统带载能力切换逻辑不完善，专业人员对控制系统逻辑掌握不全面。

（三）事件处理与防范

原基建期全磨组 RB1 触发逻辑不合理，逻辑需优化。

2023 年 1 月春节调停期间，对 3、5、6 号机组进行了逻辑优化；4 号机组处于强制状态。

二、逻辑功能设计不完善与操作不规范导致控制异常

（一）事件过程

3 时 18 分 12 秒，供浆调节阀切到自动。

3 时 19 分 02 秒，供浆调节阀切到手动，运行人员手动将调节阀开度由 6％开到 59％。

3 时 19 分 41 秒，供浆调节阀切到自动，运行人员手动将 pH 设定值由 5.15 改到 5.55，开度立即由 59％关到 6％。

DCS 供浆调节阀动作异常趋势记录，如图 3-2 所示。

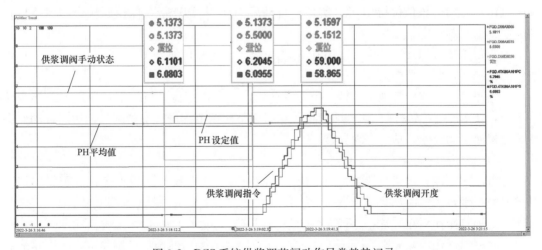

图 3-2　DCS 系统供浆调节阀动作异常趋势记录

（二）事件原因查找与分析

供浆调节阀指令的部分逻辑，如图 3-3 所示。按照控制功能分析，运行人员将调节阀切到自动后，阀门指令应在当前状态下进行控制，实现无扰切换；当运行人员手动将 pH 设定值由 5.15 改到 5.55 后，为调大 pH 控制应开大调节阀，而在切自动后的一段时间，阀门指令却由 59% 关小到 6%。

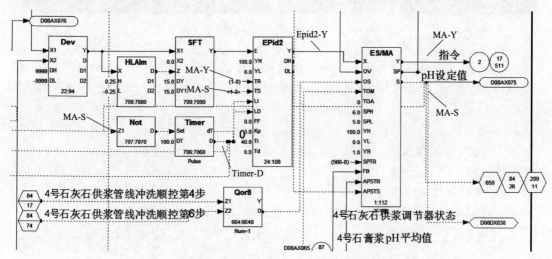

图 3-3　供浆调节阀指令的部分逻辑

由逻辑可知，在进行手自动切换时 MA-S 变化会改变 EPid2 的跟踪切换开关（TS）、闭锁增（LI）和闭锁减（LD）参数。

当切手动时 MA-S 为 1，跟踪切换开关（TS）为 1，EPid2-Y 跟踪被跟踪变量（TR）值，即 MA 站输出 MA-Y 值，该功能实现切手动 PID 跟踪 MA 站输出，从而在切自动时实现无扰切换。

当切自动时 MA-S 为 0，通过取非触发脉冲功能块发 100s 脉冲，给闭锁增（LI）和闭锁减（LD）置 1，该值保持 100s，实现切自动后 100s 内 PID 指令保持原输出，保持切自动后前期的控制稳定。

由于闭锁增（LI）和闭锁减（LD）的优先级大于跟踪切换开关（TS），故当 LI 和 LD 触发的情况下，跟踪功能失效。

根据逻辑执行与异常现象分析，当切手动后，100s 内存在 LI 和 LD，导致 PID 指令保持不变，在 100s 内又切回自动，即使在手动状态下对调节阀进行手动调节，切回自动后会继续保持原自动指令，从而出现异常。

（三）事件处理与防范

分析可知，该异常只在特定情况下出现，故可通过规范操作或逻辑优化避免特定情况下异常的发生。

（1）规范操作消除异常：运行人员切手动调节时间大于 100s 后才能再次切回自动。

（2）逻辑优化消除异常：由于 100s 是为了保持切自动后前期的控制稳定，故该功能只要保持切自动时正常执行，一旦切手动后将该功能取消，从而使 TS 跟踪功能正常，实现无扰切换［即在脉冲功能块后与上自动状态（MA-S 取非），再给 LI 和 LD 置值］。

第二节　模件故障分析处理与防范

本节收集了因模件故障引发的机组故障 5 起，分别为控制器接线卡故障机组跳闸、控制站模件故障引起送引风机控制异常导致 MFT 动作、遮断电磁阀 DO 卡故障导致机组跳闸、采用 SOE 模件输出的保护信号瞬间跳变导致锅炉 MFT、燃气轮机阀位控制卡故障停机。

一、控制器接线卡故障机组跳闸

某电厂 1 号燃气-蒸汽联合循环机组中，燃气轮机为 GE 公司生产的 9F 级燃气轮机，控制系统于 2017 年升级为 MARKVIe，将全部软、硬件进行了更新。

2022 年 7 月 30 日 13 时 50 分，1 号机组正常运行，燃气轮机负荷 224MW，汽轮机负荷 40MW，燃气轮机各项运行参数正常。

（一）事件过程

2022 年 7 月 30 日 13 时 51 分 40 秒 021 毫秒，11 号燃气轮机发出"检测到紧急停机信号"及"燃气轮机允许运行信号失去"诊断报警。

13 时 51 分 40 分 051 毫秒，11 号燃气轮机发出"紧急跳闸按钮翻转"信号。10ms 后，11 号燃气轮机发出"紧急跳闸按钮回路保护"信号，主保护 L4T 动作，11 号燃气轮机跳闸。

13 时 51 分 40 分 083 毫秒，11 号燃气轮机"紧急跳闸按钮翻转"信号复归。18ms 后，11 号燃气轮机"紧急跳闸按钮回路保护"信号复归。

随后，专业人员进行了 1 号机组跳闸原因排查和抢修工作，分别排查 11 号燃气轮机就地控制室内 MARKVIe 控制柜上紧急跳闸按钮和集控室 11 号燃气轮机紧急跳闸按钮及其附属电缆，更换了 11 号燃气轮机 MARKVIe 控制器柜内连接手动跳闸按钮信号的接线卡。

7 月 31 日 00 时 12 分，11 号燃气轮机并网归调，00 时 55 分 12 秒，汽轮机并网归调。

（二）事件原因查找与分析

1. 事件原因检查

事件后，根据报警内容检查接线卡。触发保护的模件由 11 号燃气轮机 MARKVIe 中编号为 1E5A 及 1E3A 接线卡组成，其中，1E3A 接线卡的端子编号 14/16、15/17，分别对应 MARKVIe 控制柜上紧急跳闸按钮和集控室 11 号燃气轮机紧急跳闸按钮的常闭触点。该触点为常闭触点，紧急情况下按下此按钮，触点断开将使 KX4/KY4/KZ4 固态继电器失电，实现燃气轮机跳闸。燃气轮机在触发紧急跳闸按钮回路保护 L5E 后，随即发出主保护 L4T 信号，燃气轮机跳闸并通过联合循环 DCS 联跳汽轮机。

检查集控室 11 号燃气轮机跳闸紧急按钮、11 号燃气轮机就地控制室内燃气轮机跳闸紧急按钮及其附属电缆，未发现电缆接头松动、按钮卡涩、电缆绝缘异常、接线接触不良等情况。

通过调取视频、询问当值人员，排除人员误碰紧急按钮的可能。

2. 事件原因分析

（1）直接原因：紧急跳闸回路动作触发燃气轮机跳闸，分析为 1E3A 接线卡瞬时故障或紧急按钮及电缆外部回路存在瞬时接触不良现象。

（2）间接原因：GE原设计的紧急按钮跳闸回路为常带电回路，从按钮到接线卡都为单回路，存在保护误动的可能性。

3. 暴露问题

（1）1E3A模件可能存在瞬时故障。

（2）从紧急按钮到接线卡都为单回路，存在保护误动的可能性。

（三）事件处理与防范

（1）更换1E3A模件，联系对更换下来的模件进行分析。

（2）利用下次停机，更换电缆和按钮，并从按钮至接线卡之间增加电缆，与原有回路并接，提高保护冗余度。

（3）排查梳理燃气轮机跳闸至其他外部回路信号，对不合理的配置进行修改。

（4）联系GE公司对事发时的报警和曲线进行分析，根据反馈意见再进行处理。

二、控制站模件故障引起送引风机控制异常导致MFT动作

2022年7月11日，某厂7号机组254MW负荷AGC方式运行，六大风机正常运行。05时30分00秒，电厂运行操作员发现7A送风机动叶开度反馈（38.6%）、7A引风机动叶开度反馈（59.99%）、7A一次风机进口调节挡板开度反馈、炉膛负压一个测点、一次风压一个测点、7A空气预热器二次风差压和7A送风机液压油压力共8个测点显示坏点，巡检人员就地检查引送风机动叶执行机构无异常。

（一）事件过程

05时39分56秒，运行人员将7A、7B送风机动叶撤出自动。3min21s后，运行人员将7A引风机动叶撤出自动。

05时50分00秒，运行人员通知热控人员，7A引风机动叶调节反馈信号异常需要处理。热控人员随即赶往现场，经检查发现，DROP6控制站1.1.1模件（AI模件）全部指示灯均不亮，分析认为模件异常需要处理，随即将该情况汇报班组长及部门管理人员。

运行人员经多次调整，06时，7A引风机动叶指令由动叶反馈故障时的60.77%变为58.01%。

06时25分，仪控值班人员根据运行人员提出的意见，将异常模件涉及的信号强制值为当前值，办理了强制手续。6min后，仪控值班人员依次将信号模式由"坏（BAD）"强制为"好（GOOD）"模式，信号值强制为当前值。仪控值班人员共完成了7A一次风机进口挡板位置、7A送风机调节动叶位置、7A引风机动叶开度反馈三个信号的强制。其中，06点37分，将7A引风机动叶开度反馈强制值为信号当前值59.99%时，7A引风机动叶开度指令（YK1906）为58.1%，电流信号值为246A。

06时37分10秒，7A引风机电流从246A突降至132A，7B引风机动叶自动开至87.32%，电流从231A升至396A，炉膛压力由−23Pa升高至1039Pa。20s后，运行人员将7B引风机调节动叶自动撤出，切换为手动控制模式。

06时38分18秒，仪控值班人员接令，将7A引风机动叶开度反馈信号强制解除（解除当前值强制，未解除GOOD模式）。

06时40分25秒，运行人员手动关小7B送风机动叶，从38.4%关至33.2%，炉膛压

力仍维持在 800Pa 左右高位运行；52s 后，调整炉膛压力正常，手动开大 7A 引风机动叶开度指令，从 58.1％开至 65.38％，7A 引风机电流从 137A 突升至 515A，炉膛压力突降至 −1100Pa，手动关小 7B 引风机动叶开度指令至 50％。

06 时 41 分 40 秒，运行人员手动关小 7A 引风机动叶开度指令从 65.38％至 30％，7A 引风机电流从 515A 突降至 125A，6s 炉膛压力上升至 1700Pa 以上，炉膛压力高高触发机组 MFT（保护定值 1700Pa），延时 5s 机组跳闸。事件过程中各相关信号曲线，如图 3-4 所示。

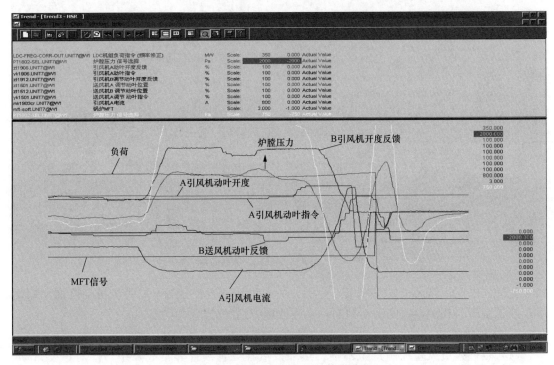

图 3-4　事件过程中各相关信号曲线

07 时 35 分，7 号机组重新点火启动。08 时 22 分，完成对 DROP6 控制站 1.1.1 模件（AI 模件）异常更换的处理，信号恢复正常。

（二）事件原因查找与分析

1. 事件原因检查

7A 引风机动叶指令输出采用的是 AO 转 DO 的输出模式，AO 信号转 DO 信号逻辑，如图 3-5 所示。当引风机动叶指令与反馈偏差存在 1％以上时（指令与反馈信号模式均为 GOOD），引风机动叶会处于持续单方向开、关动作状态。在维护人员将 7A 引风机动叶开度被强制为 59.99％时，与当前的指令 58.1％产生大于设定的 1％偏差值，触发 7A 引风机动叶实际的关动作。

2. 事件原因分析

（1）直接原因：DROP6 控制站 1.1.1 模件故障后，A 侧送引风机动叶反馈信号发生异常，进而导致 A 侧送引风机自动调节出现异常。因 7A 引风机动叶信号控制逻辑不合理，导致事件发生。

（2）间接原因：电厂仪控值班人员应急处置能力不强，对 7A 引风机动叶反馈信号强制风险辨识不到位。强制前未对强制点涉及的相关逻辑进行排查，在对 7A 引风机动叶反馈信号强制时，仅将该信号强制为当前值，未全面进行信号涉及控制功能的检查梳理。

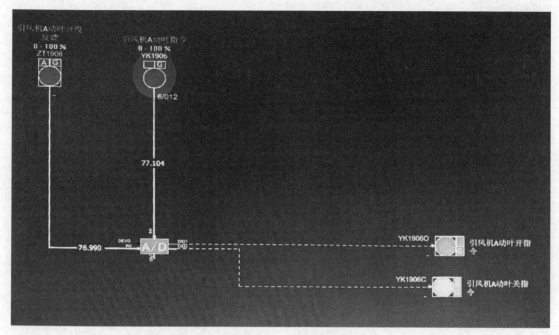

图 3-5　AO 信号转 DO 信号逻辑

此外，电厂运行人员风险辨识不全面，应急处置不当。认为 7A 引风机动叶撤出自动后，能够实现对相关参数的手动控制，未采取更合适的处理方式。

3. 暴露问题

（1）热控人员风险控制意识不强。热控人员在处理模件异常故障中，针对重要自动、保护信号进行强制时，风险辨识不到位。同时，在当前迎峰度夏的关键时期，未对重要监护工作进行相应的升级。

（2）DCS 模件已投运十多年，存在元器件老化、异常的情况。同时，针对 7 号机组存在引风机动叶指令信号回路仍为 AO 转 DO 的情况，隐患风险排查不彻底。

（3）生产部门人员业务水平不强，对重要参数的关注度不够，在部分重要参数的变化过程中，未能持续关注。

（4）信号强制不规范，未严格按维护部仪控专业热工信号强制或解除强制审批制度执行。

（三）事件处理与防范

（1）提高热控人员的处理模件故障的风险辨识，针对重要自动、保护信号的强制应进行彻底逻辑的排查，分析安全隐患，提高在值班及其他特殊情况下的应急处理能力和水平；应高度重视迎峰度夏期间的保供工作，处理重要缺陷必须有部门级以上人员监护。

（2）加大对电子元器件老化的排查、整改力度；加强日常巡检，提升电子室内的环境条件，延长电子元器件的寿命，提高设备可靠性。

（3）深入开展其他机组采用 AO 转 DO 方式输出的信号排查整改，形成清单，结合机组停机时机，优化信号逻辑回路，全面落实整改。

（4）加强专业技术培训，提高对设备重要参数的敏感性和应急处理能力。

（5）加强信号强制、逻辑修改工作标准化管理，严格执行维护部仪控专业热工信号强制或解除强制审批制度。

三、遮断电磁阀 DO 卡故障导致机组跳闸

某电厂 2 号机组容量为 600MW，东方电气集团东方锅炉股份有限公司制造，锅炉型号为 DG2028-/17.45-Ⅱ5，亚临界、自然循环、前后墙对冲燃烧方式、一次中间再热、单炉膛平衡通风、固态排渣、尾部双烟道、全钢构架型汽包炉。

（一）事件过程

2022 年 7 月 10 日 08 时 06 分，2 号机组负荷 360MW，CCS 方式运行，自动电压控制系统（AVC）投入，主蒸汽压力 12.85MPa，主蒸汽温度 542℃，AB 侧引送风机及一次风机均运行，A、B、C、D 四台磨煤机运行，A、B 汽动给水泵运行，A 凝结水泵变频运行，机组运行平稳，各参数正常。

08 时 06 分 53 秒，2 号机组高中压主汽门关闭，汽轮机跳闸。

08 时 06 分 55 秒，单元长发现 2 号机组 CRT 画面中四台磨煤机均跳闸，机组甩负荷至 0，立即告知监盘的主值 2 号机组跳闸，令其按事故处理流程进行操作，并汇报值长。同时，检查高、低压旁路，维持主、再热蒸汽不超压，保持轴封压力在正常范围，令主值马上将锅炉汽包上水至可见高水位。

单元长查找机组跳闸首出原因为汽轮机跳闸，汽轮机跳闸 ETS 首出原因为 DEH 跳闸（安全油压丢失），查看抗燃油泵出口母管油压为 11.1MPa 在正常范围未有波动，TSI 系统等其他参数均未见异常。单元长令维持汽轮机真空，锅炉闷炉，便于再次启动。

（二）事件原因查找与分析

1. 事件原因检查

08 时 15 分，热控人员会同热控机炉班技术员前往现场查看 SOE 记录，调取历史趋势，发现汽轮机跳闸时三个安全油压低开关同时动作，判断实际安全油压低，开关动作正常。

09 时 10 分，设备维修部人员、热控机炉班 DCS 人员和专工等人前往现场进行检查和试验。

（1）对 DEH 控制柜电源、控制器、网络进行切换试验，结果正常。

（2）对 DEH 系统 DROP41 柜内涉及三台安全油压开关的 DI 输入模件（A 分支第 1、2 块卡，B 分支第 3 块卡），5YV、6YV、7YV、8YV 指令输出模件（A 分支第 3、4 块卡，B 分支第 1、2 块卡）的模件状态、电源状态、通道检查测试，结果正常。

（3）对 DEH 继电器柜电源状态检查、双路电源切换试验均正常，5YV、6YV、7YV、8YV 熔断器检查正常。

（4）对主机高压主汽门、高压调节阀、中压调节阀各伺服阀（7 套）线路检查均正常，各中间端子箱接线紧固无松动，伺服阀插头连接紧固无松动。

（5）对各油动机电磁阀及 5YV、6YV、7YV、8YV 电磁阀线路检查，对地绝缘正常，电磁阀线包阻值正常，就地检查 5YV、6YV、7YV、8YV 电磁阀外观、接线、线路均无异常。

（6）对主机各调节阀 LVDT 线路检查均正常。

10 时 30 分，汽轮机专业人员检查 3 号高压调节阀快关电磁阀 ϕ0.8mm 节流孔安装正

确，无堵塞。

10 时 42 分，热控人员检查发现机组跳闸后 ZS3 信号未发出，随即对 3YV 机械跳闸停机电磁铁进行检查，发现电磁铁线包烧坏。更换电磁铁线包后经多次动作试验，状态正常。

15 时 00 分，汽轮机专业人员检查 5YV、6YV 电磁阀下的卸载阀，密封线完好，活动灵活；检查高压遮断组件压力油变安全油 ϕ3mm 节流孔无堵塞。

15 时 21 分，集团电力科学研究院分公司专家发现，历史记录报警窗口中 2 号机组 Drop42 柜内 A 分支第 3 块卡上所有点频繁变坏值，随后会同热控人员检查，发现该模件是 5YV、6YV、7YV、8YV 电磁阀试验指令继电器输出卡，而且处于故障状态。追溯历史趋势，发现该模件于 7 月 1 日开始频发故障，咨询 DCS 厂家，该模件故障时会引起所控制的继电器带电，导致正常运行中带电的 5YV、6YV、7YV、8YV 电磁阀失电动作，高压安全油压力丧失，"安全油压低"信号发出，造成汽轮机跳闸。

16 时 58 分，热控专业完成故障模件更换工作，状态正常。

17 时 38 分，点火成功；23 分 50 分，62 号机组并网运行。

2. 事件原因分析

直接原因：2 号机安全油压低，高中压主汽门关闭，汽轮机跳闸。

间接原因：高压遮断组件电磁阀 5YV、6YV、7YV、8YV 试验继电器输出卡故障，引起高压遮断组件电磁阀 5YV、6YV、7YV、8YV 失电动作。

3. 暴露问题

（1）原设计 5YV、6YV、7YV、8YV 试验指令继电器分配不合理。机组 5YV、6YV、7YV、8YV 试验指令继电器均使用一块模件控制，风险集中，一旦出现模件故障，将导致继电器指令同时输出，造成 4 个电磁阀同时失电，引起安全油压丧失机组跳闸。

（2）热控人员对 DCS 模件状态的检查梳理没有做到全覆盖，专项排查隐患治理不彻底、不深入，未及时发现 DEH 系统 5YV、6YV、7YV、8YV 电磁阀试验指令继电器输出卡状态异常的问题。

（三）事件处理与防范

（1）加强隐患排查治理。各专业进一步对机组存在的隐患和薄弱环节进行排查、优化和整改。计划下次停机时，将 5YV、6YV、7YV、8YV 电磁阀活动试验指令分配至不同模件。

（2）加大热控防"非停"专项措施执行力度。开展热工控制系统控制器、模件、主保护测量元件等重要部件再排查工作，加强日常 DCS 模件状态巡视检查，形成 DCS 模件巡视检查记录，有序更换使用年限较长的主保护输出模件。

（3）加强业务素质培训。采用厂家培训、内部技术讲课、技术比武等方式，切实提高职工的业务水平和应急处置能力。

四、采用 SOE 模件输出的保护信号瞬间跳变导致锅炉 MFT

某电厂 3 号机组为燃煤机组，采用亚临界、一次中间再热、单轴、双缸、双排汽、直接空冷、供热凝汽式汽轮机，汽轮机型号为 CZK300/250-16.7/0.4/538/538；3 号炉为东方电气集团东方锅炉股份有限公司生产的 DG1065/18.2-Ⅱ6 型亚临界自然循环汽包炉，一次中间再热，四角切圆燃烧，平衡通风，脱硫采用石灰石-石膏湿法脱硫方式，并配有脱硝装置；3 号发电机为东方电气集团东风电机有限公司生产的 QFSN-300-2-20B 汽轮发电机，采用封闭式自然循环通风系统，冷却方式为水-氢-氢型。

（一）事件过程

3 号机组 300MW 负荷运行，AGC 投入，汽轮机单阀运行，3 号炉 1/2 号空气预热器，1/2 号吸风机，1/2 号送风机，1/2 号一次风机运行，1/2/3/4/5 号磨煤机运行。

2023 年 8 月 27 日 9 时 29 分，3 号机组 DEH 系统发"抗燃油压低"信号，抗燃油压低（≤7.8MPa）保护动作，发电机跳闸，主汽门关闭，锅炉灭火，MFT 动作正常；10 时 17 分，汽轮机转速到零，盘车投入正常，机组安全停运。

经各项检查未发现异常后，3 号机组于 10 时 20 分启动并进行试验，试验结果均正常情况下，于 15 时 07 分具备并网条件后重新并网。

（二）事件原因查找与分析

1. 事件原因检查

3 号机组跳闸后，热控人员查阅机组 SOE 记录，9 时 29 分 26 秒 162 毫秒，抗燃油压低 2 主副卡信号发出；9 时 29 分 26 秒 167 毫秒，抗燃油压低 3 主副卡信号发出；9 时 29 分 26 秒 171 毫秒，抗燃油压低 2、3 信号同时消失。该模块为 SOE 模块，通道采样间隔为 1ms，通道滤波时间 4ms，抗燃油压低 2 主副卡均检测到 5ms 信号，抗燃油压低 3 主副卡均检测到 9ms 信号。

查阅 DCS 历史曲线检查发现，9 时 29 分 26 秒，3 号机组抗燃油压力开关 7PS、8PS 抗燃油压力低动作，造成抗燃油压低（设定值小于或等于 7.8MPa，三取二逻辑）保护触发"抗燃油压低"保护动作；调用 DCS 历史趋势检查抗燃油最低油压为 12.9MPa（未达到触发跳机值小于或等于 7.8MPa）。热控人员将三个压力开关拆回校核，7PS 动作值为 7.75MPa，8PS 动作值为 7.81MPa，确认在正常动作范围内后重新回装。

现场检查，抗燃油箱就地油位无变化，油箱油位 DCS 无模拟量，开关量低 1、低 2、高进入 DCS。抗燃油出口压力最大值 13.9MPa，最小值 12.95MPa。抗燃油压低压力开关信号电缆绝缘测试，相间绝缘大于 20MΩ，对地大于 20MΩ，绝缘良好。抗燃油系统外观检查无泄漏。

10 时 20 分，3 号机组具备启动条件；10 时 26 分，3 号炉吹扫完毕重新点火，同时，组织技术人员对 3 号机组进行各项试验。

（1）压力开关实际油压校核、抗燃油低油压联动试验均动作正常。

（2）进行抗燃油系统高压蓄能器压力检测，抗燃油系统共有高压蓄能器 6 台，检测抗燃油泵出口两台蓄能器压力为 10MPa，其余蓄能器压力为 9MPa。

（3）3 号机组 1~4 号高压调节阀测漏试验，分别开启 1~4 号高压调节阀，关闭 1~4 号高压调节阀油动机进油门，同时，开启关闭 1~4 号高压调节阀，抗燃油压与抗燃油泵电流无明显变化，抗燃油泵最大电流 27.2A，最小电流 25.7A，抗燃油压最大 14.3MPa，最低 14.1MPa，不会引起抗燃油压大幅波动。

上述试验结果均未发现异常，为避免高电价电量损失，经慎重考虑并采取相应的防护措施后，机组并网。

之后，热控人员进一步检查历史记录，此次动作的压力开关上次校验时间为 2023 年 6 月，校验报告显示校验结果合格。开关厂家美国伊顿威格 EATON-VICKERS 型号 st307-350-

B，经排查 200MW 1、2 号机组开关厂家上海远东仪表厂（HERION）型号 0821097，300MW 3、4 号机组型号相同，1～4 号机组从建厂未更换相关压力开关。2021 年 9 月，3 号机组 DCS、DEH、ETS 改造为国内某品牌系统。抗燃油保护配置为开关量"三取二"。

2. 事件原因分析

直接原因：根据机组 SOE 记录，抗燃油压低 2 主副卡均检测到 5ms 信号，抗燃油压低 3 主副卡均检测到 9ms 信号，而模件通道采样间隔为 1ms，滤波时间为 4ms，造成模件采样到信号后立即触发了跳闸信号出口。

间接原因：抗燃油压低取样信号，采用的一个取样管对应 3 个压力开关，3 个压力开关采用同一根电缆，抗干扰能力差。

3. 暴露问题

（1）安全生产责任制落实不到位。在 2021 年改造为国产控制系统时，对输入模件类型把控不严，更换 SOE 模件后未对通道滤波时间进行合理设置，导致通道滤波能力较低。

（2）生产管理各级人员安全意识淡薄。对抗燃油系统的重要性没有引起高度重视，未能及时发现抗燃油系统油压波动大的隐患，并采取相关防范措施。

（3）技术监督管理工作不到位。未根据技术监督要求将抗燃油压低取样改成一对一取样，采用的一个取样管对应的 3 个压力开关抗干扰能力差。

（4）隐患排查治理工作不到位。未根据技术监督要求，将抗燃油压低信号分成不同电缆，3 个压力开关采用同一根电缆，抗干扰能力差。

（5）专业技术人员技术水平不足，扰动原因未能查清。

（三）事件处理与防范

（1）排查统计 1～4 号机组涉及主保护，使用年限较长的压力开关，做台账记录重点监视、检查，择机更换。

（2）合理设置 ETS 保护用 SOE 模件通道滤波时间，将通道滤波时间由 4ms 改为 20ms。

（3）抗燃油压低跳机保护增加延时。

（4）利用机组检修机会，将三个抗燃油压低开关改为独立取样，将三个抗燃油压低开关改为单独电缆传输。

（5）各专业组织人员认真学习《汽轮机技术监督导则》，提高人员隐患排查能力。

五、燃气轮机阀位控制卡故障停机

（一）事件过程

西门子 SGT5-8000H 燃气轮机运行至今，发生燃料阀位控制卡故障多次（不同阀门均有），TCS 显示 CTRL-V NG D-STAGE（HW CMD DEV，HW CH1 FLT），GT HW TRIP SYT（LNE 1 FLT），VALVE TRIP MODULE 2-I（FAULT）报警，紧急停机系统画面显示燃料阀 D（2-I）阀位控制卡故障。

（二）事件原因查找与分析

停机后，根据紧急停机系统画面显示"燃料阀 D（2-I）阀位控制卡故障"，检查电子间发现 RDY、OK 灯均不亮，电子间，如图 3-6 所示。

图 3-6 电子间

检查 BRAUN 跳闸系统，由 1 块燃气轮机转速自检卡、3 块转速保护卡及 6 块阀位控制卡组成。前 3 块阀位控制卡、后 3 块阀位控制卡分别组成一组实现对阀门的控制（每块阀位控制卡有 3 个输出通道，分别对应 3 个阀门，3 块阀位卡为一组即实现对 3 个阀门的三冗余控制），当阀位控制卡接收到 TCS 开阀指令后内部进行 3 冗余处理控制电磁阀得电。

停机后断开故障卡及相邻卡件电源（避免处理过程中插拔卡件碰到相邻卡造成其他卡件故障），断开故障阀门对应电磁阀电源，拔出故障卡，测试电磁阀电源回路接线、绝缘及电磁阀阻值均正常后插入新卡，最后送上卡件电源及电磁阀电源。

由于 E1612 卡失电再得电后不会正常工作（卡件所有指示灯均不亮），只有当燃气轮机硬跳闸系统复位后，卡件才能恢复正常。对于卡件验证，若仅通过复位燃气轮机硬跳闸系统，观察卡件（OK、RDY）状态灯，而不通过该卡对应阀门电磁阀带电，则不能判断卡件是否正常。因此，需要对新卡进行测试：复位余热锅炉跳闸信号和燃气轮机硬跳闸系统，新卡状态灯（OK、RDY）正常。组态中强制"开指令"使 D 阀就地电磁阀线圈带电，并手动给阀门开阈值活动 D 阀，一切正常，停掉 D 阀第二块（或第三块）控制卡，D 阀电磁阀线圈仍然带电则证明新卡功能正常，再停一块卡，D 阀电磁阀线圈失电，证明系统正常，验证结束。

（三）事件处理与防范

因该类卡件故障率太高，多次反馈设备厂商，最终解释为该批次卡件存在一定缺陷，并予以全部更换。

第三节 控制器故障分析处理与防范

本节收集了因控制器故障引发的机组故障事件 4 起，分别为 DCS 控制站控制器离线重启导致机组跳闸、逻辑控制器（LM）故障引起抗燃油压低导致机组跳闸、控制器扫描周期设置不当导致轴向位移保护拒动、控制器切换后停止运行导致机组停运。控制器作为控制系统的核心部件，虽然大都采用了双冗余配置，然而控制器的异常、主控制器的掉线、主副控制器之间的切换等异常却很容易引发机组故障。尤其是重要设备所在的控制器，一且故障处理不当，将导致机组跳闸。

一、DCS 系统控制站控制器离线重启导致机组跳闸

2022 年 10 月 4 日 21 点 48 分 20 秒，某机组负荷 530MW，主蒸汽压力 22.34MPa，主蒸汽温度 566℃，给煤量 223t/h，主给水流量 1622t/h。7A、7B 汽动给水泵运行，7B 凝结水泵变频运行，1 号辅机冷却水泵运行，2、3 号备用，7A、7B、7C 间冷循环水泵运行，7A、7B 引、送、一次风机运行，7A、7C、7D、7E、7F 磨煤机运行。AGC、AVC、一次调频、RB 功能投入。高压厂用变压器带 6kV 7A、7B 段；04 号启动备用变压器运行作为 6kV 7A、7B 段备用电源，380V 厂用系统、各 PC 段、MCC 段、直流 110V、直流 220V 及 UPS 系统均标准运行方式运行；7 号机柴油发电机联动备用状态。

8 号机组 A 修中，04 号启动备用变压器带 6kV 8A、8B 段，380V 厂用系统、各 PC 段、MCC 段、直流 110V、直流 220V 及 UPS 系统均标准运行方式运行；8 号机柴油发电机联动备用状态。

事件发生前，7 号机组负荷参数稳定，现场无运行重大操作和检修作业。

（一）事件过程

21 时 48 分 23 秒，7 号机组 DCS 所有画面参数坏质量，同时，主汽门关闭、汽轮机跳闸，7 号汽轮机转速下降，主机交流辅助油泵联启，主机交流启动油泵联启。6s 后 DCS 画面参数坏质量消失，恢复正常。

21 时 48 分 40 秒，6kV 67A、67B 厂用快切装置发"切换退出""切换闭锁"信号。

21 时 49 分 04 秒，7501 开关跳闸，灭磁开关跳闸，67A、67B 开关跳闸，6kV 7A、7B 段母线失压。柴油发电机联启后运行正常，带保安 PC 7A、7B 段。主机交流辅助油泵、主机交流启动油泵跳闸，主机直流事故油泵联启，7A、7B 汽动给水泵前置泵跳闸，7A、7B 给水泵汽轮机跳闸，7B 凝结水泵跳闸，7A、7B 真空泵跳闸，1 号辅冷泵跳闸，7A 定子冷却水泵跳闸，7A 交流密封油泵跳闸，7A 密封油排氢风机跳闸、密封油再循环水泵跳闸。手动启动事故直流密封油泵，1 号抗燃油泵、1 号抗燃油循环水泵跳闸，7A、7B 给水泵汽轮机 1 号主油泵跳闸，给水泵汽轮机直流油泵联启。7A、7B 一次风机、送风机、引风机及各油站跳闸；7A、7B 空气预热器主辅电机跳闸，空气马达均联动正常，7A、7B 空气预热器机械运行正常；7A、7C、7D、7E、7F 磨煤机跳闸，油站均跳闸；主油配风机、7A 火检冷却风机、7B 微油火检冷却风机跳闸；1 号供油泵跳闸；干排渣系统跳闸。检查 7 号锅炉燃料全部切断，7 号锅炉安全停运。

21 时 50 分 04 秒，主机交流辅助油泵、主机交流启动油泵恢复运行，主机直流事故油泵手动停运。

21 时 51 分 56 秒，7 号汽轮机转速 2200r/min，7B 顶轴油泵联启正常。53 分 02 秒，7 号汽轮机破坏真空。

21 时 55 分 10 秒，手动分开老厂公用 I 段电源开关、7A 汽轮机变压器电源开关、7B 汽轮机变压器电源开关、1 号热网变压器电源开关、铁路专用电源开关、7A 锅炉变压器电源开关、7B 锅炉变压器电源开关、7A 除尘变压器电源开关、7B 除尘变压器电源开关、7C 除尘变压器电源开关、1 号翻车机变压器电源开关、1 号供水变压器电源开关、1 号输煤变压器电源开关、1 号脱硫变压器电源开关、1 号化水变压器电源开关、1 号照明变压器电

开关、1 号湿除变压器电源开关。

21 时 56 分 03 秒，7 号机组凝汽器真空到零，停运 7 号机组轴封系统。

21 时 59 分 32 秒，检查 6kV 7A、7B 段母线无明显保护动作信号，合上 670A、670B 备用工作电源开关，合上老厂公用 I 段电源开关、7A 汽轮机变压器电源开关、7B 汽轮机变压器电源开关、1 号热网变压器电源开关、铁路专用电源开关、7A 锅炉变压器电源开关、7B 锅炉变压器电源开关、7A 除尘变压器电源开关、7B 除尘变压器电源开关、7C 除尘变压器电源开关、1 号翻车机变压器电源开关、1 号供水变压器电源开关、1 号输煤变压器电源开关、1 号脱硫变压器电源开关、1 号化水变压器电源开关、1 号照明变压器电源开关、1 号湿除变压器电源开关。

21 时 59 分 55 秒，启动 7B 凝结水泵变频恢复凝结水系统运行；启动 7A 闭冷泵恢复闭式冷却水系统运行；启动 7A 定冷泵恢复定子冷却水系统运行；启动 1 号辅机冷却水泵恢复辅机冷却水系统运行；启动 7B 间冷循环水泵恢复间冷循环水系统运行；启动 7A 交流密封油泵、7A 密封油排氢风机、密封油再循环油泵，停运事故直流密封油泵。

22 时 00 分 13 秒，启动 7A、7B 空气预热器主电机检查运行正常，停运 7A、7B 空气预热器空气马达；启动 7A、7B、7C、7D、7E、7F 磨煤机润滑油站和液压加载油站检查运行正常；启动 7A、7B 引风机、送风机、一次风机油站检查运行正常；启动 7A 火检冷却风机、7A 微油火检冷却风机、主油配风机检查运行正常；启动 1 号供油泵检查 7 号炉前油系统运行正常；启动 7A 斗式提升机、7 号炉干排渣清扫链、7 号炉干排渣钢带检查 7 号炉干排渣系统运行正常。

22 时 05 分 31 秒，7A、7B 汽动给水泵转速至零，检查 7A、7B 给水泵汽轮机盘车自动投入运行正常。

22 时 16 分 35 秒，恢复锅炉 PC 7A、7B 段电源，检查保安 PC 7A、7B 段 ATS 开关自动切换至锅炉 PC 7A、7B 段，检查柴油发电机自动停运。

22 时 28 分 38 秒，7 号汽轮机转速降至 0r/min，检查主机盘车自动投入运行正常。

（二）事件原因查找与分析

1. 事件原因检查

（1）厂用快切失败原因查找。通过查阅 DCS 记录，DCS 在重启过程中，RS 触发器置零，造成厂用快切装置闭锁，切换条件不满足，未能完成厂用电源切换。

（2）机组跳闸原因分析。就地检查 DCS 电源柜内空气断路器均投入正常，测量 UPS 供电电压 220V AC，保安 PC 供电电压 231V AC，电源柜内无异常。机组跳闸前后电源监视 DCS 记录曲线如图 3-7 所示，保安 A 段、B 段、UPS、直流 220V 电压均无异常。

调取机组跳闸前后 SOE 报表，显示 21 时 48 分 32 秒汽轮机跳闸，原因为 DEH 跳闸停机。查阅 DEH 控制原理图，引发 DEH 跳闸的条件为"26 号站（DEH 控制站）两个控制器同时异常或两路电源同时失去，触发 DEH 跳闸"。机组跳闸前后 26 号站控制器历史趋势记录，如图 3-8 所示。

机组跳闸前后 26 号站控制器历史趋势记录，发现 DCS 3、7、12、22、24、26、29 号共 7 个 DCS 控制器均为副控制器运行方式。

调取 DCS 事件记录报表，发现 21 时 48 分 29 秒～21 时 48 分 54 秒，7 号机组 1～34 号 DCS 控制站主、备控制器相继报 DCS 离线后又恢复正常。

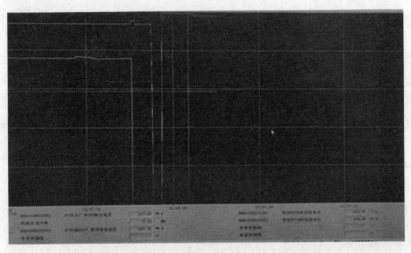

图 3-7　机组跳闸前后电源监视 DCS 记录曲线

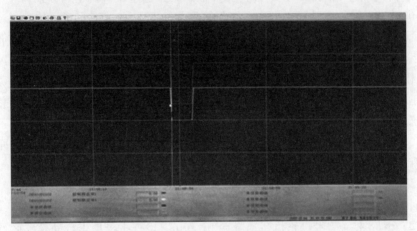

图 3-8　机组跳闸前后 26 号站控制器历史趋势记录

综合上述排查情况判断：7 号机组 1～34 号站所有控制器发生了自动重启（重启过程中显示离线状态），其中 26 号站控制器重启为本次汽轮机跳闸的原因。

（3）7 号机组 DCS 重启原因分析。为验证 7 号机组 1～34 号控制器重启原因，进行了以下排查。

1）在汽轮机挂闸状态下模拟控制器重启现象。汽轮机挂闸后分别切断 DCS26 号控制站主副电源，断电同时汽轮机跳闸，DCS 画面中 DEH 控制站相关参数及状态均显示坏点，ETS 系统报 PLCA、PLCB 停机输出。以上可验证 26 号站控制器重启会导致汽轮机跳闸。26 号站控制器重启试验 SOE 记录，如图 3-9 所示。

2）切断 DCS 网络柜内主、备电源开关，所有交换机失电，工程师站及操作员站所有画面显示坏点，控制器网络指示 HSE1、HSE2 灯灭，控制器状态变为"离线"，控制器运行正常，未发生重启。以上试验可验证 DCS 所有网络交换机失电或 DCS 所有通信中断不会引起控制器离线重启。

3）排查 DCS 接地系统。7 号机组 1～34 号站 DCS 机柜及接地系统分布在不同地方，其中，22～25 号控制站在间冷循环水泵房电子间，31～34 号控制站在脱硫电子间。查阅记

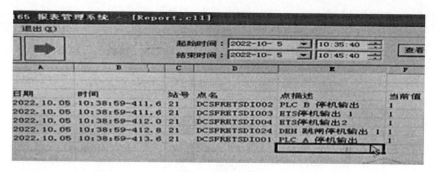

图 3-9　26 号站控制器重启试验 SOE 记录

录，DCS 控制柜接地电阻为 0.4Ω（正常），DCS 各控制柜接地铜排连接正常，DCS 各模件底板接线均正常。

4）DCS 电源测试。

a. 断开 7 号机组 DCS 电源柜内保安电源开关，DCS 电源由 UPS 供电，控制站运行正常；因 DCS 交换机电源取自 DCS 电源柜，DCS 控制站网络单路离线。

b. 切断 7 号机组主厂房 UPS 主路电源，UPS 切换至蓄电池供电，DCS 控制系统正常工作。

c. 切断 7 号机组 7A、7B 段至 UPS 充电装置交流电源，蓄电池工作正常，DCS 控制系统正常工作。

d. 切断 7 号机组主厂房 UPS 旁路电源，DCS 电源仅由 UPS 蓄电池供电，DCS 工作正常。

5）网络安全检查。检查机组工程师站、历史站的运行情况，主机运行正常，未发现恶意代码及网络攻击迹象。检查机组 DCS 网络中核心交换机、根交换机及接入交换机共 14 台网络设备的运行日志数据，在 DCS 发生异常的 10 月 4 日 21 时 48 分 29 秒之前未发现网络设备的异常运行信息。

6）交换机检查。

a. 检查 DCS 网络交换机日志记录，未发现交换机网络故障、重启记录，排除交换机故障、断电等问题引起的网络异常，但"非停"发生时，8 号机组 DCS 网络系统中出现 MAC 地址飘移现象，怀疑网络设备异常导致网络风暴产生 MAC 地址漂移。8 号机组升压站交换机异常日志如下。

000617：Oct 4 21：48：23：%SW_MATM-4-MACFLAP_NOTIF：Host dc7b. 942c. 93c1 in vlan 10 is flapping between port Gi1/0/23 and port Gi1/0/24

000618：Oct 4 21：48：25：%SW_MATM-4-MACFLAP_NOTIF：Host 6805. ca22. 62f1 in vlan 10 is flapping between port Gi1/0/24 and port Gi1/0/23

000619：Oct 4 21：48：25：%SW_MATM-4-MACFLAP_NOTIF：Host 000e. 0c6d. 950f in vlan 10 is flapping between port Gi1/0/24 and port Gi1/0/23

000620：Oct 4 21：48：25：%SW_MATM-4-MACFLAP_NOTIF：Host 0002. b3d9. f78e in vlan 10 is flapping between port Gi1/0/24 and port Gi1/0/23

000621：Oct 4 21：48：25：%SW_MATM-4-MACFLAP_NOTIF：Host 0002. b3da. a49a in vlan 10 is flapping between port Gi1/0/23 and port Gi1/0/24

b. 在 DCS 测试机柜上模拟网络形成环路造成网络风暴，发现 DCS 控制器出现重启现象，且故障现象与 7 号机组"非停"时控制器状态一致，经咨询研发人员，确认环网形成的网络风暴可导致 DCS 系统所有控制器重启。

c. 10 月 7 日 14 时 59 分 37 秒，发现 8 号机组 DCS 所有控制器发生离线重启现象，故障现象与 7 号机组一致，因机组正在 A 修，未造成任何影响。

经排查，因 8 号机组运行期间"主根交换机"故障，在 A 修期间对"主根交换机"进行了更换，由此重点怀疑交换机配置及兼容性问题导致 DCS 网络故障。为避免再次对 7 号机组造成影响，立即将新更换交换机网线拔出、电源断开，对 8 号机组网络设备进行如下重点排查。

a）断开 8 号机组网络与"7 号机组及公用系统"网络连接，将 8 号机组单独隔离后，新交换机重新上电启动，发现 8 号机组 DCS 网络中出现 MAC 地址漂移问题，主要出现在 8 号升压站交换机至主根交换机之间，怀疑该路网络出现环路。

b）检查新更换交换机（思科 3560）系统配置，新交换机与原交换机型号（思科 3750）系统配置编程命令不同，但实现功能相同。为排除因交换机型号或配置不同导致此问题，立即联系修复原交换机后接入 DCS，发现"8 号升压站交换机至主根交换机之间"MAC 地址漂移问题未消失。

c）进一步监测发现，升压站交换机至主根交换机使用光电转换器连接，2 路光纤中 1 路出现偶发性瞬时断信号问题，而出现 MAC 地址飘移问题与该路光纤断信号恢复时间相同，断开该路光纤后 MAC 地址飘移问题不再出现。

d）对"升压站交换机至主根交换机"光纤进行反复插拔试验，10 月 12 日 10 时 19 分试验过程中出现了 8 号机组所有 DCS 控制器离线重启，复现了控制器重启故障现象。

由此分析，8 号机组升压站接入级交换机 1 路光纤信号时通时断（偶发性瞬时断信号）网络形成环路，引起 8 号机组 DCS 所有控制器离线重启。

7、8 号机组根交换机网络，如图 3-10 所示。

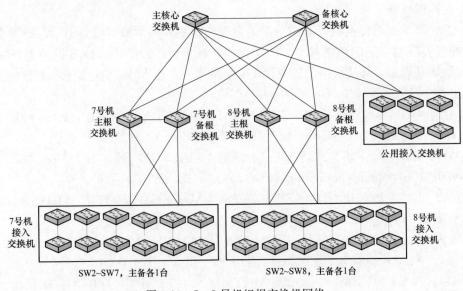

图 3-10　7、8 号机组根交换机网络

检查各个交换机配置文件，7号机组DCS网络与8号机组DCS网络设置为不同网络域，7号机组为vlan10，8号机组为vlan20，网络风暴发生时仅可在一个网络域内发生，可解释10月4日、10月7日7、8号机组DCS控制器分别离线仅发生在一个单元机组。

以上排查过程均经交换机厂家、开发厂家、研究院专家现场验证。

2. 事件原因分析

直接原因：DCS 26号控制站控制器离线重启。

间接原因：8号机组升压站接入级交换机光纤故障（偶发性瞬时断信号）出现MAC地址漂移长期累积，造成7号机组DCS全部控制站离线重启。

3. 暴露问题

（1）隐患排查不到位。DCS逻辑组态隐患排查深度不足，未能发现DCS逻辑组态无法避免控制器重新运算产生的不良影响，导致机组跳闸后无法切换至备用电源，造成重要辅机设备多个跳闸。未能发现控制器离线重启后、DCS功能块初始化后，相关保护联锁逻辑存在的隐患。

（2）技术能力不强。机组跳闸后未能及时根据故障现象准确判断异常原因，尤其是软件及内部程序方面熟悉程度不足，对控制器重新运算原理掌握不清。对DCS网络故障处理及分析能力欠缺，未及时发现升压站接入级交换机光纤的隐形缺陷。

（3）设备管理不到位。在DCS研发团队解散后，仅依靠定期切换试验对控制系统设备进行维护，未能及时邀请专家对控制系统进行诊断及评估，对于无技术支持的设备可靠性盲目乐观。未对DCS进行整体检测及技术评估，对DCS重视度不够。

（4）DCS检查维护不到位。定期工作不到位，未定期对DCS进行网络通信负荷率测试、交换机异常报警日志查询，未能通过技术手段及时发现DCS网络问题。

（三）事件处理与防范

（1）强化安全生产管控。严格落实集团公司二十大保电状态要求，执行公司二十大保电方案，现场作业严格按照日计划管控，最大限度减少高风险作业，所有DCS控制系统检查和操作按照高风险作业执行提级管理，确保安全生产稳定。

（2）开展热工专业设备隐患排查。成立热工专业设备隐患排查专业技术小组，严格对照热工技术监督标准、规范和导则要求逐条进行排查，对DCS控制系统网络、自动控制、逻辑保护等功能进行重点检查，每日汇总排查情况，形成问题清单，并及时闭环处理，提升热工专业设备可靠性。

（3）加强机组运行维护。组织编制DCS控制系统检查维护强化措施，加强对DCS控制系统的日常检查，进一步提高对设备、系统参数报警的敏感性，确保DCS控制系统运行正常。8号机组升压站接入级交换机至主根交换机使用光电转换器通信更改为直接用光纤接入交换机，同时将故障光纤更换为备用光纤，减少中间传输环节。

（4）开展针对性技术培训。邀请外部专家对DCS控制系统、网络、通信等方面知识进行专项技术培训，提高生产人员对软件程序、网络、通信设备的熟悉掌握程度，便于及时进行异常参数分析及处理。

（5）组织应急预案修订及应急演练。

1）针对性编制机组DCS重启处置方案，要求各运行值第一时间组织学习并进行演练，确保再次发生此类问题机组安全停运。

2）修订公司控制系统故障应急预案，要求相关管理干部和运行、热控人员全部学习熟悉，定期开展 DCS 控制系统故障应急演练，确保 DCS 发生不同故障现象时，能够及时、准确采取针对性应急处置措施。

（6）开展设备技术改造。针对 DCS 后续技术支持力量不足，且备品备件不再生产问题，积极与上级公司汇报沟通，申请尽快立项开展 DCS 控制系统改造。

二、逻辑控制器（LM）故障引起抗燃油压低导致机组跳闸

某厂 1 号机组汽轮机型号为上汽 N300-16.7/538/538。DCS 和 DEH 系统均为霍尼韦尔公司 TPS 系列产品，控制器（除超速控制）采用 HPM 控制器，超速控制采用 LM 控制器。历史库内存 16M，硬盘 3.6G，采样点上限 2000 点，采样周期 1min，存储时间 1 个月左右。机组于 2007 年 11 月投运。

（一）事件过程

2022 年 6 月 17 日 20 时 56 分 33 秒，1 号机组负荷 265MW，1 号汽轮机跳闸，负荷到零，检查汽轮机各主汽门、调节阀关闭正常。汽轮机 ETS 首出"抗燃油压低"。

（二）事件原因查找与分析

1. 事件原因检查

停机后检查 DCS 记录，20 时 47 分 01 秒，1 号机组 DEH 系统 LM39 控制器多次报故障，并自行切换至控制器 LM40 为主控制器；20 点 52 分 13 秒，LM39、LM40 控制器均故障；20 点 56 分，DEH 系统发 OPC 动作信号，关闭所有调节阀；20 时 56 分 34 秒，ETS 首出跳闸原因为"抗燃油压低"。

检查控制柜，发现 1 号机 LM39 控制器"并行连接驱动模块"运行状态灯灭，对 LM39 控制器重新启动，无法正常运行。之后，对该控制器"并行连接驱动模块"进行更换，重新启动后显示正常。

在原因排查中发现，当机组挂闸后 LM39 为主控制器，切换到 LM40 为主控制器过程中发出 OPC 动作信号，抗燃油压低报警且联启备用泵，同时机组跳闸。单独用 LM40 为主控制器时，同样发出 OPC 动作信号。在霍尼韦尔厂家人员指导下进行逻辑下装、初始化等工作，最终确定 LM40 问题已无法彻底解决。之后，将 LM40 控制器断电，单独运行 LM39 控制器，各项功能正常，运行人员手动试验 OPC 信号，抗燃油压由 13.5MPa 下降至 12.5MPa 左右，未发生跳闸。

由于机组已启动，不能在线做任何试验，仅从当时跳闸时人员的叙述、现场硬件检查、逻辑检查、少量 SOE 信号（部分重要信号未进入 SOE）、几乎无法参考的历史曲线（历史数据采样周期为 1min，且最多 2000 点）中寻找问题根源，然后再综合进行分析，过程如下。

检查 DCS 软硬件系统，如图 3-11 所示。检查逻辑控制器（LM），如图 3-12 所示，上部为 LM40，下部为 LM39，底层为 IO 模件。

经过对 LM 详细的研究和对比，发现 LM 只是实现 OPC 的逻辑功能，针对转速回路 OPC 的一对运行周期较快的控制器。LM 控制器内部逻辑如图 3-13 所示，可见其接线和逻辑均相对简单。

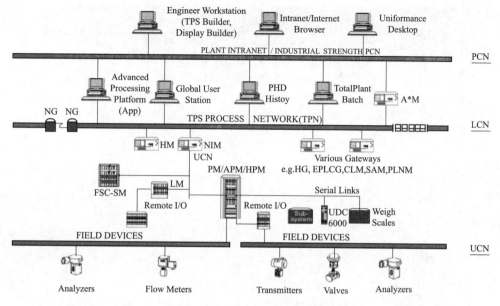

图 3-11 TPS 系统网络结构

图 3-12 TPS 系统逻辑控制器（LM）布置

2. 事件原因分析

针对本案例，对 OPC 如何触发和触发后造成抗燃油压的降低问题进行分析。

（1）OPC 触发分析。

1）根据图 3-13，OPC 的动作条件如下。

a. 负荷下跌预测"与"未并网条件。

b. D103（即汽轮机转速 3090r/min）动作。

c. OPC 试验按钮。

2）外部可能触发 OPC 的条件如下。

a. 103% 转速"三取二"满足。

b. 运行误操作 OPC 试验按钮（并网条件下自动闭锁）。

c. 输出 OPC 继电器故障。

3）内部可能触发 OPC 的条件如下。

a. LM 控制器故障，造成不可预知的输出。

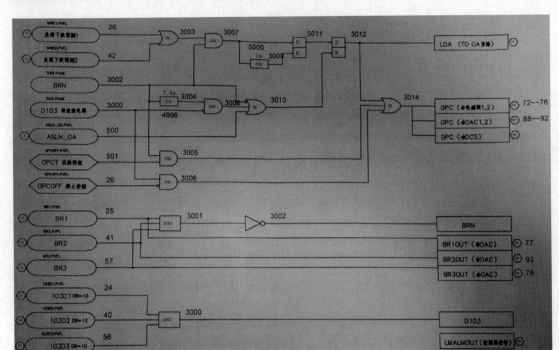

图 3-13 LM 控制器内部逻辑

b. LM 控制器的 IO 模件故障。

结合上述触发条件，本案例 OPC 触发的可能原因排查如下。

a. 并网信号消失：根据 SOE 记录，并网信号 BR1、BR2、BR3 偶发波动，可能会造成 BRN 条件满足，由于负荷下跌预测 1、2 一直满足（中排压力大于 252kPa），所以极有可能触发 OPC 信号。

b. 确认运行未操作 OPC 试验按钮。

c. 确认转速未升高，103 转速信号未发现误发。

d. 输出继电器暂未发现问题。

e. LM 的 IO 模件故障也可能会造成 OPC 的误发，但根据电厂热控人员描述跳机时发现程序内部 OPC 在触发状态，IO 模件造成的可能性不大。

f. LM 控制器故障，内部程序和设备健康状态情况未知，可能会造成 OPC 信号的误发。

（2）OPC 发出时抗燃油压迅速降低的原因。

1）本次对抗燃油系统检查，发现 6 月 17 日 20 时 56 分，机组跳闸前后抗燃油温度突然上升（由 52℃升至 55℃）、抗燃油泵电动机电流上升（跳机前单台泵运行期间电流为 26A，油压低连起另一台抗燃油泵运行后运行电流为 32A），经分析，抗燃油压低原因为系统内大量抗燃油泄漏，抗燃油泵无法满足抗燃油压的供给造成抗燃油压低报警跳闸。

2）实际跳机时，从 OPC 误发出到抗燃油压低仅用了 2s 的时间，说明漏油情况非常严重。而跳机后做试验时，查阅 SOE 记录，从 OPC 发出到抗燃油压低发出用了 15～17s 不等。检查两者的不同，发现在 OPC 时，DEH 还存在并网信号，闭锁了调节阀关闭指令，而此时 OPC 油压已泄，抗燃油供油经伺服阀、卸荷阀至有压回油管道，导致抗燃油压迅速降低。在跳闸后试验时，无并网信号OPC发出后，调节阀指令及时回零，调节阀关闭，但存在关闭不严情况（例如，三个调节阀的反馈在－2，指令在0，可能存在伺服阀打开情况），造成抗燃油压缓慢降低后跳闸。至于运行试验时，抗燃油压降得慢的情况，可能调节阀的漏油量少了。

3）后续机组停运期间做试验，机组挂闸在OPC信号发出后，OPC油压卸掉，卸荷阀开启，由于调节阀指令和反馈有偏差（指令为零，反馈最小为－2.5），导致伺服阀一直有电压，将伺服阀开启，导致抗燃油供油经伺服阀、卸荷阀至有压回油管路，造成抗燃油压低报警。

（三）事件处理与防范

1. 运行中措施

（1）目前LM40停运（停电），LM39单控制器运行，LM39的损坏模件已更换，解决了控制问题，可正常运行但缺少冗余控制器，虽降低了运行可靠性，但无新控制器可换，运行中只能暂维持这种方式运行。同时，增加LM39控制器故障光字报警，以便能及时发现和处理。

（2）跟踪关注并网信号的波动问题，及时查看BR3IN的SOE报警信号，并将LM卡输入的并网信号看是否能引入SOE或者增加信号反转报警功能，对比查看并网信号翻转的故障点。

（3）另将OPC阀门清零的指令由0改在－3％，确保阀门关闭严密。

2. 停机后措施

（1）考虑去除LM控制器，将LM控制器的功能全部移植到普通控制器（HPM）中，注意查看中间点是否通信引用到其他地方，一并进行更改。

（2）利用停机机会进行完整的试验，将LM40再行启动，看是否发生OPC及抗燃油降低情况，尽量模拟原跳机情况，查看OPC发生的真正根源，并检查就地调节阀开启状态。将伺服阀指令接线拆除或其他措施保持阀门关闭，再进行试验，确认抗燃油压低的真正原因。

3. 远期措施

启动DCS改造的可性行研究工作，做好收资和准备，将原设计中不符合的情况统计后进行整改，确保DCS改造硬件及逻辑可靠性都能最优。

三、控制器扫描周期设置不当导致轴向位移保护拒动

某电厂1号机组（1000MW）的锅炉为超超临界变压运行螺旋管圈直流锅炉，型号为SG-2747/33.07-M7051。汽轮机为超超临界、二次中间再热、单轴、五缸四排汽、双背压凝汽式，型号为N1000-31/600/620/620。汽轮机的整个通流部分由五个汽缸组成，即一个超高压缸、一个双流高压缸、一个双流中压缸和两个双流低压缸。滑销系统中定子死点位于2号轴承座，转子死点位于2号轴承座的推力轴承。轴向位移按"三取二"设计。

（一）事件过程

2022年10月8日22时00分，1号机组负荷1000MW，主蒸汽压力32.0MPa，一次中间再热蒸汽压力9.9MPa，二次中间再热蒸汽压力2.6MPa，主蒸汽温度581℃，一次中

间再热蒸汽温度 599℃，二次中间再热蒸汽温度 608℃，总煤量 353t/h，给水流量 2514t/h，风量 2610t/h，超高压调节阀开度 67%。

22 时 10 分，调试所调试人员组织对运行人员进行一次风机 RB 试验前技术交底。

22 时 33 分，值长请示总调，同意电厂 1 号发电机-变压器组启动试运行方案第 73 步，进行一次风机 RB 试验。4min 后，运行人员按调试人员指令，手动停运 11 号一次风机。16、15 号磨煤机跳闸，机组负荷快速下降。

22 时 41 分，机组负荷下降至 453MW，主蒸汽压力 24.8MPa，一次中间再热蒸汽压力 7.9MPa，二次中间再热蒸汽压力 2.6MPa，主蒸汽温度 536℃，一次中间再热蒸汽温度 555℃，二次中间再热蒸汽温度 557℃，总煤量 159.9t/h，给水流量 1265t/h，风量 1249t/h，超高压调节阀开度 15.7%，高压缸排汽温度 443℃。1min 后，机组负荷快速下降至 281MW，超高压调节阀开度 12.9%，高压调节阀、中压调节阀开度 11%，高压缸排汽温度 459℃，后快速升至 481℃，切缸保护动作，切除超高压缸，高压旁路自动开启。

22 时 43 分，机组负荷最低降至 214MW，检查发现辅汽至给水泵汽轮机、五抽至给水泵汽轮机供汽压力快速由 0.8MPa 降至 0.55MPa，锅炉给水流量快速降低，手动开启辅联备用汽源，手动调整给水流量至 1000t/h，降低锅炉总煤量，稳定锅炉工况。

23 时 05 分，机组负荷稳定在 300MW，汽轮机 1、2、3 瓦随高压旁路开度增加振动上升，高压旁路开度维持 35%，燃料量 120t/h。调试人员商议后准备并入超高压缸，过程中可能有机组跳闸风险，拟按照停机不停炉准备，解除机跳炉和联跳汽动给水泵联锁，汇报公司领导。19 分时，值长将相关情况汇报南网总调，南网总调同意停运 1 号机组。

23 时 24 分，执行自动并缸程序，超高压主汽门开启，调节阀最大开至 7%，三支主机轴位移信号故障报警（保护未动作），手动紧急停机，手动紧急停炉，手动紧急停汽动给水泵，转子惰走过程中，发现 2 瓦推力轴承温度异常升高，手动紧急破坏真空，关闭至凝汽器所有疏水，检查汽轮机跳闸，锅炉 MFT、发电机解列灭磁，发电机出口开关 5012、5013 跳闸，厂用快切装置切换成功。

23 时 26 分，汽轮机惰走过程，检查各轴承及汽封无异常。32 分时，主机顶轴油泵联启成功，给水泵汽轮机顶轴油泵联启成功。

23 时 36 分，锅炉吹扫完成，锅炉焖炉。

23 时 45 分，凝汽器背压到 100Pa，退出轴封系统。

23 时 50 分，主机转速降至 54r/min，盘车投入运行。

（二）事件原因查找与分析

1. 事件原因检查

1 号机组一次风机 RB 逻辑中机组滑压速率设定值为 1.8MPa/min，而锅炉实际降压速率约 2.5MPa/min。为保持蒸汽压力，汽轮机各调节阀快速关小，导致机组负荷异常降低。超高压调节阀由 67% 关至 12.9%，高压缸进汽量骤降，排汽温度快速上升，温度达到 480℃ 后，DEH 保护逻辑动作切除超高压缸。

1 号机组超高压缸是单缸设计（非双缸平衡设计）。自动并缸过程中，大量蒸汽沿轴向产生巨大轴向推力，使推力瓦工作面磨损（厚度从 29.5mm 磨损到 26.5mm）；轴向位移探头最大磨损约 1.5mm，侧面轻微磨损；上部推力瓦块 2 只测温元件损坏。

TSI 扫描周期 500ms，逻辑中有轴向位移信号故障判断，若轴向位移信号故障，该信号将剔除保护系统。

2. 事件原因分析

TSI 扫描周期 500ms，轴位移测点由 0.3mm 直接跳变成坏点（显示−1.1mm），TSI 检测到 3 个轴向位移信号同时故障，逻辑自动剔除坏值，轴向位移保护被切除，导致保护拒动。

3. 暴露问题

（1）对规程要求的保护运行周期的要求把关不严。TSI 信号的扫描周期为 500ms，远远超过主保护控制周期 50ms 的要求。

（2）对新系统的保护信号品质判断缺陷预估不足，对产生的严重后果评估不足。

（三）事件处理与防范

（1）按照保护规程要求，设置保护逻辑扫描周期。

（2）删除 3 个轴向位移信号故障切除保护的逻辑，保护的可靠性要求保护信号的多重冗余性保证。

（3）排查其他主保护，发现问题，及时整改。

（4）优化 RB 逻辑，重新进行动态试验。

（5）要求汽轮机厂家优化超高压缸自动并缸逻辑，并重新评估超高压缸自动并缸操作。

四、控制器切换后停止运行导致机组停运

2022 年 7 月 10 日 15 时 20 分，4 号机组 AGC、AVC、CCS 均投入运行，负荷 577MW，给水流量 1709t/h，总煤量 274t/h。两台汽动给水泵运行，控制方式投自动。A、B、C、D、E 磨煤机运行，F 磨煤机检修中。

（一）事件过程

15 时 26 分，4 号机组多个操作台 CRT 监视画面中的模拟量控制系统（MCS）参数突然显示蓝底变成一串★符号，无法操作，约 40s 后参数显示恢复。检查发现所有 CCS 控制站画面内的自动控制均跳手动控制，给水控制站中的 A/B 汽动给水泵控制也跳手动控制，且 A、B 汽动给水泵转速控制输出由 5262、5220r/min 突然降至 3542、3530r/min。

操作员发现异常后第一时间快速提高两台汽动给水泵转速控制输出，但两台汽动给水泵实际转速仍快速下降，导致给水流量低低，15 时 27 分，4 号锅炉 MFT 动作，MFT 首出给水流量低低。

检查系统联动正常，确认供热已全部切至 3 号机组供。71min 后，汽轮机转速到零，投入盘车运行。

7 月 10 日 23 时 42 分，4 号机组恢复备用。

（二）事件原因查找与分析

1. 事件原因检查

（1）15 时 26 分 27 秒，4 号机组 CP4023 下所辖的给水流量、给水泵汽轮机转速等所有输入、输出信号消失 30～42s（历史趋势显示为虚线，数值为 N/A）；从 15 时 27 分 04 秒开始，各信号及 CRT 画面显示陆续恢复正常，且 CP4023 所辖的多个模拟量控制主控恢复后处于手动状态（主给水流量控制，A、B 汽动给水泵流量控制，燃料控制，送风控制，负压控制，一次风量控制，磨煤机温度、风量控制等），而此段时间内 3、4 号机组 DCS 其

他各 CP 所辖信号和控制均正常。

（2）查看 DCS 管理记录：15 时 26 分 28 秒，核心交换机的 P3 口（连接 CP4023）曾出现设备无响应报警，9s 后恢复。

2. 事件处理过程

（1）从 DCS 管理画面手动进行 CP4023 重启副控制器操作失败，提示初始化错误，无法完成主副控制器切换。在机柜硬重启副控制器后，控制器冗余成功，在系统管理画面进行多次主副控制器切换试验成功。记录控制器重启至恢复经历时间（肉眼观察系统管理画面显示的控制器状态）为 37～39s，与数据丢失时间基本相同。

（2）更换 CP4023 副控制器备件后，新更换的副控制器可以上线，但无法与主控制器冗余，从 DCS 管理画面手动进行 CP4023 副控制器重启操作失败，提示初始化错误。在机柜硬重启副控制器后，控制器冗余成功，在系统管理画面进行多次主副控制器切换试验成功。

（3）将拆下的原副控制器替换原主控制器，无须硬重启控制器直接冗余成功，在 DCS 管理画面手动分别进行 CP4023 主副控制器重启，多次切换成功。

（4）咨询 DCS 厂家分析意见，控制器重启的原因有如下几种。

1）随机故障。

2）主控制器冗余功能发生故障，拒绝响应副控制器的冗余请求，造成主副控制器互相拉扯而最终失效重启。

3）通信负荷过高导致超负荷。

4）电源故障导致两个控制器同时失电。

5）接地故障或严重干扰信号。

经现场检查、更换控制器、进行切换试验等验证，和 DCS 厂家共同分析认为，发生情况 1）、2）的可能性最高。

3. 事件原因分析

由于主辅控制器发生随机故障或主控制器冗余功能发生故障，拒绝响应副控制器的冗余请求，造成主副控制器互相拉扯而最终失效重启，各控制模块初始化后部分数据发生随机跳变，使机组失控并最终跳闸。

4. 暴露问题

（1）对 DCS 控制器报警及状态的巡检频次及深度不够，未观察系统管理页面内控制器的详细状态。

（2）对重要控制器进行冗余切换试验的频次不够。

（3）控制器初始化参数设计不完善，机组重要自动调节系统分布过于集中。

（三）事件处理与防范

（1）加强热控巡点检管理，提高对 DCS 控制器报警及状态的巡检频次及深度。

（2）提高 CP4023 控制器冗余切换频次，凡停机均进行，及早发现，并消除潜在的冗余切换故障。

（3）将更换下来的控制器返厂送检，要求厂家详细分析控制器根本原因，并对此组织专题分析。

（4）对 CP4023 所辖控制模块的初始化参数进行分析，优化部分关键控制模块参数设置。

（5）继续开展 DCS 升级或改造的可行性研究工作。

第四节　网络通信系统故障分析处理与防范

本节收集了因网络通信系统故障引发的机组故障 6 起，分别为增压风机逻辑修改后未编译下载建立有效的通信导致 MFT、TCS 458 逻辑通信故障影响机组启动及运行、DCS 网络通信故障导致锅炉 MFT、DCS 通信信号类型与数据处理不当引发故障、DEH 到 DCS 通信数据流大引起通信数据异常、西门子 SGT5-8000H 燃气轮机 ARGUS 总线故障。

网络通信设备作为控制系统的重要组成部分，其设备及信息安全易被忽视。这些案例列举了网络通信设备异常引发的机组故障事件，希望能提升电厂对网络通信设备安全的关注。

一、增压风机逻辑修改后未编译下载建立有效的通信导致 MFT

某电厂 4 号机组汽轮机型号为哈尔滨汽轮机厂有限责任公司 N600-16.7/538/538，锅炉型号为哈尔滨锅炉厂有限责任公司 HG-2023/17.5-HM11，DCS 为日立公司 HI-ACS5000M 系统，两台增压风机变频器为东方日立产品。2020 年 5 月，对增压风机变频器进行改造，对保护逻辑、二次接线进行校核及传动试验，一切正常。

（一）事件过程

2022 年 2 月 27 日，4 号机组正常运行，负荷 600MW，主蒸汽压力 16.8MPa，主蒸汽温度 540℃，两台一次风机、送风机、引风机、增压风机运行。

19 时 18 分，A 增压风机变频器重故障跳闸，锅炉 MFT 动作（首出为两台增压风机跳闸），机组解列。

（二）事件原因查找与分析

1. 事件原因检查

事件后，检查 DCS 各控制器运行状态正常。B 增压风机运行，MCS3 控制器采集状态信号正常，操作员站画面显示正常，但发现 FSSS 控制器无法接收到 MCS3 通信发来的 B 增压风机运行信号。

检查 A 增压风机控制屏显示"单元过热"故障信息，就地检查变频器室冷却器入口手动门开度在 20% 位置。

2. 事件原因分析

直接原因：A 增压风机故障跳闸，因日立公司 DCS 中的 FSSS 逻辑修改后未编译下载，没有建立有效的通信，MFT 逻辑中未接收到 B 增压风机运行信号，逻辑判断两台增压风机全停，触发 MFT。

间接原因：A 增压风机变频器冷却器冷却水取自开式水末端且冬季入口手动门开度小（20%），冷却器换热效果差，机组满负荷运行变频器功率单元过热，变频器重故障跳闸。

3. 暴露问题

（1）增压风机运行状态信号输入炉保护采用通信方式，未采用硬接线信号，未严格执行二十五项反事故措施。

（2）热工保护的规章制度执行不严格，机组启动前，没有按二十五项反事故措施要求对主机保护增压风机全停保护进行试验，即"二取一"时保护应不动作，导致存在的隐患未能及时发现。

（3）运行人员未掌握变频器在不同负载下所需冷却水流量，调整不及时。

（4）未严格执行二十五项重点反事故措施"9.4 防止热工保护失灵"中 9.4.3 "保护信号应遵循从取样点到输入模件全程相对独立的原则，确因系统原因测点数量不够，应有防保护误动措施"的规定，改进热控保护。

（三）事件处理与防范

（1）利用机组检修机会，将增压风机输入炉保护回路进行硬接线改造。对其他类似保护进行深入排查，消除潜在的设备隐患。

（2）更换 DCS 控制器，下载程序后，必须进行保护传动试验。

（3）机组启动前，严格执行主要联锁保护试验的规章制度。

（4）完善优化变频器室冷却器冷却水流量调整措施。

（5）组织相关专业人员对电力二十五项重点反事故措施及电气热工保护专项治理工作措施进行再学习。

（6）DCS 硬件运行时间较长，性能不稳定，将"4 号机组 DCS 改造"上报为 2023 年重大技改项目。

二、TCS 458 逻辑通信故障影响机组启动及运行

西门子 SGT5-8000H 燃气轮机启动过程及常见故障处理。

（一）事件过程

机组停运期间发现 TCS 458 逻辑通信故障（显示 BCE），燃气轮机 FS 卡件无法强制，该故障直接影响机组启动及运行。TCS 458 逻辑通信故障（显示 BCE），如图 3-14 所示。

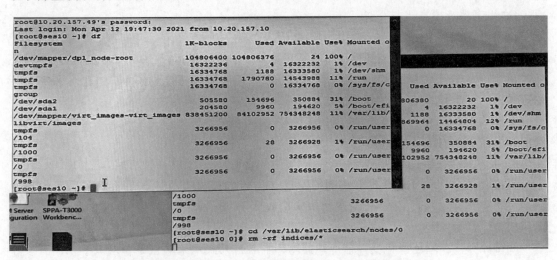

图 3-14　TCS 458 逻辑通信故障（显示 BCE）

（二）事件原因查找与分析

对服务器物理机检查，发现其内部剩余容量不足引起通信故障，于是采取清理措施，

并在次日 9 时完成清理（持续时间约 12h），后续对物理机及虚拟机进行重启等相关操作后通信恢复正常。

问题原因：运行过程中产生较多垃圾信息，一直未进行相应处理导致空间不足。

（三）事件处理与防范

定期检查物理机剩余容量，及时采取清理措施。

三、DCS 网络通信故障导致锅炉 MFT

某电厂 2 号机组为 630MW 超临界燃煤机组，于 2007 年投产，DCS 控制系统 2007 年投运至今。机组公用系统（DROP16/66 控制输煤及公用系统 6kV 设备，DROP17/67 控制仪用空气压缩机、燃油泵房设备，DROP18/68 控制 1、2、3、4 号循环水泵）网络接入 1 号机组 FanOut 级主备交换机，系统均在 1 号机组 DCS 中进行控制，1、2 号循环水泵向 1 号机组供循环水，3、4 号循环水泵向 2 号机组供循环水，1、2 号机组循环水母管设有中间联络门。2022 年 8 月 10 日，因 DCS 网络通信故障导致锅炉 MFT。

（一）事件过程

17 时 13 分，1 号机组处于大修状态，2 号机组负荷 328.7MW，CCS 运行方式，B、C、D、E、F 磨煤机运行，总燃料量 129t/h，主蒸汽压力 17.36MPa，主蒸汽温度 559.2℃，主给水流量 981.5t/h，真空 91.03kPa，3、4 号循环水泵运行。

17 时 14 分 53 秒 298 毫秒，3 号循环水泵跳闸。

17 时 15 分 19 秒 385 毫秒，4 号循环水泵跳闸，真空最低降至 38.1kPa。

17 时 18 分 15 秒 974 毫秒，汽轮机跳闸，跳闸首出"低真空遮断"。

17 时 18 分 16 秒 791 毫秒，锅炉 MFT 动作，跳闸首出"汽轮机跳闸且负荷大于 25％"。

（二）事件原因查找与分析

1. 事件原因检查

（1）SOE 记录和历史趋势曲线查阅。

1）停机后，专业人员查询查 2 号机组事故追忆，2 号机组跳闸 SOE 记录，如图 3-15 所示，记录详情如下。

17 时 14 分 53 秒 298 毫秒，3 号循环水泵跳闸。

17 时 15 分 19 秒 385 毫秒，4 号循环水泵跳闸。

17 时 15 分 42 秒 000 毫秒，运行人员 2 次启动 3 号循环水泵，未启动成功。

17 时 16 分 03 秒 000 毫秒，运行人员 5 次启动 4 号循环水泵，未启动成功。

17 时 16 分 06 秒 963 毫秒，运行人员停运 F 磨煤机，13s 后停运 E 磨煤机。

17 时 17 分 06 秒 736 毫秒，运行人员停运 D 磨煤机。

17 时 18 分 15 秒 933 毫秒，凝汽器真空低保护动作。

17 时 18 分 15 秒 974 毫秒，汽轮机跳闸，首出"低真空遮断"。

17 时 18 分 16 秒 791 毫秒，MFT 动作，首出"汽轮机跳闸且负荷大于 25％"。

根据 2 号机组跳闸后 SOE 记录分析，判断本次 2 号机组跳闸原因为 3、4 号循环水泵跳闸（循环水泵跳闸后，由于启动条件不满足，导致循环水泵无法重新启动），导致凝汽器真空低主保护动作，汽轮机跳闸，触发锅炉 MFT，发电机逆功率动作。

Date/Time	Point Name	Description	State	First Out
17:18:18.047	201FT1	ALL STOP PRCT OUT ACT	SET	
17:18:16.935	2026ECV41CP	6ST EXTR CHK V CLD	SET	
17:18:16.886	2004N01CAC	C MILL MAIN MTR EMG TP	SET	
17:18:16.886	2004N01BAC	B MILL MAIN MTR EMG TP	SET	
17:18:16.867	2026ECV42CP	5ST EXTR CHK V CLD	SET	
17:18:16.862	20OFTSOE01	OFT FROM OFT RELAY	1	
17:18:16.855	2026ECV42CP	5ST EXTR CHK V CLD	RESET	
17:18:16.836	2006N02BTP-S	B PAF MAIN MTR STOPED	SET	
17:18:16.835	2006N02ATP-S	A PAF MAIN MTR STOPED	SET	
17:18:16.834	20ETSDO22	BOILER IRPT	SET	
17:18:16.801	2026ECV42CP	5ST EXTR CHK V CLD	RESET	
17:18:16.797	2026ECV42CP	5ST EXTR CHK V CLD	SET	
17:18:16.794	201FRG	THERMO PRCT	SET	
17:18:16.791	20MFTSOE01	MFT FROM MFT RELAY	0	
17:18:16.787	201FT3	SW P_电 PRCT OUT ACT	SET	
17:18:16.468	2026ECV33CP	4ST EXTR CHK V 2 CLD	SET	
17:18:16.467	2026ECV32CP	4ST EXTR CHK V 1 CLD	SET	
17:18:16.438	2034RSVL6CP	RHT MAIN STM V VWHL CLD(S_LE)	SET	
17:18:16.42B	2034RSVR6CP	RHT MAIN STM V VWHL CLD(S_RI)	SET	
17:18:16.399	2034TVL6CP	MAIN STM V VWHL CLD(S_LE)	SET	
17:18:16.182	2034TVR6CP	MAIN STM V VWHL CLD(S_RI)	SET	
17:18:16.128	2034TVR6CP	MAIN STM V VWHL CLD(S_RI)	RESET	
17:18:16.102	2034TVR6CP	MAIN STM V VWHL CLD(S_RI)	SET	
17:18:15.974	20ETSDO02	SYS IRPT 2	SET	
17:18:15.933	20ETSDO07	LOW VACUUM IRPT	SET	
17:18:09.552	2030N03TP-S	1# MDFP TRIP POS	RESET	
17:18:07.711	20METSSOE10A	A BFPT FVVP SP SP SGNL	SET	
17:18:07.009	20METSSOE06A	A BFPT SAF OIL PRS L SP SGNL	SET	
17:18:06.943	20METSSOE04A	A BFPT VACM L SP SGNL	SET	
17:17:06.736	2004N01DAC	D MILL MAIN MTR EMG TP	SET	
17:16:19.492	2004N01EAC	E MILL MAIN MTR EMG TP	SET	
17:16:08.963	2004N01FAC	F MILL MAIN MTR BRKR STOPED	SET	
17:15:19.385	2080N02BAC	B CWP MTR TRIP 2	SET	

图中手写标注：锅炉MFT（对应 201FRG THERMO PRCT 行）、汽轮机跳闸 真空低主保护动作（对应 20ETSDO02/20ETSDO07 行）、4号循环水泵跳闸 3号循环水泵跳闸（对应 2080N02BAC 行）

图 3-15　2 号机组跳闸 SOE 记录

2）1 号机组 DCS 星形拓扑网络通信故障公用设备的状态：1 号机组 DCS 通信异常期间循环水泵和空气压缩机状态，如图 3-16 所示。从图 3-16 可知，当 1 号机组 DCS 星形拓扑网络通信故障时，图中所选择的测点均为通信故障状态。1 号机组 DCS 通信恢复瞬间循环水泵和空气压缩机状态，如图 3-17 所示。从图 3-17 可知，当网络通信故障恢复瞬间，3、4 号循环水泵运行信号由"1"瞬间突变为"0"，公用系统中仪用气母管压力低于定值，导致 A 仪用空气压缩机自动启动。1 号机组 DCS 通信恢复正常后循环水泵和空气压缩机状态，如图 3-18 所示。从图 3-18 可知，当网络通信故障恢复正常后，3、4 号循环水泵运行信号恢复为"1"。

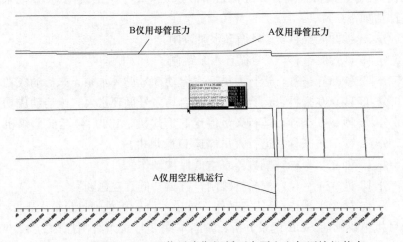

图 3-16　1 号机组 DCS 通信异常期间循环水泵和空气压缩机状态

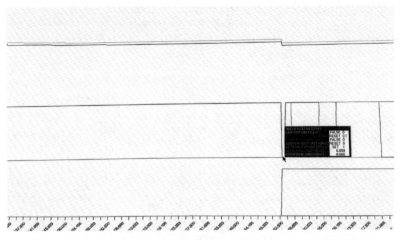

图 3-17　1 号机组 DCS 通信恢复瞬间循环水泵和空气压缩机状态

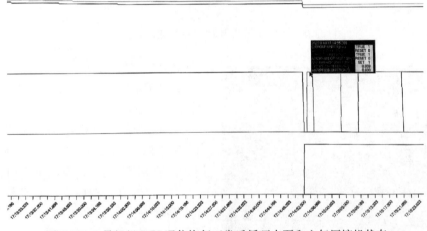

图 3-18　1 号机组 DCS 通信恢复正常后循环水泵和空气压缩机状态

（2）检查循环水泵逻辑及现场检查。检查循环水泵出口蝶阀自动关逻辑为循环水泵停止（运行取非）；循环水泵跳闸条件之一为循环水泵运行 15s 后出口蝶阀仍处于关位。

1 号机组 DCS 网络通信拓扑，如图 3-19 所示。1 号机组 DCS 网络共有 Root 级交换机 2 台（1 主 1 备），主要构建整个 DCS 星形拓扑网络，实现整个网络内设备正常数据通信，集联 4 台 FanOut 级交换机。4 台 FanOut 级交换机（2 主 2 备）主要连接各 DPU 控制器和各工作站服务器，进行数据收发并上传数据至 Root 级交换机，各 DPU 通过网线与 FanOut 级交换机进行集联。控制器网络连接，如图 3-20 所示。从图 3-19 和图 3-20 可知，控制器与 FanOut 级交换机之间均采用单网通信。

查看当时工作票，就 DCS 控制系统检修和性能试验进行了相关的安全预防措施，没有针对 1 号机组 DCS Root 主交换机损坏散热风扇更换和复电工作给予具体的安全措施和系统隔离措施。

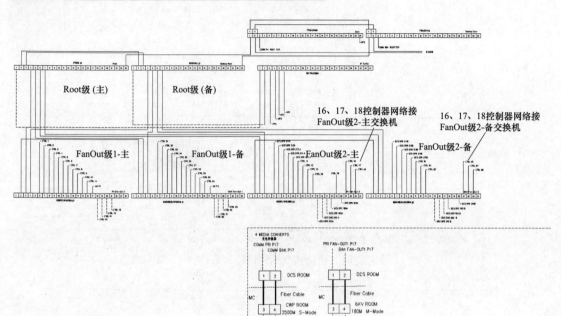

图 3-19　1 号机组 DCS 网络通信拓扑

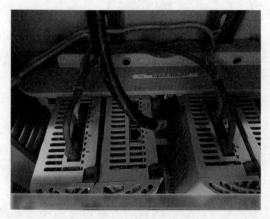

图 3-20　控制器网络连接

2. 事件原因分析

综上所述，造成本次 2 号机组跳闸停机的主要原因如下。

（1）导致 2 号机组跳闸停机的原因："低真空遮断"保护动作，汽轮机跳闸停机，同时锅炉 MFT 动作，发电机解列。

（2）"低真空遮断"保护动作原因：循环水泵跳闸。

（3）"循环水泵跳闸"动作原因：通过图 3-17～图 3-19 中 3、4 号循环水泵及出口蝶阀状态分析，17 时 14 分 53 秒，3、4 号循环水泵运行信号由"1"瞬间突变为"0"，随即恢复为"1"，在由"1"瞬间突变为"0"期间，触发自动关出口液控蝶阀，随即 3、4 号循环水泵跳闸。

（4）循环水泵运行信号由"1"瞬间突变为"0"，随即恢复为"1"的原因：按照 DCS 厂家服务工程师根据外委年度服务合同要求，对该厂 1 号机组进行年度服务。8 月 10 日 17 时 00 分，进行 1 号机组 DCS Root 主交换机损坏散热风扇进行更换，17 时 13 分更换完成，进行交换机复电，复电后 1 号机组 DCS 星形拓扑网络通信故障，导致所有主备控制器相继离线，3、4 号循环水泵运行信号由"1"瞬间突变为"0"，当交换机通信功能恢复后，3、4 号循环水泵运行信号恢复为"1"。

（5）1 号机组 DCS 星形拓扑网络通信故障原因。DCS Root 主交换机更换散热风扇复电启动后，自身出现数据通信异常的同时导致 DCS Root 备交换机也出现通信异常，随后 DCS FanOut 级交换机因 DCS Root 主备交换机通信异常也发生数据通信异常，导致所有主备控制器和公用系统控制器（循环水泵控制器 DROP18/68）均离线。

DCS Root 主交换机复电后通信异常可能性原因为 DCS Root 主交换机内部元件及通信端口存在性能下降，导致送电后出现 DCS Root 备交换机与 DCS Root 主交换机之间数据无法进行交互，另 DCS 设计为单网通信方式，系统冗余不足，导致整个 1 号机组 DCS 星形拓扑网络通信故障。

3. 暴露问题

（1）DCS 网络结构设计存在风险，控制器设计为单网通信，一旦单网故障将会导致控制器切换。公用系统控制器通过网线与主机交换机进行集连，一旦主机交换机故障，易导致公用系统网络故障，影响另一台机组的稳定运行。

（2）涉及公用系统操作前未事先告知运行人员及专业相关管理人员，导致设备出现异常后，运行人员、管理人员反应不及时，错过最佳处理时机。

（3）热控人员对 DCS Root 主交换机断电及送电工作可能导致的后果辨识不到位，未考虑极端状态对公用系统的影响。工作票没有针对 1 号机组 DCS Root 主交换机损坏散热风扇更换和复电工作给予具体的安全措施和系统隔离措施，工作中没有对系统进行可靠的隔离。

（4）逻辑排查存在疏漏。3、4 号循环水泵冷却水入口电磁阀已取消，但启动允许条件中依然存在打包点逻辑，未考虑极端情况下打包点状态会置为初设状态，存在循环水泵无法启动的风险。

（三）事件处理与防范

（1）制订运行 16 年 Root 级交换机升级改造计划，同时将目前控制器单网通信改为双网通信，当其中一台交换机或网络故障，能保证控制器正常运行，确保通信可靠，并对主辅网络颜色进行区分，便于检修和维护。

（2）将机组公用系统网络设计在单独公用交换机上，1、2 号机组交换机与公用交换机进行集连，当主机网络进行检修或试验时，便于公用系统与主机进行可靠隔离，确保公用系统的控制器能正常可靠工作。

（3）将 1、2 号机组的循环水泵联锁逻辑交叉布置在两个不同控制器，确保一旦一个控制器故障，不会导致同一台机组两台循环水泵均跳闸，保证机组的稳定可靠运行。

（4）组织对循环水泵启动允许逻辑进行梳理优化，删除无效逻辑，确保联锁自动可靠性。

（5）建议双机停运期间，联系 DCS 厂家进行交换机连通性、吞吐率、传输时延测试和绞线布线系统信道测试，模拟交换机停电后复电状态对另一交换机及控制器的影响，确保交换机和网络介质性能可靠。

（6）加强热控专业人员技术培训，提高提前发现并排除装置异常的技术能力；加强与设备厂家技术人员的技术交流，查明通信故障的具体原因，出具详细的检测分析报告和有针对性的防范措施。

四、DCS 系统通信信号类型与数据处理不当引发故障

（一）事件过程

某机组 DEH 使用新华 OC6000e DCS，主机使用杭州和利时自动化有限公司 MACS6

DCS。实际运行中，高压主汽门 1（TV1）、高压主汽门 2（TV2）阀门全开，DEH 侧画面显示 TV1 阀位为 370.8mm、TV2 阀位为 371.6mm，DCS 侧画面显示 TV1 阀位为 −284.25mm、TV2 阀位为 −284.53mm。在 DCS 画面显示的 TV1 阀位反馈和 TV2 阀位反馈错误。通过查看 DEH 侧和 DCS 侧变化曲线，并通过强制仿真，当阀位大于 327mm 时，DCS 侧阀位显示就会错误。

（二）事件原因查找与分析

DEH 与 DCS 数据通过 MODBUS 进行通信，TV1 和 TV2 阀位经过 100 倍的放大后通信至 DCS 侧。DEH 侧数据存在正负，而 DCS 侧接收的数据类型为 WORD 类型，只有正数，故对数据经过"WORD_TO_INT"转换后再除以 100 得出实际阀位，保证负值时的准确显示。不同数据类型的字节数及取值范围见表 3-1。

表 3-1   不同数据类型的字节数及取值范围

序号	关键字	数据类型	字节数	取值范围
1	WORD	字类型	2	0～65535
2	INT	整数	2	−32768～32767

从表 3-1 可知，由于 INT 类型数据最大只能为 32767，当接收的数据大于 32767 时会循环从 −32768 继续计算，显示就会出错，故当 DEH 侧实际阀位超过 327.67mm 时在 DCS 侧就会显示出错。

DEH 侧不同阀位时数据处理过程中的数据见表 3-2。表 3-2 所示为根据不同数据类型的取值范围和转化原理得出的不同阀位时数据处理过程中的数据，由于阀位基本在 −10～400mm，故仅对该范围进行分析，当阀位在 −10～327.67mm 时，DCS 侧最终显示的数值准确，当阀位大于 327.67mm 时，DCS 侧阀位则开始显示错误。

表 3-2   DEH 侧不同阀位时数据处理过程中的数据

DEH 侧阀位	−10	0	327.67	327.68	370
DCS 侧接收 WORD 数值	64536	0	32767	32768	37000
DCS 侧转换 INT 后数值	−1000	0	32767	−32768	−28534
DCS 侧最终显示数值	−10	0	32767	−327.68	−285.34

（三）事件处理与防范

由于数据转化后取值范围的限制导致了数据的错误，故可通过减小通信数据放大倍数或数值判断来解决。

方法一：将通信数据放大倍数由 100 改为 10，使通信数据不会超过 32767，则不会导致数据错误，但会导致通信配置文件不同数据放大倍数不一致。

方法二：原逻辑组态及优化后逻辑组态，如图 3-21 所示。由图 3-21 可知，在接收的数据超过 INT 类型的上限时，选择在转换并除以 100 后再加上 655.35，从而解决超过上限后的数据错误；当实际为负值时，DEH 侧通信到 DCS 的数据也会超过 32767，故需进行排除，由于现场实际行程最大为不会超过 500mm，故将通信数据超过 50000（通信时放大 100 倍）的进行排除。

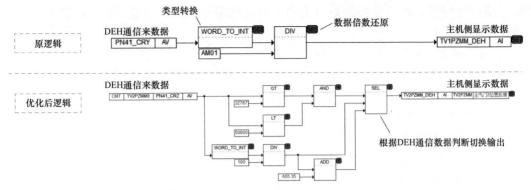

图 3-21　原逻辑组态及优化后逻辑组态

五、DEH 到 DCS 通信数据流大引起通信数据异常

某发电公司 2×1000MW 新建工程一期建设两台超超临界、二次再热、世界首台六缸六排汽、纯凝汽轮发电机组，三大主机均为上海电气集团股份有限公司制造，具有高参数、大容量、新工艺的特性，同步建设铁路专用线、取排海水工程、烟气脱硫脱硝、高效除尘、除灰、污水处理等配套设施。全厂 DCS 采用国内先进的"全厂基于现场总线"的控制技术。机组自动控制采用机炉协调控制系统 CCS，协调控制锅炉燃烧、给水及汽轮机 DEH，快速跟踪电网负荷 ADS 指令，响应电网 AGC 及一次调频。两台机组分别于 2020 年 11 月、12 月投产发电。

（一）事件过程

2022 年 1 月 15 日 7 时 52 分 12 秒，2 号机组初压控制方式运行，负荷 273.68MW，主蒸汽压力 11.44MPa，锅炉主控手动，总燃料量 124.97t/h，汽轮机顶轴油泵 B 电动机电流 0A，汽轮机交流油泵 A 电动机电流 138.29A，抗燃油箱温度 43.7℃。

7 时 52 分 15 秒，"主机顶轴油泵跳闸""主机 B 交流润滑油泵跳闸"及"抗燃油箱温度异常"等多个光子牌报警。

7 时 53 分 30 秒，运行人员检查 DEH 系统画面，各光子牌报警对应的设备均无异常，实际未动作，为误发信号，复位报警后均消失。

7 时 54 分 10 秒，热工人员检查所有异常报警测点均为 DEH 至 DCS 通信点。经检查，7 时 52 分 10 秒～7 时 52 分 14 秒，在 DCS 侧测点中汽轮机顶轴油泵 B 电动机电流 0A 突变至 441A，汽轮机交流油泵 A 电动机电流 138.29A 突变至 65.60A，抗燃油箱温度 43.7℃突变至 0℃，部分测点跳变。

7 时 52 分 15 秒，异常测点恢复正常，但 DEH 侧均无变化。

（二）事件原因查找与分析

1. 事件原因检查

经检查，DCS 到 DEH 的通信共 496 个通道，分布在 5 个读保持寄存器中，此次出现跳变的数据分布在 3、4 寄存器中，即 241～480 通道。其他寄存器 1、2、5 通道数据无跳变现象，故排除信号干扰的影响。

因卡件通信点已达添加上限，DEH 和 DCS 通信数据流较大造成数据跳变是本次主要原因。后经和厂家沟通，此类型卡件在控制站最多 1000 字节，因每个通道为 WORD 类型，占用 2 个字节，故目前控制站分配给的空间已用完。后期根据需要，删除不必要点，释放内存。

2. 事件原因分析

直接原因：卡件通信点达上限，DEH 和 DCS 通信数据流大造成数据跳变。

间接原因：维护管理没有发现控制站分配的空间已达最大数。

（三）事件处理与防范

（1）建立定期检查制度，根据需要，删除不必要点，释放内存。

（2）加强检查通信情况，对异常情况汇总，并建立台账。

（3）和运行人员沟通，利用机组检修期间对多余的通信点进行删减，释放控制器内存或重启通信设备。

六、西门子 SGT5-8000H 燃气轮机 ARGUS 总线故障

（一）事件过程

第一套机组运行过程中，TCS 频繁发出 BUS2 总线报警，如图 3-22 所示，如不能及时处理，BUS1 故障时则机组跳闸。

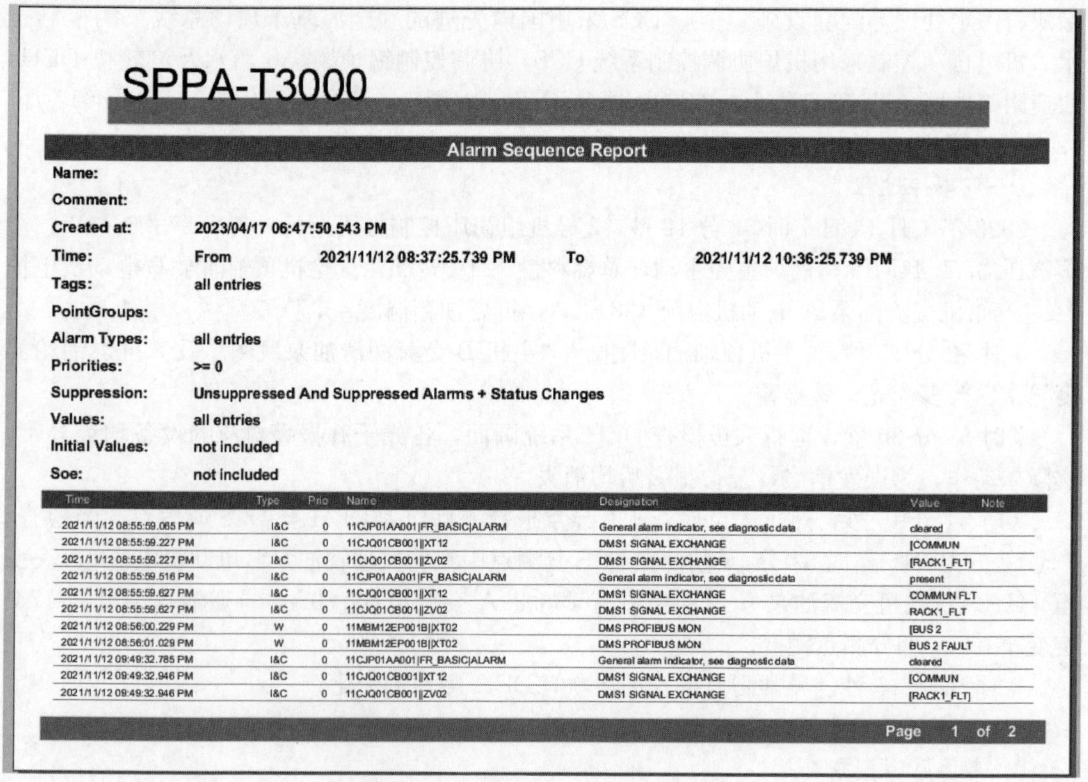

SPPA-T3000

Alarm Sequence Report

Name:

Comment:

Created at: 2023/04/17 06:47:50.543 PM

Time: From 2021/11/12 08:37:25.739 PM To 2021/11/12 10:36:25.739 PM

Tags: all entries

PointGroups:

Alarm Types: all entries

Priorities: >= 0

Suppression: Unsuppressed And Suppressed Alarms + Status Changes

Values: all entries

Initial Values: not included

Soe: not included

Time	Type	Prio	Name	Designation	Value	Note
2021/11/12 08:55:59.065 PM	I&C	0	11CJP01AA001|FR_BASIC|ALARM	General alarm indicator, see diagnostic data	cleared	
2021/11/12 08:55:59.227 PM	I&C	0	11CJQ01CB001||XT12	DMS1 SIGNAL EXCHANGE	[COMMUN	
2021/11/12 08:55:59.227 PM	I&C	0	11CJQ01CB001||ZV02	DMS1 SIGNAL EXCHANGE	[RACK1_FLT]	
2021/11/12 08:55:59.516 PM	I&C	0	11CJP01AA001|FR_BASIC|ALARM	General alarm indicator, see diagnostic data	present	
2021/11/12 08:55:59.627 PM	I&C	0	11CJQ01CB001||XT12	DMS1 SIGNAL EXCHANGE	COMMUN FLT	
2021/11/12 08:55:59.627 PM	I&C	0	11CJQ01CB001||ZV02	DMS1 SIGNAL EXCHANGE	RACK1_FLT	
2021/11/12 08:56:00.229 PM	W	0	11MBM12EP001B||XT02	DMS PROFIBUS MON	[BUS 2	
2021/11/12 08:56:01.029 PM	W	0	11MBM12EP001B||XT02	DMS PROFIBUS MON	BUS 2 FAULT	
2021/11/12 09:49:32.785 PM	I&C	0	11CJP01AA001|FR_BASIC|ALARM	General alarm indicator, see diagnostic data	cleared	
2021/11/12 09:49:32.946 PM	I&C	0	11CJQ01CB001||XT12	DMS1 SIGNAL EXCHANGE	[COMMUN	
2021/11/12 09:49:32.946 PM	I&C	0	11CJQ01CB001||ZV02	DMS1 SIGNAL EXCHANGE	[RACK1_FLT]	

Page 1 of 2

图 3-22　TCS 频繁发出 BUS2 总线报警

（二）事件原因查找与分析

经查看图纸，发现该总线回路上还存在 CJP01AA001（飞行记录仪，在 ARGUS 上游）、CPA02BA002（IM153 通信卡，在 ARGUS 下游）报警。结合资料了解到总线回路上

游设备对下游有影响，初步判断飞行记录仪总线插头接触不良。

利用停机机会对 CJP01AA001、ARGUS、CPA02BA002 总线插头全部检查发现 CJP01AA001 压线不良，重新处理后正常。

问题原因：该部分总线插头为现场制作，制作工艺不佳。

（三）事件处理与防范

利用停机机会检查其余现场制作的总线插头，避免类似情况再次发生。

第五节　DCS 软件和逻辑运行故障分析处理与防范

本节收集了因 DCS 软件和逻辑运行不当引发的机组故障 6 起，分别为吸收塔入口烟气温度高高跳 FGD 逻辑设置错误导致锅炉 MFT、INFIT 给水主控逻辑不完善导致锅炉给水流量低低机组跳闸、重复引用"机组负荷"信号引起逻辑判断错误导致 MFT 动作、DCS 执行周期与时间函数参数设置不匹配引发故障、控制系统内部逻辑缺陷引发石灰石供浆流量理论值突变、DCS 逻辑变量未赋初值导致保护拒动。这些案例主要集中在控制品质的整定不当、组态逻辑考虑不周、系统软件稳定性不够等方面。

一、吸收塔入口烟气温度高高跳 FGD 逻辑设置错误导致锅炉 MFT

2022 年 6 月 15 日 19 分 00 分，某发电分公司 2 号机组负荷 410MW，总煤量 220t/h，给水流量 1290t/h，主蒸汽压力 17.15MPa，主蒸汽温度 567℃，再热蒸汽温度 563℃，B、C、D、E、F 磨煤机运行，A、B 汽动给水泵运行，给水压力 20.17MPa。

（一）事件过程

18 时 40 分，吸收塔入口原烟气温度分别为 158.50、160.00、158.86℃，事故喷淋自动开启，灰硫运行班长汇报值长要求主控降低入口烟温，经主控运行人员调整后，排烟温度下降。

19 时 00 分，A 空气预热器出口排烟温度由 162.88、162.51、174.18℃下降至 159.35、158.11、169.29℃，B 空气预热器出口排烟温度由 177.55、174.33、170.03℃下降至 168.45、166.63、164.43℃，吸收塔入口原烟气温度分别为 159.87、161.12、160.43℃，2 号锅炉 MFT 动作，首出"脱硫系统跳闸"，检查汽轮机跳闸，主开关解列，立即进行事故处理并汇报省调，同时值长通知热控人员进行检查。

20 时 30 分，2 号锅炉重新点火。

22 时 12 分，2 号机组并网。

23 时 45 分，投入 AGC。

（二）事件原因查找与分析

1. 事件原因检查

事件发生后，热控人员通过调阅脱硫工程师站历史数据，发现 2 号锅炉脱硫原烟气温度于 18 时 40 分 40 秒显示 160℃，至 19 时 00 分 47 秒一直高于 160℃，2 号锅炉脱硫原烟气温度记录曲线（一），如图 3-23 所示。2 号锅炉脱硫原烟气温度记录曲线（二），如图 3-24 所示。

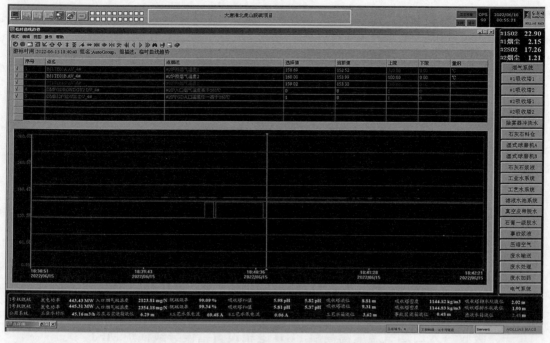

图 3-23　2 号锅炉脱硫原烟气温度记录曲线（一）

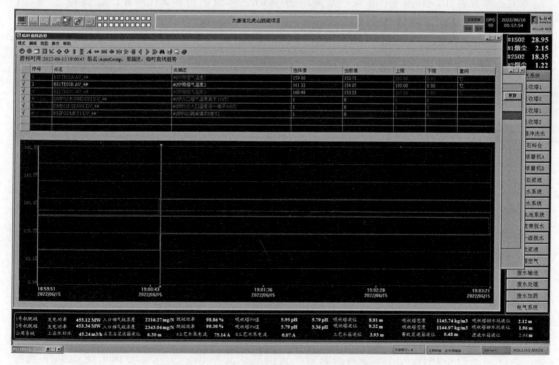

图 3-24　2 号锅炉脱硫原烟气温度记录曲线（二）

　　调阅 DCS 组态，触发的跳闸条件为脱硫吸收塔原烟气三点温度中任意一点高于 160℃ 延时 20min 后，脱硫 FGD 跳闸，如图 3-25 所示。根据逻辑机组保护正常动作，未损坏设备，但造成机组发生一次非计划停运事件。

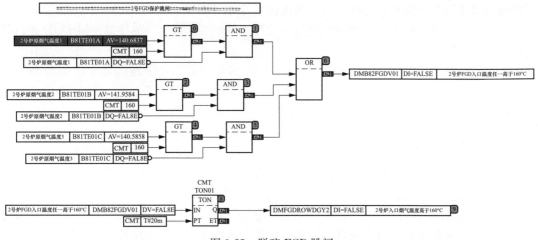

图 3-25　脱硫 FGD 跳闸

经讨论，热控人员填写 DCS 逻辑修改申请单，将脱硫吸收塔入口烟气温度大于 160℃，3 取 1 联锁开事故喷淋，延时 20min 跳 FGD，修改为脱硫吸收塔入口烟气温度大于 180℃，三取二，联锁开事故喷淋，延时 20min 跳 FGD。

2. 事件原因分析

(1) 直接原因。吸收塔入口烟气温度高高动作（温度大于 160℃，延时 20min），导致 FGD 跳闸，引起锅炉 MFT。

(2) 间接原因。

1) 2017 年 4 月，2 号机组超低排放改造中，吸收塔入口烟气温度高高跳 FGD 逻辑设置错误，将跳闸逻辑和定值按报警进行修改，将温度大于 180℃，3 取 2，联锁开事故喷淋，延时 20min 跳 FGD，错误修改为温度大于 160℃，3 取 1，联锁开事故喷淋，延时 20min 跳 FGD。

2) 锅炉排烟温度偏高。造成锅炉排烟温度高的原因经分析有以下几方面。

a. 运行管理方面：当班运行人员业务水平差，调整不及时，导致排烟温度下降速度较慢，吸收塔进口温度测点 2 达到 161℃超过 20min，保护动作。

b. 设备管理方面：2022 年 3 月 24 日至 5 月 13 日，2 号机组 B 修进行了空气预热器换热元件改造，换热元件由三层布置改造成二层布置，热端换热元件厚度为 0.5mm，高度为 1300mm。冷端换热元件采用封闭通道的脱硝空气预热器专用板型；冷端换热元件采用搪瓷钢制作，双面镀搪瓷，高度为 1200mm。从 DCS 运行参数分析，存在换热能力不足情况。

c. 其他方面：炉膛底部存在无组织漏风情况，干渣机检查孔、除焦孔存在工作结束未及时关闭现象。6 月 15 日，淮北公司区域环境温度最高达 36℃，一次风机出口温度最高达 49℃，机组升负荷过程中排烟温度进一步升高，导致超温。

3) 喷淋阀联开后雾化效果不佳，吸收塔入口烟气温度未有明显下降。造成喷淋阀雾化效果不佳的原因是事故喷嘴设计数量偏少（18 个）且事故喷淋喷嘴堵塞，未及时发现并更换。

3. 暴露问题

(1) 技术管理不到位，专业技术人员技能水平不高、责任心不强，热工专项排查工作浮于表面，排查治理不深入、不细致、不彻底。自 2018 年以来，先后至少开展了 4 次热控保护逻辑及定值专项排查，历次排查均由热控专业主任牵头，设备部、维护部热控专工及热控班长参与，虽发现了一些隐患，但均未发现 2 号炉脱硫原烟气温度高高跳 FGD 逻辑和定值被修改问题。

（2）技改管理不到位，项目实施以包代管。2 号机组超低排放改造相关逻辑组态工作由龙净环保实施，热控专业人员未对技改项目中逻辑变更进行把关，未对逻辑变更进行流程审核，也未对改造后的逻辑进行检查和验证，项目竣工后没有开展主保护的实际传动试验，导致技改项目留有安全隐患。

（3）运行管理不到位，风险辨识不足。运行人员未能按照设计参数要求维持吸收塔入口烟温在合理范围内，同时，在接到辅控运行提示吸收塔入口烟温大于 160℃ 报警后，未能及时有效调整降低机组排烟温度。

（4）检修管理不到位，未做到应修必修、应试必试。2022 年，2 号机组 B 级检修未将吸收塔事故喷淋系统列入检修项目，关键设备没有检修计划，暴露出检修策划工作不到位、项目策划人员现场设备不熟、安全意识淡薄、风险辨识能力不足。启动前保护试验，热工专业未结合排查工作开展主保护逻辑梳理，仅进行脱硫系统跳闸联跳 MFT 的通道试验，未进行跳闸条件的验证试验。运行人员在 2 号机组 B 修调试中，也未对机组的主保护进行全面复核和试验，盲目认为脱硫系统跳闸联跳 MFT 的通道试验即为传动试验。检修管理存在想当然，靠经验。

（5）日常管理不到位，运行、维护工作人员责任心不强，对炉底漏风给机组带来的危害性认识不足。发电部灰硫专业管理不到位，在进行吸收塔事故喷淋定期工作时，未判断喷淋效果是否正常，喷淋喷嘴堵塞未及时发现。

（6）专业人员流失现象较为严重。尤其是近年主控运行和管理、热控专业技术人员流失较多，后续人员技术培训不到位，与生产管理要求存在一定的差距。

（三）事件处理与防范

（1）深刻吸取教训，认真组织学习集团公司下发的"非停"报告及管理提升指引，举一反三开展隐患排查。重点加强对设备保护定值管理、设备运行参数分析、运行调整、应急处理及降"非停"措施落实工作的动态管理。

（2）全面深入细致排查热工保护逻辑、定值，确保保护逻辑、定值 100% 正确。机组启动前保护传动试验，逐项一一试验验证，确保试验项目完整不漏项。

（3）严格执行 DCS 逻辑修改申请单及设备异动管理制度，尤其是保护、联锁的逻辑修改，严格执行审批流程；加强对技改项目 DCS 逻辑的监督把关、杜绝以包代管。

（4）制定有效的降低排烟温度措施，并组织开展有针对性的日常培训。针对此次事件利用仿真机进行专项模拟演练，提高运行人员业务技能水平。加强对运行各专业人员参数分析能力的培训，提高运行人员发现异常的能力和异常处置的能力。

（5）利用"请进来、走出去"等方式，开展热工技能专项培训，做到专业技术力量不断层、不断面，提高班组成员技能水平。

（6）加强机组检修策划管理，利用机组停运机会对吸收塔事故喷淋雾化效果不佳进行彻底处理。

二、INFIT 给水主控逻辑不完善导致锅炉给水流量低低机组跳闸

某公司 2 号机组为 1000MW 超超临界参数燃煤凝汽式发电机组。汽轮机为东方汽轮机有限公司制造的超超临界、一次中间再热、四缸四排汽、单轴、双背压、八级回热抽汽凝汽式汽轮机，型号为 N1000-26.25/600/600；锅炉为东方电气集团东方锅炉股份有限公司制造的超超临界参数、变压运行直流锅炉，锅炉型号为 DG3060/27.46-Ⅱ1，带炉水循环水泵、单炉膛、一次再热、平衡通风、前后墙对冲燃烧、露天布置、固态排渣、全钢构架、全悬吊结构 π 形布置。发电机为东方电气集团东方电机有限公司制造生产，型号为 QFSN-1000-2-27。2 号机组分散控制系统采用 ABB Symphony Plus 控制系统，包括 MCS、FSSS、汽轮机及锅炉的 SCS、数据采集系统（DAS）、电气侧顺序控制系统（ECS）、DEH、ETS、给水泵汽轮机电液调节系统（MEH）等。

2021 年 6 月新增 INFIT 协调外挂系统，该系统由南京英纳维特自动化科技有限公司研发并现场实施，该外挂系统涵盖机组给煤量、给水流量、注汽温度及负荷闭环控制，其设计理念是外挂控制系统与原 DCS 协调控制逻辑中的煤量、给水和汽轮机调节阀指令能保持相互跟踪，保障切换过程无扰。自 2022 年 5 月 26 日起，开展外挂协调系统现场热态投运及调试工作。

（一）事件过程

2022 年 7 月 3 日 19 时 47 分，2 号机组负荷 505.21MW，INFIT 协调外挂系统投入，给水主控设定值 1358t/h，给水流量 1359.17t/h，2A、2B、2E 磨煤机运行，2C、2D、2F 磨煤机备用，总煤量设定值 227.10t/h，实际给煤量 219.24t/h；主蒸汽压力 13.21MPa，汽水分离器出口压力 14.74MPa，主蒸汽温度 600.3℃，再热蒸汽压力 2.21MPa，再热蒸汽温度 600.2℃；A 汽动给水泵转速 3415r/min，泵入口流量 723.1t/h，出口压力 15.86MPa；B 汽动给水泵转速 3414r/min，泵入口流量 689.2t/h，出口压力 15.86MPa，两台汽动给水泵再循环门全关状态，主给水压力 15.37MPa。

19 时 47 分 50 秒，2B 给煤机断煤，给煤量由 76.12t/h 快速下降至 7.04t/h，机组总煤量由 219.24t/h 下降至 170.43t/h，给水主控设定值 1358t/h。两台汽动给水泵转速设定值 3407r/min，实际转速 3414r/min，协调及 INFIT 切除前机组状态，如图 3-26 所示。

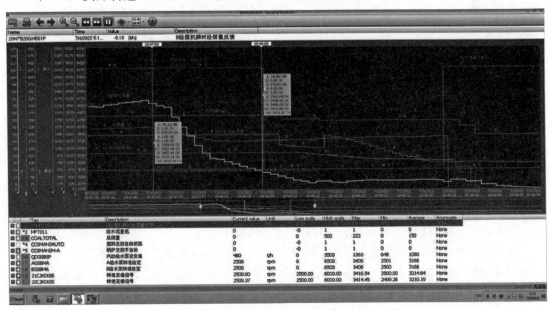

图 3-26　协调及 INFIT 切除前机组状态

19时47分57秒，主值向机组长汇报，2B给煤机断煤，手动投入2B给煤机空气炮。2s后，机组燃料主控设定值227.10t/h，实际煤量182.31t/h，设定值与实际值偏差44.79t/h（大于40t/h），触发燃料主控"给煤量设定值与实际值偏差大于等于40t/h延时10s"条件，切除燃料主控自动、同步切除锅炉主控自动、INFIT外挂协调系统和机组协调控制，给水主控自动状态，机组切至"机跟随滑压运行"模式，汽轮机综合阀位由97.51％缓慢关至96.66％，汽轮机高压调节阀开度由57.46％关至52.95％。给水泵汽轮机转速调节自动状态，两台给水泵汽轮机转速设定值3407r/min，实际转速3411r/min。协调及INFIT切除趋势，如图3-27所示。

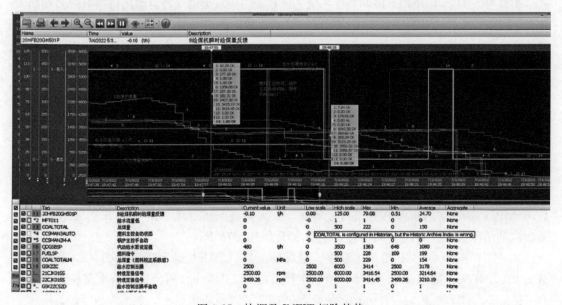

图3-27 协调及INFIT切除趋势

19时48分09秒，机组锅炉主控输出由227.47t/h下降为178.88t/h。2s后，主值开启2F磨煤机冷热风关断门、调节阀，暖磨准备启2F磨煤机。

19时48分15秒，机组给水主控指令下降至1062t/h，实际主给水流量1362t/h，给水流量设定值与实际值偏差大于或等于300t/h，延时3s，给水主控自动切除、2A给水泵汽轮机自动切除、2B给水泵汽轮机自动切除。3s后，机组给水主控、2A给水泵汽轮机、2B给水泵汽轮机手动状态，2A给水泵汽轮机转速给定3157r/min，MEH自动正常调节，给水泵汽轮机实际转速高于设定转速，低压调节阀开度由30.90％下降至22.47％，实际转速下降至3246r/min；2B给水泵汽轮机转速给定3157r/min，MEH自动正常调节，给水泵汽轮机实际转速高于设定转速，低压调节阀开度由31.81％下降至24.31％，实际转速下降至3239r/min，MEH转速调节趋势，如图3-28所示。

19时48分20秒，为防止2B磨煤机出口温度高跳闸造成锅炉扰动，机组长手动开启2B磨煤机冷风调节阀，全关2B磨煤机热风调节阀，至机组跳闸前2B给煤机未恢复下煤。2s后，值长令副值长手动投入2A、2B给水泵汽轮机自动，增加主给水流量。

19时48分28秒，投入2A汽动给水泵自动。此时，2A汽动给水泵入口流量降至

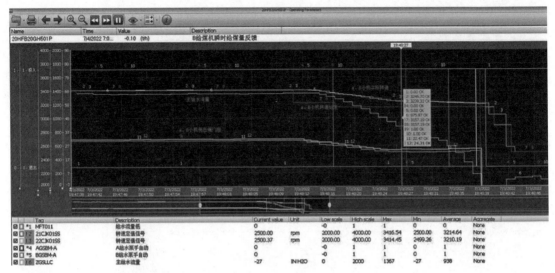

图 3-28 MEH 转速调节趋势

389.97t/h、2B 汽动给水泵入口流量降至 379.12t/h（小于 400t/h），触发"小于等于 400t/h"条件超驰全开 A、B 汽动给水泵再循环门，主给水流量继续下降。32s 时，投入 2B 汽动给水泵自动。

19 时 48 分 36 秒，机组主给水流量降至 350.67t/h（低于锅炉给水流量低保护定值 385.56t/h）。37s 时，2F 磨煤机冷热风关断门全开到位，冷热风调节阀调整到位，2F 磨煤机启动。

19 时 48 分 38 秒，机组给水流量低低 MFT 保护动作（385.56t/h 延时 2s），机组跳闸，给水流量低 MFT 趋势，如图 3-29 所示。

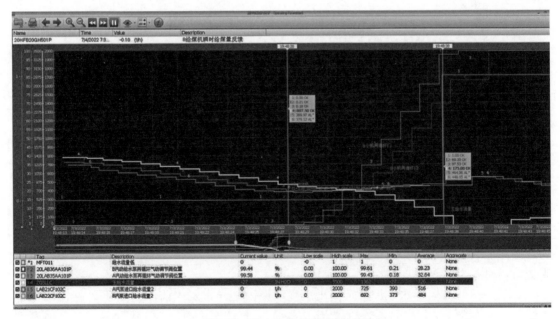

图 3-29 给水流量低 MFT 趋势

（二）事件原因查找与分析

1. 事件原因检查

（1）给水主控设定值出现扰动原因查找。INFIT 系统逻辑设计，给水主控设定值在 INFIT 切除后延时 2s，再切换至协调系统给水主控设定值，给水指令切换接口逻辑组态，如图 3-30 所示；给水流量设定值切换接口逻辑，如图 3-31 所示。

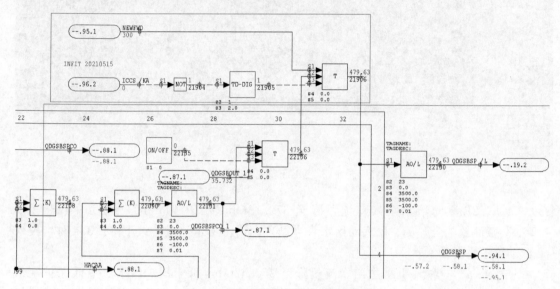

图 3-30　给水指令切换接口逻辑组态

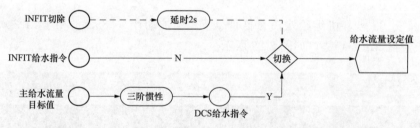

图 3-31　给水流量设定值切换接口逻辑

INFIT 外挂协调控制投入时选择 NEWFWD 值，DCS 给水指令三阶惯性环节时间由 30s 闭锁设置为 0.1s，给水惯性时间切换接口逻辑组态，如图 3-32 所示。设置惯性时间切换逻辑目的是实现在投入 INFIT 外挂协调时，DCS 给水指令能够跟踪 INFIT 给水指令。从 INFIT 外挂协调控制系统退出开始 2s 内，给水流量依然保持 NEWFWD 值（无明显变化即 1362t/h），DCS 给水指令三阶惯性环节时间也保持为 0.1s，而实际的锅炉主控输出下降至 178.88t/h，协调侧给水主控值也快速下降至 1062t/h。

当 INFIT 外挂协调控制系统退出延时 2s 结束，给水主控设定值由 INFIT 回路成功切换至协调给水主控回路时，给水主控设定值由 1362t/h 突降至 1062t/h，给水主控设定值出现扰动，如图 3-33 所示。

由图 3-33 可知，给水主控设定值出现扰动原因是异常发生前由 INFIT 外挂协调控制系统调节主给水流量，在 B 给煤机断煤时因燃料主控切至手动位，导致 INFIT 外挂协调系统退出。根据煤水曲线，主给水流量目标值由 1362t/h 调整为 1062t/h，由于在 INFIT 外挂协调系统退出 2s 内，DCS 给水指令三阶惯性环节时间为 0.1s，给水流量设定值切换至 DCS 给水指令时突降至 1062t/h。

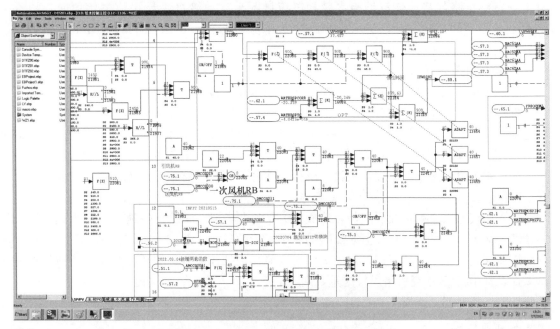

图 3-32　给水惯性时间切换接口逻辑组态

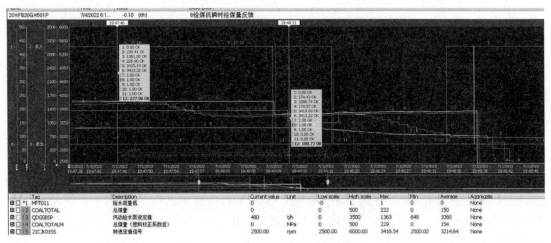

图 3-33　给水主控设定值出现扰动

（2）汽动给水泵出力降低原因分析。2B 给煤机断煤到汽动给水泵再循环调节阀超驰全开，时间为 38s。此时，2B 磨煤机内仍然有余粉吹入炉膛，且锅炉由于蓄热原因，实际锅炉燃烧热负荷还保持在断煤前状态，主蒸汽压力维持不变。

2B 给煤机断煤，因 INFIT 未能做到无扰切换，给水流量设定值突变，导致主给水指令提前快速下降，在给水主控 PID 作用下，导致 A、B 汽动给水泵目标转速给定降低，进而引起两台汽动给水泵低压调节阀开度减小，汽动给水泵出口压力随之降低，给水泵出口与汽水分离器出口压差减小，导致锅炉上水困难。

又因切换过程给水流量设定值扰动，给水流量设定值与实际值偏差大切除了给水主控自动，两台汽动给水泵目标转速保持在切换时数值 3157r/min，从而实际给水流量呈现持续下降趋势，在汽动给水泵入口流量降至汽动给水泵最小流量定值时，汽动给水泵再循环阀超驰全开，进一步引起主给水流量恶化，最终低于锅炉给水流量低保护动作值。

2. 事件原因分析

（1）直接原因。INFIT 逻辑功能不完善，给水主控设定值输出未实现无扰跟踪，未实现无扰切换。INFIT 切除后延时 2s，给水流量突降引起主给水指令快速下降，汽动给水泵转速给定由 3407r/min 下降为 3157r/min，2A、2B 汽动给水泵实际转速跟踪设定值分别骤降至 3245、3238r/min，给水泵出力不足，同时两台汽动给水泵再循环门超驰快开，进一步造成给水流量快速下降，致使主给水流量快速降低至保护定值，触发"锅炉给水流量低低"保护动作。

（2）间接原因。入炉煤质湿黏，造成 2B 给煤机堵煤。江西抚州地区普降大雨，入厂煤较湿，露天煤场虽已苫盖，但取煤时仍受雨水影响较大，造成入炉煤湿黏，发电部虽进行配煤掺烧，但来煤成分复杂，黏煤上煤量未能精确把控，入炉煤质不稳定，造成给煤机易堵煤，其中，2B 给煤机堵煤较严重，间接导致燃料主控、锅炉主控、协调系统、INFIT 系统切除，长时间不下煤。

3. 暴露问题

（1）INFIT 厂家逻辑设计不严密，给水设定控制回路没有实现无扰切换，为机组安全运行埋下重大隐患。

（2）INFIT 采用外挂黑匣子方式进行协调系统优化，因涉及技术专利保密，控制策略不开源，热工技术人员未掌握 INFIT 系统控制策略。

（3）INFIT 系统调研不充分、技术审核不细致，调试过程中未发现机组异常时 INFIT 系统存在的风险隐患。

（4）汛期期间，未掌握各台给煤机煤湿挂煤情况，对于给煤机煤湿黏情况巡检不到位。

（5）配煤掺烧风险管控不到位、运行风险管理不到位，未及时根据煤质情况动态调整掺烧方案。

（三）事件处理与防范

（1）优化完善 INFIT 外挂协调控制系统与 DCS 接口逻辑。取消 INFIT 系统给水主控惯性环节时间闭锁，确保 INFIT 切除前后给水主控惯性环节的时间常数无变化，保证外挂系统相关的逻辑不改变原控制逻辑功能。优化无扰切换控制策略，在给水主控投入、IN-FIT 系统投入情况下，协调逻辑给水主控设定值与 INFIT 系统给水主控设定值保持一致，实现无扰切换。

（2）协调 INFIT 厂家，再次对 INFIT 系统逻辑进行全面排查，包括锅炉主控、汽轮机主控、中间点温度、给水主控、蒸汽温度调节，特别是对无扰切换控制回路进行逐一分析，确保 INFIT 系统相互切换过程中不发生扰动。

（3）机组启动后，对 INFIT 系统所有控制系统进行在线投切实验，包括锅炉主控、汽轮机主控、中间点温度、给水主控、蒸汽温度调节，进一步确定 INFIT 系统无扰切换功能正常后进行调试。

（4）针对煤种多变、汛期煤湿黏等情况，加强巡检频次。发电部采取挂牌抽查等方式强化巡检管理。对易堵煤、断煤煤种提前预警，对挂煤严重的情况提前安排倒磨清理给煤机，预防断煤异常发生。

（5）做好科学配煤掺烧，从源头控制，避免湿煤、黏煤直接上仓，动态调整掺烧方案。提前告知各种配煤掺烧风险，发出风险提示，提前管控断煤堵煤等运行风险。

（6）针对新增 INFIT 外挂协调控制系统，要求 INFIT 厂家提供详细的维护说明和操作手册等资料，其中，应包含外挂系统投入期间及投退过程风险点及注意事项，便于运行和热控人员日常投退及维护，一方面避免因人员误动接口逻辑或相关接口参数导致无扰切换功能异常。另一方面在外挂系统退出后（DCS 协调控制接管前）阶段，为运行人员针对机组协调相关的给煤量、给水流量等重要调节对象的操作提供参考。

（7）发电部运行人员针对新增后的外挂控制系统及本次异常开展技术培训，完善事故预想，逐步提高运行人员操作水平。

三、重复引用"机组负荷"信号引起逻辑判断错误导致 MFT 动作

某电厂 5 号机组为国产 600MW 超临界空冷机组，锅炉为超临界、直流、双面墙对冲燃烧炉，汽轮机为超临界单轴三缸四排汽直接空冷凝汽式，发电机为水-氢-氢冷机组。配备两台汽动给水泵和一台 30% 电动给水泵，控制系统为 ABB 公司的 Symphony 分散控制系统，版本号为 Composer5.0＋PGP4.0。

2022 年 10 月 26 日 13 时 44 分，5 号机组并网运行。17 时 15 分，5 号机组负荷 322MW，A、B 汽动给水泵自动方式运行，锅炉给水流量 961t/h，A、B、E、F 磨煤机运行，锅炉主控指令 47%，汽轮机主控指令 87%。17 分 57 秒，锅炉 MFT，首出跳闸信号为"给水流量低低"。

（一）事件过程

17 时 17 分 10 秒，机组切至协调控制方式，给水流量设定值开始下降。41 秒时，B 汽动给水泵再循环调节阀逐渐打开。

17 时 17 分 49 秒，主给水流量下降至 346t/h，触发"给水流量低（定值：351t/h）"光字报警。51 秒时，运行人员将 A 给水泵汽轮机切至手动控制方式。52 秒时，运行人员将 B 给水泵汽轮机切至手动控制方式。

17 时 17 分 54 秒，B 给水泵汽轮机控制指令由 11.86% 逐渐增加至 46.66%，给水流量下降至 258.06t/h。56 秒时，运行人员将 A 给水泵汽轮机控制指令由 14% 逐渐增加至 40%。

17 时 17 分 57 秒，机组"给水流量低低"（定值：264t/h 延时 3s）触发锅炉 MFT 保护动作，机组跳闸，大联锁保护动作正常。

故障原因查找处理后，23 时 46 分 00 秒，机组并网运行。

（二）事件原因查找与分析

1. 事件原因检查

机组跳闸过程记录曲线，如图 3-34 所示。

根据曲线查阅控制逻辑，发现机组检修后首次运行，在投入协调控制方式后，控制器 PCU1 M3（锅炉给水控制系统）未采集到自 PCU8 M3 用于给水调节的"机组负荷"环路

信号，PCU1 M3 给水主调引用机组负荷逻辑，如图 3-35 所示。引起 PCU1 M3 给水调节逻辑控制输出高、低限自适应功能块 3414 和 3314 输出为 0，导致给水流量 PID 块设定值输出为 0，给水流量快速下降，"给水流量低低"保护动作，锅炉 MFT。

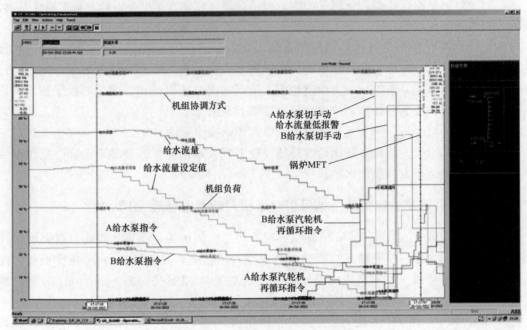

图 3-34　机组跳闸过程记录曲线

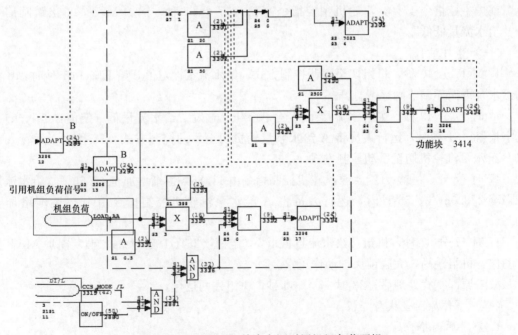

图 3-35　PCU1 M3 给水主调引用机组负荷逻辑

检查控制器 PCU1 M3 给水调节逻辑引用的"机组负荷"（LOAD/L）信号取自 PCU8 M3，而 PCU1 M3 锅炉中间点压力高报警逻辑中引用"机组负荷"（LOAD/L）信号同样取自 PCU8 M3，PCU1 M3 锅炉中间点压力高报警引用机组负荷逻辑。因在 PCU1 M3 中控制逻辑两次引用 PCU8 M3 中"机组负荷"信号，造成环路信号随机异常，导致用于给水调节的"机组负荷"信号异常变为 0。

针对上述问题修改环路信号引用方式，将 PCU8 M3 中机组负荷信号经环路引至 PCU1 M3 后，在控制柜内重新分配，经传动正常，整改前后逻辑示意，如图 3-36 所示。

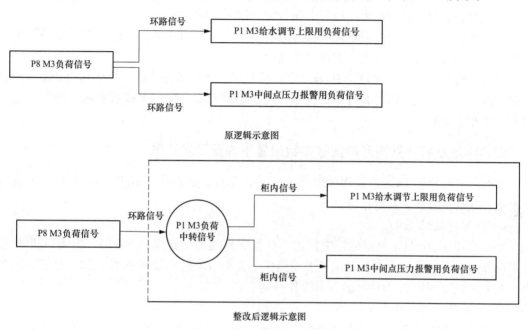

图 3-36　整改前后逻辑示意

2. 事件原因分析

（1）直接原因：锅炉给水流量低于 264t/h 延时 3s 触发锅炉 MFT 保护动作。

（2）间接原因：跨控制器之间通信的"机组负荷"环路信号，在接收侧控制器内两次引用同一个环路交叉参考信号，引起机组负荷环路信号（PCU1 M3）随机异常，造成给水流量指令直接至 0，导致逻辑判断错误，给水流量低 MFT 保护动作。

3. 暴露问题

（1）生产人员政治站位不高，在"二十大"保电结束后人员思想松懈，安全意识淡薄，对"高严细实"的工作作风落实不到位。

（2）设备隐患排查不到位，风险辨识不清晰，对于环路信号二次引用出现故障的风险点没有制定有效的防范措施。

（3）技术管理不到位，对逻辑审核中的重点难点问题认识不足，班组、专业逐级审查不到位。

（4）运行人员风险意识不强，对修后机组首次投运协调方式可能存在的风险预估不足，没有制定有效的防范措施。

（三）事件处理与防范

（1）组织召开事故反思会，加强对员工的思想教育，提高员工政治站位，强化责任担当，提升对"高严细实"工作作风重要性的认识，增强安全意识。

（2）修改控制逻辑，将环路信号二次引用变更为单次引用，避免环路信号二次引用造成的通信故障。在锅炉给水控制系统中增加机组 40％负荷为"最低限值"。加强隐患排查治理，举一反三，对电厂机组其他环路信号引用进行排查，制定有效的预控措施，避免发生类似事件。

（3）修编热工专业 DCS 组态变更管理规定并严格落实，修改后的组态打印、标识，经班组、专业、部门审核后实施，编写书面告知书逐级专项交底。

（4）加强运行人员的技能培训，提高运行人员风险辨识水平。将近七年"非停"事件录入仿真机系统，提升应对突发事件的处理能力。

（5）严格落实热工专业 DCS 组态变更管理规定，DCS 组态编译时应认真检查编译信息正确后再下装，修改后的组态打印、标识，经班组、专业、部门审核后实施，编写书面告知书逐级专项交底。

四、DCS 执行周期与时间函数参数设置不匹配引发故障

某电厂 2 号机组 DCS 原采用 ABB Symphony 系统，2021 年采用某国内品牌 DCS 进行了改造，顺利投运后，运行正常。

（一）事件过程

2022 年 9 月 10 日，机组运行中发生一台给煤机跳闸引起燃料 RB 后，但引风机 A 动叶未动作。之后，由运行人员在现场手动操作，关小引风机 A 动叶执行机构，最后通过逻辑强制方式恢复引风机 A 动叶的远方操作控制。

（二）事件原因查找与分析

引风机 A 动叶控制为开关量控制的调节阀。通过引风机 A 动叶模拟量指令、模拟量反馈和控制死区经过"PULSEL"功能块处理转化为开关量 DO 指令，引风机 A 动叶关指令逻辑及故障状态，如图 3-37 所示。

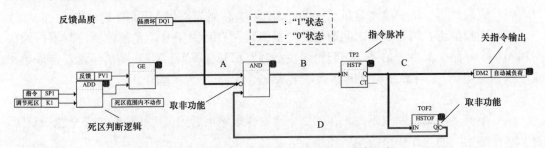

图 3-37　引风机 A 动叶关指令逻辑及故障状态

该逻辑页的执行周期为 200ms，"TP2"脉冲宽度为 200ms，"TOF2"时间为 600ms。点正常执行和数据丢包后的脉冲状态，如图 3-38 所示。根据逻辑功能，若指令反馈偏差一直大于死区，"B"触发"C"后通过"D"复位本身，然后进入下一个循环，则指令"C"应为 200ms "1"状态，800ms "0"状态，而"B"仅能保持"1"状态一个执行周期，如图 3-39 上部分所示。由于控制器处理能力不足，存在丢包现象，有状态翻转丢失情况。一旦在某个周期"C"为"1"状态未采集到（图 3-39 中"丢包的脉冲 2"），"D"将保持为"1"状态，导致"B"保持"1"状态，后续周期中"C"保持"0"状态，导致指令不发，形成了故障时的死循环状态。

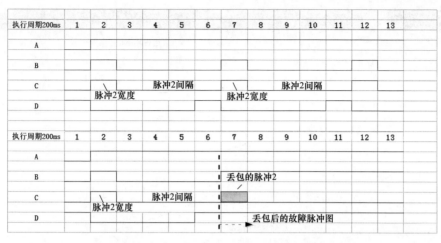

图 3-38 点正常执行和数据丢包后的脉冲状态

（三）事件处理与防范

由于控制器处理能力不足存在数据丢包现象，而"TP2"脉冲宽度和逻辑页执行周期相同为 200ms，存在一个周期未采集到数据时导致逻辑形成死循环的可能。所以可增加"TP2"脉冲宽度使其为多个执行周期，从而保证一个或数个执行周期的丢包不会导致死循环的出现，或者通过逻辑功能打断死循环来解决该故障，优化后逻辑，如图 3-39 所示。

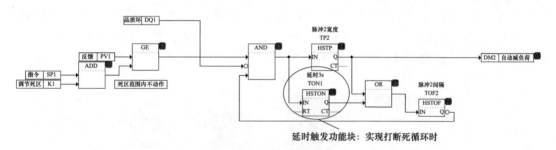

图 3-39 优化后逻辑

五、控制系统内部逻辑缺陷引发石灰石供浆流量理论值突变

（一）事件过程

某机组运行中，脱硫 DCS 中石灰石供浆流量理论值发生突变，由 $7.8m^3/h$ 突变为 $23.5m^3/h$，经过 35h 左右下降至正常值附近。查阅历史数据，发现在高负荷状态时，石灰石供浆流量理论值最大接近 $15m^3/h$ 且不会出现突变。因此，判定此次石灰石供浆流量理论值突变至 $23.5m^3/h$ 左右后又缓慢恢复正常为异常现象。

（二）事件原因查找与分析

石灰石供浆流量理论值是通过发电机功率、总风量和原烟气 SO_2 浓度计算得出。石灰石供浆流量理论值故障趋势，如图 3-40 所示。

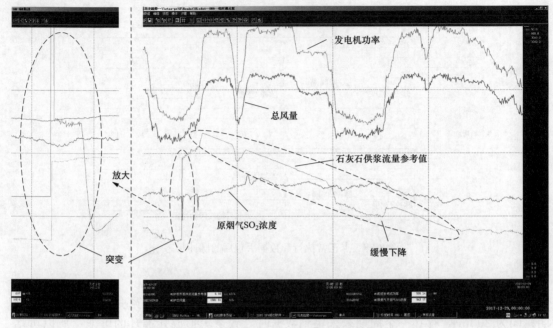

图 3-40　石灰石供浆流量理论值故障趋势

通过历史数据记录，发现石灰石供浆流量理论值发生突变时，原烟气 SO_2 浓度发生突变，由正常值 1000 左右突变至 20000 以上后恢复正常。

石灰石供浆流量理论值计算原烟气部分逻辑，如图 3-41 所示，显示了功能块执行时序。原烟气 SO_2 浓度突变时，理应触发超速率（RatAlm）和超限（HLAlm）逻辑去切除异常值，可实际却没有切除，导致石灰石供浆理论值异常突变。

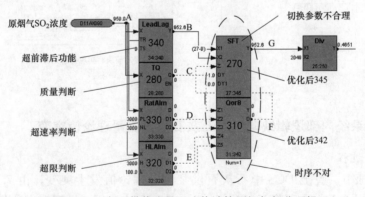

图 3-41　石灰石供浆流量理论值计算原烟气部分逻辑

原烟气 SO_2 浓度异常切除逻辑时序见表 3-3。由图 3-41 和表 3-3 可知，突变时"切换判断 Qor8"在"超速率判断 RatAlm"和"超限判断 HLAlm"之前，所以突变时切换判断还为"0"，下一执行周期时"输出切换 SFT"在"切换判断 Qor8"之前，还是输出"超前滞后 LeadLag"的输出（高限为 3000），此时已是异常值，之后切换判断为"1"，"输出切换 SFT"保持原异常输出，故石灰石供浆流量理论值发生突变。

表 3-3 原烟气 SO₂ 浓度异常切除逻辑时序

功能块	功能	时序	运算顺序	输出	突变前	突变时	突变后
XnetAI	SO₂ 浓度输入	240	1	A	1000	20000	20000
LeadLag	超前滞后	340	7	B	1000	3000（高限）	3000
TQ	质量判断	280	3	C	0	0	0
RatAlm	超速率判断	330	6	D	0	1	0
HLAlm	超限判断	320	5	E	0	1	1
Qor8	切换判断	310	4	F	0	0	1
SFT	输出切换块	270	2	G	1000	1000	3000

当原烟气 SO₂ 浓度恢复正常时，"超前滞后 LeadLag"的输出正常，"质量判断 TQ" "超速率判断 RatAlm"和"超限判断 HLAlm"都消失，"输出切换 SFT"为输出"超前滞后 LeadLag"的输出。通过查看"输出切换 SFT"的参数，由保持原输出切换到正常值的过程有速率限制，为 1min 变化 1。故在原烟气 SO₂ 浓度恢复正常后，石灰石供浆流量理论值以缓慢下降趋势恢复正常。

（三）事件处理与防范

优化原烟气 SO₂ 浓度异常处理及切换时序逻辑，从而保证在原烟气 SO₂ 浓度异常时能够保证输出保持原正常值。

（1）将"切换判断 Qor8"时序设置在"质量判断 TQ" "超速率判断 RatAlm"和"超限判断 HLAlm"之后，分别进行判断后再进行切换判断。

（2）将"输出切换 SFT"时序设置在"切换判断 Qor8"后，判断完再进行切换。

修改输出切换块 SFT 参数，将保持原输出切换到正常值的过程速率限制值放大或者取消，保证在原烟气 SO₂ 浓度由异常恢复正常时能快速以正常值参与石灰石供浆流量理论值计算。

六、DCS 逻辑变量未赋初值导致保护拒动

某电厂 2×300MW 机组采用杭州和利时自动化有限公司 MACSV 系统。DCS 逻辑组态中，1 号机组 1C 凝结水泵推力轴承配置了两个温度测点，温度高保护逻辑为当推力轴承温度均大于 80℃时跳闸凝结水泵。对于此温度保护，根据热控保护配置要求，除基本的测点质量判断外，增加了温度速率质量判断，防止保护误动。同时，为方便运行中检查处理温度测点，定义了开关型保护投退逻辑变量 QZ12，并设置了保护投退逻辑：QZ12 和温度高保护条件采用"与"逻辑，当 QZ12 为 TRUE 时保护投入，QZ12 为 FALSE 时保护退出。该温度测点保护在凝结水泵运行中正常投入。

（一）事件过程

2022 年 8 月 25 日 23 时 30 分，1 号机组负荷 151MW，机组处于 AGC 协调控制方式，1A、1C 凝结水泵运行，1B 凝结水泵备用。

23 时 47 分，1C 凝结水泵推力轴承温度上升至 70℃，并触发光字报警，运行人员确认此温度报警，并安排人员就地检查。

23 时 53 分，1C 凝结水泵推力轴承温度逐渐上升至 80℃，此时应触发推力轴承温度高保护动作，但保护拒动，1C 凝结水泵继续运行；随着温度继续上升，运行人员紧急从操作

画面手动停泵。

（二）事件原因查找与分析

1. 事件原因检查

对于 1C 凝结水泵运行中出现推力轴承温度高保护拒动的情况，检查发现其保护处于退出状态，即投退逻辑变量 QZ12 值为 FALSE。因此，重点排查保护退出逻辑。

首先，检查 1 号机组热控保护投退审批单，无 1C 凝结水泵推力轴承温度高保护投退记录。机组运行中热控人员能够规范执行保护投退管理制度，必须办理保护投退审批手续后方可执行投退操作，且 1C 凝结水泵推力轴承温度此前的运行中未出现异常，因此排除运行中人为退出该保护的情况。

其次，对于 DCS，通过逻辑变量强制进行保护投退会在逻辑组态系统中保存强制操作记录。检查逻辑组态系统记录，未发现强制 QZ12 变量进行保护投退的记录。在 1C 凝结水泵停运后，强制 QZ12 变量进行了保护投退试验，DCS 变量强制记录，如图 3-42 所示，说明系统逻辑变量强制操作记录功能正常，排除了人为退出该保护的情况。

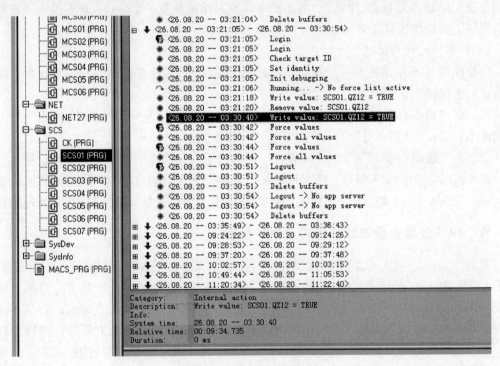

图 3-42　DCS 变量强制记录

进一步检查发现，该保护的投退逻辑变量 QZ12 定义为 QZ12：BOOL。该变量定义仅说明了变量为 BOOL 类型，但未给变量赋初值。

该 DCS 中，控制逻辑下装有两种方式，分别是清空下装、增量下装。

（1）清空下装操作是对控制器中的当前运行逻辑先进行清空，然后将全部变量和离线逻辑重新下装入控制器。

（2）增量下装时，不清空控制器当前逻辑，仅对逻辑增加和改变部分进行下装，因此不影响控制器中的未改变部分逻辑及变量。

当变量所在的控制器进行清空下装时，如果未对开关型变量赋初值，默认赋值为 FALSE。

综合以上检查结果，可判断保护拒动的原因为该保护投退逻辑变量 QZ12 定义时未赋初值，在停机检修过程中控制器执行了清空下装，因此该变量在控制器中的在线值被置为 FALSE，对应控制逻辑中 1C 凝结水泵推力轴承温度高保护处于退出状态。这种保护异常退出比较隐蔽，如果进行控制器清空下装后，不对保护逻辑仔细检查，很难发现保护退出的情况。

为避免出现以上情况，完善投退逻辑变量 QZ12 定义为 QZ12：BOOL：＝TRUE（即在变量定义中规范赋初值，初值为正常情况下变量应具有的值，这种完整规范的变量定义可避免对控制器清空下装后，变量被赋予非正常值，引起控制逻辑异常）。

根据本次保护拒动异常的分析结果，对控制逻辑中其他类似的保护投退逻辑变量定义进行了检查，确保其已正确赋初值。

2. 暴露问题

1C 凝结水泵推力轴承温度高保护拒动异常情况，判断保护拒动原因为保护投退逻辑变量定义时未赋初值，检修维护中执行了控制器清空下装，导致变量被置为默认值 FALSE，造成保护异常退出。投退逻辑变量定义时规范对其赋初值 TRUE，可以避免类似情况的发生。

杭州和利时自动化有限公司 DCS 逻辑中定义变量及功能块时，对变量及功能块参数均应正确赋初值，避免因此出现隐蔽的逻辑问题，造成控制逻辑异常。

（三）事件处理与防范

因变量未赋初值导致保护拒动，这种不规范的变量定义方法造成的逻辑异常，不仔细核查往往难以发现。逻辑变量规范赋初值在实际中经常被忽略，因此造成的逻辑后果可能影响较大。DCS 逻辑组态中对定义的变量和功能块参数规范赋初值需要得到重视，也是热控逻辑组态的基本工作要求。

此外，热控逻辑组态时，对于重要保护投退状态在操作员画面集中显示，可方便运行人员及时掌握保护投退情况，具有较好的实际意义。

第六节 DEH/MEH 系统控制设备运行故障分析处理与防范

本节收集了和 DEH/MEH 控制系统运行故障相关的案例 6 起，分别为高压调节阀 VPC 端子板故障导致振动大机组跳闸、中压调节阀 LVDT 反馈故障导致机组跳闸、高压调节阀松动造成单向阀试验时卡涩导致机组安全油压低跳闸、给水泵汽轮机危机遮断器误动机组跳闸、DEH 内部逻辑缺陷引发再热器保护动作导致锅炉 MFT、燃料阀启机过程中阀位指令反馈偏差大导致燃气轮机跳闸。

一、高压调节阀 VPC 端子板故障导致振动大机组跳闸

某电厂 4 号机组为 300MW 燃煤机组，投产运行 16 年。2022 年 1 月 19 日 22 时 47 分 35 秒，4 号机组负荷 193.9MW，主蒸汽压力 16.0MPa，汽轮机轴承 1X 振动 28.0μm，1Y 振动 16.0μm；2X 振动 71.7μm，2Y 振动 50.6μm，汽轮机顺序阀运行方式，一次调频投入，AGC 投入、1、2 号高压调节阀全开，3 号高压调节阀开度 5.1%。

（一）事件过程

22 时 47 分 50 秒，机组负荷突降至 165MW，1X 振动 57.7μm，1Y 振动 67.9μm；2X

振动 121.0μm（报警值 120μm），2Y 振动 100.0μm。1、2 号高压调节阀阀位显示全开，3 号高压调节阀开度升至 49.5%。

22 时 48 分 04 秒至 22 时 49 分 38 秒，机组负荷在 177～191MW 波动，1X 振动 55.2μm，1Y 振动 79.4μm；2X 振动 78.2μm，2Y 振动 138.1μm。1、2 号高压调节阀阀位显示全开，3 号高压调节阀开度在 30%～50% 摆动。

22 时 49 分 38 秒，手动切除 AGC。57 秒时，启动 1 号顶轴油泵。

22 时 50 分 12 秒，负荷由 85% 手动减至 82%，振动先降后升。

22 时 52 分 13 秒，1X 振动 91.8μm，1Y 振动 171.6μm；2X 振动 77.9μm，2Y 振动 136.9μm，振动继续上涨，启动 3 号顶轴油泵，就地观察 1、2 瓦顶轴油压力变化情况，听诊 1、2 瓦声音无异常。

22 时 58 分 18 秒，机组负荷 181.4MW，主蒸汽压力 17.9MPa，1X 振动达到 123.4μm，1Y 振动达到 242.3μm，振动大保护动作，机组跳闸。

机组跳闸后，对外供热切至 3 号机组未受影响。

20 日 02 时 30 分，4 号机组具备启动条件。50 分时，申请省调同意后机组点火启动。

20 日 07 时 27 分，4 号机组重新并网运行，各参数运行正常。

（二）事件原因查找与分析

1. 事件原因检查

机组停机后，检查保护逻辑关系为下面与逻辑关系：任意方向振动达到动作值 180μm 且另一方向振动达到报警值 120μm 时保护动作。

检查 4 号机组 DEH 系统 1 号高压调节阀 VPC 控制板 Run 运行指示灯熄灭，Fail 故障灯闪烁，随后检查 VPC 端子板，发现端子板状态灯熄灭，电容有烧损痕迹，1 号高压调节阀 VPC 端子板电容老化损坏，如图 3-43 所示。

图 3-43　1 号高压调节阀 VPC 端子板电容老化损坏

经查 1 号高压调节阀 VPC 端子板为 2005 年生产，使用至今已 16 年，属于老化损坏，造成 VPC 端子板失电，引起 1 号高压调节阀关闭，使汽轮机进汽方式发生变化，3 号高压调节阀大幅波动，引起 1 号和 2 号轴承油膜刚度变化，激起高压转子二阶振型，高中压转子发生动静碰摩，振动不断增大，保护动作停机过程相关参数记录曲线，如图 3-44 所示。

更换 VPC 端子板后，VPC 控制板、端子板运行状态正常，1 号高压调节阀调试合格，DEH 控制系统恢复正常。

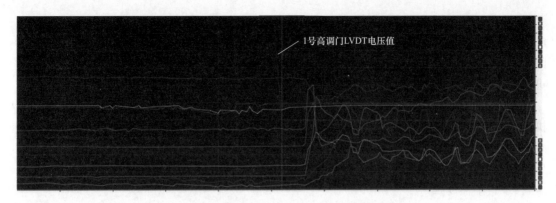

1号高调门LVDT电压值

图 3-44 保护动作停机过程相关参数记录曲线

2. 事件原因分析

（1）直接原因：运行过程中，高中压转子发生动静碰摩，$1X$ 振幅达到 $123\mu m$，$1Y$ 振幅达到 $242\mu m$，触发振动保护动作，机组停机。

（2）间接原因：1 号高压调节阀 VPC 端子板故障，造成 1 号高压调节阀关闭，3 号高压调节阀大幅波动，高中压转子发生动静碰摩，导致振动不断增大。

3. 暴露问题

（1）隐患排查不到位。在多次排查中对 DEH 系统端子板超年限使用重视程度不够，对风险隐患认识不足，没有及时采取措施。

（2）设备寿命管理不到位。历次检修中根据试验结果对 3 号机组 1~4 号高压调节阀、4 号机组 4 号高压调节阀及 2 号中压调节阀模件进行了更换，未对 DEH 系统超过使用年限的 VPC 端子板进行全部更换。

（3）未针对 DEH 系统模件故障制定防控措施和应急预案。

（4）运行人员异常分析和应急处置能力欠缺，机组负荷下降、振动增大、3 号高压调节阀摆动后，运行人员未准确判断出故障原因，采取的措施缺少针对性，机组振动未得到有效控制。

（三）事件处理与防范

（1）对同批次投入超年限使用的模件全部进行更换。现已提报计划，结合机组停备或检修，第一时间进行更换。同时建立全生命周期（重要）设备管理台账，制定设备更换滚动计划。

（2）完善"降非停"控制措施，对照措施清单严抓落实，将控制措施落实到人。加强 DEH 系统设备管理，严格按照试验规程开展各项测试，发现问题及时处理。

（3）联系 DEH 新华厂家，研究将板卡故障信号引入 DEH 系统并显示报警。

（4）有针对性地制定调速汽门异常关闭后的应急措施及操作要求，提高运行人员操作技能水平，防止设备异常扩大。

（5）积极推进 DCS 控制系统自主可控一体化改造，做好前期准备工作。

二、中压调节阀 LVDT 反馈故障导致机组跳闸

某电厂 2×670MW 超超临界机组，锅炉是上海锅炉厂有限公司生产的超超临界参数、

一次再热、平衡通风、半露天布置、固态排渣、全钢构架、全悬吊结构、四角切圆燃烧、Ⅱ形变压直流锅炉，引风机、送风机、一次风机采用单辅机布置。汽轮机是由上海电气集团股份有限公司生产的超超临界、单轴、四缸、四排汽、一次中间再热、抽汽凝汽式汽轮机。DEH 系统为艾默生过程控制有限公司 Ovation 控制系统。

2022 年 9 月 23 日 11 分 30 分，某电厂 1 号机组深调期间负荷 265MW，C、D、E 磨煤机运行，锅炉给水流量 680t/h，汽轮机四抽压力和给水泵汽轮机进汽压力 0.46MPa，给水泵汽轮机转速 3250r/min，汽轮机左右高压主汽门开度 100％、左右中压主汽门开度 100％，左右中压调速汽门开度 100％。

（一）事件过程

11 时 32 分 14 秒，发现汽轮机左侧高压主汽门反馈变坏点、左侧中压主汽门反馈变坏点、左右中压调速汽门反馈分别显示为 69％、71％，汽轮机四抽压力和给水泵汽轮机进汽压力快速下降至 0.1MPa，给水泵进汽调节阀开度由 25％升至 88％，给水泵汽轮机转速降至 3130r/min，锅炉给水流量快速降至 495t/h。

11 时 33 分 11 秒，锅炉 MFT 动作，跳闸首出信号"给水流量低"。

（二）事件原因查找与分析

1. 事件原因检查

查阅 DCS 记录，汽轮机左侧高压主汽门、左侧中压主汽门反馈变坏点，左、右中压调速汽门开度分别显示为 69％、71％，现场检查各 LVDT 电源开关均在合位，测量电源输入为 24V DC、电流输出均为 0mA。对上述 4 支 LVDT 施加外部 24V 电压进行试验，均在电压下降至 6V 以下后，反馈突变至 0mA。

测量各 LVDT 电阻、电流值，左侧高压主汽门为 21MΩ、工作电流 46mA，其余为 26MΩ 左右、32mA，测量同一型号全新 LVDT 为 36MΩ、工作电流 33mA。拆除测试左侧高压主汽门 LVDT，测试表明特性已改变，分析该 LVDT 故障致使所有 LVDT 的 24V 供电电压瞬间波动，造成左、右中压调速汽门反馈为 0mA，阀门 VP 卡内部逻辑触发关闭左、右中压调节阀。

排查 DEH 机柜内部 24V DC 供电回路，24V 正电源均配置 1A 分支开关，24V 负电源通过弹簧式接线端子排共用短接片方式连接，短接片为弹簧式压接，易存在松动、接触电阻变大的隐患，对该短接片进行重新插接，并测量短接可靠。

2. 事件原因分析

（1）直接原因。左、右侧中压调节阀 LVDT 反馈故障，内阻降低，反馈出现坏点，触发阀门 VP 卡内部逻辑发出关闭调节阀指令，中压调节阀关闭后，四抽压力快速下降，汽动给水泵出力降低，造成给水流量低 MFT 保护动作。

（2）间接原因。对上海电气集团股份有限公司西门子机型汽门单支 LVDT 配置的风险认识不足，未进行双支 LVDT 配置的改造。

3. 暴露问题

（1）安全生产责任制落实不到位，国庆保电期间落实保电措施不力，对保电方案重视程度不够，防范措施落实不彻底。

（2）隐患排查不到位，对上海电气集团股份有限公司西门子机型汽门单支 LVDT 配置的风险认识不足。

（3）风险分析预控不到位，未分析出 DEH 柜内供电回路不合理，负向电源使用的弹簧式接线端子排可靠性差，可能存在接触电阻较大的风险。

（4）对重要 DEH 设备、模件不熟悉，未掌握 Ovation 的阀门 VP 卡内部存在条件触发阀门自动关闭逻辑。

（三）事件处理与防范

（1）将 4 支 LVDT 进行了全部更换，经试验工作正常。

（2）调研已将各汽门 LVDT 改为双支配置的电厂，制定改造方案，择机进行技术改造，提高设备的可靠性。

（3）和上海电气集团股份有限公司技术人员一起探讨和制订 DEH 柜内 24V 电源供电回路及端子排接线方式、阀门 VP 卡内部逻辑中反馈坏点触发阀门关闭设计的优化方案，择机实施。

（4）举一反三，对各重要设备的控制电源配置和保护逻辑设置进行深度隐患排查。

（5）采取防范措施建议。

1）将机组的汽轮机、给水泵汽轮机主汽门、调节阀电液伺服阀、位置变送器（LVDT）、跳闸电磁阀、试验电磁阀等重要设备的电源，进行分散独立配置。

2）机组停机后，应检查测试电液伺服阀、线性差动位移传感器（LVDT）反馈线圈及信号电缆，确认无开路、短路、接地、破损现象。

3）对长期处于高温下运行的热控设备，例如，汽轮机主汽门行程开关、LVDT、伺服阀、电磁阀及连接电缆等，采取有效的防高温措施。

4）Ovation 控制系统中西门子机型的汽轮机调速汽门宜采用双阀位（VP）卡及双 LVDT 反馈冗余配置方式（新机组设计及 DCS 改造时应重视），避免由于单个 VP 卡或 LVDT 反馈故障对机组运行造成影响。VP 卡等易发热模件应定期进行红外热成像检查，及时发现温度过高情况。

三、高压调节阀松动造成单向阀试验时卡涩导致机组安全油压低跳闸

某公司 2 号汽轮机为东方汽轮机有限公司生产的超超临界、一次中间再热、三缸四排汽、单轴、双背压、凝汽式汽轮机，型号 CLN660-25/600/600。控制系统为艾默生过程控制有限公司生产的 Ovation 数字式电液控制系统，液压系统工作介质为高压抗燃油。机组配汽方式为复合配汽，正常运行期间采用顺序阀方式运行，特殊工况采用单阀控制方式。

（一）事件过程

2022 年 7 月 31 日 12 时 25 分，2 号机组负荷 360MW，单阀方式运行（1～4 号高压调节阀开度分别 35％、35％、39％、9.6％），2 号抗燃油泵运行，抗燃油母管压力 11.82MPa。

12 时 26 分，使用试验功能模块进行 1 号高压调节阀活动试验，快关电磁阀 15YV 带电后，1 号高压调节阀快关，同时，安全油低保护开关 1、2、3 动作，汽轮机跳闸，锅炉 MFT 动作，发电机解列，跳闸首出为"高压安全油压低"，汽轮机抗燃油母管压力 11.18MPa。

13 时 27 分，2 号机转速到 0r/min，投入盘车。

经处理后，8 月 1 日 3 时，机组并网运行。

（二）事件原因查找与分析

1. 事件原因检查

机组跳闸后，检查抗燃油系统各部位无漏油。调阅抗燃油化验报告，抗燃油 SAE AS4059F 为 5 级，符合《电厂用磷酸酯抗燃油运行维护导则》（DL/T 571—2014）中运行油的颗粒度不大于 SAE AS4059F 6 级标准要求。

2 号机组 1 号高压调节阀调节保安系统，如图 3-45 所示。

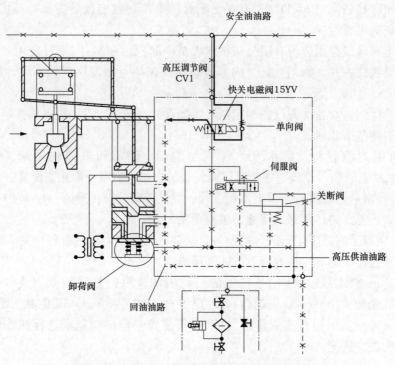

图 3-45　2 号机组 1 号高压调节阀调节保安系统

机组运行期间，1 号高压调节阀快关电磁阀（15YV）为失电导通状态，安全油经 15YV 后分为两路，一路进入油缸底部，关闭卸荷阀，封住油缸泄油通道，建立 1 号高压调节阀安全油压；另一路进入关断阀，将关断阀打开，使压力油进入伺服阀。

当进行阀门全行程活动试验时，先由伺服阀将高压调节阀关闭至 10%，阀门开度小于 10% 后，触发伺服阀指令清零，同时 15YV 带电动作，安全油供油被快关电磁阀切断，油缸底部安全油经快关电磁阀泄至回油，卸荷阀被打开，高压调节阀快关；当试验调节阀开度小于 2% 后快关电磁阀重新失电，安全油压再次建立，调节阀开启，试验结束。

专业人员对 2 号机组 1 号高压调节阀对应的快关电磁阀、单向阀及伺服阀进行清洗。在单向阀冲洗过程中，洗出黑色颗粒杂质。

清洗工作结束系统恢复后，进行 1 号高压调节阀静态试验，调节阀动作正常；强制快关电磁阀 15YV 带电，安全油压低保护未动作，抗燃油母管压力稳定在 11.4MPa 左右，ASP 油压稳定在 6.1MPa 左右。

2. 事件原因分析

结合调节保安系统图及阀门清洗（单向阀冲洗过程中洗出黑色颗粒杂质）和活动试验

过程（多次进行 15YV 带电/断电试验，保安油压正常），分析认为在本次 1 号高压调节阀活动试验中跳闸事件原因如下。

（1）直接原因。1 号高压调节阀调节保安油系统单向阀卡涩，密封不严造成安全油经单向阀、快关电磁阀泄油口及无压回油管路泄去，安全油压失去。

（2）间接原因。从历次抗燃油质分析报告来看，2 号机组抗燃油合格，说明抗燃油箱及抗燃油泵送出油质合格。从设备结构及工作原理分析，抗燃油在该类型油动机下部卸荷阀所在腔室中，机组正常运行时是静滞的，油中颗粒物有析出沉积的可能；当机组打闸时，保安油泄压，卸荷阀腔室的油会经单向阀泄去，从而携带污染物至单向阀。

（三）事件处理与防范

（1）运行期间加强抗燃油母管压力、抗燃油泵电流及 ASP 油压等参数的监视；定期对抗燃油系统的滤网进行检查、更换。

（2）利用停机机会，采用 AST 多次动作的方式，冲洗抗燃油系统及油缸底部积存的杂质，并在 AST 动作后，进行阀门活动试验，检查单向阀是否严密。

（3）每次 ETS 保护动作或手动打闸恢复挂闸后，应对每个调节阀进行阀门全行程活动试验，检查单向阀是否严密。

（4）利用机组检修机会，对各汽门电磁阀、伺服阀、单向阀、卸荷阀等油动机组件进行集中解体检查和清洗，并对抗燃油系统进行大流量冲洗。

（5）抗燃油系统未彻底清洗之前，建议加强阀门部分行程试验频次，暂停调节阀全行程活动试验及 AST 阀组活动试验。

四、给水泵汽轮机危机遮断器误动机组跳闸

某电厂 2 号机组为 350MW 超临界纯凝湿冷机组，给水系统配置 1 台 100% 容量汽动给水泵组，1 台 30% 容量启动用电动给水泵。给水泵汽轮机为杭州汽轮机股份有限公司引进西门子技术设计制造 NK63/71/0 型、单杠、单轴、变转速、多汽源、反动式、纯冷凝式汽轮机。单元机组分散控制系统（DCS）采用杭州和利时自动化有限公司 HOLLiAS，MACS 系统，软件版本 V6.5.1，硬件为 SM 系列。

（一）事件过程

2022 年 7 月 23 日 10 时 07 分，2 号机组带负荷 175MW 运行，AGC、一次调频正常投入，A、C、E 三套制粉系统运行，给水泵转速 4118r/min，给水压力 9.27MPa，省煤器入口流量 495t/h。

10 时 07 分 40 秒，给水泵汽轮机三个速关油压低开关动作，给水泵汽轮机跳闸，且 METS 无首出。锅炉 MFT，首出"给水泵均停"。联跳汽轮机、发电机。联跳 A、B 一次风机、A、C、E 磨煤机、给煤机。协调、燃料、给水控制正常切手动。

经现场紧急检查后，7 月 24 日 21 时 03 分，2 号机组并网运行。

（二）事件原因查找与分析

1. 事件原因检查

停机后，SOE 记录如图 3-46 所示。10 时 07 分 40 秒 794 毫秒，锅炉 MFT，MFT 前无其他异常记录。锅炉 MFT 联跳汽轮机，ETS 跳闸，发电机-变压器组保护，保护动作正常。查看历史报警记录（如图 3-47 和图 3-48 所示），给水泵汽轮机三个"速关油压低信

号"与"给水泵汽轮机已跳闸""速关阀行程开关信号反转"发生在同一时刻，200ms后，给水泵汽轮机停机信号1开出，锅炉MFT，首出"给水泵均停"。SOE、历史报警记录与现场记录停机过程一致。

	日期/时间	点名	点描述	信息	域号	站号	区域	设备号	通道
1	2022/07/23 00:40:29.394.0	HFC50AJ001XB02B	磨煤机E主电机已停运	1	2	10	0	28	3
2	2022/07/23 01:01:44.063.0	HFC50AJ001XB02B	磨煤机E主电机已停运	0	2	10	0	28	3
3	2022/07/23 01:27:56.744.0	HFC50AJ001XB02B	磨煤机E主电机已停运	1	2	10	0	28	3
4	2022/07/23 06:34:55.421.0	HFC50AJ001XB02B	磨煤机E主电机已停运	0	2	10	0	28	3
5	2022/07/23 10:07:40.794.0	MFTBUTTONSOE	锅炉MFT	1	2	10	0	28	11
6	2022/07/23 10:07:40.808.0	CKC01XB120	锅炉MFT至ETS	1	2	30	0	38	4
7	2022/07/23 10:07:40.809.0	CKC01XB105	ETS跳闸	1	2	30	0	37	7
8	2022/07/23 10:07:40.824.0	BRA03014	#2发变组保护柜（C柜）热工保护跳闸	1	2	25	0	14	12
9	2022/07/23 10:07:40.833.0	BRA03005	#2发变组保护柜（C柜）装置报警	1	2	25	0	14	3
10	2022/07/23 10:07:40.835.0	HFE20GH001XB124	一次风机B跳闸位置	1	2	10	0	29	4
11	2022/07/23 10:07:40.862.0	HFE10GH001XB124	一次风机A跳闸位置	1	2	10	0	28	4
12	2022/07/23 10:07:40.876.0	HFC30AJ001XB02B	磨煤机C主电机已停运	1	2	10	0	28	3
13	2022/07/23 10:07:40.876.0	HFC10AJ001XB02B	磨煤机A主电机已停运	1	2	10	0	28	3
14	2022/07/23 10:07:40.878.0	HFC50AJ001XB02B	磨煤机E主电机已停运	1	2	10	0	28	3
15	2022/07/23 10:07:50.587.0	HNC10AN001XB02B	引风机A电机停运	1	2	10	0	28	4
16	2022/07/23 10:07:50.614.0	HNC20AN001XB02B	引风机B电机停运	1	2	10	0	29	4
17	2022/07/23 10:07:50.758.0	BRA01017	#2发变组保护柜(A柜)程序逆功率跳闸	1	2	25	0	30	6
18	2022/07/23 10:07:50.828.0	CKA02XB109	油开关跳闸	1	2	30	0	36	5
19	2022/07/23 10:07:50.984.0	HLB10AN001XB02B	送风机A电机停运	1	2	10	0	28	4
20	2022/07/23 10:07:51.045.0	HLB20AN001XB02B	送风机B电机停运	1	2	10	0	29	4
21	2022/07/23 10:08:08.240.0	HJF20AA001XB01	回油快关阀已开	0	2	10	0	29	8
22	2022/07/23 10:08:12.423.0	HJF20AA001XB02	回油快关阀已关	0	2	10	0	29	8
23	2022/07/23 11:29:13.182.0	J0LAJ10AP001XB03A	电动给水泵组跳闸位置（#2机组电源母线）	1	2	30	0	39	12
24	2022/07/23 11:30:04.388.0	HNC20AN001XB02B	引风机B电机停运	1	2	10	0	29	4
25	2022/07/23 11:31:37.713.0	HLB20AN001XB02B	送风机B电机停运	1	2	10	0	29	4
26	2022/07/23 11:40:06.463.0	MFTBUTTONSOE	锅炉MFT	1	2	10	0	28	11
27	2022/07/23 11:46:18.716.0	HFE20GH001XB124	一次风机B跳闸位置	1	2	10	0	29	4
28	2022/07/23 11:48:14.655.0	HFE10GH001XB124	一次风机A跳闸位置	1	2	10	0	28	4
29	2022/07/23 11:52:53.025.0	HJF20AA001XB02	回油快关阀已关	0	2	10	0	29	8

图 3-46　SOE 记录

	日期/时间	点名	点描述	信息
1	2022/07/23 10:07:33.928		燃油点火许可条件	1
2	2022/07/23 10:07:33.928	DMOILC1RSEQ_RPER1	微油C1层点火许可条件(#10站来)	1
3	2022/07/23 10:07:33.928	DMOILC2RSEQ_RPER1	微油C2层点火许可条件(#10站来)	1
4	2022/07/23 10:07:33.928	DMOILC3RSEQ_RPER1	微油C3层点火许可条件(#10站来)	1
5	2022/07/23 10:07:33.928	DMOILC4RSEQ_RPER1	微油C4层点火许可条件(#10站来)	1
6	2022/07/23 10:07:33.928	DMOILC_RPER	燃油点火许可条件	1
7	2022/07/23 10:07:33.969	HJF10CP201	快关阀后进油压力	模拟量越低一限恢复
8	2022/07/23 10:07:33.969	HJF10CP202	快关阀后进油压力	模拟量越低一限恢复
9	2022/07/23 10:07:34.211	DMOILC1RSEQ_RPER	C1油枪程控启动允许条件	1
10	2022/07/23 10:07:34.211	DMOILC2RSEQ_RPER	C2油枪程控启动允许条件	1
11	2022/07/23 10:07:34.211	DMOILC3RSEQ_RPER	C3油枪程控启动允许条件	1
12	2022/07/23 10:07:34.211	DMOILC4RSEQ_RPER	C4油枪程控启动允许条件	1
13	2022/07/23 10:07:34.428	DMOILCRSEQ_RPER	C层油枪程控启动允许条件	1
14	2022/07/23 10:07:34.897	CFB01XB105	偏心大报警	1
15	2022/07/23 10:07:35.924	DMHJF20AA101XB11MA	回油气动调节阀切手动条件	1
16	2022/07/23 10:07:36.469	HJF20AA101XB11MA	回油气动调节阀	"手动"方式切到"强制手动"
17	2022/07/23 10:07:36.924	DMHJF20AA101XB11MA	回油气动调节阀切手动条件	0
18	2022/07/23 10:07:37.468	HJF20AA101XB11MA	回油气动调节阀	"强制手动"方式切到"手动"
19	2022/07/23 10:07:40.429	M1DMCOLDSTP	A小机冷态	1
20	2022/07/23 10:07:40.429	M1DMLSVOPN	A小机低压主汽阀全开	1
21	2022/07/23 10:07:40.429	M1DMNORUN	A小机未运行	1
22	2022/07/23 10:07:40.429	M1DMOFFCIV	A小机关调门	1
23	2022/07/23 10:07:40.429	M1DMREMOTMOD	A小机遥控方式	1
24	2022/07/23 10:07:40.429	M1DMRUN	A小机已运行	1
25	2022/07/23 10:07:40.429	M1DMSTTRIPBT	A小机停机	1
26	2022/07/23 10:07:40.429	M1DMTRIP3	A小机主汽门关把闸	1
27	2022/07/23 10:07:40.429	M1DMTURESET	A小机已挂闸	1
28	2022/07/23 10:07:40.429	M1DMTURTRIP	A小机已跳闸	1
29	2022/07/23 10:07:40.429	M1DICLSOPL1	A小机速关油压低1	1
30	2022/07/23 10:07:40.429	M1DICLSOPL2	A小机速关油压低2	1

图 3-47　历史报警记录（一）

	日期/时间	点名	点描述	信息
1	2022/07/23 10:07:40.429	M1DICLSOPL3	A小机速关油压低3	1
2	2022/07/23 10:07:40.429	M1DIPOSVC	A小机速关阀行程开关闭1	1
3	2022/07/23 10:07:40.429	M1DIPOSVO	A小机速关阀行程开关1	0
4	2022/07/23 10:07:40.429	M1DOAUTOZ	A小机遥控已投入	0
5	2022/07/23 10:07:40.429	M1DOMEHTRP1	A小机MEH停机开出1	1
6	2022/07/23 10:07:40.679	DMFSSS0111	给水泵均停MFT跳闸	1
7	2022/07/23 10:07:40.679	DMFSSS0211	给水泵均停MFT跳闸	1
8	2022/07/23 10:07:40.679	DMFSSS0211	给水泵均停MFT跳闸	1
9	2022/07/23 10:07:40.679	DMFSSS0241	给水泵均停MFT跳闸首出	1
10	2022/07/23 10:07:40.679	DMFSSS0290	无MFT跳闸条件	0
11	2022/07/23 10:07:40.679	DMMFT	MFT跳闸	1
12	2022/07/23 10:07:40.679	SCS26XB01	A给水泵跳闸(柜间硬接线)	1
13	2022/07/23 10:07:40.679	MFTOUT11	MFT动作至MFT硬回路A11(去继电器柜硬接线)	1
14	2022/07/23 10:07:40.679	MFTOUT12	MFT动作至MFT硬回路A12(去继电器柜硬接线)	1
15	2022/07/23 10:07:40.679	MFTOUT13	MFT动作至MFT硬回路A13(去继电器柜硬接线)	1
16	2022/07/23 10:07:40.679	MFTOUT21	MFT动作至MFT硬回路B11(去继电器柜硬接线)	1
17	2022/07/23 10:07:40.679	MFTOUT22	MFT动作至MFT硬回路B12(去继电器柜硬接线)	1
18	2022/07/23 10:07:40.679	MFTOUT23	MFT动作至MFT硬回路B13(去继电器柜硬接线)	1
19	2022/07/23 10:07:40.711	DMCCS09	BF方式切换条件	1
20	2022/07/23 10:07:40.711	DMCCS09	BF方式切换条件	1
21	2022/07/23 10:07:40.711	DMCCS10	协调方式切除条件	1
22	2022/07/23 10:07:40.711	DMCCS10	协调方式切除条件	1
23	2022/07/23 10:07:40.711	DMCCS13	燃料主控切手动条件	1
24	2022/07/23 10:07:40.711	DMCCS13	燃料主控切手动条件	1
25	2022/07/23 10:07:40.711	DMCKB01XB301MA_AM	给水流量控制手自动状态	1
26	2022/07/23 10:07:40.711	DMCKB01XB301MA_AM	给水流量控制手自动状态	1
27	2022/07/23 10:07:40.711	DMCKB01XB301MA_TM	给水流量控制切自动条件	1
28	2022/07/23 10:07:40.711	DMCKB01XB301MA_TM	给水流量控制切自动条件	1
29	2022/07/23 10:07:40.711	DMCKB01XB301MA_TS	给水流量控制跟踪条件	1
	2022/07/23 10:07:40.711	DMCKB01XB301MA_TS	给水流量控制跟踪条件	

图 3-48 历史报警记录（二）

检查给水泵汽轮机跳闸回路，给水泵汽轮机保安油系统，如图 3-49 所示；给水泵汽轮机跳闸回路，如图 3-50 所示。经分析停机通道有以下 5 种可能途径。

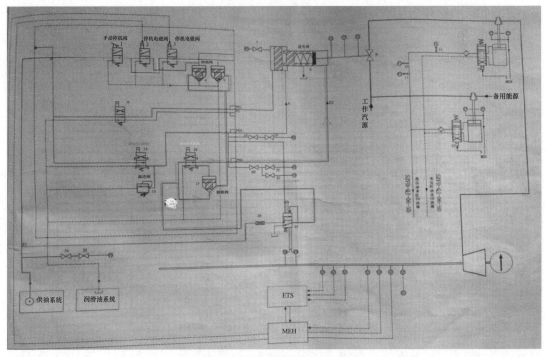

图 3-49 给水泵汽轮机保安油系统

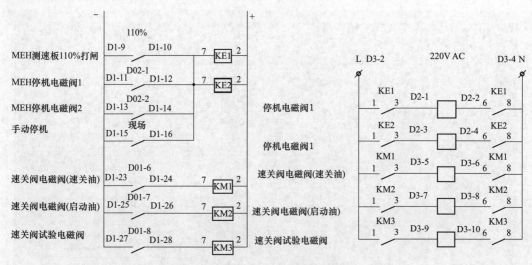

图 3-50　给水泵汽轮机跳闸回路

（1）热工保护动作。停机电磁阀 2、3 用于给水泵汽轮机遥控停机。图 3-50 中所示为不带电状态，启动和正常运行时，压力油是通路，插装阀 4、5 在压力油作用下关闭。当停机电磁阀 2、3 中任一只得电时，插装阀上腔与回油接通，插装阀开启，速关油迅速排泄，致使速关阀关闭、给水泵汽轮机停机。

（2）热控跳闸硬回路误动作。给水泵汽轮机跳闸回路中停机电磁阀、停机电磁阀指令继电器、热工电缆异常等皆有可能造成误动作。

（3）就地手动打闸。手动停机阀 1 用于给水泵汽轮机就地停机。前方有一块红色防护板，将防护板向操作侧翻下，之后拉动手柄，其结果与停机电磁阀 2、3 得电时一样，使给水泵汽轮机停机。

（4）危机保安装置动作。当给水泵汽轮机转速升高到整定的动作转速时，飞锤在离心力的作用下，克服弹簧力出击，打在危机保安装置的挂钩上，引起速关阀关闭，使给水泵汽轮机立即停机。

（5）安全油意外泄漏。保安油系统中任何一个环节发生意外泄漏，都会使速关油失压，在弹簧力作用下，速关阀直接关闭。

针对上述 5 种可能途径，热工专业人员进行了一一排查。

（1）热工保护动作因素排查。给水泵汽轮机热工跳闸保护项目由两部分组成，其中，给水泵汽轮机跳闸条件 14 项，包括给水泵汽轮机超速 110％、给水泵汽轮机转速故障打闸、给水泵汽轮机整定超速打闸、给水泵汽轮机测速板超速打闸、DCS 停机 ETS 跳机、给水泵汽轮机润滑油压低 ETS 跳机、给水泵汽轮机排气压力高 ETS 跳机、给水泵汽轮机轴向位移大 ETS 跳机、给水泵汽轮机前轴承振动过大跳机、给水泵汽轮机紧急停机、汽动给水泵前轴承振动过大停机、手动停机、汽轮机后轴承振动过大停机、汽动给水泵后轴承振动过大停机。

汽动给水泵跳闸条件 4 项，包括汽动给水泵前置泵未运行、除氧器水位低三值、汽动给水泵入口压力与除氧器压力差值小于 0.5MPa、给水泵汽轮机转速大于 2600r/min 时流量低且汽动给水泵再循环调节阀位置反馈低于 80％。

经排查，给水泵汽轮机跳闸前，没有符合保护动作的跳闸工况，也无相关工艺参数异常的历史报警记录；给水泵汽轮机跳闸时，给水泵汽轮机停机电磁阀1、2均未动作，停机电磁阀指令状态，如图3-51所示，METS无首出符合无热工保护动作的逻辑，因此可排除热工保护动作造成给水泵汽轮机跳闸的原因。

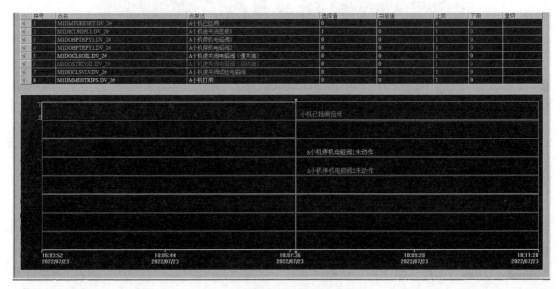

图 3-51　停机电磁阀指令状态

（2）热工跳闸回路误动作因素排查。

1）电磁阀线圈阻值和动作电压检查：包括停机电磁阀1、停机电磁阀2、速关油电磁阀、启动电磁阀、试验电磁阀（试验电磁阀为不同型号，其余四个为同型号电磁阀），其中，各电磁阀线圈电阻分别为164.3、163.8、163.0、163.5、115.4Ω，电磁阀线圈电阻均在正常范围内。对导致停机的电磁阀进行带电测试，停机电磁阀1、2及速关油电磁阀的动作电压为145、140、140V，均正常触发给水泵汽轮机跳闸。

2）停机电磁阀指令继电器动作检查：其中，停机电磁阀1继电器动作电压10.5V，动作时间0.1288s，释放电压3.5V；停机电磁阀2动作电压11V，动作时间0.0523s，释放电压3.5V；速关油电磁阀动作电压13V，动作时间0.0723s，释放电压4V。继电器正常工作。

3）热工电缆检查：对38号站电磁阀指令线进行绝缘测试，指令线为38号站至就地给水泵汽轮机电磁阀12.6m处，绝缘电阻表测得对地电阻及线间电阻无穷大。

4）热控系统接地检查：未发现异常。

经上述排查，给水泵汽轮机跳闸指令继电器、现场停机电磁阀、线间绝缘等均正常，停机电磁阀1、2均未动作，排除热工回路误动引起给水泵汽轮机跳闸的可能。

（3）人员误操作、速关阀组件外漏因素排查。通过视频监控检查该时段汽轮机电子间及给水泵汽轮机速关油区域位置均无人，排除人员误动可能。

现场检查给水泵汽轮机LVDT、进汽调节阀外观无异常，给水泵汽轮机油系统无明显外漏，就地速关阀组件，如图3-52所示，给水泵汽轮机润滑油油压在0.37~0.39MPa，未见异常。

图 3-52　就地速关阀组件

（4）机务专业排查。由于机组已紧急启动，据现有材料分析给水泵汽轮机速关油压低的原因可能有：

1）遮断装置动作。由于危急遮断滑阀安装在给水泵汽轮机前轴承座，运行期间因自身晃动、振动等因素导致撑钩与转子上轴位移凸肩或飞锤小轴碰撞，导致危急遮断滑阀动作。机组跳闸前给水泵汽轮机转速正常，且手动打闸手柄设有限位装置，可排除给水泵汽轮机超速和手动打闸手柄误动造成给水泵汽轮机危急遮断装置动作。

2）停机电磁阀底部插装阀闭合不严。给水泵汽轮机运行期间，停机电磁阀处于失电状态，高压油进入插装阀顶部，将插装阀关闭，速关油与泄油通路被切断。若插装阀上下的平衡关系被破坏，颗粒等杂质造成插装阀卡涩在开位，速关油与泄油管路导通，速关油压失去。

3）速关阀油缸内活塞与活塞盘压紧力不足。速关阀油缸结构，如图 3-53 所示。速关阀开启状态下，速关油缸活塞与活塞盘为密封状态，速关油与回油通路被切断，若活塞与活塞盘间压紧力不足，会导致速关油与泄油导通，速关油压失去。

2. 事件原因分析

经上述排查，给水泵汽轮机跳闸保护逻辑未触发，停机电磁阀均无带电记录。查看就地和汽轮机电子间监控视频，排除人员误动引起跳闸的可能。热工专业排查给水泵汽轮机跳闸指令继电器和现场停机电磁阀均正常，METS 系统未发现异常。

汽轮机专业判断危急遮断器自身原因误动、停机电磁阀底部插装阀卡涩、速关油缸活塞与活塞盘压紧力不足等可能是引起给水泵汽轮机速关油压低跳闸的原因，初步认为：

（1）"给水泵均停"锅炉 MFT，联跳汽轮机、发电机，是机组停机的直接原因。

（2）三个独立安装的速关油压低开关同时动作，速关阀安全油失去关闭汽源，给水泵汽轮机跳闸，是机组"非停"的间接原因。

由于机组已按照调度要求启机运行，无法准确判断故障原因，需待停机机会进一步检查确认。

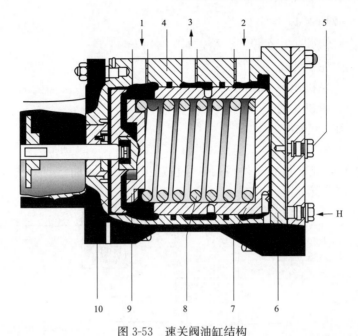

图 3-53 速关阀油缸结构

1—速关油进油口；2—启动油进油口；3—排油口；4—油缸；5—压力表接口；

6—试压活塞；7—活塞；8—弹簧；9—弹簧座；10—活塞盘

（三）事件处理与防范

（1）完善 METS 系统硬跳闸回路 SOE 功能，有利于快速分析设备异常。

（2）及早停机对油系统相关部件进行检查，对危急遮断器装配情况进行检查；对速关阀油缸进行解体检查；对速关阀电磁阀及停机电磁阀对应的插装阀进行清洗。

五、DEH 内部逻辑缺陷引发再热器保护动作导致锅炉 MFT

某电厂 3 号机组汽轮机由上海汽轮机有限公司生产，型号为 NJK660-27/600/600 型超超临界、一次中间再热、三缸两排汽、单轴、单背压、凝汽式汽轮机；DCS 采用杭州和利时自动化有限公司研发的 MACS V6 版本系统，DEH 和 ETS 采用 EMERSON 公司的 OVATION 3.6.0 版本控制系统，TSI 采用本特利公司的 BENTLY 3500 监视系统。

（一）事件过程

2022 年 1 月 12 日，3 号机组负荷 330MW，AGC、AVC 投入，协调运行方式，总煤量 171t/h，B、D、E、F 磨煤机运行，A、C 磨煤机备用，主蒸汽压力 16.04MPa，主蒸汽温度 598℃，再热蒸汽压力 2.71MPa，再热蒸汽温度 596℃，给水流量 957t/h，主蒸汽流量 955t/h，总风量 1131t/h，氧量 4.2%，炉膛负压－50Pa。

10 时 54 分，3 号机负荷从 330MW 降到 0MW，锅炉 MTF 动作，汽轮机跳闸，发电机解列，发电机出口 203 开关跳闸，一次风机，A 密封风机，B、D、E、F 磨煤机均跳闸；跳闸信号首出为再热器保护动作。

11 时 00 分，3 号锅炉吹扫条件满足，进行炉膛吹扫。

11 时 30 分，发电机由热备用转冷备用。

11 时 37 分时，启动电动给水泵进行 3 号锅炉上水。

12 时 01 分，锅炉点火。

12 时 03 分时，汽轮机盘车投入，惰走时间 69min。

15 时 56 分，汽轮机冲转。

16 时 05 分，汽轮机 3000r/min。

18 时 01 分，发电机并网。

（二）事件原因查找与分析

1. 事件原因检查

（1）历史曲线及 SOE 检查。停机后，停机过程历史记录曲线，如图 3-54 所示；主要参数趋势，如图 3-55 所示。

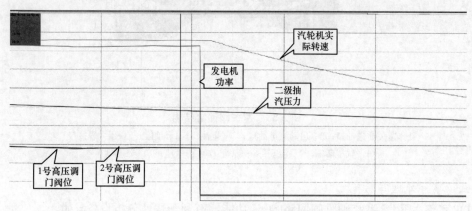

图 3-54　停机过程历史记录曲线

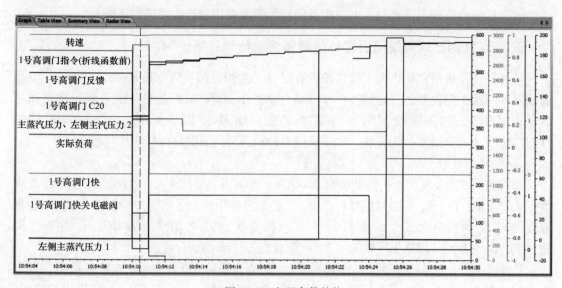

图 3-55　主要参数趋势

调阅 MFT 首出动作画面（如图 3-56 所示）和 SOE 动作记录（如图 3-57 所示）。经分析，MFT 保护动作首出为再热器保护动作，SOE 动作记录显示 MFT 动作（再热器保护动作为 DCS 内部逻辑判断）。

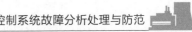

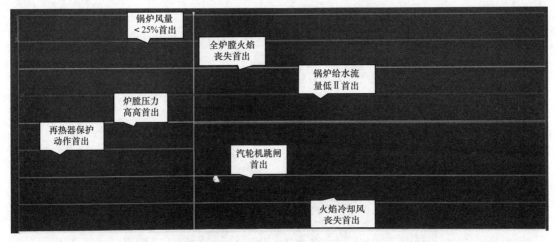

图 3-56　MFT 首出动作画面

	日期/时间	点名	点描述	信息	域号	站号	区域	链路位置	设备号	通道号	端子编号
1	2022/01/10 15:41:36.396.3	HFC50AJ001ZD2	磨煤机E跳闸状态2	0	1	10	0	0	43	7	R104
2	2022/01/10 17:11:37.812.9	BFE02GS1GH06	等离子PC_1A段至#1炉等离…	0	1	51	0	0	41	5	R102
3	2022/01/11 11:37:21.793.1	HFC10AJ001ZD2	磨煤机A跳闸状态2	1	1	10	0	0	42	8	R103
4	2022/01/11 11:53:54.068.1	HFC30AJ001ZD2	磨煤机C跳闸状态2	1	1	10	0	0	42	8	R103
5	2022/01/11 16:17:04.088.6	HFC30AJ001ZD2	磨煤机C跳闸状态2	0	1	10	0	0	42	8	R103
6	2022/01/11 17:28:25.783.3	HFC10AJ001ZD2	磨煤机A跳闸状态2	1	1	10	0	0	42	8	R103
7	2022/01/11 17:29:21.912.2	HFC10AJ001ZD2	磨煤机A跳闸状态2	0	1	10	0	0	42	8	R103
8	2022/01/11 17:32:29.194.4	HFC10AJ001ZD2	磨煤机A跳闸状态2	1	1	10	0	0	42	8	R103
9	2022/01/11 19:00:55.321.6	HFC50AJ001ZD2	磨煤机E跳闸状态2	1	1	10	0	0	43	7	R104
10	2022/01/11 21:56:53.566.4	HFC30AJ001ZD2	磨煤机C跳闸状态2	1	1	10	0	0	42	8	R103
11	2022/01/12 07:41:24.437.0	HFC50AJ001ZD2	磨煤机E跳闸状态2	1	1	10	0	0	43	7	R104
12	2022/01/12 07:47:03.192.5	HFC10AJ001ZD2	磨煤机A跳闸状态2	1	1	10	0	0	42	8	R103
13	2022/01/12 10:54:19.262.4	MFTACT1	MFT已跳闸第一套	1	1	32	0	0	42	10	R103
14	2022/01/12 10:54:19.262.9	MFTACT2	MFT已跳闸第二套	1	1	32	0	0	43	9	R104
15	2022/01/12 10:54:19.274.3	HFC20AJ001ZD2	磨煤机B跳闸状态2	1	1	10	0	0	42	8	R103
16	2022/01/12 10:54:19.274.7	HFC50AJ001ZD2	磨煤机E跳闸状态2	1	1	10	0	0	43	7	R104
17	2022/01/12 10:54:19.276.4	HFC40AJ001ZD2	磨煤机D跳闸状态2	1	1	10	0	0	43	8	R104
18	2022/01/12 10:54:19.277.3	HFC60AJ001ZD2	磨煤机F跳闸状态2	1	1	10	0	0	43	8	R104
19	2022/01/12 10:54:19.285.0	HLB10AN001ZD2	一次风机跳闸状态2	1	1	10	0	0	42	1	R103
20	2022/01/12 10:54:19.294.6	DCSFRDEH014	汽机遮断系统遮断1	1	1	32	0	0	42	11	R103
21	2022/01/12 10:54:19.514.2	MEHTODCS022	MFT停机	1	1	32	0	0	42	1	R103
22	2022/01/12 11:04:57.720.1	MFTACT2	MFT已跳闸第二套	0	1	32	0	0	43	9	R104
23	2022/01/12 11:04:57.720.3	MFTACT1	MFT已跳闸第一套	0	1	32	0	0	42	10	R103
24	2022/01/12 11:04:57.970.0	MEHTODCS022	MFT停机	0	1	32	0	0	42	1	R103
25	2022/01/12 11:18:02.494.2	PAA21AP001ZD2	循环水泵A跳闸状态2	1	1	34	0	0	42	13	R103
26	2022/01/12 11:25:58.909.6	J0LAC20AP001AZ…	电动启动给水泵跳闸状态2	0	1	12	0	0	44	11	R105
27	2022/01/12 11:48:23.403.7	HLB10AN001ZD2	一次风机跳闸状态2	0	1	10	0	0	42	1	R103
28	2022/01/12 12:00:57.950.4	HFC10AJ001ZD2	磨煤机A跳闸状态2	1	1	10	0	0	42	6	R103
29	2022/01/12 12:14:10.431.8	HFC60AJ001ZD2	磨煤机F跳闸状态2	1	1	10	0	0	43	8	R104
30	2022/01/12 12:57:01.699.2	MEHTODCS016	轴振大停机	1	1	41	0	0	42	7	R102

图 3-57　SOE 动作记录

（2）现场设备检查情况。10 时 54 分，3 号机组跳闸后热控人员检查逻辑发现跳闸首出"再热器保护动作"由"高压调节阀关闭"导致，热控人员排查事发前开展的检修工作及运行操作，经排查，当时运行及检修人员未开展特殊工作和操作。

12 时 45 分，经与上海汽轮机有限公司技术人员沟通分析后确认高压调节阀关闭原因为主蒸汽压力设定值与测量值偏差大。查阅 DEH 组态，发现 DEH 压力控制逻辑中涉及的 3 个主蒸汽压力测点两个异常，发现主蒸汽压力测点 2 和测点 1 均显示零，调阅曲线发现，主蒸汽压力测点 1 数值在事发前一直为 0，主蒸汽压力测点 2 在跳闸前 10s 变为零。

排查主蒸汽压力测点 1，就地主蒸汽压力测点 1 的一次门处于非正常关闭状态，导致主蒸汽压力模拟量三选中逻辑输出为 0MPa，主蒸汽压力设定值与测量值偏差大，查阅缺陷登记记录，未找到缺陷登记，询问相关离职人员，询问得知该压力测点一次门在机组调试期有内漏现象故关闭，登记的纸质缺陷丢失（无 ERP）。

排查主蒸汽压力测点 2，发现压力表计就地显示 0MPa。拆表计回实验室校验，发现表计打压后无变化，经检查发现表计内部膜片破损。主蒸汽压力测点 2 实验室校验，如图 3-58 所示。

图 3-58　主蒸汽压力测点 2 实验室校验

由于汽轮机高压调节阀总阀位指令是由三选小模块（TAB 即阀位控制回路、转速负荷回路、压力控制回路构成）输出至高压调节阀 C20，高压调节阀 C20 逻辑，主蒸汽压力设定值与测量值偏差使压力控制回路输出指令突降到 20%，三选小模块选择了 20%指令作为高压调节阀指令，TAB、转速负荷控制、压力控制三取小曲线，如图 3-59 所示，高压调节阀控制回路指令设定值从 80%突降到 20%，导致指令与反馈偏差超过 25%，致使调节阀

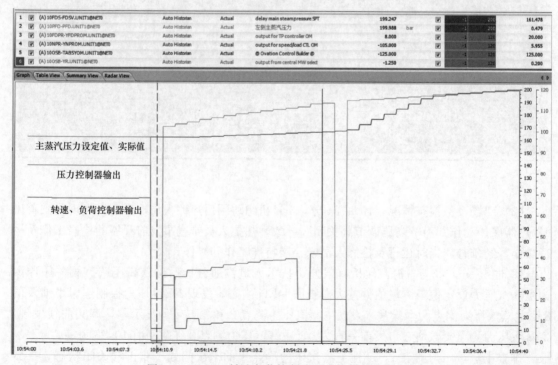

图 3-59　TAB、转速负荷控制、压力控制三取小曲线

快关电磁阀失电，高压调节阀快关电磁阀逻辑，从而导致左、右侧高压调节阀快关。延时10s触发再热器保护动作，锅炉MFT动作，汽轮机跳闸。

（3）逻辑检查情况。再热器保护逻辑配置。

再热器保护动作判断：条件1 and 条件2，延时10s；or 条件1 and 条件3，延时10s。

条件1：锅炉主蒸汽流量大于20% BMCR（395.78t/h）。

条件2：汽轮机高压主汽门或调节阀关闭（DEH站至28号站），且汽轮机高压旁路阀关闭，即1号主汽门关闭或1号高压调节阀关闭，且2号主汽门关闭或2号高压调节阀关闭，高压旁路阀门全关状态。

条件3：汽轮机中压主汽门或调节阀关闭（DEH站至28号站），且汽轮机低压旁路阀关闭，即1号再热主汽门关闭或1号再热调节阀关闭，且2号再热主汽门关闭或2号再热调节阀关闭，且低压旁路阀门全关状态。

2. 事件原因分析

由于事件前，主蒸汽压力测点1在事发前一直显示为0，就地主蒸汽压力测点1的一次门处于非正常关闭状态；主蒸汽压力测点2数值跳变为0，经热控人员检查，原因为变送器瞬间损坏；3个主蒸汽压力测点中，2个输出为0MPa，导致主蒸汽压力模拟量三选中逻辑输出为0MPa。因汽轮机高压调节阀总阀位指令是由阀位控制回路（TAB）、转速负荷回路、压力控制回路经三选小模块输出至高压调节阀，导致高压调节阀全关。而机组正常运行过程中，锅炉主蒸汽流量大于20% BMCR，汽轮机高压主汽门或高压调节阀全关将导致再热器保护动作。由上分析，得出本次事件结论如下。

（1）直接原因：再热器保护动作。

（2）间接原因：主蒸汽压力测点缺陷管理不善。

3. 暴露问题

（1）参与DEH内部逻辑运算的3个主蒸汽压力测点未单独引入DEH画面，影响对测点状态的监控运行。

（2）主蒸汽压力变送器测点1一次门处于非正常关闭状态，重要隐患未及时发现。

（3）在机组出现异常后，需要通过上海汽轮机有限公司厂家进行远程指导，影响机组恢复生产的及时性。

（三）事件处理与防范

（1）加强设备点检、巡检管理工作，认真梳理检查路线，确保各类设备无死角。

（2）针对本次事故，举一反三，对生产现场的热工测点及阀门状态进行一次全面的专项排查，加强运行过程中阀门的状态监视，发现问题及时处理。

（3）将涉及保护、联锁、自动的重要主辅机原始测点引入监视画面中，增加冗余测点异常报警功能，确保重要设备运行状态可控在控。

（4）加强DCS、DEH中重要主、辅机的逻辑培训，保证热控人员熟悉组态，具备分析问题和处理问题的能力。

（5）对全厂一次手动门实施防误关措施，刷醒目颜色予以警示。

六、燃料阀启机过程中阀位指令反馈偏差大导致燃气轮机跳闸

（一）事件过程

第一、二套机组燃气轮机A燃料阀在启机过程中，阀位指令反馈偏差大于定值，引起燃气轮机跳闸（大于 5％，延时 3s；大于 8％，延时 0.4s）。燃料阀在启机过程阀位指令反馈记录曲线，如图 3-60 所示。

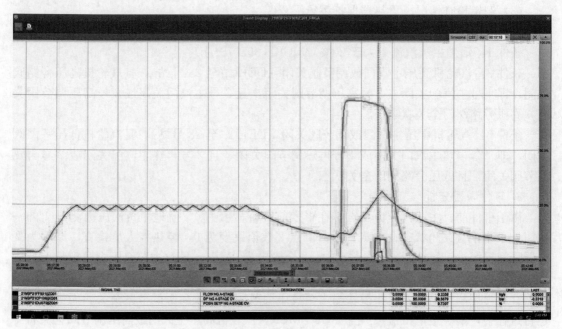

图 3-60 燃料阀在启机过程阀位指令反馈记录曲线

（二）事件原因查找与分析

事件后，分析控制原理：燃气轮机 SGC 到第 11 步序后 A 阀电磁阀得电，随即发 10s 脉冲开 A 阀至 0.25kg/s 初始燃料量对应开度（折合约 10％，充气程序），10s 后开度指令切换为转速折合燃料量对应开度（折合约 3％），然后随系统指令开大。初始开 10％的目的是让燃料迅速充满燃气管道，利于燃气轮机着火。

若 A 阀开后燃气轮机因某种原因跳闸，且再次启动至开 A 阀在 30min 内，则 A 阀仅接受转速折合指令，不经历切换过程。

根据上述分析，惰走结束后复位燃气轮机跳闸系统，强制 A 阀电磁阀得电，手动给定开阀指令，阀门动作正常，即判断控制部分无异常（大幅变动给定阀门动作也正常）。再次启动正常。

因该故障发生在开度指令切换过程，结合逻辑分析可在惰走结束后再次点火（30min 内再次开阀不经历切换过程）以避免开阀指令切换过程。

（三）事件处理与防范

经与西门子沟通，目前采取取消充气程序即直接接受转速折合开度指令的方式，经多次验证该方式可有效避免以上故障现象的发生。

第四章

系统干扰故障分析处理与防范

机组热控系统的干扰来源很多，包括了地电位变化、雷击时对系统带来的干扰、现场复杂环境带来的干扰等。本章收集因干扰导致的机组运行异常案例 10 起，分析其主要原因是动力电缆与信号电缆未按规程要求敷设、屏蔽电缆接地不规范、控制电源受谐波影响、润滑油中静电积聚等，导致了机组跳闸或给机组安全运行带来威胁，但多数因接地不可靠，才使干扰有了可侵入的通路。本章案例具有难复现、难记录、难定量和难分析等特征，个别案例原因的分析与确认有待进一步探讨，也有个别案例，不排除找不到原因而归结为干扰原因引起的可能。

希望借助本章节案例的分析、探讨、总结和提炼，能减少热控系统可能受到的干扰，以提高机组运行的稳定性和安全性。

第一节　地电位干扰引起系统故障分析处理与防范

本节收集了因地电位变化对 DCS 控制系统产生干扰引发的机组故障 2 起，分别为动力电缆干扰信号电缆导致润滑油箱液位低低跳闸、润滑油中静电导致的 ETS 系统模件损坏。

一、动力电缆干扰信号电缆导致润滑油箱液位低低跳闸

某燃气轮机电厂 3 号汽轮机润滑油箱有效容积 8800L，最低油量 5583L，油箱高902mm（35.5inch），汽轮机润滑油箱全貌，如图 4-1 所示。

液位变送器

图 4-1　汽轮机润滑油箱全貌

根据 2014 版《防止电力生产事故的二十五项重点要求》，需在汽轮机的主保护中增加润滑油箱液位低跳闸保护功能，此保护在 2019 年底实施完成，并投入运行。润滑油箱液位变送器的型号是罗斯蒙特 5301HA 系列。液位变送器分别安装在油箱的西面（2 只）和北面（1 只）。润滑油箱液位变送器分卡布置，电缆的型号是 ZR-KVVP2-22 4×1.5。三根液位信号电缆在油箱西侧汇总后进入西侧电缆沟，再到汽轮机房电缆沟，最后到集控楼三楼电子室。

（一）事件过程

2022 年 1 月 4 日 22 时 30 分，接省调通知，5 日开机计划为 8 时前带满第一组，第二组启动时间等白班省调通知，气量为 80 万 m³。

1 月 5 日 5 时 30 分，省电调令，启动 1、3 号机组。

6 时 24 分，1 号发电机并网。

7 时 24 分，3 号发电机并网，机组一拖一运行。

13 时 05 分，省电力调度令 2 号机组启动。

13 时 48 分，并网，机组二拖一运行。

20 时 50 分，3 号机组正常运行，功率为 102MW，机组运行各参数正常。其中，汽轮机润滑油箱三只液位变送器 A、B、C 分别显示为 575、576、574mm，液压油箱液位变送器显示为 470mm。

20 时 51 分 15 秒，出现 3 号机组润滑油箱液位低报警，液压油箱液位低报警。

20 时 51 分 17 秒，3 号机组跳闸，首出报警为润滑油箱液位低低跳闸。

接到运行 3 号机组跳闸通知后，维护人员立即到现场查找原因和处理，排查原因为二次旋转滤网排污阀的液压油泵电动机故障电流信号干扰引起润滑油箱液位信号突变。

1 月 6 日 6 时 48 分，报省调处理结束，机组复役。

7 时 23 分，3 号机并网，机组运行正常。

（二）事件原因查找与分析

1. 事件原因检查

（1）运行人员检查。3 号机组润滑油箱液位低低动作后，运行人员立刻赴现场检查润滑油箱及液压油油箱，油位正常，现场无泄漏。3 号机跳闸期间，运行无其他辅机切换和操作（除 3 号机二次滤网液压油泵试运行外）。

（2）热工人员检查。接到 3 号机组跳闸通知后，热工维护人员立即调阅相关历史数据，发现润滑油箱液位低低跳闸。机组润滑油箱油位低低跳闸信号发出后，跳发电机-变压器组开关、关主汽门等，后续的一系列保护动作无异常。

查阅 3 号机组润滑油箱液位信号的历史记录，润滑油箱液位变送器 A、B 突降到 170mm（跳机值为低于 500mm）后维持 6s，又突升到 960mm，变送器 C 微突降，液压油箱液位变送器信号变化趋势与润滑油箱液位变送器 A、B 一致。查阅 3 号机组相关报警记录，报警记录的动作情况与实际现象一致。

现场检查 3 号机组润滑油箱、液压油箱的液位变送器，现场设备无异常，所有变送器的电缆均经过电缆沟独立敷设至控制系统模件，电缆中间无转接。检查润滑油箱液位变送器分卡布置，电缆的型号是 ZR-KVVP2-22 4×1.5，电缆为阻燃聚氯乙烯绝缘及护套铜带屏蔽控制电缆，电缆屏蔽检查无异常，均在机柜侧单点接地，将机柜侧屏蔽接地拆除后进行测量，屏蔽不接地，就地侧进行电缆屏蔽测量，屏蔽接地，因此电缆屏蔽不存在多点接地现象。

检查模件供电电压无异常，同模件其他信号也无相关类似现象。检查所有逻辑动作正确。

检查润滑油箱液位保护逻辑：在整套保护的逻辑中，设置了信号坏质量剔除功能，模拟量信号单个比较后产生的开关量信号进行三选二判断，并与低油位报警信号相与后产生跳闸信号，同时在整套保护中设置了 2s 的延时功能，润滑油箱液位低低跳闸保护逻辑，如图 4-2 所示。

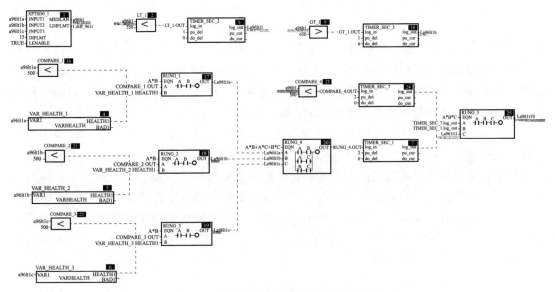

图 4-2 润滑油箱液位低低跳闸保护逻辑

核对同一时间段内的其他专业工作，发现电气和机务专业人员正在进行二次滤网液压油泵电动机的修后试转，试转期间电动机冒烟。此外，无其他辅机启停、切换操作。根据这一情况，打开电缆沟盖板，检查润滑油箱液位变送器 A、B、C 及液压油箱液位变送器电缆铺设，发现液位变送器信号电缆与二次旋转滤网排污阀的液压油泵电动机电缆布置在电缆沟同一层，紧挨在一起，"蛇形"布置，信号电缆与动力电缆敷设如图 4-3 所示。间距明显低于《电力工程电缆设计标准》（GB 50217—2018）的规定，易受干扰。

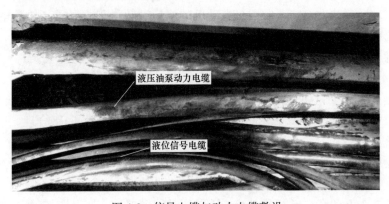

图 4-3 信号电缆与动力电缆敷设

（3）电气专业二次滤网液压油泵电动机故障事件检查。1月4日23时10分，运行发现3号机二次滤网液压油泵无法启动，二次滤网控制台停电。

1月5日9时35分，电气专业人员开工作票进行二次滤网液压油泵电动机更换（工作票许可至17时12分）。15时55分，液压油泵电动机空载试转正常，但带载试转时电动机没转，两三秒后手动停运，检查发现B相熔丝熔断，手盘转动部分有卡涩现象。测电动机绝缘合格，直流电阻正常，电动机空载试验正常。初步怀疑对中不好。18时10分，开设备抢修单，机务人员进行对中调整。19时50分，左右调整好，再次试转，能启动，但电流偏大（31A左右），三相基本平衡，随即停运。讨论认为问题可能在机械对中上，加上本次试转时间很短，考虑为普通小电动机，未重新对电动机绝缘检测。维护人员继续对中调整。20时48分左右，进行带载试转，电流30A，基本平衡。因二次滤网已24h没有排污了，保持液压油系统运行进行排污。约3min后，电动机突然跳闸，查B、C相熔丝熔断，接线盒有烟冒出。接线盒打开后发现电动机绝缘到零。经查热继电器已故障，故熔丝先熔断。电动机故障时间与三号机组跳闸时间基本一致。

（4）油箱液位控制信号电缆施工情况追溯。3号机润滑油箱原只有一个液位开关用于报警。根据2014版《防止电力生产事故的二十五项重点要求》的要求，需在汽轮机的主保护中增加润滑油箱液位低跳闸保护的功能。油箱需增加液位变送器和敷设电缆，该项目与油箱清理、底部应急排油管道更换项目一起打包给了某工程技术有限公司，2019年9月20日，热工机械工作票RKP＿2321＿190924＿002（3号汽轮机润滑油箱液位变送器电缆敷设）许可开工，9月26日终结。2019年11月26日，完成3号机润滑油箱、液压油箱液位计等现场设备加装和逻辑搭建，于2019年底实施完成投入运行。由于当时验收把关不严，导致电缆敷设不规范隐患未能及时发现。

经过上述排查，专业人员分析事件原因为液位变送器信号电缆与液压油泵电动机动力电缆紧挨在一起，二次旋转滤网排污阀的液压油泵电动机故障，其故障电流信号通过动力电缆与信号电缆间的容性耦合引起润滑油液位信号突变。由于现场无法模拟电动机故障的过程，采取了安装一台临时电焊机进行模拟，但由于工况差距较大，未能重现类似现象。

2. 事件原因分析

（1）直接原因：2019年，在完善润滑油箱液位低跳闸保护改造工作中，施工单位敷设的润滑油箱液位变送器A、B、C及液压油箱液位变送器电缆不规范，与二次滤网液压油泵电动机动力电缆紧挨"蛇形"敷设，间距不符合《电力工程电缆设计标准》（GB 50217—2018）的规定，导致二次滤网液压油泵电动机的修后试转过程中异常，故障电流干扰引起润滑油箱液位变送器A、B、C及液压油箱液位变送器数据突变，达到跳机值。

（2）间接原因：二次滤网液压油泵电动机的修后试转过程发生异常。

3. 暴露问题

（1）改造工作施工不规范，电缆敷设未严格按照《电力工程电缆设计标准》（GB 50217—2018）第5部分执行，做到分层敷设或设隔板分开敷设，间距合理，避免干扰和保证安全的要求。

（2）专业点检对专业技术标准不熟悉，对前述项目施工的安全技术交底不完善，项目竣工时质量验收不到位。普通小电动机返修后验收没有记录。

（3）隐患排查不彻底，未能及时发现液位变送器模拟量信号电缆与动力电缆同步敷设，可能发生信号干扰的安全隐患。

（4）检修人员夜间抢修消缺时，制度执行不到位，存在侥幸心理，试转过程碰到问题没有彻底查清原因，继续进行设备试转。

（5）工作票制度中应急抢修单内容不完整，不满足检修需求，缺少试转押回内容。

（三）事件处理与防范

（1）对 3 号机润滑油箱液位低低跳闸信号临时强制，二次滤网液压油泵电动机动力电缆临时敷设，与控制信号电缆分开。

（2）利用停机机会根据现场的实际情况，重敷润滑油箱液位变送器信号电缆和敷设二次滤网液压油泵电动机动力电缆。

（3）二次滤网及其配套设备进行技术改造。

（4）润滑油液位低低跳闸逻辑优化，根据研究院专家的建议考虑引入润滑油压力信号作为相关的辅助判断条件，并考虑合适的保护延时时间。

（5）排查采用模拟量信号作为主保护的信号电缆与动力电缆的布置情况，并根据现场的实际条件进行整改。

（6）做好普通小电动机返修后验收记录工作。

（7）加强对施工单位的施工监督、安全技术交底；施工过程要严格把关，做好"W、H"点地签收和完工时的验收，特别是重要电缆施工等隐蔽工程的验收把关。

（8）严格执行工作票制度，完善应急抢修单，增加试转押回内容。

（9）加强设备消缺管理，修订设备消缺管理制度，增加抢修消缺管理，结合安全学习会维护班组重新学习设备消缺管理制度，并规范夜间抢修试转流程，做好记录。

二、润滑油中静电导致的 ETS 系统模件损坏

ETS 作为 DCS 的一个保护子集，主要作用是采集蒸汽轮机的轴承温度、轴位移、轴承振动等，并形成保护逻辑驱动 AST 电磁阀泄油，达到对蒸汽轮机的保护。

（一）事件过程

2022 年 3 月 5 日，运行人员发现刚停运不久的蒸汽轮机所有轴承温度全部显示坏点，于是填报缺陷单报修。检修人员到场后检查发现，ETS 系统位于 A1 位置的热电阻模件闪着故障指示，换卡后故障指示灯熄灭。

事后的一年里，ETS 系统的 A1、B1 位置的热电阻模件总是在停机后的一段时间内出现损坏。统计一年中损坏了 10 块模件以上。

在此期间，检修人员开展检查屏蔽线、重新敷设信号电缆、改变信号电缆路径等工作，但由于没有找到根本原因，故障依然出现，且到后期出现频率明显增加。

（二）事件原因查找与分析

将损坏的模件送到生产厂家，经过检测发现，全部为光耦隔离芯片损坏，厂家认为有强电进入测量回路。

现场检修人员开始用万用表测量，无法测到强电。后采用示波器，调整采样频率到 10ms，测量现场信号线对地绝缘后发现不断有对地放电现象，电压高达 200V 以上，现场信号线示波器测量显示，如图 4-4 所示。至此，确定模件烧坏的直接原因。

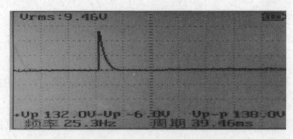

图 4-4　现场信号线示波器测量显示

汽轮机专业人员检查处理油膜绝缘情况如下。

1. 静电来源

检修人员根据模件损坏的时间，即每次停机后不久模件出现损坏及一直以来采取的各种措施，确定了两种静电的可能来源。

一是机组停运后需要运行盘车，可能存在盘车漏电，在现场测试过程中，停止盘车后，示波器测不到电压，但测试盘车的电缆、电动机绝缘均符合要求。

二是考虑润滑油内存在静电，通过查阅相关网站发现，润滑油的确会产生静电，但现场润滑油管道全部接地，并全部符合要求。

联想到该厂自一年以前，机务专业人员一直努力降低润滑油中的含水量，润滑油中的含水量主要来自轴封漏气，在汽轮机运行时，油中带有一定的含水量，所以大部分静电可通过管道导入接地，停机后润滑油中含水量大幅降低，润滑油类似于绝缘体，只有贴近管道的静电能够被导入接地，而油中的静电无法被导入，这样油中的静电就被带入轴承的测温元件处，并通过高压击穿了原件绝缘层，进入测量回路。

2. 静电的产生与消除

检修人员经过多次检查，最后发现在润滑油箱出口的双联滤油器有类似"啪"的放电声音，接连不断，后在停机后拆开双联滤油器，发现内壁已经污浊，且采用的棉质滤芯。

检修人员更换了金属滤芯，罐体可靠接地后，示波器便无法测量到静电了。经此处理后的两年，再未发生热电阻模件损坏现象。

（三）事件处理与防范

润滑油作为汽轮机转动的润滑剂，其含水量过高容易导致油质乳化，从而降低润滑效果，但是含水量过低，有些型号的润滑油就会在经过滤芯时产生摩擦，而棉质滤芯在摩擦过程中极易产生静电，所以在新建机组投用时应考虑采用防静电的润滑油及金属滤芯，有效避免静电的产生。

第二节　现场干扰源引起系统干扰故障分析处理与防范

本节收集了因现场干扰源引发的机组故障 8 起，分别为电源干扰引起停机电磁阀误动导致机组跳闸、排气热电偶现场屏蔽干扰引发排气温度突变导致机组跳闸、轴电压干扰引起温度波动、轴振信号电缆敷设不规范受干扰导致机组振动大保护误动、交流润滑油泵联锁试验电磁阀电缆屏蔽不规范导致机组跳闸、电缆分屏蔽层接地线接地不良引起轴振大保护动作、给煤机控制电源电缆受谐波干扰导致锅炉 MFT 保护动作、润滑油压力低试验电磁阀回路受干扰造成压力低保护误动。

一、电源干扰引起停机电磁阀误动导致机组跳闸

某电厂 2 号机组为 350MW 超临界纯凝湿冷机组，配置 1 台 100％容量汽动给水泵（给水泵汽轮机由杭州汽轮机股份有限公司生产），1 台 30％容量电动给水泵（由上海电力修造总厂有限公司生产，机组启动用），MEH 系统由杭州和利时自动化有限公司生产的 M6 系列控制系统，对应现场控制站为 38 号站。

2022 年 7 月 23 日，2 号机组负荷 175MW，机组协调投入，AGC、AVC 投入，一次调频投入，A、C、E 磨煤机运行，B 磨煤机备用，D 磨煤机检修。A、B 一次风机运行，A、B 送风机运行，A、B 引风机运行均正常。汽动给水泵运行，省煤器入口流量 495t/h，给水泵汽轮机转速 4118r/min，给水压力 9.27MPa。

（一）事件过程

10 时 07 分 41 秒，监盘发现锅炉 MFT，首出"给水泵均停"，联跳汽轮机、发电机。联跳 A、B 一次风机，A、C、E 磨煤机、给煤机。

10 时 09 分 23 秒，汇报市电力调度部门，并按照汇报程序分别向相关的上级单位进行汇报。

16 时 31 分，经过现场排查处理和采取可靠防范措施后，根据市电力调度部门意见，机组暂不启动，保持"备用"状态（因电网负荷偏低）。

2022 年 7 月 25 日 05 时 09 分，电厂 2 号机组接市调度指令，并网运行，运行至今未发现异常。

（二）事件原因查找与分析

1. 事件原因检查

（1）热控逻辑检查情况。

1）机组跳闸首出信号为"给水泵均停"，检查汽动给水泵跳闸，给水泵汽轮机速关油压低三个开关信号同时触发，给水泵汽轮机跳闸信号和速关油压低信号，如图 4-5 所示，但汽动给水泵跳闸无首出报警信号，未触发保护跳闸条件。

2）给水泵汽轮机跳闸条件共 14 项，给水泵汽轮机跳闸条件如图 4-6 所示，包括给水泵汽轮机超速 110％、给水泵汽轮机转速故障打闸、给水泵汽轮机整定超速打闸、给水泵汽轮机测速板超速打闸、DCS 停机 ETS 跳机、给水泵汽轮机润滑油压低 ETS 跳机、给水泵汽轮机排气压力高 ETS 跳机、给水泵汽轮机轴向位移大 ETS 跳机、给水泵汽轮机前轴承振动过大跳机、给水泵汽轮机紧急停机、汽动给水泵前轴承振动过大停机、手动停机、汽轮机后轴承振动过大停机、汽动给水泵后轴承振动过大停机。检查首出均未触发，可排除给水泵汽轮机保护跳闸可能。

3）汽动给水泵跳闸条件共 4 项如图 4-7 所示，包括汽动给水泵前置泵未运行、除氧器水位低三值、汽动给水泵入口压力与除氧器压力差值小于 0.5MPa、给水泵汽轮机转速大于 2600r/min 时流量低且汽动给水泵再循环调节阀位置反馈低于 80％。检查首出均未触发，可排除汽动给水泵保护跳闸可能。

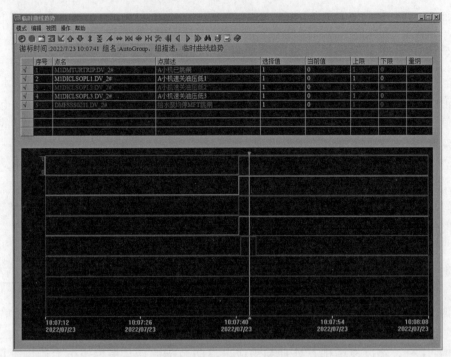

图 4-5　给水泵汽轮机跳闸信号和速关油压低信号

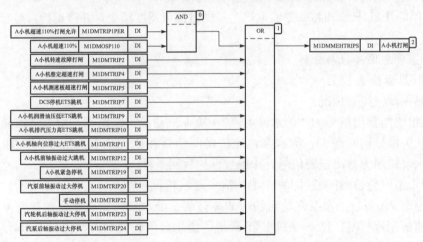

图 4-6　给水泵汽轮机跳闸条件

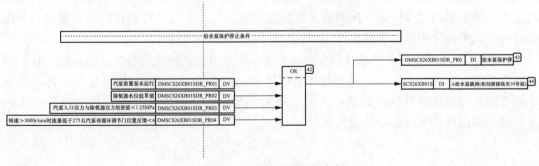

图 4-7　汽动给水泵跳闸条件

4）给水泵汽轮机挂闸逻辑，如图 4-8 所示。给水泵汽轮机速关油压低 1、2、3 压力开关取非后三取二延时 3s，给水泵汽轮机已挂闸。给水泵汽轮机挂闸取非后为给水泵汽轮机已跳闸信号。证明给水泵汽轮机跳闸原因为给水泵汽轮机速关油压低。

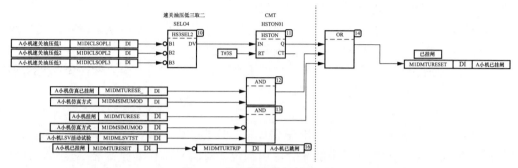

图 4-8 给水泵汽轮机挂闸逻辑

（2）现场具体检查、试验、处理及分析情况。

1）热控专业方面。

a. 现场检查给水泵汽轮机 LVDT 外观无异常，查看 DCS 操作日志及设备报警日志无相关操作和设备故障报警，通过视频监控检查该时段汽轮机电子间及给水泵汽轮机速关油区域位置均无人，排除人员误动可能。

b. 给水泵汽轮机停机电磁阀并联装设 2 只，工作电压为交流 220V，任一带电动作使速关油压泄去，触发给水泵汽轮机停机。对 MEH 38 号站 DCS 现场控制站电磁阀指令线进行绝缘测试，测量对地电阻及线间电阻无穷大，可排除继电器至电磁阀干扰带电动作的可能。

c. 给水泵汽轮机冷态挂闸后对 2 号机组 DCS 38 号现场控制站 DPU 进行了切换试验，切换功能正常，排除 DPU 异常的可能。

2）汽轮机专业方面。

a. 现场检查给水泵汽轮机进汽调节阀外观无异常，给水泵汽轮机油系统无外漏，给水泵汽轮机润滑油油压 0.37～0.39MPa，未见异常。

b. 检查给水泵汽轮机油质情况，给水泵汽轮机调节油滤芯于 2022 年 4 月 22 日更换，给水泵汽轮机油检验周期为一周，2 号机组给水泵汽轮机近一年化验结果均合格，最近一次检验：颗粒度为 NAS4 级，标准值小于等于 NAS7 级，可排除速关组件插装阀内部杂质较多卡涩的可能。

c. 检查给水泵汽轮机跳机前后润滑油压力无异常波动，排除给水泵汽轮机油系统蓄能器内部皮囊破裂导致"非停"的可能。

d. 机组再次启动前，给水泵汽轮机挂闸速关油压能够正常建立，可排除插装阀内部弹簧断裂及速关阀油缸密封件泄漏导致"非停"的可能。

e. 机组再次启动，给水泵汽轮机冲转至 4022r/min，运行 1h，给水泵汽轮机未跳闸，检查调节油压力在 0.89MPa 左右，满负荷最高达到 5760r/min，未发现异常，可排除危急遮断装置内部弹簧断裂导致"非停"的可能。

2. 事件原因分析

（1）技术原因：综合以上排查和试验分析，判断 2 号机给水泵汽轮机跳闸可能原因为两种：一是 MEH 38 号站 DCS 现场控制站内存在 220V 及 24V 电源，可能产生干扰感应电压造成停机电磁阀指令继电器动作；二是危急遮断装置的转子飞锤两侧凸台移位，导致危急遮断装置动作，速关油压失去致给水泵汽轮机跳闸。

（2）管理原因：日常设备管理不到位，隐患排查不深入，未及时发现给水泵汽轮机存在监视测点不完善等设备隐患，防范措施不到位。

（3）检修原因：检修策划不到位，未能结合历次等级检修开展给水泵汽轮机速关阀及组件、危急遮断装置等检查检修，及时发现并消除隐患。

（4）人员原因：专业技术力量薄弱，技术水平不足，与当前安全生产高压态势管理要求存在差距，设备技术管理不细致、不扎实。

3. 暴露问题

（1）思想认识不到位，设备隐患排查不彻底。保供形势严峻，上级单位多次要求认真开展设备隐患排查，但相关人员未能充分认识到位，对隐患工作安排部署不全面，排查内容不细致，对给水泵汽轮机油系统相关测点无模拟量远传测点的重要性和风险性认识不足。

（2）设备状态管理及劣化分析不到位，未结合机组等级检修对给水泵汽轮机危急遮断装置等给水泵汽轮机油系统部件进行解体检修。

（3）专业管理标准不高，对设备管理不够精细，基础管理不扎实，与点检定修管理标准存在差距。

（4）专业技术人员水平不足，高、深技术人员储备不足，发生异常情况时，未能及时分析出异常原因，并采取相应防范措施。

（三）事件处理与防范

（1）运行中加强2号机组汽动给水泵汽轮机参数监视，在给水泵汽轮机前增加临时摄像头对给水泵汽轮机速关油、调节油压力表进行监视，运行人员每半小时进行一次抄表记录。

（2）临时增加示波器，对2号机给水泵汽轮机停机电磁阀线圈电压进行监视，并每6h进行查询示波器历史记录，观察是否存在感应电。

（3）为保证2号机组可靠性，对38号站电磁阀指令继电器均更换为新的经检验合格的继电器，为防止电缆感应电影响，将38号站停机电磁阀1、停机电磁阀2、速关油电磁阀从就地至电子间电缆更换为新的电缆。

（4）结合机组检修，增加给水泵汽轮机速关油、调节油压力变送器上传至DCS显示。将给水泵汽轮机停机继电器动作反馈接入DCS显示。

（5）结合2号机组停备机会，对给水泵汽轮机危急遮断装置进行检查，调整危急遮断装置内部间隙，使其满足设计要求，确保危急遮断装置安全可靠。

（6）结合2号机组检修，对给水泵汽轮机速关组件及速关阀进行解体检修，确保速关组件及速关阀正常动作。

（7）开展热工、继电保护专业管理提升专项行动，全面提升二次专业管理水平。

（8）制定点检定修专项提升方案，完善点检定修机制，强化点检基础管理，开展点检定修专项能力提升，加强点检综合能力培训，实现点检人员技术能力的全面提升。

二、排气热电偶现场屏蔽干扰引发排气温度突变导致机组跳闸

某热电厂2号机组为400MW燃气-蒸汽联合循环机组。燃气轮机由美国GE公司生产，型号为PG9371FB，简单循环机组功率为294.16MW（设计工况），燃气轮机透平做功后排

气至排气扩压段，排气扩压段环形空间布置 31 支排气热电偶。汽轮机为哈尔滨汽轮机厂有限责任公司生产的三压、再热、反动式、抽凝、轴向排汽汽轮机，型号为 LC110/N160-15.68/1.44/0.42。余热锅炉型号为 MHDB-PG9371FB-Q1，由东方菱日锅炉有限公司生产，余热锅炉为露天布置、无补燃、自然循环、卧式炉型，两台炉对称布置。锅炉具有高、中、低三个压力系统，一次中间再热。过热、再热蒸汽温度采用喷水调节。

2 号机组 DCS、TCS 系统采用 GE 公司的 MARK Vie 控制系统，包括 MCS、汽轮机及锅炉的 SCS、DAS、ECS、DEH、ETS 等。

（一）事件过程

2022 年 12 月 18 日 18 时 28 分，2 号机组燃气轮机负荷 147MW，汽轮机负荷 83MW，燃气轮机外部负荷控制投入，AGC 未投入。燃气轮机天然气入口压力 42psi（1psi＝6894.76Pa），压气机入口温度 63 ℉（1 ℉＝－17.2℃），IGV 开度 51.6%，燃料阀 VGC2 开度 29.4%，VGC3 开度 44.7%，燃气轮机排气温度 650℃。

18 时 29 分 43 秒 443 毫秒，燃气轮机 31 支排气热电偶发生不同幅值阶跃变化（最大变化幅 82℃），变化时间 40ms。

18 时 29 分 43 秒 495 毫秒，排气温度故障保护报警 L86TXFP-ALM。

18 时 29 分 43 秒 500 毫秒，燃气轮机主保护 L4T 触发。

18 时 29 分 44 秒 411 毫秒，燃气轮机发电机解列，机组停运。

（二）事件原因查找与分析

1. 事件原因检查

停机后，热控人员查阅相关参数历史记录曲线，机组停运过程相关参数报警，如图 4-9 所示；机组停运过程相关参数历史曲线，如图 4-10 所示。

图 4-9 机组停运过程相关参数报警

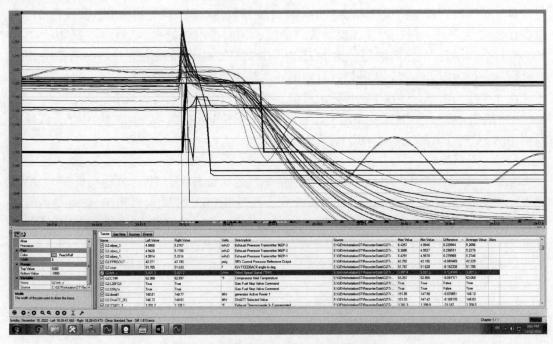

图 4-10　机组停运过程相关参数历史曲线

查核图纸和现场实际敷设，31 支排气热电偶由排气扩散段安装元件引出后在燃气轮机本体接线盒 JB20G 中转，分别接入 TCS CA002 机柜 1G2A、1G3A 两块模件中。同样在接线盒 JB20G 中转的信号还有燃气轮机 2 号轴承回油温度，分别接入 CA002 机柜 1H1A 模件。检查控制器及各温度模件运行正常，无异常报警，但上述排气热电偶及轴承回油温度信号在燃气轮机保护触发前都出现不同幅值的波动情况，异常波动信号历史曲线，如图 4-11 所示。

经查阅历史趋势，初步判断为信号干扰导致的数据突变，随即排查排气热电偶屏蔽接线情况。经检查发现，排气热电偶外屏蔽层置于内屏蔽层共同捆扎在接线盒内，外屏蔽层直接与电缆槽盒接触，导致内屏蔽线在 TCS 机柜端和就地槽盒多点接地。

根据《电力工程电缆设计标准》（GB 50217—2018）3.7.8 第 1 条 "计算机监控系统模拟量信号回路控制电缆屏蔽层不得构成两点或多点接地，应集中式一点接地"，第 3 条 "双重屏蔽或复合式总屏蔽宜对内、外屏蔽层分别采用一点、两点接地" 的要求，应将外屏蔽层与内屏蔽层隔离，内屏蔽层在接线盒内悬空，保证在 TCS 机柜内一点接地。之后进行了整改，就地接线箱 JB20G 接线整改前后对比，如图 4-12 所示。

由于 TCS 的燃气轮机排气温度保护判断逻辑被整体封装无法查阅，经咨询 GE 技术人员得知，组态内设置排气热电偶的温度变化速率上限为 621℃/s，当温度信号变化速率大于 621℃/s 时即判断热电偶故障。当排气热电偶故障数量超过定值 "16" 时触发 "排气热电偶故障数量超定值（L86TXFP）" 保护，燃气轮机跳闸。

经调研，GE 同类型机组曾发生过同类型排气热电偶干扰事件，GE 公司处理措施为将热电偶温度变化速率上限由 621℃/s 改为 10000℃/s，在本次事件发生后 GE 公司也建议如此处理。此措施相当于取消主保护中排气热电偶信号的故障判断功能，若真实出现热电偶

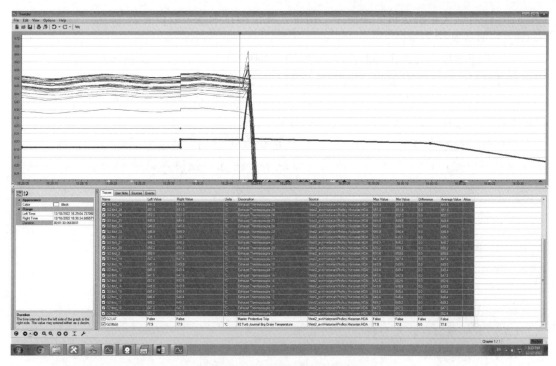

图 4-11 异常波动信号历史曲线

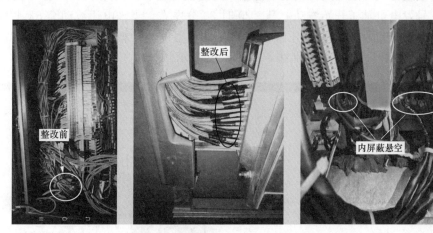

图 4-12 就地接线箱 JB20G 接线整改前后对比

断线或虚接，失去温度监视时，将不能触发保护停机功能。因此，建议后续针对燃气轮机温度速率保护定值进行评估论证，在修改定值前，充分做好试验验证和后备技术保障措施，在保证机组安全的前提下优化保护逻辑和定值。

2. 事件原因分析

（1）直接原因：31 支排气热电偶温度突变，触发"排气热电偶故障"保护动作。

（2）间接原因：排气热电偶屏蔽线接线不规范，燃气轮机保护定值参数设置不合理，在控制系统出现干扰时无法有效滤除故障信号。

3. 暴露问题

（1）排气热电偶屏蔽线接线不规范，燃气轮机保护定值参数设置不合理。

127

（2）针对燃气轮机逻辑"黑匣子"情况，无法摸排隐藏参数设置。

（三）事件处理与防范

（1）全面排查燃气轮机控制系统屏蔽接线情况，严格按照行业规程和控制系统厂家的技术要求接线，对不满足要求的屏蔽接地尽快完成整改。

（2）要求 GE 厂家提供详细的保护控制系统说明及保护定值参数清册，对重要控制及保护参数进行核查，做好组态逻辑的完善和优化。

（3）热工技术人员应加强燃气轮机控制系统操作培训，熟练掌握燃气轮机保护控制系统及参数设置，针对燃气轮机逻辑"黑匣子"情况，摸排隐藏参数设置，排除逻辑隐患。

三、轴电压干扰引起温度波动

（一）事件过程

2022 年 7 月 12 日，某燃气轮机机组正常运行中，各项参数显示正常。

20 时 30 分左右，轴承温度开始发电机励磁端轴承温度（三支）小幅波动。

20 时 40 分，轴承温度波动幅度持续增大，跳变。

（二）事件原因查找与分析

1. 事件原因检查

热控人员接运行人员通知后，到现场排查，查阅报警记录、分析历史曲线，发现 17 时 10 分左右，3 号发电机轴压开始波动上升。20 时 30 分左右，当轴电压波动至 8V 以上时，轴承温度开始小幅波动。随着轴电压继续上升，轴承温度波动幅度持续增大，最高达到 40V（有效值），轴承温度波动记录曲线，如图 4-13 所示。

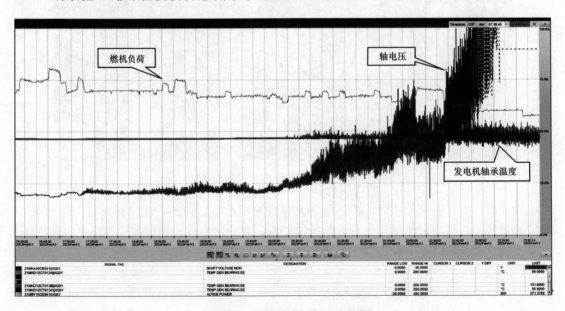

图 4-13　轴承温度波动记录曲线

2. 事件原因分析

根据图 4-13，轴承温度信号波动原因为发电机轴电压增大。

（1）轴电压升高（波动）原因分析。分析发电机产生轴电压的原因，主要有以下三方面。

1）发电机磁通不对称。

2）发电机在运行中大轴受漏磁作用，产生悬浮电位。

3）高速汽流摩擦产生的静电。

有了轴电压就会形成轴电流，轴电流会破坏轴承油膜，造成轴瓦损坏。消除轴电压轴电流的措施是将发电机励端一侧加装绝缘垫，确保绝缘可靠，切断轴电流通路。发电机汽端一侧通过接地电刷接地，防止轴电压的累积。当接地电刷磨损量过大或电刷压紧弹簧弹性失效导致其无法与大轴有效接触时，燃气轮机端不能保持零电位，同时，静电荷无法得到及时释放，就会导致轴电压升高。消除轴电压的办法是发电机汽端一侧通过接地电刷接地可靠。

（2）温度波动。发电机轴承瓦温采用端面式热电偶测量。热电偶测温基本原理是两种不同成分的材质导体组成闭合回路，当两端存在温度梯度时，回路中就会有电流通过，此时两端之间就存在电动势——热电动势。当轴电压不断增大（波动）产生的干扰源超过一定值时（若测量回路屏蔽，接地不完善），叠加到测量回路的干扰量即对实际测量产生干扰影响。

（三）事件处理与防范

（1）制定发电机电刷定期检查、更换周期，厂家已对电刷进行改造。

（2）轴电压报警定值由 15V 调整为 8V，以便运行人员及时发现轴电压异常。

（3）利用停机机会检查温度元件测量回路电缆屏蔽、接地及绝缘，保证其抗干扰能力满足要求。

四、轴振信号电缆敷设不规范受干扰导致机组振动大保护误动

某电厂 300MW 机组，TSI 为艾默生过程控制有限公司 MMS6500 系统。2022 年 10 月，机组大修后并网正常运行。

（一）事件过程

2022 年机组大修结束后并网运行的第 3 天，机组负荷 182MW 正常运行中，突然发生汽轮机跳闸，ETS 系统首出显示为"轴承振动大"。

（二）事件原因查找与分析

1. 事件原因检查

机组跳闸后，专业人员查看历史曲线，跳闸前各运行参数稳定，运行人员正常监视，无设备启停操作。

事件发生前，汽轮机 3 号轴承 X、Y 向振动依次瞬间突升至 $499\mu m$（量程为 $500\mu m$）后，汽轮机跳闸。跳闸后振动数值恢复到跳闸前的振动值，其他各项参数均无变化。

进行相关检查与试验（包括汽轮机冲转）未发现异常，但检查电缆发现 $3X$、$3Y$ 两个测点使用同一根电缆，且该信号电缆槽盒内同时敷设有低压动力电缆。

根据历史曲线对汽轮机盘车、冲转情况分析，排除汽轮机本体振动导致汽轮机跳闸的可能，认为 $3X$、$3Y$ 轴承振动信号同时发生突升跳变原因为低压动力电缆中的电流瞬间变化，产生电磁干扰。

2. 暴露问题

《火力发电厂热工自动化系统电磁干扰防护技术导则》（DL/T 1949—2018）明确要求，冗余信号应全程冗余，电缆敷设路径上，测量、控制信号电缆与检修电源或动力电缆需分

层敷设或分隔处理，无法满足要求需平行或交汇敷设时，需保持规定的距离。本事件中，冗余信号使用同一根电缆，且信号电缆槽盒内还同时敷设了低压动力电缆，对存在电磁干扰的安全隐患未能采取有效防护措施。

（三）事件处理与防范

（1）电缆设计时选用符合干扰防护要求，信号电缆与动力电缆分设、冗余信号采用独立屏蔽电缆，总屏加分屏电缆，宜总屏二端通过桥架接地，分屏单点接地。

（2）电缆桥架、线槽和导管接地，远离建筑物防直接雷装置引下线、走向远离可能发射干扰源的动力设备和电力电缆。

五、交流润滑油泵联锁试验电磁阀电缆屏蔽不规范导致机组跳闸

（一）事件过程

某热电厂 300MW 机组 260MW 正常运行。根据汽轮机专业定期工作安排，集控人员进行主机润滑油低油压联动试验，将交流润滑油泵联锁投入备用。点击 DCS 画面润滑油系统中的"开交流电磁阀"按钮，交流润滑油泵未能正常联启，复位后进行第二、第三次试验操作，油泵均仍未联启。当运行人员再次复归电磁阀后，汽轮机突然跳闸，ETS 首出为"DEH 遮断"，而触发"DEH 遮断"的首出信号为"高压保安油压低"。机组跳闸后，交流油泵联启和各设备联动正常。

（二）事件原因查找与分析

1. 事件原因检查

机组跳闸后，进行现场模拟主机低油压联锁试验，连续进行了四组试验操作后发现，在交流油泵低油压联锁试验电磁阀回路得电状态下，若在较短时间内多次点击"开交流电磁阀按钮"即会触发"DEH 遮断"保护动作，跳闸信号为"高压保安油压低"动作，而在交流油泵低油压联锁试验电磁阀回路停电状态下进行同样的操作，则不会出现类似情况。

经检查，高压保安油压低压力开关信号电缆为独立的 3 根电缆，与交、直流油泵联锁试验电磁阀控制电缆在同一桥架内且平行敷设，交、直流电磁阀控制电缆屏蔽层未接地，交、直流油泵低油压联锁试验电磁阀，如图 4-14 所示。

图 4-14　交、直流油泵低油压联锁试验电磁阀

2. 事件原因分析

经分析认为，本次事件原因为短时间内多次试验操作，电磁阀控制回路电缆屏蔽层对地出现电位差，对地放电瞬间对相邻电缆产生电磁干扰，造成高压保安油压低压力开关回路信号误发（本次事件后，将交、直流电磁阀控制电缆屏蔽层通过电缆桥架进行二端接地后，之后类似事件未再发生）。

3. 暴露问题

（1）机组检修中未能有效测试控制系统接地贯通性与接地电阻、电源与重要信号电缆的绝缘电阻及电缆屏蔽层接地可靠性。电缆屏蔽接地不良未能及时发现。

（2）技术培训深度不够，专业人员发现问题、分析问题、解决问题的能力不能满足生产实际需求。

（3）试验过程中对操作风险预判不足，在试验不成功且未查明原因的情况下，连续多次进行试验操作。

（三）事件处理与防范

（1）保证接地方式、接地点的选择、接地连接、接地电阻符合规程要求。

（2）电缆桥架、线槽和导管接地，远离建筑物防直接雷装置引下线、走向远离可能发射干扰源的动力设备和电力电缆。

（3）冗余信号分电缆，不同类型电缆分层敷设，无法分层敷设时应保证之间的最小距离或采用中间分隔方式敷设。

六、电缆分屏蔽层接地线接地不良引起轴振大保护动作

某热电厂 1 号机组为 330MW 亚临界抽凝式热电联产机组。2022 年 12 月 6 日事件发生前，机组 1 号瓦轴振 X 和 Y 向均低于 $80\mu m$ 正常运行。突然，机组因振动大保护动作跳闸，首出为"汽轮机振动大"。

（一）事件过程

2022 年 12 月 6 日 20 时 41 分 00 秒，机组 1 号瓦轴振 X 和 Y 向均从低于 $80\mu m$ 突然上升，25s 后均超过 $230\mu m$。

20 时 42 分 17 秒后，趋于稳定（X 向 $216\mu m$、Y 向 $201\mu m$），15s 后，X、Y 向轴振有波动。

20 时 42 分 50 秒后，快速上升（最高 X 向 $269.07\mu m$，Y 向 $250.76\mu m$），机组因振动大保护动作跳闸，首出为"汽轮机振动大"。具体振动曲线，如图 4-15 所示。

（二）事件原因查找与分析

1. 事件原因检查

机组跳闸后，汽轮机专业人员对汽轮机本体进行听音检查未见异常，同时排除运行人员操作不当引起的误动。

热控人员查阅 DCS 历史曲线，除 1 号瓦轴振 X、Y 向振动异常外，其他参数未见明显异常。检查"汽轮机轴振大"保护逻辑为"某瓦 X 向（或 Y 向）振动超过动作值或变坏点且 Y 向（或 X 向）振动超过跳机值"。现场检查电缆绝缘时发现，1 号瓦轴振 X 向和 Y 向信号电缆为同一根分屏加总屏阻燃耐高温电缆，检查 Y 向模件端子信号地到盘柜接地不通，检查电缆头处屏蔽发现，总屏蔽层接地但 Y 向轴振信号线分屏蔽层接地线与屏蔽层脱

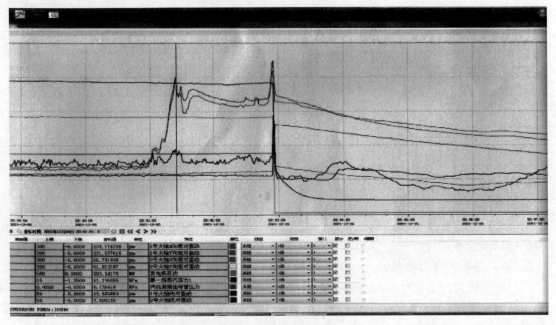

图 4-15　具体振动曲线

开，即 Y 向通道模件接地线端子悬空，由此判断外部干扰信号没有被有效屏蔽，通过 Y 向轴振信号电缆影响 X 向信号，导致 1X、1Y 振动信号大保护动作。

2. 暴露问题

（1）检修验收未把好关，冗余信号通过一根总屏加分屏蔽电缆传输，且总屏电缆可靠接地，但分屏电缆接地脱开隐患未能及时发现处理。

（2）机组检修中未能有效测试控制系统接地贯通性与接地电阻、电源与重要信号电缆的绝缘电阻和电缆屏蔽层接地可靠性，使电缆屏蔽接地隐患未能及时发现。

（三）事件处理与防范

（1）事后重新敷设两根信号电缆，将 1X、1Y 由不同电缆引入，并确认接地方式、接地连接、接地电阻符合规程要求后，运行正常。

（2）加装硬件部件。例如，设备金属防护罩、信号输入端浪涌保护器或隔离器、防雷保护装置、电容、磁环等，直流感性元件两端并联续流二极管、交流感性元件两端并联阻容吸收电路等。

（3）加装软件电路。例如，数字滤波电路、模拟量信号瞬间干扰采用变化速率等质量判断电路、周期性干扰通过延迟滤波比较电路或计数器法抑制。

（4）运行阶段，机组运行维护和检修单位应制定电磁干扰防护运行维护管理制度，检修维护作业文件包、验收方法与要求及包含工作器具（电源、手机、步话机、电焊机、电动工具、检测仪器等）在内的电磁干扰防护技术措施，付诸运行、维护、检修过程。

七、给煤机控制电源电缆受谐波干扰导致锅炉 MFT 保护动作

某公司 300MW 燃煤机组，带 250MW 负荷正常运行，B、C、D、E 给煤机运行，CCS 模式 AGC 投运，各参数无异常。

（一）事件过程

2022 年 8 月 25 日 10 时 20 分，突然发生除 D 给煤机电流保持 2.2A 运行外，B、C、E 三台运行给煤机同时跳闸且电流降至 0A，三台给煤机跳闸首出均为"异常跳闸"。运行人员手动成功抢合了 B、C、E 给煤机。就地检查 B、C、D、E 给煤机运行情况，未见异常，但 3min 后，四台给煤机全部跳闸，四台给煤机电流全部降至 0A，大屏报警"失去全部火焰 MFT"，四台给煤机跳闸首出仍是"异常跳闸"。

（二）事件原因查找与分析

1. 事件原因检查

电气、热工专业人员检查给煤机控制电缆所在桥架，发现下方约 1.5m 处有检修人员进行电焊作业。检查焊机电源取自 1 号锅炉房 0m 2 号检修电源箱，检修箱的动力电缆与六台给煤机控制电缆在同一槽盒内约有 6m 距离重叠在一起。

初步分析判定电焊机作业对给煤机控制电缆产生干扰。为验证判定结果，采用示波器监视给煤机变频器控制电源电压、控制回路 K3 继电器电压及炉 0m 2 号检修电源箱电压情况，再次启动 B 给煤机，并让电焊人员使用原电焊机在原工作地点进行焊接作业，结果发生 B 给煤机再次异常跳闸，B 给煤机试运行中再次跳闸曲线，如图 4-16 所示。

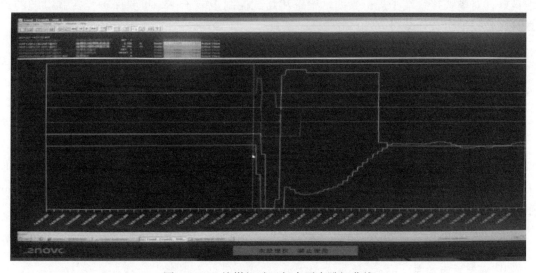

图 4-16 B 给煤机试运行中再次跳闸曲线

电焊机工作过程中，示波器记录了控制电源电压波形出现畸变，K3 继电器辅助触点（24V DC）出现 15V 电压闪变，变频器控制电源中 3 次（1.66%）、5 次（1.22%）、7 次（0.66%）、9 次（0.86）谐波占比较大，2 号检修电源箱电压产生了 5、7、11、13、17 次等高次谐波。

对槽盒内重叠一起的动力电缆与信号电缆进行简单分离处理后，再次进行前述电焊作业，并利用录波器测试，控制电源电压波形基本正常。

2. 事件原因分析

综上认为电焊机工作在电缆产生高次谐波干扰，导致 B、C、D、E 四台运行给煤机控制电源电压波动，从而导致变频器停运。

3. 暴露问题

（1）电焊机工作检修箱动力电缆与设备控制电缆在一段区域中布置在同一槽架内且电缆相互重叠。

（2）进行电焊施工作业时，未考虑到电焊工作对控制系统设备与电缆的干扰风险。

（3）技术培训深度不够，专业人员发现问题、分析问题、解决问题的能力不能满足生产实际需求。

（三）事件处理与防范

（1）电缆型号选用符合干扰防护要求，信号电缆与动力电缆分设、冗余信号采用独立屏蔽电缆、总屏加分屏电缆宜总屏二端通过桥架接地，分屏单点接地。

（2）输入、输出通道设计有可靠的防浪涌、过电流、过电压、防抖动和信号变化过速率设置等保护功能。

（3）冗余信号分电缆，不同类型电缆分层敷设，无法分层敷设时应保证之间的最小距离或采用中间分隔方式敷设。所有检修箱电源电缆不应与设备控制电源电缆有平行或任何连接。

（4）检修阶段，将现场带保护与重要控制信号的接线盒应更换为金属材质，并保证接地良好；对电缆接线端子进行紧固，检查和测试控制柜端子排、重要保护与控制电缆的绝缘及屏蔽接地全程连续可靠。

八、润滑油压力低试验电磁阀回路受干扰造成压力低保护误动

2022年4月15日，某300MW燃煤机组带负荷222MW、机炉协调方式运行，各参数显示正常，无报警信号。

（一）事件过程

17时25分，正常运行的机组突然跳闸，ETS首出信号"发电机主保护"动作。电气专业人员检查3号发电机-变压器组保护C屏动作信号为"汽轮机联跳发电机"。热控专业人员通过查询ETS系统SOE日志，发现润滑油压力低2和润滑油压力低3信号相差8ms触发，ETS"三取二"保护逻辑动作跳机，但润滑油压力低压力开关动作到复位仅持续40～57ms，润滑油压力低1、2、3号试验操作互为闭锁，且无DO输出记录。

（二）事件原因查找与分析

1. 事件原因检查

热控人员现场检查润滑油压力低1、2、3号试验电磁阀线圈阻值正常，ETS机柜端测量1、2、3号试验电磁阀电缆对地电压分别为15.07、74.8、58.4V AC，就地侧测量1、2、3号试验电磁阀电缆对地电压分别为0.041、70.8、68.9V AC。电缆屏蔽对地阻值分别为2.2、282.1、282Ω，从而确认2、3号试验电磁阀电缆屏蔽接地不良。进一步排查试验电磁阀电缆路径，发现电缆槽盒靠近汽轮机四瓦，电缆进入DCS电缆夹层前与动力电缆槽盒有交汇，存在动力电缆电流变化干扰信号电缆的隐患。

测量润滑油低压试验电磁阀动作电压，当电压达111.3V AC时开始动作，124.7V AC时可靠动作。润滑油压力低试验电磁阀与压力保护开关串联布置，且无隔断门，试验电磁阀作为与回油母管的唯一隔断方式，存在电磁阀误动产生内漏导致局部泄压，引起保护误动。

2. 事件原因分析

根据上述查找分析，3号机组跳闸原因为润滑油压力低2、3号压力开关试验电磁阀控

制回路电缆屏蔽接地不良且与动力电缆槽盒有交汇，导致动力电缆干扰电压窜入试验电磁阀引起误动，致使润滑油压力取样管路内瞬间失压，造成压力开关动作。

3. 暴露问题

（1）电缆敷设路径上测量和控制信号电缆，与检修电源或动力电缆槽盒存在交汇但未分隔处理，给动力电缆中电流变化产生的干扰信号进入信号电缆提供了耦合通道。

（2）机组检修中未能有效测试控制系统接地贯通性与接地电阻、电源与重要信号电缆的绝缘电阻及电缆屏蔽层接地可靠性，使电缆屏蔽接地不良问题未能及时发现。

（三）事件处理与防范

（1）融合电磁干扰防护要求进行，确认其电磁兼容性和干扰防护性能满足现场应用环境要求，输入、输出通道设计有可靠的防浪涌、过电流、过电压、防抖动和信号变化过速率设置等保护功能。

（2）输入、输出通道设计有可靠的防浪涌、过电流、过电压、防抖动和信号变化过速率设置等保护功能。

（3）电缆桥架、线槽和导管接地，远离建筑物防直接雷装置引下线、走向远离可能发射干扰源的动力设备和电力电缆。

（4）加装硬件部件。例如，设备金属防护罩、信号输入端浪涌保护器或隔离器、防雷保护装置、电容、磁环等，直流感性元件两端并联续流二极管、交流感性元件两端并联阻容吸收电路等。

（5）加装软件电路。例如，数字滤波电路、模拟量信号瞬间干扰采用变化速率等质量判断电路、周期性干扰通过延迟滤波比较电路或计数器法抑制。

就地设备异常引发机组故障案例分析与处理

若把 DCS 比作机组控制的大脑，各就地设备则是保障机组安全稳定运行的耳、眼、鼻、手、脚。就地设备的灵敏度、准确性及可靠性直接决定了机组运行的质量和安全，而就地设备往往处于比较恶劣的环境，容易受到各种不利因素的影响，其状态也很难全面地被监控，因此，很容易因就地设备异常而引起控制系统故障，甚至导致机组跳闸事件的发生。

本章节统计了 33 起就地设备事故案例，按执行部件、测量仪表及部件、管路、线缆和独立装置进行了归类。每类就地设备的异常都引发了控制系统故障或机组运行故障。异常原因涵盖了设备自身故障诱发机组故障、运行对设备异常处理不当造成事故扩大、测点保护考虑不全面、就地环境突变引发设备异常等。

对这些案例进行总结和提炼，除能提高案例本身涉及相关设备的预控水平外，还能完善电厂对事故预案中就地设备异常后的处理措施，从而避免案例中类似情况的再次发生。

第一节 执行部件故障分析处理与防范

本节收集了因执行部件异常引起的机组故障 11 起，分别为最小流量再循环调节阀快开电磁阀故障触发给水流量低机组跳闸、汽轮机保护通道试验时继电器老化故障造成机组跳闸、执行机构进气管接头松动中压旁路减温水异常引起旁路跳闸、给水泵汽轮机停机电磁阀异常引发给水泵保护动作触发锅炉 MFT、电磁阀试验时安全油压信号消失引发机组停机、给水泵汽轮机进汽调节阀电液转换器故障引发给水泵全停触发锅炉 MFT、润滑油温控阀异常引发油温上升导致机组解列停机、过滤调压器故障使前置模块出口总门异动导致燃气轮机跳闸、调节阀激振造成反馈装置输出信号突变影响机组负荷输出、超高压缸调节阀反馈波动故障处理、总线型电动执行器故障处理。

一、最小流量再循环调节阀快开电磁阀故障触发给水流量低机组跳闸

某电厂 1 号机组为 350MW 超临界燃煤空冷供热机组，于 2018 年 3 月投产。锅炉为哈尔滨锅炉厂有限责任公司生产的超临界参数直流炉、一次中间再热、单炉膛平衡通风、Ⅱ形布置、前后墙对冲旋流燃烧方式、全钢构架悬吊结构、紧身封闭、固态排渣煤粉炉，型号为 HG-1125/25.4-YM1。汽轮机为北京北重汽轮电机有限责任公司生产的超临界、一次中间再热、两缸两排汽、单轴、供热单抽、直接空冷凝汽式汽轮机，型号为 ZKC350-24.2/566/566/0.4。发电机为北京北重汽轮电机有限责任公司生产，型号为 T255-460，冷

却方式为水-氢-氢，励磁型式为自并励静态励磁。机组 DCS、DEH 及 ETS 系统选用杭州和利时自动化有限公司 MACSV 6.5.3 控制系统，汽轮机监视系统（TSI）采用艾默生过程控制有限公司 MMS6000 系统。

1 号机组给水泵汽轮机、一次风机、送风机、引风机、空气预热器均为单辅机配置，两台机组共用一台 50％容量电动给水泵。

1 号机组给水泵最小流量再循环调节阀为气动调节阀，阀门厂家为德国 WEIR，阀门型号为 BV990；定位器厂家为 ABB，型号为 TZIDC-110；快开电磁阀厂家为 ASCO，型号为 MP-C-80，设计为失电、失气阀门全开。

2022 年 4 月 6 日至 4 月 22 日，1 号机组进行了 C 级检修。5 月 30 日 12 时 45 分，1 号机组负荷 175MW，AGC 控制方式投入，AVC 投入。1A、1B、1C、1E 磨煤机运行，总煤量 102t/h，汽动给水泵运行，给水流量 536t/h，电动给水泵备用至 1 号机。主蒸汽压力 15.54MPa，主蒸汽温度 566℃，再热蒸汽压力 1.81MPa，再热蒸汽温度 560℃。

（一）事件过程

12 时 45 分 16 秒，1 号机组 AGC 负荷指令由 175MW 降至 168MW，机组开始进行深调，给水流量 528t/h，汽动给水泵入口流量 610t/h。

12 时 46 分 12 秒，切汽动给水泵再循环调节阀至手动开大至 6％。36 秒时，汽动给水泵再循环调节阀手动方式下 1s 时间开度由 6％突然开至 110％（过开）。42 秒时，给水流量最低至 139t/h，触发给水流量低保护动作，锅炉 MFT，汽轮机跳闸，发电机跳闸。

汇报领导和相关部门后，设备相关专业人员到场配合处理。

13 时 00 分 36 秒，启动引、送风机进行通风吹扫。6min 后，联系热控强制 A、B 磨煤机启动允许，进行甩煤。

13 时 21 分 05 秒，经过会议讨论，通过采取措施，关闭汽动给水泵再循环调节阀前电动门，以避免汽动给水泵再循环调节阀误开的风险，同时决定启动电动给水泵，开始锅炉上水。

13 时 45 分 00 秒，A、B 层等离子拉弧正常。启动一次风机、1A 磨煤机，1 号炉点火成功，开始升温升压。24min 后，启动 1B 磨煤机，继续升温升压。高压旁路开度 20％，低压旁路开度 35％。

14 时 16 分 00 秒，启动盘车，转速 54r/min，盘车啮合正常。

14 时 57 分 10 秒，主蒸汽压力 10.67MPa，主蒸汽温度 514℃，再热蒸汽压力 0.80MPa，再热蒸汽温度 522℃，总煤量 52t/h，给水流量 225t/h，汽轮机挂闸冲转，升速率 300r/min。

15 时 11 分 25 秒，汽轮机转速到 3000r/min；1min49s 后，机组并网成功。

17 时 41 分 33 秒，机组投入 AGC 方式，机组负荷 175MW，主蒸汽压力 15.03MPa，主蒸汽温度 560℃，再热蒸汽压力 1.97MPa，再热蒸汽温度 550℃，总煤量 100t/h，给水流量 565t/h。

（二）事件原因查找与分析

1. 事件原因检查

从 DCS 历史趋势记录中查看机组跳闸发生前后，给水泵最小流量再循环调节阀及电磁阀指令参数记录曲线，如图 5-1 所示。

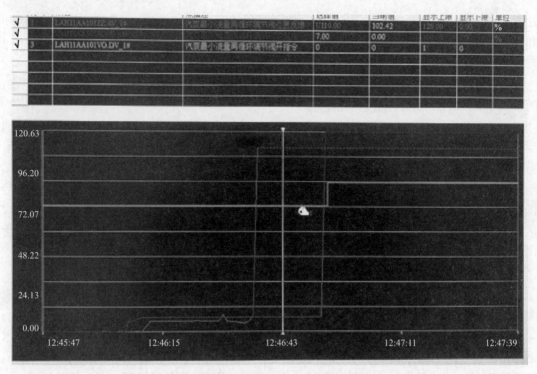

✓	1	LAH11AA101ZZ.AV_19	汽泵最小流量再循环调节阀阀位反馈	U110.00	102.42	120.00	0.00	%
✓	2			7.00	0.00			%
✓	3	LAH11AA101VO.DV_19	汽泵最小流量再循环调节阀调开指令	0	0	1	0	

图 5-1　给水泵最小流量再循环调节阀及电磁阀指令曲线

从图 5-1 可见，给水泵最小流量再循环调节阀在 1s 内从 6‰ 至全开，那么气缸必须在 1s 内将气体排出。而气缸的排气口有两个，分别是快开电磁阀和定位器，因此，将检查重点放在这两个设备。

分析对定位器结构不具备快开功能。通过设备自带的自检功能进行检验，检验结果正常；再将定位器出口气源管松开，单独操作定位器，经过多次开关操作，均未发现问题。

经过上述分析，诊断为电磁阀故障引起给水泵最小流量再循环调节阀全开，电磁阀故障的原因有两方面，一是电磁阀本身故障，二是电磁阀控制回路故障。

图 5-2　快开电磁阀铭牌

经过现场检查，快开电磁阀生产日期为 2015 年 01 月 07 日，快开电磁阀铭牌，如图 5-2 所示。经和厂家技术人员沟通，该设备寿命为 5～7 年，存在设备老化后误动的风险，现已更换新的电磁阀，并将原电磁阀寄回厂家做进一步分析。

针对电磁阀控制回路，专业人员对就地的接线、热控电源柜端子排接线进行检查，均未发现异常；在热控电源柜处测量控制回路电缆对地绝缘，结果正常；测试电磁阀线圈电阻 249Ω，结果正常；用微机继电保护测试系统对 DCS DO 模块的继电器进行测试，在对最小流量再循环调节阀快开电磁阀控制继电器 10 次测试中，发现该继电器动作值偏差大、返回值偏差大。对备用继电器进行测试，则未发现此类问题，由此判断最小流量再循环调节阀快开电磁阀控制继电器性能不稳定，存在误动现象。

2. 事件原因分析

（1）直接原因：最小流量再循环调节阀误动突开引起给水流量低保护动作，锅炉 MFT 跳闸。

（2）间接原因：最小流量再循环调节阀突开的原因为快开电磁阀控制回路中输出继电器误动。

3. 暴露问题

（1）夏季能源保供时期，机组发生非计划停运造成不良影响，暴露出降"非停"工作开展不严、不细、不实。

（2）设备隐患排查工作不到位，特别是对单列配置的辅机重要保护未进行彻底检查，未能及早发现快开电磁阀 DCS DO 模件输出控制继电器存在隐患。

（3）专业技术管理水平需要进一步提高，对重要保护设备特性、标准掌握不够，未充分认识到设备老化或控制回路故障引起的危害程度。

（4）技术培训不到位，专业和班组人员对热工、电气控制回路、控制逻辑、单辅机重要保护等方面的培训不深入，各级人员发现问题、分析问题和解决问题的能力不足。

（三）事件处理与防范

（1）运行采取的措施。

1）机组负荷 175～350MW 运行期间，给水泵最小流量再循环调节阀前电动门保持关闭，避免给水泵最小流量再循环调节阀误开导致过流量致使给水流量瞬间下降保护动作。

2）暂停双机深度调峰能力申报，直到汽动给水泵再循环调节阀隐患消除。机组功率最低 175MW，此时给水泵最小流量再循环调节阀无须开启，不存在误开引起跳机可能。

3）盘前专人对汽水系统监视，若必须开启给水泵最小流量再循环调节阀时，就地手动缓慢摇开再循环调节阀前电动门。

（2）已于 5 月 31 日对 1、2 号机组的给水泵最小流量再循环调节阀快开电磁阀、DCS DO 模件输出继电器进行更换。

（3）针对 DCS DO 模件输出继电器存在的隐患，利用最近一次检修机会排查涉及主机保护、单辅机保护回路中的模件，重点是使用继电器常闭触点的回路，对存在隐患的彻底整改。

（4）组织生产部门全体人员认真学习贯彻集团公司、陕西公司安全生产周会和安全生产管理指引，结合本次事件教训吸取，修订完善大唐陕西发电有限公司延安热电厂"降非停"行动计划，逐级落实安全生产责任制，压实各级管理主体责任。

（5）加强隐患排查治理，提高设备可靠性。开展为期三个月的热控专业管理提升，针对全厂热工保护进行专项排查，分系统、分岗位落实责任，消除潜在隐患，防止同类事件再次发生。

（6）加强人员培训，提高专业技术能力。坚持"六规"管理，充分利用"六规"的培训功能，对每项工作做到和标准、反事故措施、说明书相应条款结合起来，通过"六规"日常管理，做到每日开展培训，将技术技能培训做深做实。

二、汽轮机保护通道试验时继电器老化故障造成机组跳闸

2022 年 11 月 30 日，1 号机组负荷 560MW，风量 2210t/h，给水流量 1543t/h，总煤

量 266.7t/h，A、B、C、D、E、F 制粉系统运行，双套引、送风机、汽动给水泵运行。

（一）事件过程

11 月 17 日，1 号机组启动。

11 月 18 日 02 时 16 分，1 号汽轮机挂闸后进行保护通道试验，DEH 系统动作正常。

11 月 30 日 19 时 10 分，1 号单元长汇报值长：准备进行 1 号汽轮机保护通道试验定期工作。值长回复“同意”。单元长令副值准备试验操作票，令主值监护。7min 后，试验操作票准备完毕，定期试验操作票审批流程全部完成。

21 时 11 分，单元长汇报值长同意后开始正式操作。

21 时 13 分，保护通道“超速（OVERSPEED）”试验成功，开始进行“硬接线（HARDWARE）”试验。

21 时 14 分，投入试验功能组，随后 DCS 发“1 号汽轮机跳闸”语音报警，但此时检查集控室火焰电视正常，集控室大屏机组负荷及相关参数正常；随后，锅炉 MFT、机组负荷到 0、发电机跳闸，各辅机联动正常。

21 时 20 分，检查 FSSS 画面 MFT 首出为“汽轮机跳闸”，检查汽轮机控制系统（TGC）画面跳闸首出为“主燃料跳闸（MAIN FUEL TRIP）”。

（二）事件原因查找与分析

1. 事件原因检查

汽轮机跳锅炉硬接线通道，如图 5-3 所示。

TGC控制系统
DCS控制系统
汽轮机保护通道1未跳闸
汽轮机保护通道2未跳闸
汽轮机保护通道3未跳闸
三取二
汽轮机跳闸信号跳锅炉，
MFT保护动作

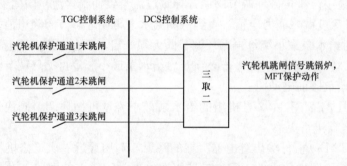

图 5-3　汽轮机跳锅炉硬接线通道

检查 SOE，发现跳闸时先是汽轮机保护通道 1 动作，4s 后，锅炉 MFT，保护动作 SOE 记录，如图 5-4 所示；之后，汽轮机保护通道 2 动作，未见汽轮机保护通道 3 动作。初步怀疑是做 1 号汽轮机保护通道试验时，锅炉收到汽轮机跳闸信号，锅炉跳闸首出汽轮机跳闸，实际汽轮机没有跳闸（因无首出信号），锅炉跳闸后发 MFT 给汽轮机，汽轮机再跳闸首出锅炉 MFT。

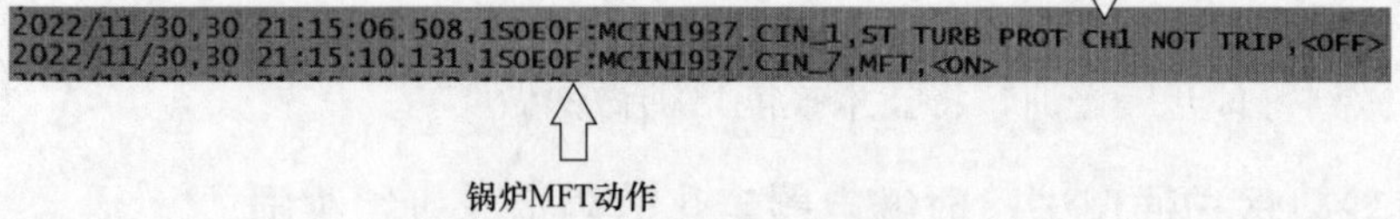

汽轮机保护通道1未跳闸信号动作
2022/11/30,30 21:15:06.508,1SOE0F:MCIN1937.CIN_1,ST TURB PROT CH1 NOT TRIP,<OFF>
2022/11/30,30 21:15:10.131,1SOE0F:MCIN1937.CIN_7,MFT,<ON>
锅炉MFT动作

图 5-4　保护动作 SOE 记录

11月18日启机时同样做过试验，当时试验正常。检查11月18日SOE发现，当时试验后汽轮机保护通道1、2恢复，处于未跳闸状态，汽轮机保护通道3没有恢复，一直处于跳闸状态，试验后SOE记录，如图5-5所示。

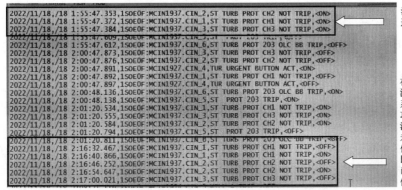

图 5-5 试验后 SOE 记录

11月18日至11月30日SOE记录，未见汽轮机保护通道3恢复信号，证明汽轮机保护通道3一直处于跳闸状态。

检查汽轮机保护通道试验分为"超速（OVERSPEED）"试验和"硬接线（HARDWARE）"试验，均为逻辑自动控制，运行人员只需操作启动按键。

（1）进行"超速（OVERSPEED）"试验时，依次测试TGC三个跳闸通道电磁阀，通过顺序阀位置和跳闸继电器状态判断试验是否成功。

（2）进行"硬接线（HARDWARE）"试验时，测试TGC三个跳闸通道电磁阀同时测试对应的TGC跳锅炉三通道。

11月30日，进行汽轮机保护通道试验时，"超速（OVERSPEED）"试验成功；"HARDWARE（硬接线）"试验一开始，汽轮机保护通道1动作，但是汽轮机保护通道3没有恢复，一直处于跳闸状态，锅炉收到机跳炉三取二信号，锅炉MFT首出汽轮机跳闸，锅炉MFT后发炉跳机信号，汽轮机跳闸首出锅炉MFT。

检查汽轮机保护通道1、2、3继电器，发现继电器本体与外壳较松动，机柜内其他同类型继电器无此现象，库存继电器也无松动现象。分析认为该松动现象是继电器正常运行时常带电，汽轮机跳闸时失电，继电器长期带电发热造成。手动强制汽轮机保护通道1、2、3，对应继电器动作正常，对应DCS接入模件通道正常，SOE记录正常，对应端子紧线未见松动。

2.事件原因分析

分析认为汽轮机保护通道3一直处于跳闸状态原因（11月18日汽轮机保护通道试验后一直未吸合）是对应继电器老化。

3.暴露问题

汽轮机保护通道1、2、3继电器的本体与外壳较松动现象，直到试验时机组跳闸后的故障发生才被发现，说明平时检修维护不到位。

（三）事件处理与防范

1.事件处理

（1）更换汽轮机保护通道1、2、3继电器，后机组点火启动，在汽轮机挂闸后进行汽轮机保护通道试验正常，热工专业人员检查汽轮机保护通道 1、2、3 继电器正常（带电吸合），DCS 接入模块对应通道灯亮（收到信号）。1 号机组冲转并网。

（2）换下来的三个继电器进行测试，一个已损坏，另两个的导通、断开电压有所变化。

2. 防范措施

（1）完善保护联锁系统试验操作票。

（2）加强日常维护，利用机组启停机机会，进行系统试验。

三、执行机构进气管接头松动中压旁路减温水异常引起旁路跳闸

为满足联合循环发电机组的调峰和启停要求，某电厂机组设置有 100％ 容量的中压旁路系统，主蒸汽系统工作流程，如图 5-6 所示。机组启停阶段，当汽轮机不进汽时，高压主蒸汽经高压旁路系统后与余热锅炉来的中压过热蒸汽混合后进入再热器。再热蒸汽经中压旁路减压、减温后进入凝汽器。

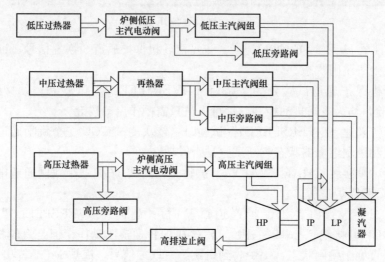

图 5-6　主蒸汽系统工作流程

中压旁路装置由中压旁路阀及其驱动装置、减温水流量计、减温水调节阀等组成，中压旁路阀由抗燃油液压驱动，减温水来自凝结水泵出口母管凝结水。

中压旁路系统配置了减温水流量低保护，当中压旁路减温水流量小于中压旁路减温水流量计算值或中压旁路阀减温水流量均通道故障时，延时 22s，保护动作。此外，当高、中、低压旁路保护跳闸，将触发余热锅炉保护跳闸，联动燃气轮机保护跳闸。

2022 年 1 月 16 日，因中压旁路系统保护动作，导致机组跳闸。

（一）事件过程

2022 年 1 月 16 日 11 时 38 分 20 秒，接电网调度令 5 号机组二班制启动。

11 时 42 分 21 秒，5 号燃气轮机点火成功。

11 时 50 分 12 秒，5 号发电机并网，燃气轮机带负荷运行，汽轮机处于盘车运行状态。

11 时 50 分 33 秒，5 号机组负荷 9.4MW，中压旁路阀开启至 8.2％ 开度时，机组 ASD 界面中压旁路减温水流量低（IP BYPASS WTR INJ FLOW P）、中压旁路保护跳闸（IP B/P TRIP LOGIC）报警。

11 时 50 分 36 秒，5 号机组"NG ESV CMD CLS""GT HW TRIP"等报警相继出现，5 号机组在并网 24s 后跳闸保护动作，发电机开关解列。

12 时 42 分 25 秒，专业人员现场检查，问题处理后，5 号机组重新启动。

12 时 44 分，开始执行清吹模式。

13 时 16 分 30 秒，机组并网，运行情况正常。

（二）事件原因查找与分析

1. 事件原因检查

事件后，热控人员查阅 SOE 记录，5 号机组 ASD 报警信息，如图 5-7 所示。运行人员检查历史曲线发现，5 号机组中压旁路阀、中压旁路减温水调节阀开启，中压旁路减温水隔离阀始终处于关闭状态。接运行人员通知后，检修人员到现场检查，未发现中压旁路减温水隔离阀有明显漏点和异常卡涩现象。

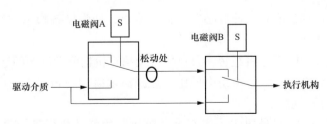

图 5-7　5 号机组 ASD 报警信息

中压旁路减温水隔离阀气动执行机构结构示意图，如图 5-8 所示。中压旁路减温水隔离阀驱动气源通过电磁阀 B 进入气动执行机构，电磁阀 B 的仪用空气 2 个进口，一路直接接入压缩空气，一路接入电磁阀 A 出口，通过这种方式以实现电磁阀 A、电磁阀 B 任一得电，中压旁路减温水隔离阀均能正常开启；2 个电磁阀均失电，才会使中压旁路减温水隔离阀关闭。

图 5-8　中压旁路减温水隔离阀气动执行机构

热控人员对相关减温水调节阀和隔离阀发"开启"指令进行检查，发现中压旁路减温水隔离阀的执行机构开阀仪用空气进气管接头漏气（中压旁路减温水隔离阀气动执行机构现场如图 5-9 所示），导致气动执行机构开阀腔室压力偏低，造成该阀前隔离阀未能正常开启。

图 5-9　中压旁路减温水隔离阀
气动执行机构现场

12 时 20 分 35 秒，检修人员紧固仪用空气泄漏接头，缺陷消除，试验中压旁路减温水隔离阀开、关动作正常。

2. 事件原因分析

（1）直接原因。中压旁路减温水气动隔离阀执行机构开阀腔室进气管套装接头松动，相应执行机构驱动用仪用空气泄漏，大大降低了中压旁路减温水隔离阀的仪用压缩空气进气压力，造成该阀门未能正常开启。

（2）间接原因。中压旁路减温水隔离阀电磁阀 A、电磁阀 B 进口压缩空气管路共用一个一次阀、共用一个进气管，导致电磁阀 B 的压缩空气进气压力受到电磁阀 A 存在漏点而大幅度下降（在电磁阀 A 线圈没有故障的情况下，电磁阀 A 仪用压缩空气的进气通道不会改变，因此，中压旁路减温水隔离阀的仪用压缩空气进气压力由于漏点而下降的工况不会得到改善，但冬季模式下，因上游冷凝水较多，导致启动初期旁路阀小开度工况下旁路系统振动加大，导致中压旁路减温水隔离阀执行机构开阀腔室进气管套装接头松动）。

3. 暴露问题

（1）机组启停频繁，中压旁路阀开关过程振动较大，导致设备紧固部件松动。

（2）设备隐患排查不到位、不彻底，未及时发现隐蔽性缺陷。

（3）中压旁路减温水异常引起旁路跳闸和联动机组跳闸的逻辑设计不完善，未能充分考虑启动初期带来的问题。

（4）采用双电磁阀控制的气动执行机构，其驱动用压缩空气进气管路设计不合理，未能充分考虑压缩空气管路泄漏带来的问题。

（5）重要阀门在气开型和气关型设计和相关套装接头紧固方式存在缺陷。

（三）事件处理与防范

（1）开展相关设备举一反三排查工作，针对机组启停过程中，机组中低压旁路冲击及振动较大的情况，优化启动初期防范旁路水击的运行措施，并制定重要调节、控制设备防振措施。

（2）细化机组"逢停必查、逢启必查"检查清单，加强设备隐患排查，做好启动前重要阀门试验和验证工作。

（3）全面排查 3、4、5 号机组旁路及重要气动执行机构驱动气源的泄漏情况。

（4）进一步优化 3、4、5 号机组中低压旁路减温水跳闸逻辑，避免启动初期减温水投入较少引起的过保护误动。

（5）全面排查 3、4、5 号机组采用双电磁阀控制的气动执行机构驱动气源取样情况，要求每个电磁阀使用独立的一次阀及引压管路。

（6）对现有重要阀门仪用气接头套装紧固方式制定改进措施，并逐步实施。

四、给水泵汽轮机停机电磁阀异常引发给水泵保护动作触发锅炉 MFT

某电厂给水泵汽轮机由杭州汽轮机股份有限公司生产，机型 WK71/80，单缸冷凝，用于驱动锅炉给水泵。1 号机组采用一台 100% 汽动给水泵，布置在 13.9m 平台上。给水泵汽轮机为单轴、单缸、反向双分流结构设计。采用节流调节，由下向上进汽和从上向下排汽的结构，排汽出口进入凝汽器。润滑、控制油由杭州汽轮机股份有限公司提供的集装式油站供给。给水泵汽轮机有两个汽源，一个正常低压工作汽源，采用四段抽汽，蒸汽压力较低；另一个备用汽源采用五抽补汽，经汽轮机速关阀、节流调节阀液压控制进入汽轮机。机组正常工况：给水泵汽轮机进汽压力 0.712MPa（a），温度 297.4℃，排汽压力 0.0074MPa，机组额定转速 5460r/min，汽轮机额定输出功率 20660.7kW。给水泵汽轮机系统，如图 5-10 所示。

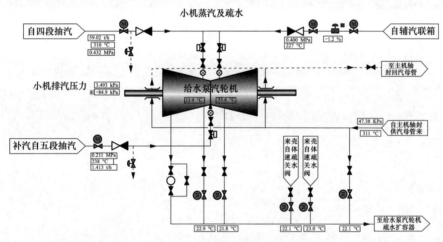

图 5-10　给水泵汽轮机系统

（一）事件过程

2022 年 5 月 6 日 0 时 36 分，某电厂 1 号机组负荷 361MW，A、B、C、D、E 磨煤机运行，总燃料量 181t/h，总风量 1285t/h，蒸汽流量 929t/h，水煤比 5.23，给水流量 1027t/h，汽轮机背压 6.4kPa，给水泵汽轮机转速 4010r/min，给水泵汽轮机润滑油母管压力 0.276MPa，给水泵汽轮机调节油压 0.907MPa，给水泵汽轮机背压 3.5kPa。

0 时 36 分 14 秒，1 号机组给水泵汽轮机跳闸（设计为 100% 容量汽动给水泵），1 号机组给水泵全停，触发 MFT 保护动作，1 号锅炉 MFT、汽轮机跳闸、发电机解列。

05 时 30 分，机组恢复并网运行。

（二）事件原因查找与分析

1. 事件原因检查

（1）机组跳闸过程曲线检查。2022 年 5 月 6 日 0 时 36 分 14 秒，公用系统电动给水泵处于停运状态，1 号机组给水泵汽轮机跳闸，触发 1 号机组锅炉 MFT 给水泵全停保护动作，MFT 首出为"给水泵全停"，给水泵汽轮机跳闸无首出信息。跳闸前后相关参数历史曲线，如图 5-11 所示。机组跳闸 SOE 记录，如图 5-12 所示。

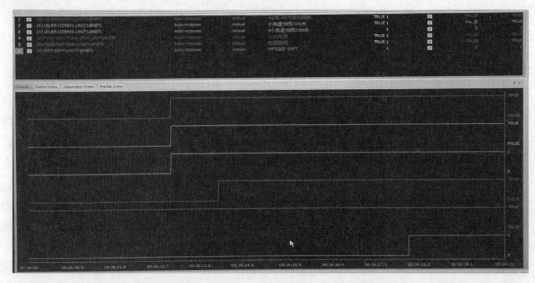

图 5-11　跳闸前后相关参数历史曲线

图 5-12　机组跳闸 SOE 记录

（2）相关逻辑检查。检查 MFT 给水泵全停保护逻辑为给水泵汽轮机跳闸 & 电动给水泵跳闸 & 燃料未丧失，延时 5s，触发 MFT 保护动作。给水泵汽轮机跳闸判断条件为给水泵汽轮机速关阀 2301 全关 & 给水泵汽轮机速关阀 2302 全关 & 给水泵汽轮机补汽速关阀全关。通过检查确认给水泵全停保护逻辑动作正常。

检查电动给水泵控制：1、2 号机组共用一台电动给水泵，电动给水泵设计容量 30%，设计为启动用，1 号机组 4 月 27 日启动后电动给水泵处于停用状态。由于电动给水泵容量小，电动给水泵出口门开启时间较长，启动前需暖管等原因无法投入备用，电动给水泵未设计联锁启动逻辑。

给水泵汽轮机跳闸保护逻辑见表 5-1。

表 5-1　　　　　　　　　　　给水泵汽轮机跳闸保护逻辑

序号	逻辑关系	内容		定值参数	时间参数
METS 保护跳闸条件					
1	≥1	润滑油压低低		≤0.08MPa	
2		排汽压力高高		≥0.07MPa	
3		DCS 停机			
4		MEH 停机			
5		轴瓦温度高高			
6		超速停机			
7		轴向位移高高			
8		汽轮机前轴振动高高			
9		汽轮机后轴振动高高			
10		汽动给水泵前轴振动高高			
11		汽动给水泵后轴振动高高			
12		操作台手动打闸			
MEH 停机条件					
1	≥1	跳闸按钮			
2		超速跳闸			
3		启动故障（给水泵汽轮机转速小于 500r/min 时进汽阀大于 30%）			
DCS 保护跳闸条件					
1	≥1	给水泵汽轮机推力轴承（正瓦）温度 1、2		>100℃	
2		给水泵汽轮机推力轴承（副瓦）温度 1、2		>100℃	
3		给水泵汽轮机前径向轴承温度		>110℃	
4		给水泵汽轮机后径向轴承温度		>110℃	
5		汽动给水泵外侧推力轴承温度 1、2		>100℃	
6		汽动给水泵内侧推力轴承温度 1、2		>100℃	
7		汽动给水泵驱动端径向轴承温度 1、2		>100℃	
8		汽动给水泵非驱动端径向轴承温度 1、2		>100℃	
9		汽动给水泵前置泵跳闸			
10		除氧器液位低低		<700mm	TON－10S
11		汽动给水泵运行时最小流量调节阀小于 30%，给水泵入口流量小于 540t/h			TON－15S
12		交流润滑油泵全停			TON－3S
13		排汽温度高		>150℃	

经查阅 DCS 历史相关曲线及 SOE 记录，给水泵汽轮机首出画面无报警，未发现给水泵汽轮机保护动作信号，手动停机按钮未动作，DCS 未发给水泵汽轮机主汽门 MSV1、MSV2、MSV3 阀关指令，DCS 接线端子牢固。给水泵汽轮机保护动作历史记录，如图 5-13 所示。

（3）运行参数、操作等相关检查。00 时 30 分 05 秒，1 号机组负荷 401MW，跟随 AGC 降负荷，速率 8MW/min，给水泵汽轮机指令 29.35%，给水泵汽轮机转速 4021.9r/min，给水泵汽轮机主汽门 MSV1、MSV2、MSV3 阀全开，给水泵汽轮机进汽阀 1 反馈 38.67%，

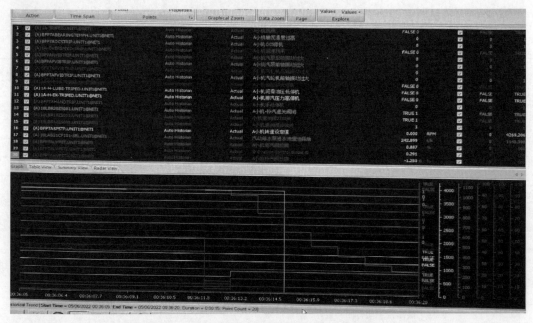

图 5-13　给水泵汽轮机保护动作历史记录

给水泵汽轮机进汽阀 2 反馈 50.23%，给水泵汽轮机补汽阀反馈 5.16%。

0 时 36 分 14 秒，1 号机组给水泵汽轮机跳闸（首出画面无报警），触发给水泵全停保护，锅炉 MFT，机组大联锁动作，ETS、发电机保护正常动作，主要设备正常。机组及给水泵汽轮机主要参数历史趋势，如图 5-14 所示。

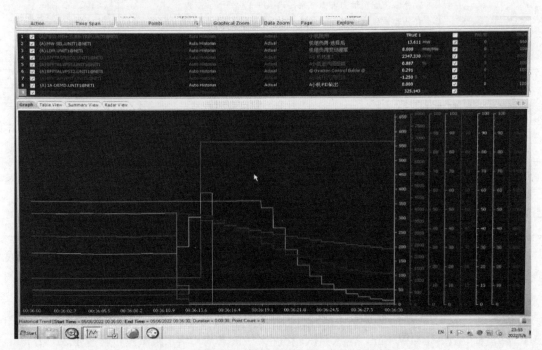

图 5-14　机组及给水泵汽轮机主要参数历史趋势

（4）相关设备检查。在DCS电子间检查控制器、模件、电磁阀24V电源模块均无异常。

就地检查1号机组给水泵汽轮机速关油模块，发现给水泵汽轮机停机电磁阀2222及2223接头固定螺钉有松动现象，速关油模块振动较大。安装管卡固定二次油管，紧固给水泵汽轮机停机电磁阀接线插头后，进行跳闸电磁阀试验，动作正常。给水泵汽轮机停机电磁阀2222及2223，如图5-15所示。

在运行过程中发现给水泵汽轮机调节阀关闭后，给水泵汽轮机仍存在一定的转速，经核实，给水泵汽轮机调节阀行程只能走实际全行程的80%，存在一定的漏汽量。本次检修期间，联系杭州汽轮机股份有限公司到厂对调节阀执行器的错油门进行检修，提高了电液转换器控制错油门的二次油压，由原来的0.15MPa提高至0.25MPa，油动机行程增加，解决了调节阀存在漏汽量问题，但油压提高导致速关油模块连接的油管路振动增加，速关油模块振动增大。

图5-15 给水泵汽轮机停机
电磁阀2222及2223

（5）给水泵汽轮机速关油模块历年检修情况检查。2019年大修期间，1号给水泵汽轮机速关油模块送专业公司清洗检修；2022年小修期间，送专业公司清洗检修，该公司反馈速关油模块内部较干净。2022年小修期间，给水泵汽轮机速关油模块上的停机电磁阀插头接线由专业公司恢复，机组启动前进行了电磁阀传动及给水泵汽轮机跳闸逻辑保护传动，均正常。

通过上述检查得出结论：锅炉MFT中给水泵全停保护动作逻辑正常。运行人员未进行异常操作。DCS、MEH控制回路未发出给水泵汽轮机跳闸指令。给水泵汽轮机润滑油、调节油系统未发现泄漏及其他异常。速关油模块振动，给水泵汽轮机停机电磁阀2222及2223接线插头松动，导致就地电磁阀动作。紧固后试验正常，给水泵汽轮机可正常挂闸冲转。

2. 事件原因分析

汽轮机跳闸原因：给水泵汽轮机跳闸且电动给水泵未运行且燃料未丧失，触发锅炉MFT中给水泵全停保护动作。

给水泵汽轮机跳闸原因：给水泵汽轮机调节阀二次油压力由0.15MPa提高至0.25MPa，导致速关油模块振动增大，给水泵汽轮机停机电磁阀2222及2223接线插头松动，电磁阀失电，给水泵汽轮机速关油泄油导致给水泵汽轮机速关阀、调节阀全关，给水泵汽轮机跳闸。

3. 暴露问题

（1）生产管理不到位。未能把控重要设备危险点，未能针对给水泵汽轮机跳闸类似故障问题引起高度重视，防控效果不明显。

（2）设备管理不到位。日常点巡检不到位，未能及时发现设备隐患。

（3）给水泵汽轮机停机电磁阀带电运行，就地缺少相应的监视手段，无法及时发现就地问题。

（三）事件处理与防范

1. 事件处理

（1）已重新加固给水泵汽轮机停机电磁阀2222及2223的插头接线，试验正常。

（2）已重新加固给水泵汽轮机速关油模块，振动明显减少。

2. 防范措施

（1）加强生产管理。电厂应提高生产各级人员思想意识，对生产现场风险、隐患再排查、再治理。对于机组重要设备加强管理，做好防范措施的制定与落实。

（2）加强设备检修管理。注重检修工艺质量，严格执行三级质量验收，加强机组启动后的热态验收。

（3）加强设备维护管理。对给水泵汽轮机二次油管路进行加固，对其他油系统管路加强振动监测，发现振动增大的情况及时处理。对重要辅机的测点接线加强点巡检，对给水泵汽轮机停机电磁阀 2224 及 2225 紧固接线插头，避免类似的问题再次发生。

（4）加强监视管理。联系杭州汽轮机股份有限公司，增加给水泵汽轮机停机电磁阀带电监视手段。

五、电磁阀试验时安全油压信号消失引发机组停机

某电厂 1 号汽轮机是由东方电气集团东方汽轮机有限公司生产的型号为 C300/256.6-16.7/1.0/537/537 型亚临界、一次中间再热、高中压合缸、双缸双排汽、单轴抽汽凝汽式汽轮机。高、中压部分采用合缸反流结构，低压缸为双缸双排汽对称分流，低压缸采用焊接双层缸结构。其中，高压缸为双层缸结构，中压部分为隔板套结构。本机组热力系统除辅助蒸汽、供热蒸汽系统、循环水系统设置联络母管外，其余系统均采用单元制。

（一）事件过程

2022 年 8 月 3 日 16 时，1 号机组负荷 262.3MW，汽轮机运行副值和热控人员对 1 号汽轮机高压遮断阀进行定期试验，汽轮机运行巡检和热控人员在现场查看动作情况。集控人员按顺序依次执行编号为 6YV、7YV、8YV、9YV 的电磁阀试验，高压遮断电磁阀操作画面，如图 5-16 所示。16 时 38 分 26 秒，6YV 试验成功；16 时 39 分 01 秒，7YV 试验成功；16 时 39 分 23 秒，8YV 试验时，安全油压信号消失，发"DEH 故障发出"停机。

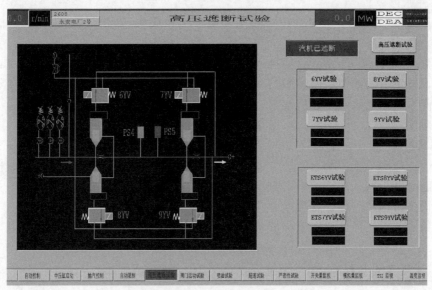

图 5-16　高压遮断电磁阀操作画面

（二）事件原因查找与分析

1. 事件原因检查

（1）逻辑与压力开关检查。

1）DEH故障停机触发条件如下。

a. ETS跳闸。

b. 手动打闸（盘前）。

c. 110%电超速。

d. 转速信号故障。

e. 供热系统跳闸。

f. 安全油压失去。

2）安全油压定值：高压安全油压建立 $H \geqslant 7.8\text{MPa}$；当高压安全油压（三取二）小于或等于 7.8MPa 时，ETS 跳闸停机。

3）PS4（AST 跳闸电磁阀试验压力高）定值：PS4 设定值 $H \geqslant 9.6\text{MPa}$；动作值 9.64MPa；恢复值 9.461MPa。

4）PS5（AST 跳闸电磁阀试验压力低）定值：PS5 设定值 $L \leqslant 4.8\text{MPa}$；动作值 4.798MPa；恢复值 4.935MPa。

5）现场检查安全油压力开关、PS4 开关、PS5 开关的合格有效期均为 2022 年 10 月 30 日，现场试验，各开关均正常动作，排除保护误动的情况。

（2）高压遮断电磁阀接线检查。机组高压遮断电磁阀接线原理，如图 5-17 所示。四个高压遮断电磁阀串并联布置，当 6YV、8YV 中任一动作，7YV、9YV 中任一同时动作，才能导致安全油泄压停机。现场布置有三个安全油压力开关，位于 12.6m 平台 AST 电磁阀前端；AST 电磁阀组设置有 ASP 就地压力表、PS4（压力高）开关、PS5（压力低）开关，试验期间现场专人监视 ASP 就地压力，保证每个电磁阀试验结束后，ASP 压力恢复至 8MPa 左右。

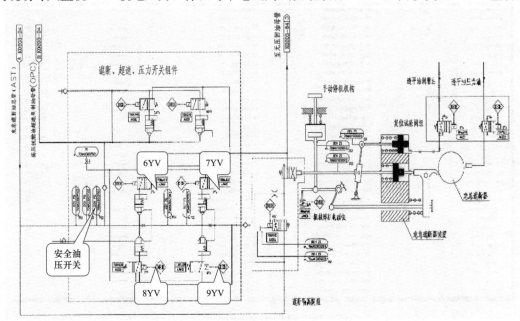

图 5-17　机组高压遮断电磁阀接线原理

（3）记录检查。查询 2022 年 8 月 3 日值长记录，未发现明显设备异常记录。

调取 DCS SOE 系统事件记录，1 号机组于 2022 年 8 月 3 日 16 时 36 分 25 秒跳闸停机（DEH 同 DCS 未对时），跳机原因为"DEH 故障停机输出"，16 时 39 分 29 秒，锅炉 MFT。跳机前无其他相关异常记录，SOE 跳闸停机记录，如图 5-18 所示。

图 5-18　SOE 跳闸停机记录

调取 DEH 历史记录，16 时 39 分 24 秒（DEH 同 DCS 未对时）"安全油压失去"触发 DEH 故障停机，DEH 安全油压失去记录，如图 5-19 所示。

图 5-19　DEH 安全油压失去记录

第五章　就地设备异常引发机组故障案例分析与处理

历史趋势查询：AST 电磁阀在线试验历史曲线，如图 5-20 所示。由图 5-20 可知，16 时 38 分，热控专业人员开展 AST 电磁阀在线试验；16 时 39 分，机组跳闸停机，过程记录如下。

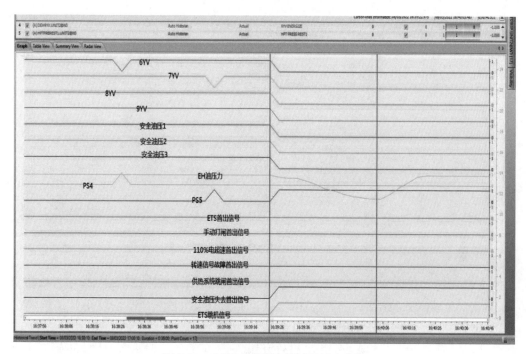

图 5-20　AST 电磁阀在线试验历史曲线

1）6YV 试验情况：16 时 38 分 23 秒，开始 6YV 试验，试验正常，PS4 报警（正常）；16 时 38 分 30 秒，试验结束，6YV 关闭，PS4 恢复正常。抗燃油压 13.672MPa（变送器），ASP 油压约 8MPa（就地压力表）。

2）7YV 试验情况：16 时 38 分 58 秒，开始 7YV 试验，试验正常，PS5 报警（正常）；16 时 39 分 05 秒，试验结束，7YV 关闭，PS5 恢复正常。抗燃油压 13.672MPa（变送器），ASP 油压约 8MPa（就地压力表）。

3）8YV 试验情况：16 时 39 分 22 秒，开始 8YV 试验，试验异常，此时 6YV、7YV、8YV、9YV 显示全开，PS5 报警，同时，三个安全油压低开关同时动作，"安全油压失去""ETS 跳机信号"，机组跳闸。抗燃油压开始下降，16 时 40 分 03 秒，抗燃油压最低降至 11.422MPa。

（4）AST 电磁阀电源检查。经检查发现，AST 电磁阀电源为双路电源供电，上游两路 UPS 电源经过一个电源切换装置后，输出两路电源，分别对 4 个电磁阀供电。其中一路供电给 6YV 和 8YV，另一路供电给 7YV 和 9YV，实现了全程冗余供电。

跳机发生后，经热控人员检查，发现电源切换装置处于 B 路供电，A 路备用的状态。后通过在线试验，在电源切换装置由 B 路切至 A 路供电，或由 A 路切至 B 路供电的过程中，汽轮机均能保持挂闸状态，没有发生泄压现象。机组运行期间直流电源未出现接地现象。

根据上述检查结果，认为电磁阀电源可靠，排除试验过程中电磁阀失电的可能性。

153

模件分布：6YV-A5，7YV-D5，8YV-B5，9YV-C7，四个电磁阀分布于不同模件。

（5）停机处理情况。停机后，热控专业对 7YV、8YV 电磁阀进行更换，并进行电磁阀在线试验，7YV、8YV 更换后在线试验记录，如图 5-21 所示，试验过程记录如下。

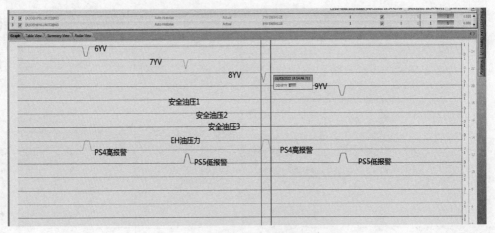

图 5-21　7YV、8YV 更换后在线试验记录

1）6YV 试验情况：18 时 53 分 48 秒，开始 6YV 试验，试验正常，PS4 报警（正常）；16 时 53 分 50 秒，试验结束，6YV 关闭；16 时 53 分 51 秒，PS4 恢复正常。抗燃油压 13.813MPa（变送器），ASP 油压约 8MPa（就地压力表）。

2）7YV 试验情况：18 时 54 分 19 秒，开始 7YV 试验，试验正常，PS5 报警（正常）；18 时 54 分 21 秒，试验结束，7YV 关闭；18 时 54 分 22 秒，PS5 恢复正常。抗燃油压 13.813MPa（变送器），ASP 油压约 8MPa（就地压力表）。

3）8YV 试验情况：18 时 54 分 43 秒，开始 8YV 试验，试验正常，PS4 报警（正常）；18 时 54 分 45 秒，试验结束，8YV 关闭；18 时 54 分 46 秒，PS4 恢复正常。抗燃油压 13.813MPa（变送器），ASP 油压约 8MPa（就地压力表）。

4）9YV 试验情况：18 时 55 分 07 秒，开始 9YV 试验，试验正常，PS5 报警（正常）；18 时 55 分 09 秒，试验结束，9YV 关闭；18 时 55 分 10 秒，PS5 恢复正常。抗燃油压 13.813MPa（变送器），ASP 油压约 8MPa（就地压力表）。

（6）电磁阀检查情况。17 时 01 分，1 号汽轮机进行试挂闸成功。热控专业人员检查 4 个高压遮断电磁阀，经测量，6YV 线圈阻值为 556Ω，7YV 线圈阻值为 446Ω，8YV 线圈阻值为 562Ω，9YV 线圈阻值为 547Ω。7YV 线圈阻值虽然偏低，但处于正常阻值范围（400～600Ω）。现场模拟试验结果显示，7YV 电磁阀动作可靠，因阻值偏低、性能下降导致电磁阀关闭不严的可能性较小。

19 时 13 分，热控专业人员对 7YV、8YV 电磁阀进行拆除更换，拆除后进行外观检查，未发现明显缺陷，未进行清洗。后对电磁阀阀体进行解体检查，从阀芯外观检查无明显脏污，未发现明显刮痕。8 月 11 日，重新安装挂闸且试验正常。结合上述现场模拟试验结果，认为 7YV、8YV 电磁阀动作可靠，排除阀芯内漏情况。

（7）电磁阀检修情况。2021 年 10 月 19 日，因 AST 电磁阀在线试验期间热控专业人员发现就地压力表 ASP 油压高于 8MPa，但未触发 PS4 压力高报警（定值大于或等于

9.6MP），热控人员怀疑 6YV、8YV 存在内漏，对其进行更换。

未查询到 7YV、9YV 更换及检修记录，经热控人员沟通了解，2016 年至今未进行检修或更换。

在热工规程中对电磁阀的检修要求如下。

1）外观检查，标识准确、清晰、齐全，外观完好。

2）电磁阀线圈阻值测试，R 为规定值。

3）电磁阀线圈与壳体绝缘测试，绝缘电阻大于或等于 50MΩ。

4）无明确规定要求设备更换周期（厂家建议更换周期为 2 年），该型号的电磁阀（4WE 6 D62/EG110N9K4/V）正常阻值范围为 400～600Ω。

（8）抗燃油油质检查。现场检查 8 月 4 日 1 号机组抗燃油油质化验报告，报告显示颗粒度为 5 级，颗粒度合格，水分和酸值均未超标。

报告取样日期存在涂改痕迹，经该厂生技部确认，油质结果为真实化验结果，且查询近 3 月的油质化验结果，颗粒度均合格，多数结果显示为 6 级，满足《电厂用磷酸酯抗燃油运行维护导则》（DL/T 571—2014）中对运行磷酸酯抗燃油质量标准的规定：颗粒度污染度（SAE AS4059F）级小于或等于 6 级要求［SAE AS4059F 颗粒污染度分级标准（差分计数）见表 5-2］，但运行中发现抗燃油泵出口滤网前后差压存在差压高的情况，判断滤网存在轻微堵塞的可能。

表 5-2 SAE AS4059F 颗粒污染度分级标准（差分计数）

尺寸范围和等级		最大污染极限（颗粒数/100mL）				
尺寸范围（ISO 4402 校准）		5～15μm	15～25μm	25～50μm	50～100μm	＞100μm
尺寸范围（ISO 11171 校准）		6～14μm	14～21μm	21～38μm	38～70μm	＞70μm
等级	00	125	22	4	123	0
	0	250	44	8	0	
	1	500	89	16	1	
	2	1000	178	32	6	1
	3	2000	356	63	11	2
	4	4000	712	126	22	4
	5	8000	253	45	8	
	6	16000	2850	506	90	16
	7	32000	5700	1012	180	32
	8	64000	11400	2025	360	64
	9	128000	22800	4050	720	128
	10	256000	45600	8100	1440	256
	11	512000	91200	16200	2880	512
	12	1024000	182400	32400	5760	1024

（9）AST 电磁阀在线试验执行情况。通过定期试验制度和试验记录检查，热工专业人员按照汽轮机监督实施细则要求每周三定期开展 AST 电磁阀在线试验，试验结果正常，整个试验过程约 1min16s，8 月 3 日前未发生类似事件，7 月 27 日 AST 在线试验记录，如

图 5-22 所示。因此，专业人员分析认为，在线试验安全性较高。现场模拟试验操作过程规范，可排除人为误操作造成安全油压失去的可能。

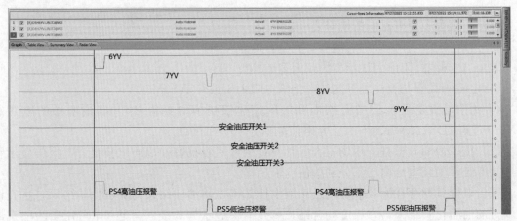

图 5-22　7 月 27 日 AST 在线试验记录

（10）模拟试验情况。2022 年 8 月 11 日，为尽可能复现 8 月 3 日 AST 电磁阀在线试验时停机情况，现场进行 4 次模拟试验。

1）2022 年 8 月 11 日 09 时 50 分，挂闸后，通过拔掉 7YV 电磁阀电源插头的方式，7YV 电磁阀失电打开，PS5 油压低报警，随后开启 8YV，此时，安全油压瞬间失去，历史趋势显示 6YV、7YV、8YV、9YV 打开信号同时发出，安全油压开关动作、安全油压失去等信号通过历史记录无法辨别动作先后顺序，其形态与 8 月 3 日跳闸趋势基本一致，8月 11 日模拟 7YV 电磁阀泄漏时试验记录，如图 5-23 所示。

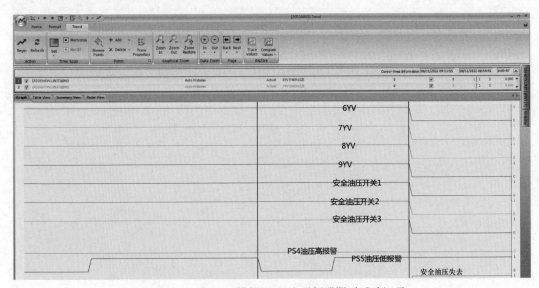

图 5-23　8 月 11 日模拟 7YV 电磁阀泄漏时试验记录

2）2022 年 8 月 11 日 15 时 40 分，热控专业人员将 8 月 3 日异常停机前的 7YV、8YV 电磁阀重新安装后进行 3 次在线试验。以正常流程模拟正常 AST 电磁阀在线试验，单个电磁阀试验过程间隔约 20s，整个试验过程约 1min10s，未发生跳闸停机故障，正常开展试验记录，如图 5-24 所示；随后快速模拟 AST 在线试验，快速开展两次在线试验，单个电磁阀试验过程间隔约 2s，整个试验过程约 20s，未发生跳闸停机故障，快速开展试验记录 1，如图 5-25 所示；快速开展试验记录 2，如图 5-26 所示。

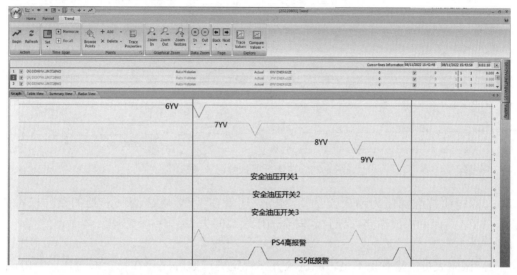

图 5-24　正常开展试验记录

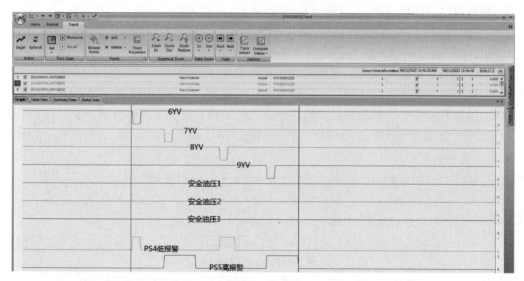

图 5-25　快速开展试验记录（一）

2. 事件原因分析

（1）机组跳闸原因："DEH 故障停机输出"。

（2）DEH 故障停机原因：DEH "安全油压失去"触发"DEH 故障停机输出"。

（3）安全油压失去原因：通过现场综合调查和分析，推测 7YV 电磁阀试验结束后，由于抗燃油系统中存在颗粒物杂质，7YV 电磁阀关闭过程中阀芯位置存在杂质堵塞，造成 7YV 电磁阀阀芯未能完全关闭。因 6YV、8YV 电磁阀阀门关闭严密，7YV 电磁阀前抗燃油压力约为 8MPa，不足以将杂质从 7YV 电磁阀阀芯处冲离，当 8YV 电磁阀打开时，

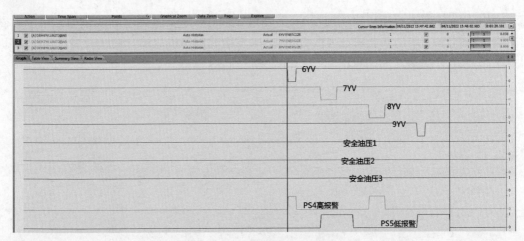

图 5-26　快速开展试验记录（二）

7YV 电磁阀前抗燃油压力增大至约 14MPa，堵塞在 7YV 电磁阀阀芯处的杂质被冲走，7YV、8YV 短时间形成通路，导致"安全油压"瞬间失去。

3. 暴露问题

（1）试验人员风险意识不足，原试验方案规定的试验顺序存在一定安全风险，电磁阀试验顺序为 6YV-7YV-8YV-9YV，该顺序为电磁阀组前后交叉试验，存在阀门内漏或操作不当造成抗燃油泄压的风险。

（2）AST 电磁阀在线试验设置存在安全风险，无 ASP 油压远传监视测点，仅靠人工观察 PS4、PS5 压力开关通断显示人为判断试验成功与否，同时，在 PS4 或 PS5 报警状态下，仍可继续开展电磁阀试验，存在人为误操作的风险。

（3）抗燃油系统滤油存在死区，取样代表性不全面，抗燃油中可能存在较大颗粒。

（4）油质化验报告记录和审批流程不规范，化验报告日期存在修改痕迹。

（5）SOE 系统记录无法精确到毫秒级，不利于事故分析。

（三）事件处理与防范

（1）优化电磁阀试验顺序，避免高压侧、低压侧电磁阀前后交叉试验，即先开展高压侧电磁阀试验（6YV、8YV），后开展低压侧电磁阀试验（7YV、9YV），如改为 6YV-8YV-7YV-9YV，可降低安全风险。

（2）完善 AST 电磁阀在线试验逻辑，将人工判定 PS4、PS5 报警恢复改为逻辑判定，试验可改为自动按设定顺序进行，PS4、PS5 报警未恢复应禁止进行下一步试验。

（3）增加 ASP 油压远程模拟量监视测点，为设备情况提供有效监视数据。

（4）优化抗燃油系统滤油方式，消除滤油死区，确保抗燃油质合格。

（5）抗燃油样定期送第三方检测，并与厂内检测结果进行比对。

（6）规范油质化验管理，按照集团公司化学技术监督导则要求规范开展油质化验工作，并做好比对分析。

（7）对 SOE 系统进行升级改造，将故障记录精确到毫秒级。

六、给水泵汽轮机进汽调节阀电液转换器故障引发给水泵全停触发锅炉 MFT

某电厂给水泵汽轮机由杭州汽轮机股份有限公司生产，机型 WK71/80，单缸冷凝，用于驱动锅炉给水泵。机组正常工况：给水泵汽轮机进汽压力 0.712MPa，温度 297.4℃，排汽压力 0.0074MPa，机组额定转速 5460r/min，汽轮机额定输出功率 20660.7kW。给水泵汽轮机系统，如图 5-27 所示。

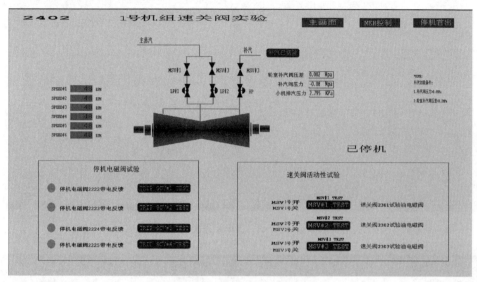

图 5-27　给水泵汽轮机系统

（一）事件过程

2022 年 9 月 20 日 14 时 10 分，某厂 1 号机组负荷 346MW，B、C、D、E 磨煤机运行，总燃料量 209t/h，总风量 1221t/h，蒸汽流量 984t/h，水煤比 5.13，给水流量 1074t/h，汽轮机背压 9.23kPa，给水泵汽轮机转速 4058r/min，给水泵汽轮机润滑油母管压力 0.36MPa，给水泵汽轮机调节油压 0.91MPa，给水泵汽轮机背压 8.32kPa。

14 时 10 分 16 秒，1 号机组给水泵汽轮机跳闸（设计为 100％容量汽动给水泵），1 号机组给水泵全停，触发 MFT 保护动作，1 号锅炉 MFT，1 号汽轮机跳闸，1 号发电机解列。

19 时 30 分，1 号机组恢复并网运行。

（二）事件原因查找与分析

1. 事件原因检查

现场检查情况：

1）机组跳闸过程检查。2022 年 9 月 6 日 14 时 10 分 16 秒，公用系统电动给水泵处于停运状态，1 号机组给水泵汽轮机跳闸，触发 1 号机组锅炉 MFT 给水泵全停保护动作跳闸，MFT 首出为"给水泵全停"，给水泵汽轮机跳闸无首出信息。MFT 首出，如图 5-28 所示。机组跳闸 SOE 记录，如图 5-29 所示。

2）相关逻辑检查。现场检查 MFT 给水泵全停保护逻辑为给水泵汽轮机跳闸与电动给水泵跳闸与燃料未丧失，延时 5s，触发 MFT 保护动作。给水泵汽轮机跳闸判断条件为主汽门 MSV1、MSV2、MSV3 全关。通过检查发现给水泵全停保护逻辑动作正常。

电动给水泵情况检查：1、2 号机组共用一台电动给水泵，电动给水泵设计容量 30％，设计为启动用。8 月 21 日，1 号机组启动后电动给水泵处于停用状态。由于电动给水泵容量小，电动给水泵出口门开启时间长，启动前需暖管等原因无法投入备用，电动给水泵无法设计联锁启动逻辑。

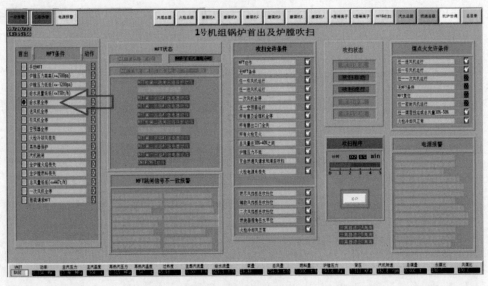

图 5-28　MFT 首出

图 5-29　机组跳闸 SOE 记录

检查 DCS 历史相关曲线及 SOE 记录，给水泵汽轮机首出画面无报警，未发现给水泵汽轮机保护动作信号，手动停机按钮未动作，DCS 未发给水泵汽轮机主汽门 MSV1、MSV2、MSV3 阀关指令，DCS 接线端子牢固。给水泵汽轮机保护动作历史记录，如图 5-30 所示。

3）运行参数、操作等相关检查。14 时 10 分 10 秒，1 号机组负荷 346MW，跟随 AGC 降负荷，速率 6MW/min，给水泵汽轮机指令 23.59，给水泵汽轮机转速 3864r/min，给水泵汽轮机主汽门 MSV1、MSV2、MSV3 阀全开，给水泵汽轮机调节阀 1 开度 34.2%，给水泵汽轮机调节阀 2 开度 52.6%，给水泵汽轮机补汽调节阀开度 5.9%，给水泵汽轮机调节油压 0.91MPa，速关油压力正常，给水泵汽轮机主汽门、调节阀动作曲线，如图 5-32 所示。从图 5-31 中可看出，主汽门 MSV2 动作时间比 MSV1 晚 1s。查阅以往停机电磁阀动作、手动紧急停机手柄动作记录曲线，主汽门三个阀位信号都是同时动作，从未出现过主汽门三个阀位信号动作不一致的情况。

图 5-30 给水泵汽轮机保护动作历史记录

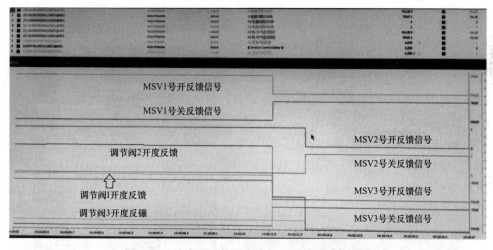

图 5-31 给水泵汽轮机主汽门、调节阀动作曲线

4）相关设备检查。在 DCS 电子间检查控制器、模件、电磁阀 24V 电源模块均无异常。

就地检查 1 号机组给水泵汽轮机停机四个电磁阀接线牢固且正常带电，DCS 无动作记录，调节阀电液转换器接线牢固无松动接头。就地检查速关油电磁阀 1842 不带电，状态正常，给水泵汽轮机速关油模块，如图 5-32 所示。

就地检查 1 号机组给水泵汽轮机就地手动紧急停机手柄（如图 5-33 所示）、危急遮断器手柄（如图 5-34 所示），就地均设置了防误动保护罩，紧急停机操作手柄同时还设置了防误动限位，未发现动作，调阅监控该时段附近无人工作。

图 5-32　给水泵汽轮机速关油模块

图 5-33　1 号给水泵汽轮机紧急停机手柄

油系统检查：检查给水泵汽轮机油系统压力，停机前后未见明显波动；检查润滑油、调节油系统滤网压差无异常；就地检查 1 号机组给水泵汽轮机就地控制油路，未发现渗油、漏油；就地检查给水泵汽轮机油系统蓄能器压力正常。

油质检查：调取 2022 年给水泵汽轮机润滑油油质化验报告，发现油质均符合标准要求。

检查就地滤油机工作情况，滤油机为普瑞奇牌移动真空/离子式滤油装置，就地布置的滤油机，如图 5-35 所示，滤油机工作正常，要求每月更换一次滤芯，检修人员在小修后 5、6、7、8 月均按要求更换了滤芯。

图 5-34　1 号给水泵汽轮机危急遮断器手柄

图 5-35　就地布置的滤油机

现场试验：对1号给水泵汽轮机重新挂闸，一次挂闸成功，速关阀、调节阀均正常开启。继续对1号给水泵汽轮机速关油系统的所有电磁阀进行活动性试验均正常，给水泵汽轮机速关油模块的电磁阀活动试验记录，如图5-36所示。

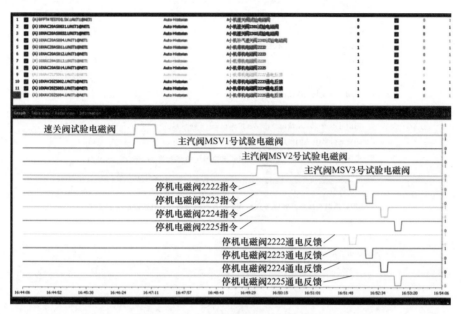

图5-36 给水泵汽轮机速关油模块的电磁阀活动试验记录

5）区域内同类型装置调研情况。该电厂1号机组为超超临界燃煤空冷机组，其给水泵汽轮机为杭州汽轮机股份有限公司生产的WK63/80型单缸、双分流、外切换、凝汽式汽轮机。在2017年发生三次给水泵汽轮机跳闸事件，均为速关油压力低导致，检查现场设备均未发现明显异常，最终采取措施为整体更换速关油模块，后再未发生此类事故。

6）给水泵汽轮机速关油模块相关检修情况。检查历年检修情况，2019年2月大修期间，1号给水泵汽轮机速关油模块整体送专业公司清洗检修；2022年4月小修期间，送专业公司（给水泵汽轮机遮断模块生产制造厂家）清洗检修，该公司反馈速关油模块内部较干净，但电液转换器内部滑阀表面有杂物，二次油压在0.2～0.45MPa有波动现象，随后进行了清理、重新装配，给水泵汽轮机调节阀电液转换器试验报告，如图5-37所示。1号机组2022年4月小修时，机组启动前进行了主汽门、调节阀及给水泵汽轮机跳闸逻辑保护传动，均正常。

7）给水泵汽轮机调节阀电液转换器原理。给水泵汽轮机电液转换器1742将输入的速关油降压后输出二次油，对给水泵汽轮机进汽阀1、给水泵汽轮机进汽阀2的开度进行控制，给水泵汽轮机电液转换器1743将输入的速关油降压后输出二次油，对给水泵汽轮机补汽阀开度进行控制。给水泵汽轮机电液转换器连通3路控制油路：给水泵汽轮机调节阀电液转换器油路，如图5-38所示。当给水泵汽轮机电液转换器发生故障时，可导致速关油大量流入回油管路，从而使速关油迅速降低，电液转换器原理，如图5-39所示，其中，P口为速关油供油，A口为控制调节阀用的二次油，T口为回油，工作时由电气部分产生电磁力控制活塞。速关油失压将导致给水泵汽轮机主汽门MSV1、MSV2、MSV3阀全关，给水泵汽轮机跳闸。

电液转换器试验报告

一、 电液转换器参数

I/H-converter type DSG-B07112

电液转换器型号

Partnumber 43.9711.20

零件号

Supply voltage 24VDC

电源电压

二、 检测情况

1. 手动转柄改变二次输出正常

2. 通信号电流 4mA，输出二次油油压为 __0.149~0.158__ MPa

3. 通信号电流 20mA，输出二次油油压为 __0.445~0.455__ MPa

4. 随着通信号电流的增加，输出二次油油压也相应增加

5. 电液转换器输入信号电流和输出二次油油压的对应关系一致，在 __0.2~0.45__ MPa 时有波动现象。

三、 维修

将电液转换器液压部分解体，发现滑阀表面有杂物，将所有零件清洗检查，按要求重新装配

四、 试验及调整

1. 试验工作参数：电压 24VDC

油压：0.8~1.2 MPa

输入最小电流：4 mA

输入最大电流：20 mA

最小输出压力：0.15 MPa

最大输出压力：0.45 MPa

2. 根据试验数据分析，电液转换器线性状态良好，4mA 对应 0.15MPa，20mA 对应 0.45MPa

图 5-37　给水泵汽轮机调节阀电液转换器试验报告

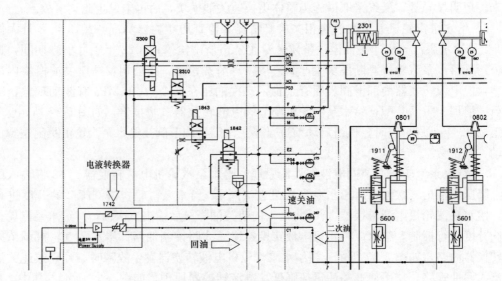

图 5-38　给水泵汽轮机调节阀电液转换器油路

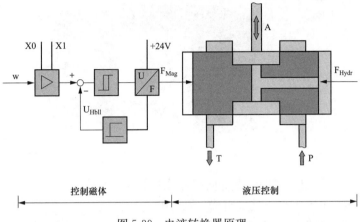

图 5-39　电液转换器原理

通过上述现场检查，认为锅炉 MFT 中给水泵全停保护动作逻辑正常、运行人员未进行异常操作、DCS 和 MEH 控制回路未发出给水泵汽轮机跳闸指令、给水泵汽轮机润滑油调节油系统未发现泄漏及其他异常。给水泵汽轮机停机电磁阀 2222、2223、2224、2225，速关油电磁阀 1842、手动停机手柄和危急遮断器状态正常。余下的怀疑对象是给水泵汽轮机调节阀电液转换器故障，使回油量异常，造成速关油失压导致给水泵汽轮机跳闸。

2. 事件原因分析

(1) 机组停机原因。给水泵全停原因为给水泵全停保护条件（给水泵汽轮机跳闸、电动给水泵未运行与燃料未丧失）满足，触发锅炉 MFT，汽轮机跳闸，发电机解列。

(2) 给水泵汽轮机跳闸原因。根据油路设计，能导致速关油系统快速卸油的元件有 5种，即给水泵汽轮机停机电磁阀、速关油电磁阀、危急遮断器、手动紧急停机手柄、电液转换器。经就地检查，排除了前 4 种可能，因此推断是进汽调节阀电液转换器故障，如内部油路故障，回油量增大造成给水泵汽轮机速关油系统卸油、失压，导致给水泵汽轮机主汽门、调节阀全部关闭，给水泵汽轮机跳闸。

电液转换器装置故障可能性有两种可能：装置内信号误发或有较大颗粒物堵塞滑阀。该故障不具有复现性，待厂家检测后确定具体故障原因。

3. 暴露问题

(1) 外委清洗、检修重要设备未全程跟踪检修过程，仅根据试验报告判断检修结果，未现场见证试验结果，存在质量隐患可能。

(2) 生产管理不到位，未能把控重要设备危险点，针对给水泵汽轮机跳闸类似故障问题防控效果不明显。

(三) 事件处理与防范

1. 故障设备的处理情况

结合其他电厂同类型装置经验，更换了备用进汽调节阀电液转换器，试验传动正常。更换下来的 1 号给水泵汽轮机进汽调节阀电液转换器，如图 5-40 所示。

2. 防范措施

(1) 检修重要设备安排专人全程跟踪检修过程，现场见证试验过程和结果。

(2) 加强生产管理，提高生产各级人员思想意识，对生产现场风险、隐患再排查、再

图 5-40　更换下来的 1 号给水泵汽轮机进汽调节阀电液转换器

治理。对机组重要设备加强管理，做好防范措施的制定与落实。

（3）借鉴区域内同类型机组处置措施，结合机组实际情况，考虑对速关油模块整体更换。

（4）在速关油管路上增加速关油压力变送器，送至 DCS，方便监视速关油压力变化。

七、润滑油温控阀异常引发油温上升导致机组解列停机

（一）事件过程

4 月 23 日 15 时 40 分，按中调曲线，1 号发启动令。

16 时 13 分，1 号机组 3000r/min，润滑油冷油器后油温 41℃。

16 时 15 分，1 号机组并网，润滑油冷油器后油温 44℃。

16 时 18 分，润滑油供油温度升至 46℃（机组运行期间温控阀设定温度）。

16 时 19 分，温控阀从 0% 开至 3% 后未再开大。

16 时 20 分，发 1 号机组润滑油温控阀异常报警，检查温控阀反馈只有 3% 开度，开度指令与阀位反馈偏差大。运行操作员去现场检查及手动摇阀，并通知相关专业人员紧急处理缺陷。

16 时 25 分，发 1 号机组润滑油供油温度高预报警（定值 50℃）；增加 1 号机组润滑油冷油器冷却水流量；将 1 号机负荷降至 50MW。

16 时 56 分，由于 1 号机组润滑油供油温度仍缓慢上升，不可控，发 1 号机组停机令。

17 时 01 分，负荷降至 27MW 时机组解列停机。

（二）事件原因查找与分析

1. 事件原因检查

4 月 21 日 9 时，运行人员发现润滑油温控阀动作异常，指令 90% 反馈卡在 58%，检修人员将润滑油温控阀顶的限位手轮转动大概 1/4 圈，阀门弹开后恢复正常。当时机组在运行，未做进一步处理。

4 月 22 日，此阀门运行正常，指令与反馈基本一致。

4 月 23 日 1 时，停机后，现场进行润滑油温控阀动作试验。第一次动作阀门开到 75% 卡住，将阀门顶部的手轮转动一点后阀门弹开。后进行了三次阀门活动试验未发生卡涩现象，反馈和指令跟踪正常；检修人员汇报阀门正常，结束工作。

4 月 23 日，事件发生时，温控阀执行机构无法动作，阀门一直在 3% 的开度无法打开，检查阀门定位器进口压缩空气压力表，显示压力正常，但定位器出口至上缸压力表无压力，手轮完全卡死，不能转动。

阀门解体后检查发现，推力盘落在膜片上，推力盘三个固定螺栓有磨损且均已断裂，

其中螺栓 2 断口陈旧。推力盘边缘也有磨损，阀门膜片正常。

2019 年底，此阀门进行过解体检修，更换了气缸膜片和相关密封件，当时未对推力盘进行拆检。厂家建议该阀门 4～5 年应解体检修一次。

此阀门执行机构的推力盘是通过定位螺栓固定悬吊在手轮连杆上，通过螺栓照片及执行机构结构分析，螺栓 2 是从螺纹台阶处脆断，另两个螺栓是挤断。分析认为，螺栓 2 固定端与螺纹分界处台阶存在缺陷，再加上阀门手动开阀无限位装置，在以往手动开阀时用力过大导致螺栓 2 断裂，推力盘支持不稳，推力盘偏斜，本次机组启动时推力盘脱落，卡住阀门。

通过推力盘在膜片上造成的磨痕分析，磨痕的位置明显偏离了膜片中心，也说明推力盘偏斜已存在较长时间。

将阀门手轮螺杆重新打磨、固定，更换推力盘三颗限位螺栓，下缸检查无杂物。回装阀门后重新调试行程，试运多次阀门动作正常，就地开度与 DCS 的指令反馈保持一致。

2. 事件原因分析

（1）直接原因：1 号机组润滑油温控阀故障拒动，导致油温上升。

（2）根本原因：推力盘的定位螺栓 2 有质量缺陷，再加上阀门无开限位装置，阀门运行时间长，多次检修调试手动开阀时用力过大导致螺栓 2 断裂，推力盘支持不稳，推力盘偏斜，本次机组启动时推力盘脱落，卡住阀门。

3. 暴露问题

（1）设备维护人员未充分分析频发缺陷原因，对重要设备的风险辨识、评估不足。

（2）设备维护人员业务技能不足，缺陷处理过程中未第一时间采取防止事件恶化的有效措施。

（三）事件处理与防范

（1）举一反三，检查其他两台机组润滑油温控阀状态，在阀门上标示出最大开位置，进行阀门校验，并将阀门手轮开到正确位置。

（2）依据安全风险分级管控机制及质量验收等级评估，并修编设备缺陷管理标准。

（3）制定机组重要设备的事故预案，优化检修方案，包括涉及机组保护与影响启停机相关的热控设备等。

（4）修订作业文件，阀门检修时对定位螺栓进行检查。

（5）加强设备维护人员对设备结构和原理方面的培训，加强缺陷处理过程中的事故预想及应急处理措施的培训。

八、过滤调压器故障使前置模块出口总门异动导致燃气轮机跳闸

2022 年 7 月 21 日 16 时 00 分，2 号机组有功负荷 240MW 正常运行中，因过滤调压器故障，从而使前置模块出口气动总门异常，导致燃气轮机机组跳闸。

（一）事件过程

16 时 20 分，运行人员发现 2 号机组 DCS 的 ASD 报警列表中发出"前置模块出口气动总门异常"报警，ESV 阀前压力低 II 值发出。

16 时 20 分 34 秒，2 号机组跳闸，联系热控人员检查。

18 时 40 分，2 号机组缺陷已处理完毕，具备启动条件。

18 时 50 分，2 号机组重新并网运行。

（二）事件原因查找与分析

1. 事件原因检查

16时19分11秒，2号机组DCS的ASD报警列表中，前置模块出口气动总门于发出异常报警，出口气动总门开反馈消失。

16时20分26秒，ESV阀前压力低Ⅰ值（≤2.77MPa）信号发出。

16时20分33秒974毫秒，出口气动总门全关反馈发出。

16时20分34秒576毫秒，ESV阀前压力低Ⅱ值（≤2.56MPa）信号发出，触发"预混阀开时天然气母管压力低（三选二）关ESV阀"保护导致ESV阀关闭，燃气轮机跳闸。

现场检查前置模块天然气控制阀组，发现前置模块出口气动总门的动力气进气过滤稳压器压力表显示为0，检查过滤稳压器出口没有压缩空气，而拆开过滤稳压器进口接头压缩空气供气正常，拆开过滤稳压器顶部旋转螺母，发现内部调压器外套在中部已断裂，上部弹开，与下部断口距离约10mm，该塑料外套为高分子聚合材质制造。

对前置模块天然气控制阀组防护罩中的过滤器、电磁阀、气管等设备环境温度进行跟踪检测，均在35～45℃，未发现异常高温现象。

因暂无该过滤稳压器备品，检查现场压缩空气储气罐压力稳定在0.68MPa，满足前置模块出口气动总门要求的工作压力（0.5～0.8MPa），汇报主管领导后，临时把前置模块出口气动总门的压缩空气过滤稳压器取消，改为直通；同时，更换前置模块放散阀的过滤稳压器，并对前置模块出口气动总门和放散阀进行开关试验，均正常后恢复系统。

2. 事件原因分析

直接原因：前置模块出口气动总门关闭，导致"预混阀开时天然气母管压力低（三选二）关ESV阀"保护动作关闭ESV阀，燃气轮机跳闸。

间接原因：该过滤稳压器制造过程可能存在质量问题，导致过滤调压器顶部调压器断裂，从而使前置模块出口气动总门失去供气而关闭，导致燃气轮机ESV阀前母管压力低关闭ESV阀。

3. 暴露问题

（1）对重要设备隐蔽安装的元件，需要细化巡、点检内容，以提前发现设备的不健康状态。

（2）重要设备的附属设备冗余度不够。

（3）重要设备应预留足够余量，避免设备长时间运行在极限条件。

（三）事件处理与防范

（1）暂时取消2号机组前置模块出口气动总门过滤稳压器。

（2）利用两班制停机，对1号机组前置模块控制阀组进行检查，并按2号机组临时措施进行同样的整改。

（3）举一反三，对机组重要系统、设备隐蔽安装的元件及回路开展排查，完善定检计划和项目，细化巡、点检内容，加强日常维护。

（4）结合本次事件，对全厂仪用压缩空气系统进行深入排查，对重要气动阀门的过滤器进行冗余改造，对存在的隐患及时制定整改方案，并整改落实。

（5）调研是否有全金属过滤稳压器，对重要气动阀门的压缩空气过滤器进行改型更换。过滤器稳压器调节压力时在满足运行条件下预留余量，避免长时间极限运行。

九、调节阀激振造成反馈装置输出信号突变影响机组负荷输出

某电厂 1、2 号机组采用上海汽轮机有限公司超超临界机型，额定功率 660MW，汽轮机型号为 N660/-25/600/600、一次中间再热、单轴、四缸四排汽、双背压凝汽式汽轮机。机型共有 4 个调节阀，分别是高压调节阀 2 个，中压调节阀 2 个，没有配置补汽阀。该厂 DEH 为西门子 SPPA-T3000 控制系统，闭环控制器采用 FM458 控制器。

2024 年 11 月 24 日，1 号机组正常运行中，同侧高、中压调节阀突关影响机组负荷输出。通过对阀门特性的分析和处理，采取措施后避免了问题的再次发生。

（一）事件过程

11 月 24 日 18 时 14 分，1 号机组 AGC 投入，负荷 599MW，主蒸汽压力 25MPa，高压调节阀开度 32%，中压调节阀 100%。随后机组开始快速减负荷。

18 时 33 分，机组负荷降至 365MW，主蒸汽压力最高至 26.1MPa，高压调节阀开度最低至 15.9%。

在整个负荷下降过程中，1 号机组左侧高压调节阀与左侧中压调节阀共出现 7 次同时全关现象。关闭后 1.5s，左侧高、中压调节阀恢复开启。每次全关动作时，对机组负荷影响 60MW，主蒸汽压力升高 0.5MPa，再热蒸汽压力升高 0.1MPa。

机组负荷稳定后，随着主蒸汽压力的下降，高压调节阀开度恢复到 20% 以上，机组没有再出现左侧高压调节阀与左侧中压调节阀同时全关的问题，机组运行稳定。

（二）事件原因查找与分析

1. 事件原因检查

（1）左侧高、中压调节阀同时关闭原因。在西门子 SPPA-T3000 的 DEH 阀门控制逻辑中，如果要高、中压调节阀同时关闭，只有一个条件，那就是高压调节阀的流量指令比该高压调节阀反馈开度对应的流量小于 25% 以上，则触发该高压调节阀快关，同时联关同侧中压调节阀。此条控制逻辑的初衷是当汽轮机调节阀不受控（伺服阀故障）或机组快速甩负荷时，为防止汽轮机超速，通过直接动作该阀门油动机上的跳闸电磁阀，使其快速关闭。

在此次事件中，快速减负荷过程 1 号机组负荷 599MW，主蒸汽压力 25MPa，高压调节阀开度 32%，中压调节阀 100%。随后，机组开始快速减负荷。负荷下降过程中，当左侧高压调节阀开度小于 20% 后，该调节阀反馈出现不规则波动，波动幅度大小不一，向上波动最大 7.8%，向下波动最大 12.8%。

机组左侧高压调节阀快关动作时，其开度在 17% 附近。按照快关逻辑触发条件，左侧高压调节阀反馈需向上波动超过 9.42%。但是，在历史曲线记录中，其向上波动幅度最大只有 7.8%，并不满足左侧高压调节阀快关的动作条件，数据支撑不足。

该厂 DEH 选用的是西门子 SPPA-T3000 控制系统，DEH 调节阀控制逻辑组态在 FM458 控制器中，该控制器的扫描周期为 50ms，而历史曲线采集是 FM458 控制通过背板通信方式传递到主控制器（AS417）的，该通信时间在 100~200ms。

专业人员推测，在此次事件中，如果 1 号机组左侧高压调节阀反馈向上波动超过 9.42%，达到了该调节阀快关逻辑的触发条件，FM458 控制器最先采集到数据，并触发快关逻辑，阀门快速关闭，整个过程在 50ms 内完成。而 FM458 的数据通信到历史记录的时间至少要 100ms，这就导致左侧高压调节阀反馈波动的数据，主控制器还没有完成通信记

录就已消失，所以在历史趋势中没有左侧高压调节阀向上波动超过 9.42％的数据。这就佐证了此次 1 号机组左侧高、中压调节阀同时突关的原因极有可能是左侧高压调节阀反馈波动，触发高压调节阀快关逻辑，同时联关同侧中压调节阀。

（2）左侧高压调节阀反馈波动的原因分析。

1）左侧高压调节阀 LVDT 故障：此次事件中，1 号机组左侧高压调节阀只在 20％以下波动，其他位置并未出现过问题，在后续的停机试验中，即使左侧高压调节阀的开度小于 20％，也未再出现反馈波动问题。而且，在后续的 1 号机组检修期间，将 1 号机组左侧高压调节阀 LVDT 通过上海汽轮机有限公司寄回生产厂家检测，测试结果 LVDT 并无异常，因此排除 LVDT 原因。

2）现场信号干扰：通过调阅现场视频监控发现，在事件发生时，1 号机组左侧高、中压调节阀附近没有任何施工作业，期间，1 号机组也没有大型设备启停操作，并且该厂使用的调节阀反馈装置抗干扰能力强，曾经在机组停运期间，在大功率对讲机的干扰下，调节阀反馈波动只有 1％～2％，因此排除强信号干扰问题。

3）高压调节阀激振：事件发生时，1 号机组快速减负荷，造成主蒸汽压力快速升高，高压调节阀开度大幅度减小。此时，流过高压调节阀的高压蒸汽流动情况变化剧烈，局部压力造成激振力，阀杆、阀芯被迫振动，造成阀门激振，进而传播到高压调节阀油动机上。高压调节阀的反馈装置及电缆接线盒安装在油动机上，油动机的振动会引起 LVDT 磁环的松动，甚至是接线盒内接线端子的松动，进行影响高压调节阀反馈装置的测量。因此，此次左侧高压调节阀反馈波动的原因，分析认为极有可能是高压调节阀激振引起的反馈装置测量信号跳变。

2. 事件原因分析

通过上述分析论证，此次 1 号机组左侧高、中压调节阀在机组降负荷过程中多次突然全关的原因为在机组快速降负荷过程中，高压调节阀开度减小，造成阀门激振，导致调节阀油动机上的反馈测量装置受到影响，造成左侧高压调节阀阀位反馈大幅波动。当反馈向上波动超过 9.42％时，触发左侧高压调节阀快关逻辑，联关同侧中压调节阀。由于 FM458控制器与主控制器（AS417）的通信时间远大于 FM458 控制器的扫描周期，导致整个过程中左侧高压调节阀反馈数据没有完全采集到，给事件分析造成一定影响。

3. 暴露问题

（1）调节阀快关逻辑中增加负荷判断条件后，未进行 100％甩负荷试验，逻辑效果未能得到验证。

（2）阀门小开度时存在汽流激振问题，需要采取措施处理。

（3）各调节阀反馈装置接线盒安装位置，运行中存在振动，会进一步导致阀门激振影响。

（三）事件处理与防范

（1）在调节阀的快关逻辑中增加负荷判断条件。一方面能防止运行中，反馈信号波动，对机组造成类似影响。另一方面能保证机组甩负荷时，该条逻辑能够正常动作，保证机组调节阀快速关闭，机组不超速。

（2）针对阀门小开度时的汽流激振问题，电厂采取了优化主蒸汽压力控制滑压曲线的方式。适当降低主蒸汽压力，增大高压调节阀开度，使其正常运行时保持在第二流量拐点位置为 38％，而在负荷下降过程中，其最小开度在 23％，正常运行中不会再出现高压调节阀开度小于20％的情况。这样既可保证机组负荷调节的快速响应，又可减少高压调节阀的节流损失，同时，也大大降低机组降负荷时，高压调节阀开度过小的风险，降低阀门激振风险，保证机组安全可靠运行。

（3）将主机各调节阀反馈装置接线盒移出油动机，避免阀门激振的影响进一步扩大。运行中，各调节阀油动机测得的最大振动值有6mm/s，而将各调节阀反馈装置接线盒分离出油动机后，安装在地面上，测得接线端子盒的振动最大1mm/s，效果显著，大大降低了接线松动的可能性。

十、超高压缸调节阀反馈波动故障处理

2022年2月10日02时08分，2号机组停运，汽轮机盘车投入，转速58r/min，超高压转子温度336.2℃，汽轮机抗燃油压0MPa，抗燃油泵A、B电流均为0A，左侧超高压调节阀反馈为0.00％，右侧超高压调节阀反馈为0.1％。

（一）事件过程

2022年2月10日10时，运行人员检查DEH画面，发现2号机组左侧超高压调节阀反馈波动。查阅DEH历史曲线，该调节阀8h前开始阀位反馈频繁出现波动，最大由0％至10％，就地检查调节阀连杆未抖动，查看抗燃油压未见明显异常。经分析认为，左侧超高压调节阀反馈装置故障因接线破损干扰，导致调节阀反馈跳变的可能性较大。制定措施后，热控人员进行处理。

（二）事件原因查找与分析

1. 事件原因检查

10日11时09分，热控人员对左侧超压调节阀反馈装置端子拆线检查，测量电缆绝缘良好，电缆未有破损痕迹，后重新更换新的端子排，阀门反馈无波动现象，继续观察。

10日18时20分，左侧超压调节阀阀位反馈再次出现1％～5％波动，DEH查阅曲线最大波动量10％。

检查发现，该调节阀采用MTS型磁致伸缩式反馈装置，为双支冗余结构，DEH逻辑中两个反馈取大值，当其中任一支反馈波动变大时，调节阀会出现抖动现象。查阅DEH逻辑，右侧超高压调节阀反馈装置通道2波动量明显大于通道1，将反馈通道2拆线后，反馈波动消失。

检查反馈装置通道2信号接线及绝缘，未发现电缆磨损破皮。更换端子排6h后，调节阀反馈再次出现波动，排除接线氧化接触不良及信号干扰问题。

11日13时00分，更换左侧超压调节阀阀位反馈装置后，调节阀阀位反馈波动现象消失；对此阀门进行阀门活动试验，无跳变现象，继续观察。

13日15时55分，重新整定左侧超压调节阀阀位零位，对此阀门进行阀门活动试验，确认全开全关位置及过程均无异常现象。

2. 事件原因分析

磁致伸缩式反馈装置LVDT2故障导致调节阀波动。

（三）事件处理与防范

（1）加大对现场隐患排查的治理力度。作为保障机组安全稳定运行的重要手段，隐患排查一直是各发电企业关注的重点。检修人员在日常巡检过程中，需加大对现场易发生隐

患部位的排查力度。

（2）充分考虑超高压调节阀磁致伸缩式反馈装置长期在振动及频繁动作的环境下，存在设备劣化的风险。利用停机检修时对接线端子、电缆进行全面检查，对重要设备的劣化趋势提前预防。

（3）将更换下的磁致伸缩反馈装置进行检测，确认设备损坏原因，制定预防措施，并采购备品备件。

（4）加强每日巡检设备后，并且通过工程师站、SIS 系统查看设备参数曲线，发现问题，避免事故进一步扩大。

十一、总线型电动执行器故障处理

某电厂 1000MW 超超临界燃煤机组 FCS 控制系统采用某公司场总线控制系统，现场总线设备应用范围超过 70%。根据各控制站的现场总线网段统计，DP 网段数最大为 5 个网段，单个网段配置 DP 设备数量最大为 13 台；单元机组 DP 设备总数为 950 台。

2022 年 1 月 12 日事件前，1 号机组负荷 900.92MW，主蒸汽压力 29.48MPa，主蒸汽温度 598.44℃，总燃料量 367.39t/h，给水流量 2364.02t/h，机组协调方式运行，辅助蒸汽母管至 2 号机组辅汽电动门开度反馈 100%。

（一）事件过程

16 时 26 分 58 秒，1 号机组七段抽汽至暖通采暖站供汽电动门、6 号低压加热器进汽电动门、7 号低压加热器进汽电动门、9～11 号低压加热器及疏水冷却器旁路门、6 号低压加热器凝结水出口电动门、6 号和 7 号低压加热器旁路电动门、6 号低压加热器出口凝结水放水电动门、低压加热器疏水泵 B 出口电动门、7 号低压加热器凝结水入口电动门报电气故障。

17 时 24 分 46 秒，1 号机组辅助蒸汽母管至 2 号机组辅汽电动门电气故障报警。

18 时 04 分 19 秒，启动锅炉至辅助蒸汽供汽电动门、二次冷再热蒸汽至辅助蒸汽电动门、辅汽至除氧器供汽调节阀后电动门、五段抽汽至除氧器电动门、五段抽汽至辅助蒸汽电动门、辅汽至除氧器供汽调节阀旁路电动门、辅汽至除氧器供汽调节阀前电动阀、一段抽汽至汽轮机轴封电动门、除氧器启动排汽电动隔离阀 2、除氧器运行排汽电动隔离阀 2 同时报电气故障。

（二）事件原因查找与分析

1. 事件原因检查

16 时 30 分，热控人员接运行通知，1 号机组七段抽汽至暖通采暖站供汽电动门、6 号低压加热器进汽电动门等 9 个电动门电气故障报警。热控人员检查发现此 9 个电动门在同一 DP 网段内，DCS 系统 Profibus 总线拓扑示意，如图 5-41 所示。

就地检查发现，七段抽汽至暖通采暖站供汽电动门显示屏不亮，将七段抽汽至暖通采暖站供汽电动门停电后，网段内其余阀门故障报警消失，重新上电后观察电动门状态，报警依旧存在，判断为七段抽汽至暖通采暖站供汽电动门故障。热控人员检查总线板 DP-A 和 DP-B 端子的电阻为 110kΩ，无异常。当对电源板至总线接线板的电压进行测量时，发现此电压为 35V，且有明显波动，判断为电动门电源板故障。更换电源板，重新上电后，就地电动门显示屏显示正常，DCS 画面中同一网段电动门无故障报警。

17 时 28 分，热控人员运行通知，1 号机组辅助蒸汽母管至 2 号机组辅汽电动门电气故

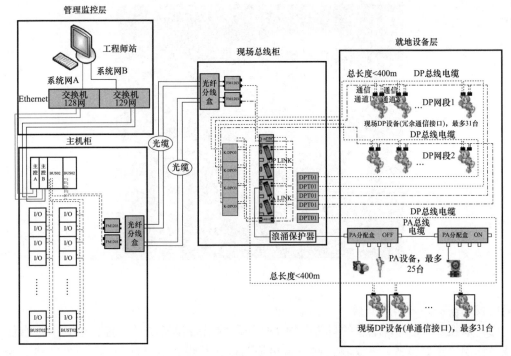

图 5-41　DCS Profibus 总线拓扑示意

障报警，热控人员就地检查发现阀门显示开度为 50％，就地实际位置为全开位。应运行要求，暂将电动门故障状态强制。

18 时 04 分，二次冷再热蒸汽至辅助蒸汽电动门、辅汽至除氧器供汽调节阀后电动门等 10 个电动门同时报电气故障，检查发现这 10 个电动门与辅助蒸汽母管至 2 号机组辅汽电动门在同一 DP 网段内，就地检查发现辅助蒸汽母管至 2 号机组辅汽电动门显示屏不亮，根据此前经验，初步判断为辅助蒸汽母管至 2 号机组辅汽电动门电源板故障造成网段串入强电，引起整条 DP 网段通信故障。将辅助蒸汽母管至 2 号机组辅汽电动门解体后，测量电源板至总线接线板的电压，电压存在波动。更换电动门电源板，重新上电后就地电动门显示屏显示正常，DCS 画面中同一网段电动门无故障报警。

由于两次故障原因相同，检修人员对更换下的电源板进行检查，发现这些电源板的电容均存在鼓胀现象。对鼓胀电容进行更换，利用机组停备期间进行了试验，电源板工作正常。

2. 事件原因分析

上述两起故障的主要原因均为电动门电源板故障，导致总线接线板串入电压，引起 DP 网段通信异常，造成该网段上所带设备均报故障，而电源板故障原因为电源板的电容故障。故障电源板实物，如图 5-42 所示。

（三）事件处理与防范

（1）研究通过光字牌等手段加强监视。在日常运行过程中会发生因某一设备故障导致整条 DP 网段故障的情况，而仅通过运行人员的监视可能无法第一时间察觉故障的发生，而 DCS 光字牌能够在组态的信号发出时，进行声光报警。对此，可进行探讨，将每条 DP 网段的状态进行采集，在 DCS 逻辑中将这些 DP 网段的状态制作成光字牌报警，这样在发生整条网段故障的情况下，可第一时间通过光字牌发出报警，便于检修人员与运行人员对

图 5-42　故障电源板实物

故障的发现，提高工作效率。

（2）加强对 DP 网段隐患的排查。对 DP 网段内所带设备统计，排查出其中带有保护或调节作用的重要设备，考虑将这些设备更换为硬接线设备或增加新 DP 模件，建立新的DP 网段，对重要设备进行重新分配，使每个网段内只带有其自身 1 个设备，提高系统的稳定性。

（3）加强员工培训。机组现场总线设备应用范围超过 70%，需要加强对总线知识的培训，在发生总线执行器故障时，使检修人员能够快速判故障原因，顺利"对症下药"缩短消缺时间，保障机组稳定运行。同时，应加强与其他使用总线技术的电厂进行交流，了解总线型电动执行机构在其他厂使用过程中出现的问题，收集相关资料对检修人员专题培训，已收集的某品牌执行器分布情况及影响评估见表 5-3。

表 5-3　　　　　　　　　已收集的某品牌执行器分布情况及影响评估

控制站	网段号	网段内设备（加粗字体为与案例中相同品牌的执行器）	执行器故障影响
12	90.91 网段	A 磨煤机等离子暖风器供汽电动调节阀、A 给煤机密封风电动关断挡板	启机过程中，A 等离子暖风器供汽调节阀无法调节、A 给煤机密封风关断挡板无法操作，若启动给煤机时无法打开，可手摇打开
13	90.91 网段	B 磨煤机等离子暖风器供汽电动调节阀、B 给煤机密封风电动关断挡板	启机过程中，B 等离子暖风器供汽调节阀无法调节、B 给煤机密封风关断挡板无法操作，若启动给煤机时无法打开，可手摇打开
42	90.91 网段	1 号高压加热器供汽电动门、3 号高压加热器供汽电动门、三段抽汽至 2 号机组电动蝶阀、二段抽汽止回阀后电动门、4 号高压加热器蒸冷器进汽电动门、锅炉辅助蒸汽至供暖加热站电动门	高压加热器解列时，1、3 号高压加热器供汽电动门无法关闭

续表

控制站	网段号	网段内设备（加粗字体为与案例中相同品牌的执行器）	执行器故障影响
44	90.91 网段	6号低压加热器进汽电动门、7号低压加热器进汽电动门、七段抽汽至暖通采暖站供汽电动门、9~11号低压加热器及疏水冷却器旁路门、6号低压加热器凝结水出口电动门、6号和7号低压加热器旁路电动门、6号低压加热器出口凝结水放水电动门、低压加热器疏水泵B出口电动门、7号低压加热器凝结水入口电动门	低压加热器解列6、7号低压加热器进汽电动门无法关闭
45	90.91 网段	凝结水泵A入口电动蝶阀、凝结水泵A出口电动门、汽轮机真空泵A循环水泵、凝汽器进口二次滤网A排污电动门、A凝汽器循环水进水电动门、A凝汽器循环水回水电动门	凝结水泵A联锁启动时，因出口电动门无法动作跳闸；真空泵B因B循环水泵无法启动导致启动后跳闸
46	90.91 网段	闭式水余热利用换热器出口电动门、闭式水余热利用换热器旁路电动门、闭式水余热利用换热器入口电动门、凝结水泵B出口电动门、疏水冷却器入口凝结水管道电动门、凝结水泵B入口电动蝶阀、B凝汽器循环水进水电动门、凝汽器进口二次滤网B排污电动门、汽轮机真空泵B循环水泵、B凝汽器循环水回水电动门	凝结水泵B联锁启动时，因出口电动门无法动作跳闸；真空泵B因B循环水泵无法启动导致启动后跳闸

（4）考虑执行器板件改造的可行性。通过对此类故障的了解，根本原因是电源板电容故障导致强电串入DP网段中引起整条网段故障，对此，向执行器厂家建议在电源板中加入二极管，构成一个单项导通回路，一旦电源板出现故障，强电因二极管单向导通特性，无法串入DP网段中，可保障DP网段的稳定。同时，便于检修人员对故障点的判断，缩短故障查找与消缺时间。

（5）加强相关知识的学习。越来越多的新建、扩建机组选择大规模使用国产替代类总线型电动执行机构，有着采购成本低、操作流程简单等优点。需加强对相关知识的掌握，对国产总线型电动执行器在现场中发生的故障进行经验总结，实行必要的控制措施，提高检修效率与设备管理水平，保障机组的安全稳定运行。

第二节 测量仪表及部件故障分析处理与防范

本节收集了因测量仪表异常引起的机组故障11起，分别为工作推力瓦金属温度元件故障导致机组跳闸、润滑油油箱液位低开关动作导致汽动给水泵跳闸、测量元件故障引起"抗燃油箱温度高"保护动作导致触发锅炉MFT、火焰探测器接线端子松动导致火焰监测信号丢失引起跳机、电缆高温开路导致火灾保护动作跳闸、抗燃油压低低开关进水导致机组跳闸、主蒸汽压力测点异常造成再热器保护动作、振动信号异常引发"汽轮机轴振大"保护动作导致汽轮机跳闸、压力开关故障引发"低抗燃油压跳机"导致锅炉MFT、振动信号坏质量恢复时误发"振动大"信号跳闸机组、燃气轮机阀位控制卡（BRAUN E1612）故障停机。

一、工作推力瓦金属温度元件故障导致机组跳闸

2022年8月6日，某公司1、2号机组正常运行，2号机组负荷598MW，AGC投入；主蒸汽压力15.34MPa、流量1777t/h、温度536℃，再热蒸汽压力3.24MPa、温度539℃，给水压力18.74MPa、流量1778t/h、温度271℃，减温水压力18.64MPa、流量287.5t/h，

2号机组汽轮机1号工作推力瓦温度62.78℃。

（一）事件过程

8月6日23时21分07秒，2号机组汽轮机1号工作推力瓦温度出现跳、报警，最高温度达202.89℃，工作推力瓦温度历史曲线，如图5-43所示。

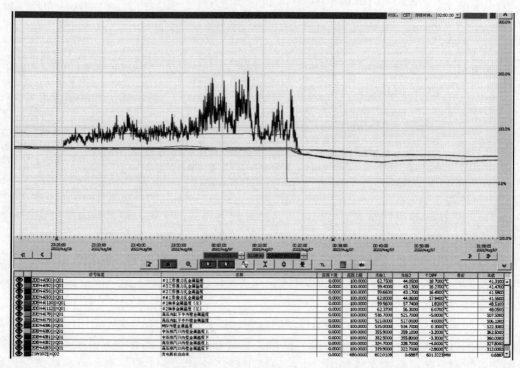

图5-43　工作推力瓦温度历史曲线

8月7日00时15分48秒，2号机组汽轮机1号工作推力瓦温度，由跳闸前的101.5℃跳变至跳闸值105℃，触发推力瓦温度高高保护动作，2号机组跳闸解列，首出为汽轮机推力瓦温度超限停机。当班值长立即联系专业人员进行检查处理，汇报电厂生技部、发电部负责人和相关领导，启动紧急处置程序。

（二）事件原因查找与分析

1. 事件原因检查

（1）现场检查处理过程。8月7日00时29分，热控人员到现场进行检查，调阅历史趋势，判断机组跳闸原因为1号工作推力瓦温度跳变，检查跳闸前主机其他各项运行参数均正常，汇报值长。

8月7日00时52分，转子惰走过程中，检查汽轮机推力轴承温度中间端子箱，未发现端子松动；拆除1号推力瓦轴承温度接线端子，测量工作芯阻值123Ω，线阻6.8Ω，阻值正常；备用芯阻值无穷大，确定备用芯已损坏；检查DEH机柜接线端子无松动，模件状态正常，回路电缆绝缘正常；结合现场检查情况，确定测温元件故障，申请并退出该点温度保护。

8月7日01时47分，故障排除后，2号机组重新挂闸冲转，低转速下检查无异常，继续升速至1300r/min时，汽轮机5Y、6Y轴振由45、50μm分别增至110、130μm，并有上升趋势，最大振动值达到210um，手动打闸。

8月7日02时31分，第二次挂闸冲转，转速至200r/min时，汽轮机4X、4Y和6X、6Y轴振明显增大（最大值110μm），手动打闸。

组织专业人员讨论，初步分析低压转子轴封存在碰磨，确定盘车4h后再进行冲转。

8月7日07时31分，第三次挂闸冲转，转速升至500r/min时，汽轮机6X、6Y轴振在升速过程中逐步增大（最大值90μm），手动打闸。

8月7日09时02分，采用中压缸启动挂闸冲转，汽轮机6X、6Y轴振在升速过程中振动值仍然较大，09时32分手动打闸。

经现场组织讨论，决定2号机组停机闷缸24h后再进行启动，并按照能源保供要求由省分公司和电厂、当地电力科学研究院专业人员成立故障甄别专家组进行现场分析指导，成立抢修处置专班开展机组抢修恢复工作。

8月8日21时07分，经对机组主辅设备进行全面排查确定无异常后，2号机组重新冲转；23时28分，2号机组并网成功。

（2）汽轮机基本情况及保护逻辑。电厂汽轮机由东方汽轮机有限公司生产，型号为N600-16.7/538/538，整个汽轮机发电机组由高中压缸，A、B低压缸和发电机组成，由9个轴承分别支撑，汽轮发电机轴系示意，如图5-44所示。

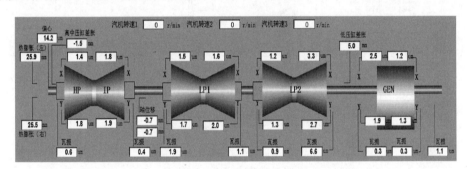

图5-44 汽轮发电机轴系示意

汽轮机推力轴瓦由工作推力瓦和定位推力瓦组成，安装于汽轮机2、3号轴承间汽轮机轴推力盘两侧，其中，推力盘靠汽轮机机头方向为工作推力瓦，推力盘靠发电机方向为定位推力瓦，每组推力瓦由10块瓦块组成，每块瓦块设计安装一支双支热电阻元件，接入汽轮机ETS系统，推力瓦温度安装示意，如图5-45所示。

汽轮机推力瓦因由多片瓦块组成，每块瓦面积相对较小且相互独立（每块瓦块仅可安装一个测温元件）东方汽轮机有限公司在设计时考虑到一次元件的安装尺寸和从保护主设备安全角度出发，保护配置为单点保护，即任一瓦块瓦温高均触发汽轮机保护动作，推力瓦温度保护逻辑判断，如图5-46所示。

保护逻辑为当任一推力瓦温度达到跳闸值（105℃）时，延时2s触发ETS中推力瓦温度高高跳闸保护；若运行中推力瓦温度出现1s内突增8℃时，则判断该测点为故障虚假信号，逻辑闭锁汽轮机跳闸出口，以防止保护误动。

2. 事件原因分析

从历史曲线看，本次1号工作推力瓦测点初始发生跳变超过8℃/s时，逻辑已判断为测点故障，并闭锁了保护跳闸出口，但机组临跳闸前，轴瓦温度从101℃跳变至105℃（跳

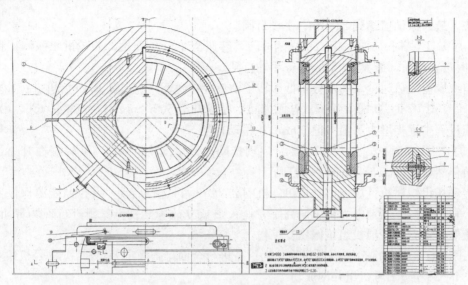

图 5-45　推力瓦温度安装示意

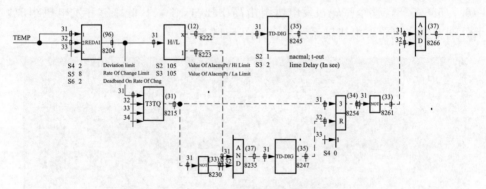

图 5-46　推力瓦温度保护逻辑判断

闸保护动作值），因跳变幅度未超过 8℃，逻辑判断轴瓦温度为真实值，没有闭锁保护跳闸出口，导致保护动作机组跳闸。因此，专业人员判断本次事件原因如下。

（1）直接原因：2 号机组汽轮机 1 号工作推力瓦温度元件故障，温度测点跳变。

（2）间接原因：DEH、DCS 分别采用 ABB、西门子品牌系统，兼容性差；DEH 侧至 DCS 侧模拟量数据均采用通信方式传输，测点报警功能仅在 DEH 侧，在重要保护测点出现异常时未能发出声音报警，及时有效提醒运行人员干预。此外，还有如下原因。

1）汽轮机推力瓦温防跳变闭锁逻辑功能设计不完善，温升率保护不能有效涵盖测点所有可能跳变状况。

2）2 号机组汽轮机 1 号工作推力瓦温度开始跳变至机组跳闸间隔达 57min，运行值班员未及时发现参数异常报警。

3. 暴露问题

（1）重要热工测点维护不到位，汽轮机工作推力瓦测温元件 1 故障。

（2）汽轮机推力瓦温升率逻辑闭锁回路不完善，未有效涵盖测点所有可能跳变工况。

（3）重要参数声光报警不完善，DEH 主要参数报警在 DCS 侧未设置声光报警。

（4）运行管理不到位，运行监盘人员未能及时发现 DEH 侧报警信号，日常精细巡检工作落实不到位，对主要参数运行趋势监视分析不到位。

（5）热工单点保护风险防控管理不到位，未能及时发现汽轮机推力瓦温防跳变闭锁逻辑功能、DEH 及 DCS 侧报警信号设计不完善漏洞。

（三）事件处理与防范

（1）制定控制措施，保障机组安全运行。待具备条件时立即对故障测温元件进行更换，尽快投入 1 号工作推力瓦温度保护；同时，制定专项控制措施并严格落实，加强轴瓦温度及振动等重要参数巡视、监控、分析，及时发现异常和进行处置。

（2）完善保护逻辑。优化汽轮机推力瓦温升率逻辑闭锁功能，防止测点跳变工况下触发保护误动。

（3）完善 DEH 及 DCS 重要参数声光报警。在 DCS 侧增加汽轮机轴承温度高一值及温升速率超限声光报警信号。

（4）提高精细化巡检质量。在 DCS 侧增加模拟量类型主保护参数历史趋势组，纳入精细化巡检内容。

（5）优化运行监盘措施。完善运行值班员对 DEH 侧主要设备监视要求，提升监盘质量。

（6）深入开展隐患排查治理。对主机保护及重要辅机保护信号回路、保护定值等开展全面排查，优化测点、逻辑和报警功能。

二、润滑油油箱液位低开关动作导致汽动给水泵跳闸

某电厂 3 号机组为国产 350MW 超临界直流机组，锅炉为超临界、直流、四角切圆燃烧炉，汽轮机为超临界、一次中间再热、三缸两排汽抽凝式，发电机为水-氢-氢冷机组。配备一台 100% 容量单系列汽动给水泵和一台 30% 容量启动电动给水泵。检修后于 2022 年 11 月 25 日 15 时 10 分并网运行。

（一）事件过程

11 月 26 日事件前，3 号机组 AGC 方式，负荷 135.5MW，3A、3B 磨煤机运行，总煤量 52t/h，三号机组汽动给水泵自动方式运行，给水流量 387t/h，汽动给水泵润滑油箱油位 257mm。运行方式为供热备用（暂未参与对外供热）。

11 月 26 日 10 时 14 分，3 号锅炉 MFT，机组大联锁保护动作，联跳三号汽轮机、三号发电机。首次故障信号是"汽动给水泵跳闸"。

（二）事件原因查找与分析

1. 事件原因检查

跳闸后，热控专业人员检查，给水泵汽轮机润滑油箱液位低及低低开关信号（附着在磁翻板液位计上）保护动作（三取二）同时发出，机组汽动给水泵润滑油箱液位趋势，如图 5-47 所示。

3 号机组给水泵汽轮机润滑油箱液位低保护逻辑，如图 5-48 所示，其动作信号为以下信号三取二。

（1）油箱液位低（开关量）。

（2）油箱液位低低（开关量）。

（3）油箱液位低于 150mm 信号（模拟量）。

上述三取二信号发出后，跳闸汽动给水泵，汽动给水泵跳闸后联锁锅炉 MFT。

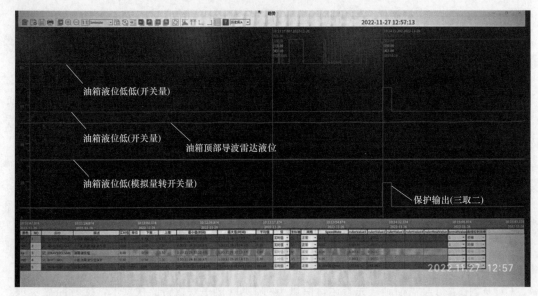

图 5-47　机组汽动给水泵润滑油箱液位趋势

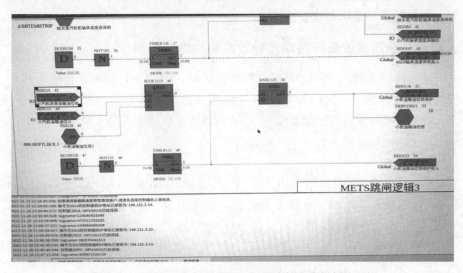

图 5-48　3 号机组给水泵汽轮机润滑油箱液位低保护逻辑

3 号机组汽动给水泵润滑油箱就地液位计，如图 5-49 所示。专业人员分析认为可能原因为：3 号机组于 11 月 25 日 15 时 10 分并网，在给水泵汽轮机运行初期油循环过程中，油箱内产生的气泡进入磁翻板液位计，致使附着在磁翻板液位计上的油位低和低低开关导通，导致给水泵汽轮机润滑油箱液位低信号发出，触发保护动作。

2. 事件原因分析

（1）直接原因：3 号机组给水泵汽轮机润滑油油箱液位低开关保护动作，导致汽动给水泵跳闸，联锁锅炉 MFT、机组大联锁保护动作，联跳三号汽轮机、三号发电机。

（2）间接原因：油循环过程中油箱内产生的气泡进入磁翻板液位计，致使附着在磁翻板液位计上的油位低和低低开关导通。

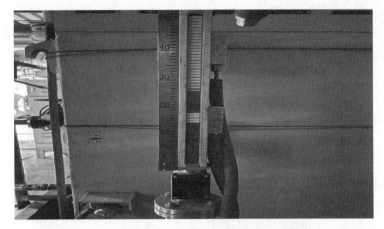

图 5-49   3 号机组汽动给水泵润滑油箱就地液位计

3. 暴露问题

（1）设备隐患排查不到位，风险辨识不清晰，对于带保护的液位开关出现故障的风险点没有制定有效的防范措施。

（2）设备维护不到位，对关键设备重要保护日常检查维护不够深入。

（3）技术培训不到位，对磁翻板式带保护的液位计了解认识不足。

（三）事件处理与防范

（1）举一反三，对电厂机组其他同类型液位保护开关进行排查，加强日常维护，制定有效的预控措施，避免发生类似事件。

（2）重新梳理关键设备重要保护，制定有效的防控措施，加强设备维护，对问题设备及相关保护进行整改。

（3）组织电厂专业人员对此次事件进行学习，针对此类保护技能提升开展培训，提升专业人员安全意识和业务技能水平，加大现场安全措施检查力度和频次，防止类似事件再次发生。

三、测量元件故障引起"抗燃油箱温度高"保护动作触发锅炉 MFT

某电厂 4 号机组为 660MW 超超临界机组，锅炉、汽轮机、发电机等均为上海电气集团股份有限公司供货，锅炉为四角切圆燃烧，Ⅱ形露天布置；汽轮机侧配置 2×50％汽动给水泵。发电机冷却方式为水-氢-氢。

4 号机组主机抗燃油系统由油箱、两台 100％容量的主机抗燃油泵、两台 100％容量的抗燃油循环水泵、两台 100％容量的抗燃油再生油泵、两台 100％容量的空气冷却器、高压蓄能器、各种压力控制门、油滤网及相关管道阀门组成，为全封闭定压系统，用于向汽轮机调节系统的液力控制机构提供动力油源，还向汽轮机保安系统提供安全油源，同时，向给水泵汽轮机组提供一定量的液压油和保安油。

DCS 控制系统为艾默生过程控制有限公司 OVATION 系统，汽轮机 DEH 采用西门子 T3000 控制系统。机组于 2009 年 12 月 15 日投产发电。2022 年 3 月 17 日 09 点 41 分 16 秒，锅炉 MFT，发电机解列，首出"给水流量低"。

（一）事件过程

8 时 46 分，4 号机组负荷 375MW，协调控制方式 AGC 投入，主蒸汽压力 14.3MPa，给水流量 1090t/h，A、B、C、D、E 磨煤机运行，锅炉总煤量 176t/h，主蒸汽温度 607℃，再热蒸汽温度 600℃，主机抗燃油泵 4A 运行，抗燃油箱温度 46.6℃/46.6℃，相关设备运行正常，主机高压调节阀开度 100%/100%，主机中压调节阀开度 100%/100%。

08 时 46 分 41 秒，主机抗燃油系统异常报警，"主机抗燃油箱温度 1"异常晃动，值班员立即汇报值长，并派遣巡操员现场测温确认。

08 时 48 分 00 秒，值长告知热控人员该情况；5min 后，巡操员反馈就地油箱油温正常（约46℃）。

08 时 58 分 47 秒，"主机抗燃油箱温度 1"突升，并保持在 70℃以上（就地油温无变化）。

09 时 20 分 00 秒，检修与运行人员商讨处理措施，考虑到主机抗燃油箱油温高将联锁减小 TAB 数值至零，造成汽轮机高、中压调节阀关闭，遂着手办理保护信号强制手续。

09 时 38 分 32 秒，"主机抗燃油箱温度 2"突升。

09 时 40 分 41 秒，主机抗燃油箱两点温度为 295、955℃；1s 后，DCS 光字牌"高压调节阀 A、B 关闭"报警；接着 DCS 光字牌"中压调节阀 A、B 关闭"报警。

09 时 41 分 07 秒，汽轮机高压调节阀 A、B，中压调节阀 A、B 全关。

09 时 41 分 16 秒，锅炉 MFT，发电机解列，首出"给水流量低"，运行人员立即执行跳机后操作；机组跳闸首出信号显示，如图 5-50 所示。

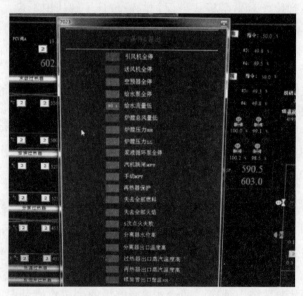

图 5-50　机组跳闸首出信号显示

11 时 50 分 00 秒，检修人员更换测温元件，抗燃油温晃动缺陷消除。

13 时 53 分 00 秒，锅炉点火。

15 时 09 分 00 秒，DEH 走步、汽轮机冲转。

18 时 28 分 00 秒，发电机并网。

（二）事件原因查找与分析

1. 事件原因检查

（1）机组跳闸原因分析。事件后，检查故障前相关数据，发现从 8 时 46 分开始"主机抗燃油箱油温 1"测点数据发生异常（在 0～190℃波动）；9 时 40 分，"主机抗燃油箱油温

2"测点数据也发生异常，最高显示温度达 955℃，最终由于抗燃油温（二取二）高于 70℃ 快速减小 DEH 中 TAB 数值至零，汽轮机高、中压调节阀指令至零，阀门关闭；汽轮机 高、中压调节阀关闭后，因给水泵汽轮机工作汽源中断，给水泵无法维持出力，最终导致 给水流量低保护动作，锅炉 MFT。

（2）主机抗燃油箱温度高原因分析。机组跳闸后，现场检查 DCS 模件状态及端子板，未发现异常，调取同一模件其他测点趋势均显示正常。对主机抗燃油箱测温元件（同一位置引出双支 PT100 铂热电阻）电缆进行绝缘测试，测点正负极电缆对地绝缘均大于 550MΩ，电缆绝缘合格。打开就地测温元件接线盒，发现测温元件双支引出线中"油箱油温 2"接线端子处有明显松动虚接现象，抗燃油箱温度元件接线松动虚接，如图 5-51 所示。对"油箱油温 1"温度元件阻值进行测量，发现其阻值存在跳变现象，故判断主机抗燃油箱测温元件故障引起油温测点同时显示失准。

图 5-51　抗燃油箱温度元件接线松动虚接

2．事件原因分析

主机抗燃油箱温度测点故障，引起汽轮机高、中压调节阀关闭，造成给水泵汽轮机汽源失去，触发给水流量低，机组跳闸。

3．暴露问题

（1）主机抗燃油箱现场附属设备维护不到位。未能排查出主机抗燃油箱油管路振动偏大可能诱发温度元件故障、接线松动的隐患。

（2）逻辑隐患排查工作开展不够深入。未对该信号设置坏质量判断逻辑，导致保护信号误动。

（3）专业人员危险点辨识能力存在不足。当"主机抗燃油箱温度 1"测点失准后，虽派人现场确认，并履行信号强制手续，但事故处理不够果断，未能当机立断先采取预控措施，遏制异常进一步发展。

（三）事件处理与防范

（1）对主机抗燃油信号电缆走向进行整改，减小油管路的振动对测温元件及信号电缆的影响。

（2）取消抗燃油箱油温高联锁关闭主机高、中压调节阀逻辑，油箱油温达 70℃仅作用于报警，并完善主机抗燃油温度高事故预案，异常情况下及时采取干预措施，并加强检测及相关设备维护，确保主机抗燃油箱温度受控。

（3）排查其他类似条件或测点故障触发 TAB 减小的情况，对控制策略进行扩大化隐患排查，重点对联锁逻辑进行梳理分析。

（4）对主机抗燃油系统保护配置开展专题讨论，优化抗燃油系统相关联锁保护。

（5）举一反三，开展对润滑油、密封油等系统联锁逻辑梳理，排查控制策略隐患，同时，检查现场重要测点工作环境，对工作环境较恶劣的测点，梳理清单逐一落实整改。

四、火焰探测器接线端子松动导致火焰监测信号丢失引起跳机

（一）事件过程

2022 年 2 月 19 日，根据省调调峰要求，2 号机组顶峰发电。

4 时 22 分，2 号燃气轮机启动。

4 时 45 分，3 号机组并网。

6 时 7 分，4 号机组并网。

7 时 47 分，满负荷，切换供热至 2 号汽轮机抽汽供热。

18 时 53 分，2 号燃气轮机报警火焰检测 2 号测点信号丢失，火焰丢失跳机，联跳 2 号汽轮机，3、4 号发电机跳闸解列。值长立即汇报省调 2 号机组跳闸情况，现场组织人员排查恢复，并汇报公司领导。

19 时 16 分，现场排查故障原因后，向省调申请并网获同意。

19 时 33 分，2 号燃气轮机启动，3 号发电机于 19 时 44 分重新并网，4 号发电机于 20 时 12 分并网，并逐渐带至满负荷。

（二）事件原因查找与分析

1. 事件原因检查

现场调取运行参数，包括各轴承回油温度，发电机风温、排气分散度等均正常，判断机组燃烧正常。

HMI 出现报警"失火跳闸"，判断火焰探测器检测不到火焰引起跳闸，检查火焰探测器接线发现有松动情况，重新紧固接线端子。

2 号燃气轮机重新启动，机组运行正常。后续机组运行过程中，火焰监测器未出现异常现象。

2. 事件原因分析

火焰探测器接线端子松动，导致火焰监测信号丢失引起跳机。

3. 暴露问题

设备的运行可靠性管理工作未做到位，专业人员未对现场设备端子箱内接线仔细检查。

（三）事件处理与防范

各专业人员对现场设备端子箱内接线逐步安排紧固，各类变送器按要求进行校验、检查工作。

五、电缆高温开路导致火灾保护动作跳闸

（一）事件过程

2022 年 2 月 23 日 05 时 30 分，某厂 1 号燃气轮机启动。

05 时 47 分，并网成功，负荷预选 5MW。

05 时 51 分，燃气轮机 MARKVIE 画面报警"火焰保护盘故障（FIRE PROTECTION PANEL TROUBLE）"，运行人员至就地控制室查看火灾保护盘内具体告警信息为"SGJ20 CT301A/302A 开路（SGJ20 CT301A/302A OPEN CIRCUIT）"，并应答告警。

6 时 22 分，燃气轮机火灾保护盘报警，告警信息为"SGJ20 CT301A/302A HIGH TEMP"，MARKVIE 画面同时出现报警"FIRE PROTECTION ZONE2 PRE-FIRE"，"FIRE PROTECTION ZONE2 FIRE"，"Master protective trip" 机组主保护动作跳闸。

（二）事件原因查找与分析

1. 事件原因检查

事件后，现场检查 2 号轴承室 45FT-8A 火灾探头常亮黄灯（开路故障），45FT-8A 火灾探头（常亮黄灯），如图 5-52 所示。

45FT-8A 是 2 号轴承室内火灾探头，该探头穿过 2 号轴承室中空支撑与透平间外底座连接，因中空支撑外长期是 600℃的高温烟气，探头铠装电缆长期与支撑面接触，又因 2 号轴承室内的冷却风走向对电缆冷却效果差，导致铠装电缆运行环境恶劣，最终形成开路现象。而高温触发条件为舱室温度达到 316℃，但当时 2 号轴承舱室温度仅有 100℃左右，属于在开路状态下引起的误动作，随即触发二区火灾保护。事后更换了 2 号轴承室开路的火灾探头。

图 5-52 45FT-8A 火灾探头（常亮黄灯）

2. 事件原因分析

2 号轴承室内火灾探头电缆因高温环境恶劣长期运行后，开路引起保护误发信号，导致火灾保护动作跳闸。

3. 暴露问题

（1）运行人员未能对出现的报警清晰理解，没能及时进行报告。

（2）专业人员对现场保护设备原理及逻辑不熟悉、不清楚，对信号报警后运行工况可能进一步恶化的后果预判能力不足。

（3）2 号轴承室运行环境恶劣，对探头保护不够全面，技术部管理存在盲区。

（4）技术培训不到位，对火灾系统未进行有针对性的培训工作。

（三）事件处理与防范

（1）定期对火灾保护系统进行联动试验。

（2）重点对高温区域接线箱内的接线情况进行排查。

（3）对 2 号轴承室内中空支撑填充保温棉，使火灾探头铠装电缆完全与支撑面隔绝，避免电缆高温，最终导致短路、开路等现象。

（4）因为存在单回路跳机情况（单支探头故障＋高温），需要对逻辑进行优化。

（5）加强人员技能水平的培训。

六、抗燃油压低低开关进水导致机组跳闸

某电厂 6 号机组于 2010 年 2 月投产，锅炉为东方电气集团东方锅炉股份有限公司制

造，DG1025/17.4-Ⅱ18型锅炉，单汽包、自然循环、循环流化床燃烧方式，锅炉主蒸汽流量1025t/h，主蒸汽温度540℃，主蒸汽压力17.4MPa。

（一）事件过程

2022年6月23日7时00分，6号机组正常运行，机组负荷105.9MW，抗燃油系统B主油泵运行（抗燃油压13.62MPa、电流27.95A），A主油泵备用，联锁投入。

7时08分，5、6号机组集控室消防火灾报警主机（德国安舍IQ8）蜂鸣器报警，面板显示"6号主油箱感温电缆火警"及"6号主油箱雨淋阀压力开关"。集控主值立即派巡操人员就地检查火警报警情况。

7时13分36秒，6号机组抗燃油压低报警，联锁启动A抗燃油主油泵，抗燃油母管压力上升至14.46MPa。主值令巡操人员A（接令时在6号机组除氧器层巡检）、巡操人员B（接令时在脱硫区域0m巡检）至就地配合检查抗燃油系统情况。

7时17分36秒，集控副值在DCS操作员站检查抗燃油位正常（A、B泵并列运行，油压13.67MPa上升至14.46MPa），手动远程停运A主油泵运行，抗燃油压力低信号未消失，再次联启A抗燃油主油泵。

7时18分，巡操人员汇报抗燃油系统旁消防喷淋装置对主油箱、油净化装置喷水。

7时18分36秒，6号机组跳闸，首出为"抗燃油压低停机"，锅炉MFT动作。

（二）事件原因查找与分析

1. 事件原因检查

7时36分，设备部检修人员及消防维保值班人员赶到现场，发现6号机组抗燃油箱及油净化装置区域消防雨淋阀喷头滴水、地面积水严重，抗燃油系统油压低压力开关表面及插头处有水珠。

检查6号机组0m层火灾探测器控制箱，发现6号机组主油箱线型感温火灾探测器（编号：2WJJ4-10）"火警"显示灯常亮，现场检查无异常火灾险情，DCS显示主油箱温度最高为52℃。初步判断为主油箱感温电缆误报火警联动雨淋阀，消防水喷淋至抗燃油压低保护压力开关处，导致压力开关接线插头进水短路，触发"抗燃油压低"保护动作，机组跳闸。

9时10分，对6号机组主油箱线型感温火灾探测器（编号：2WJJ4-10）进一步检查，每个线型感温火灾探测器连接1根感温电缆；主油箱感温电缆敷设走向，在主油箱缠绕后经上部电缆桥架再敷设至0m墙上探测器控制箱。逐步排查试验情况如下。

（1）先用同型号终端盒更换原终端盒测试，后用同型号接口盒更换原接口盒测试，线型感温电缆火灾探测器仍然发出"火警"报警信号。

（2）断开主油箱至电缆桥架的感温电缆测试，线型感温电缆火灾探测器"火警"报警信号消失，发出"故障"报警信号，初步判断是主油箱至电缆桥架之间的感温电缆异常。

（3）拆下异常的感温电缆仔细检查，发现感温电缆有1处有较为明显的弯折痕迹，该弯折处布置有温度传感元件，对该段感温电缆重新连接，进行弯折抖动测试，接口盒会发出"火警"报警信号。

检查6号机组主油箱消防系统线型感温电缆探测器（型号：JTW-LD-L805、上海安誉智能）由L805感温电缆、L805AIB接口盒及L805ATB终端盒组成。线型感温电缆由内导体、传感元件、绝缘层、编织层（屏蔽型为金属编织层）组成，其中在内导体之间连续分布传感元件，当测试点温度（或环境温度）发生变化并达到报警值时，传感元件动作发出火警触发信号。查阅厂家安装说明书：要求感温电缆安装敷设应当尽量避免机械损伤，因为其温度特性对探测器的绝缘性能要求极高，如果在安装过程中出现部分损伤而导致绝缘下降，将发生误报警。

通过上述检查、试验，确定 6 号机主油箱线型感温电缆存在弯折损伤，导致误报火警信号联动雨淋阀。

2. 事件原因分析

由于 6 号机组主油箱线型感温电缆（编号：2WJJ4-10）存在弯折损伤，该处的温度传感元件绝缘性能下降；运行一段时间后，线型感温电缆探测器老化、绝缘逐步下降，感温电缆线间阻值发生变化，经信号解码器检测后误输出"火灾"报警信号，消防监控主机联动发出指令至现场模块，驱动主油箱雨淋阀电磁阀动作，打开水喷雾系统的喷头，同时联锁启动消防水泵。消防水喷淋经压力开关接线插头渗入压力开关，造成多个抗燃油压力开关误发报警信号，其中，三个抗燃油压低低保护压力开关输出接点的接线短路，触发"抗燃油压低"保护动作停机。

（1）直接原因。"抗燃油压低"压力开关接线插头进水，造成压力开关接头接线短路，触发"抗燃油压低"保护动作停机。

（2）间接原因。

1）消防联动信号非冗余设计不合理：公司消防系统于 2010 年投入使用，设计标准是《火灾自动报警系统设计规范》（GB 50116—1998），未充分考虑消防报警联动误动可能，而《火灾自动报警系统设计规范》（GB 50116—2013）则对消防联动控制设计要求进行了修改，第 4.1.6 条规定"需要火灾自动报警系统联动控制的设备，其联动控制信号应采用两个独立的报警触发装置报警信号的'与'逻辑组合"，需要重新设计改进。

2）主油箱感温电缆敷设不规范：技术参数要求感温电缆最小弯曲半径为 150mm，不得硬性弯折或扭曲，而实际感温电缆存在弯折、弯曲半径过小的现象，容易导致感温电缆损坏。

3）控"非停"辨识清单不全面：由于主油箱雨淋阀喷水口离抗燃油箱过近（不到 3m），水喷雾灭火系统启动喷水时，水雾会淋至抗燃油箱区域设备上，可能导致停机保护压力开关动作的风险辨识不足，未能在喷淋系统周边区域重要保护设备采取切实有效的防水隔离措施。

3. 暴露问题

（1）风险辨识不全面。未将消防系统设备纳控"非停"辨识范围，消防系统安全风险数据库及预控措施不完善，对消防系统设备误动可能引发的不安全影响风险辨识不全面。

（2）对消防规程规范学习培训不到位。对《火灾自动报警系统设计规范》（GB 50116—2013）等学习贯彻不到位，消防系统设备操作及检修维护人员技能水平有待进一步提高。

（三）事件处理与防范

（1）对照《火灾自动报警系统设计规范》（GB 50116—2013）要求，开展全厂消防系统专项排查，重新梳理规范火灾报警消防联动控制功能设置要求，对重点区域消防联动控制采用"二取二"保护方式，提高可靠性。

（2）开展热工、电气保护测点防水设施隐患专项排查，对可能导致机组停机或设备误动的设备加装隔离密封装置，并根据电缆设计安装规范重新梳理现场重要设备电缆进线方式或安装其他防水隔离装置，防止水从线缆进入接线端子影响设备绝缘性能。

七、主蒸汽压力测点异常造成再热器保护动作

（一）事件过程

某公司机组 50％负荷运行过程中，再热器保护动作触发 MFT 保护，汽轮机跳闸，发电机解列。

（二）事件原因查找与分析

1. 事件原因检查

机组跳闸后，热控人员检查逻辑发现跳闸首出"再热器保护动作"由"高压调节阀关闭"导致，热控人员排查事发前开展的检修工作及运行操作，经排查，当时运行及检修人员未开展特殊工作和操作。

DCS TAB、转速负荷控制、压力控制三取小曲线，如图 5-53 所示。

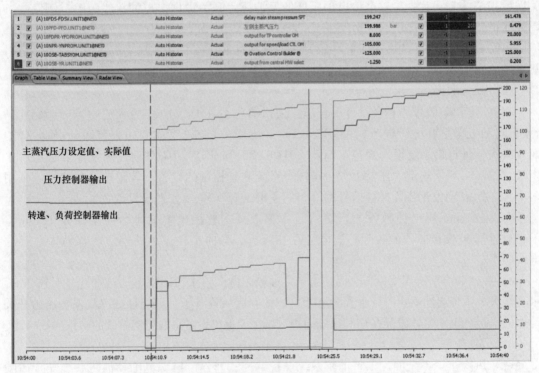

图 5-53　DCS TAB、转速负荷控制、压力控制三取小曲线

由于汽轮机高压调节阀总阀位指令是由阀位控制回路（TAB 回路）、转速负荷回路、压力控制回路三选小模块输出至高压调节阀，主蒸汽压力设定值与测量值偏差使压力控制回路输出指令突降到 20％，三选小模块选择了 20％指令作为高压调节阀指令，高压调节阀控制回路指令设定值从 80％突降到 20％，导致指令与反馈偏差超过 25％，致使调节阀快关电磁阀失电，从而导致左、右侧高压调节阀快关。延时 10s 触发再热器保护动作，锅炉MFT 动作，汽轮机跳闸。

经与汽轮机厂技术人员沟通分析后，确认高压调节阀关闭原因为主蒸汽压力设定值与测量值偏差大。查阅 DEH 组态，发现 DEH 压力控制逻辑中涉及的 3 个主蒸汽压力测点 2 个异常，发现主蒸汽压力测点 2 和测点 1 均显示零，调阅曲线发现，主蒸汽压力测点 1 数

值在事发前一直为 0，主蒸汽压力测点 2 在跳闸前 10s 变为 0。

2. 事件原因分析

(1) 直接原因：3 个主蒸汽压力信号 2/3 故障。

(2) 间接原因：主蒸汽压力测点 1 数值事发前一直为 0，没有及时发现。

3. 暴露问题

(1) 运行监盘不力，未及时发现主蒸汽压力测点 1 故障。

(2) 热工监督与巡检不到位，主蒸汽压力测点 1 数值在事发前一直为 0，应有报警信号，但未发现。

(三) 事件处理与防范

(1) 更换主蒸汽压力测点 1 变送器 1 后，该信号恢复正常。

(2) 将 2/3 信号的任一点报警引入大屏公用报警牌，以引起人员注意。

八、振动信号异常引发"汽轮机轴振大"保护动作导致汽轮机跳闸

该厂 1 号汽轮机设计有 6 道支撑轴承，其中，1、2 号为高中压缸，4、5 号为低压缸，5、6 号为发电机。ETS 和 TSI 均是东方电气自动控制工程有限公司的成套设备。TSI 为艾默生过程控制有限公司 MMS6000 系列产品，汽轮机组轴振保护设置在 TSI 中，判断逻辑为任一轴振值大于 250μm 延时 5s，发信至 ETS 系统跳闸汽轮机。

2022 年 9 月 29 日，1～4 机组运行，AGC 投入。

13 时 07 分，1 号机组负荷 159MW，机前压力为 12.50MPa，主蒸汽温度 537.8℃，再热蒸汽压力 1.74MPa，再热蒸汽温度 529℃，凝汽器真空为 −80.44kPa，汽轮机顺阀方式运行。

汽轮机轴振参数为 1 瓦 19.61/19.67μm；2 瓦 38.41/24.74μm；3 瓦 62.51/47.42μm；4 瓦 36.84/14.28μm；5 瓦 27.81/22.95μm；6 瓦 36.05/23.04μm，1～6 瓦盖振参数为 3.00、6.37、9.15、8.95、58.01、37.84μm，1～6 瓦温度参数为 66.24、60.6、68.8、60.4、59.6、79.6℃，润滑油压 0.15MPa，相关运行参数正常。

(一) 事件过程

2022 年 9 月 29 日 13 时 58 分，某厂 1 号机组因"汽轮机轴振大"保护动作，汽轮机跳闸，发电机-变压器组解列，造成机组停机。

13 时 14 分起，1 号汽轮机 6 号轴振 X 方向数值开始发生快速跳动；13 时 14 分，恢复正常，其间，最大值达 245.4μm，期，但因"汽轮机轴振大"保护逻辑为任一轴振值大于 250μm、延时 5s，而本次 6X 轴振的每次跳变持续时间均未超过 5s，因而未引起保护动作。6 号轴振 X 方向第一次振动情况，如图 5-54 所示。

13 时 42 分 52 秒起，6 号轴承 X 方向轴振再次发生跳变；13 时 58 分 06 秒，因跳变值超出保护动作值并且持续时间超过 5s（期间最大值达 352.77 过出），触发"汽轮机轴振大"保护动作，机组跳闸。跳闸过程中各设备联动正常。6 号轴振 X 方向振动第二次跳变情况，如图 5-55 所示。

20 时 05 分，在清除 1 号锅炉 A 侧墙垮焦后，即开始吹扫、点火。

21 时 40 分，1 号机组并网成功；40min 后，1 号机组负荷恢复至 150MW，油枪全部撤出。本次机组跳闸损失电量为 85 万 kWh，耗油为 21.08t。

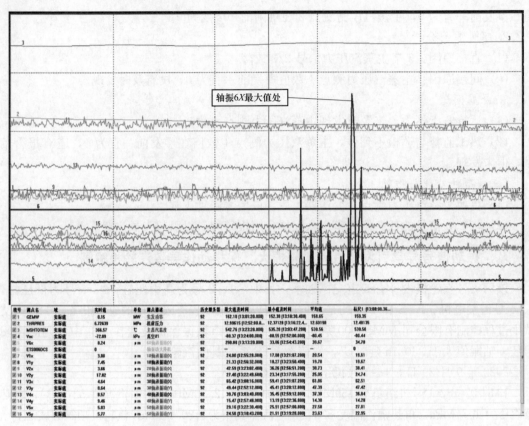

图 5-54　6 号轴振 X 方向第一次振动情况

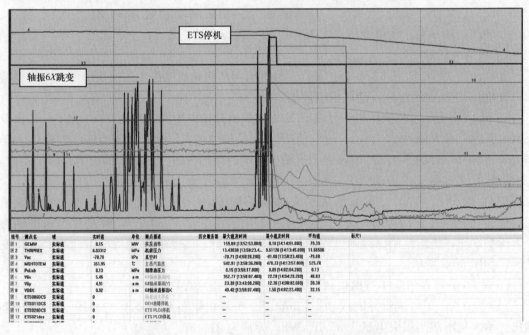

图 5-55　6 号轴振 X 方向振动第二次跳变情况

（二）事件原因查找与分析

1. 事件原因检查

（1）历次检修情况。1号机组投产以来，该测点未发生此类异常波动现象。查阅检修记录，1号机组上次大修时间为2019年8月9日～9月27日，大修期间，汽轮机所有振动探头及前置器均进行检定，检定结果均合格。2022年7月5日，机组小修期间（汽轮机未揭缸），对所有振动测点进行了常规检修，其中，前置器检查无异常，延长电缆及信号电缆绝缘正常，TSI模件逻辑检查无异常，并完成了TSI机柜吹灰、机柜端子紧固、逻辑备份等项目。

（2）现场检查情况。汽轮机跳闸后，通过查阅历史记录，发现除6号轴承X方向轴振数据异常外，其余所有轴振、瓦振、瓦温等参数均无异常，由此确定6号轴承X方向轴振数据为虚假数据，实际机组运行并无异常。热控专业人员随即到现场对测点进行了全面检查，其中，轴振测量模件、前置器、电缆、接线端子均未发现异常，但在6号轴承X方向轴振探头引出线与前置器连接插头（同轴电缆连接方式）处发现存在连接松动情况，前置器与延长电缆接头，如图5-56所示，往旋紧方向拧紧1/4圈后，连接处再次紧固。

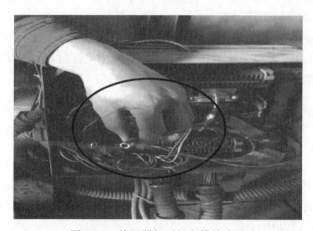

图5-56　前置器与延长电缆接头

2. 事件原因分析

（1）停机原因。对6号轴承X方向振动测点进行全面检查后，发现探头与前置器连接处存在松动情况，除此外，测量模件、前置器、电缆、接线端子均未发现异常，且测点屏蔽层接地良好无异常（探头及轴承箱内电缆需揭缸才可检查，现场不具备检查条件）。

经与厂家对历史趋势和现场检查情况进行综合分析后，基本确定本次测点异常跳变原因为机组运行中振动导致探头与前置器连接插头松动，并发生接触不良，最终造成"汽轮机轴振大"保护动作，汽轮机跳闸，发电机-变压器组解列，联跳锅炉MFT。

（2）保护误动原因。通过延长保护动作延时时间的方式无法有效防止轴振单点保护误动，当单个振动测点频繁出现跳变时，一旦跳变数值超过跳机值5s，即会立即出现保护误动情况，并且为"轴振大保护"设置5s延时时间确实较长，在无法有效防止单点保护误动的同时，还可能引入保护无法及时动作的风险。

3. 暴露问题

（1）汽轮机轴振保护为单点保护，可靠性不高，易发生保护误动。

（2）振动探头及前置器使用时间长，设备存在老化情况，故障率逐年升高。

（3）检修期间，对热工保护系统隐患排查管理落实不到位，在机组小修过程中未认真检查重要保护系统的现场连接、接线情况。

（4）汲取同类型事故教训不足，未严格执行《防止电力生产事故的二十五项重点要求》的相关要求，生产管理工作存在漏洞。

（三）事件处理与防范

（1）制定所有中间延长线存在接头的汽轮机主保护装置检查计划，利用机组停运机会对其开展排查。

（2）已拟定改造项目，对 TSI 系统进行升级改造，进一步完善汽轮机振动大保护逻辑。

（3）加强管理，督促好各生产部门对"零非停"各项措施的落实。

九、压力开关故障引发"低抗燃油压跳机"导致锅炉 MFT

（一）事件过程

2022 年 2 月 17 日，2 号机组 AGC 方式，负荷 271.82MW，A、B 汽动给水泵运行，A、D、F 制粉系统运行，参数显示正常。

06 时 23 分，2 号机组汽轮机跳闸，跳闸首出为"低抗燃油压跳机"，锅炉 MFT 联锁动作。

10 时 05 分，重新校验 3 个新的抗燃油压低压力开关并替换，检查就地电缆绝缘、远传信号均正常，汽轮机抗燃油压低保护恢复正常投入。

10 时 25 分，2 号机组并网带负荷。

（二）事件原因查找与分析

1. 事件原因检查

查阅 SOE 记录，显示 ETS 跳闸首出为"低抗燃油压跳机（来自 ETS）"。

查阅 DCS 历史记录曲线，2 号机组抗燃油压模拟量无大幅波动。

检查现场抗燃油管路无漏油，但 ETS 柜抗燃油压低开关量 3（DI3-4）信号灯亮，且抗燃油压低 3 压力开关已动作。

抗燃油压低保护动作有 3 个压力开关信号，该信号从抗燃油箱上抗燃油压力开关至ETS 柜，分别送至 DI 模件 DI1、DI2、DI3，在 ETS 柜进行三取二逻辑判断。

事件发生后，检查 2 号机组 ETS 柜抗燃油压低 3 开关量信号灯亮，抗燃油压低信号存在（查阅 2 月 8 日、2 月 15 日巡检记录，热控人员均巡检过该 ETS 柜所有模件及状态灯，均正常），检查抗燃油压低开关现场外观正常。拆除现场 2 号机组抗燃油压低开关，破坏性解体检查发现抗燃油压力开关 1、3 两个压力开关内部接头处有渗油现象，接头处打开有油渍痕迹，初步判断压力开关故障。

3 个新的抗燃油压低压力开关校验合格后，现场更换了原先的压力开关及开关接头附件，检查就地电缆绝缘正常，与 ETS 柜核对抗燃油压低（3 个）就地至远方信号均正常，2 号机组抗燃油压低保护恢复正常投入，重新启动机组并网。

2. 事件原因分析

（1）直接原因：2 号机组抗燃油压低开关 1、3 内部故障，导致抗燃油压低开关 1、3 误动，输出信号至 2 号机组 ETS 柜触发"抗燃油压低"跳闸条件，2 号汽轮机跳闸，锅炉MFT 联锁保护动作。

（2）间接原因：设计存在缺陷抗燃油压低开关（3 个）只送给 ETS 柜，DCS 侧无报警显示，使运行不能及时发现压力开关故障缺陷。

3. 暴露问题

（1）点检人员对重要设备的日常巡查周期不够。

（2）ETS系统过程报警显示手段不足，无法及时提醒运行及检修人员注意。2号机组ETS系统为东方汽轮机有限公司随机组投产同期配供的汽轮机跳闸系统，设备已日渐老化，现场2号机组抗燃油压低开关（3个）只送给ETS柜，DCS侧无报警显示，给机组安全运行带来安全隐患。

（3）压力开关选型及质量存在缺陷，压力开关内部缺陷不易被及时发现。2号机组抗燃油压低压力开关使用时间超过一个大修周期，正常校验过程中压力开关内部渗油量较小的情况下，外观检查无法发现内部问题，在渗油量较大至压力开关接头处才能发现，压力开关选型及质量存在缺陷。

（三）事件处理与防范

（1）更换2号机组抗燃油压低（3个）压力开关（新）及压力开关接头附件，检查就地电缆绝缘，与ETS柜核对抗燃油压低（3个）就地至远方信号，对控制回路进行检查。

（2）加大对1~4号机组ETS柜的巡检频率，每天两次检查ETS系统模件电源、DI及DO模件输入通道显示等，并签名确认，发现异常及时汇报处理。

（3）在1、2号机组通流改造中，对ETS系统、抗燃油箱压力集成块及取样管进行改造，实现汽轮机抗燃油压低保护的3个压力开关取样独立。将油压低压力开关更换为新的可靠的压力开关，同时对抗燃油压力取样装置的压力开关及相关变送器进行移位，并增加仪表控制箱。

（4）对3、4号机组ETS系统进行升级改造，解决单点信号保护冗余问题，并把信号送至DCS侧画面显示并报警，提高ETS系统保护可靠性。

十、振动信号坏质量恢复时误发"振动大"信号跳闸机组

（一）事件过程

2022年3月17日，某机组正常运行中，轴承振动监测3X、4X先后报警，随后机组跳闸。首次故障信号显示"机组轴承振动大"。

（二）事件原因查找与分析

机组跳闸后检查发现，轴承振动监测3X、4X分别位于同一卡件的两个通道。查找历史记录曲线，机组正常运行过程中，3X、4X突变为坏质量，之后3X测点恢复为好质量，但测量值突变为$380\mu m$左右，10s后，4X也恢复好质量，但测量值突变为$370\mu m$左右。机组轴承振动大保护动作，机组跳闸。

进一步检查，2号机组振动、位移保护逻辑采用在3500/42M监测器内组态的方式，并通过3500/33继电器输出模块输出三路DO信号至ETS进行保护跳闸动作，为此进行优化。

优化后修改为由3500/42M监视器模块收集12个振动信号、4个位移信号，将电压信号转化为电流信号，分别输出12路4~20mA模拟量振动信号和4路4~20mA模拟量位移信号至DEH，在DEH中进行保护逻辑组态，采用任一轴X向或Y向振动高高，且除自身外，任一轴承振动高触发振动保护跳闸。在DEH中进行振动保护和位移保护，除保证机组振动测点仅好质量才参与保护动作的常规逻辑外，增加测点坏质量自动切除保护逻辑

（即测点一旦发生坏质量，即使测点重新恢复好质量也不再参与保护，需热控人员在逻辑中手动确认后，测点方可重新参与保护，振动保护逻辑优化，如图 5-57 所示）。

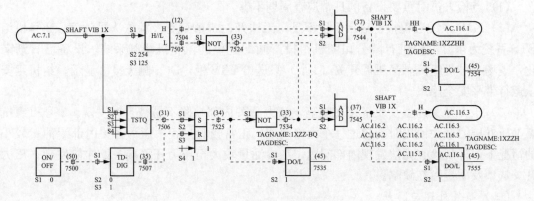

图 5-57　振动保护逻辑优化

（三）事件处理与防范

（1）控制逻辑优化后，输出三路硬回路 DO 信号至 ETS 中，进行三取二逻辑判断，最终实现振动保护跳闸动作。同时，考虑振动高高值触发时，其振动高一定同时触发。

（2）优化保护判断逻辑，当 12 个振动高高信号有任意一条触发时，同时有两条振动高信号触发，即认为有任一轴 X 向或 Y 向振动高高，且除自身外任一轴承振动高触发。

（3）添加坏质量判断，只有当振动信号为好质量时，参与振动保护判断逻辑，否则切除该点。

十一、燃气轮机阀位控制卡（BRAUN E1612）故障停机

（一）事件过程

西门子 SGT5-8000H 燃气轮机机组运行至今，发生燃料阀位控制卡故障多次（不同阀门均有），TCS 显示 CTRL-V NG D-STAGE（HW CMD DEV，HW CH1 FLT），GT HW TRIP SYT（LNE 1 FLT），VALVE TRIP MODULE 2-I（FAULT）报警，紧急停机系统画面显示燃料阀 D（2-I）阀位控制卡故障。

（二）事件原因查找与分析

停机后，根据紧急停机系统画面显示"燃料阀 D（2-I）阀位控制卡故障"，检查电子间检查发现 RDY、OK 灯均不亮，如图 5-58 所示。

检查 BRAUN 跳闸系统，由 1 块燃气轮机转速自检卡、3 块转速保护卡及 6 块阀位控制卡组成。前 3 块阀位控制卡、后 3 块阀位控制卡分别组成一组实现对阀门的控制（每块阀位控制卡有 3 个输出通道，分别对应 3 个阀门，3 块阀位卡为一组即实现对 3 个阀门的三冗余控制），当阀位控制卡接收到 TCS 开阀指令后，内部进行 3 冗余处理控制电磁阀得电。

停机后断开故障卡及相邻卡件电源（避免处理过程中插拔卡件碰到相邻卡造成其他卡件故障），断开故障阀门对应电磁阀电源，拔出故障卡，测试电磁阀电源回路接线、绝缘及电磁阀阻值均正常后插入新卡，最后送上卡件电源及电磁阀电源。

由于 E1612 卡失电再得电后不会正常工作（卡件所有指示灯均不亮），只有当燃气轮

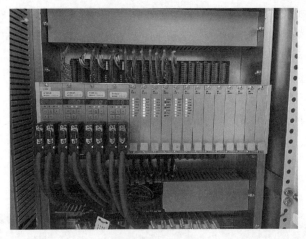

图 5-58　电子间

机硬跳闸系统复位后，卡件才能恢复正常。对于卡件验证，若仅通过复位燃气轮机硬跳闸系统，观察卡件（OK、RDY）状态灯，而不通过该卡对应阀门电磁阀带电，则不能判断卡件是否正常。因此，需要对新卡进行测试：复位余热锅炉跳闸信号和燃气轮机硬跳闸系统，新卡状态灯（OK、RDY）正常。组态中强制"开指令"使 D 阀就地电磁阀线圈带电，并手动给阀门开阈值活动 D 阀，一切正常，停掉 D 阀第二块（或第三块）控制卡，D 阀电磁阀线圈仍然带电，则证明了新卡功能正常，再停一块卡，D 阀电磁阀线圈失电，证明系统正常，验证结束。

（三）事件处理与防范

因该类卡件故障率太高，多次反馈设备厂商，最终解释为该批次卡件存在一定缺陷，并予以全部更换。

第三节　管路故障分析处理与防范

本节收集了因管路异常引起的机组故障 4 起，分别是排汽压力取样管设计不合理造成汽动引风机跳闸引发 MFT 机组跳闸、二次风流量波动大造成总风量低导致 MFT 跳闸、采样探头组件音速孔堵塞引起脱硫 CEMS 净烟气数据异常、炉水循环水泵流量计高压侧取样管断裂造成机组停运。

一、排汽压力取样管设计不合理造成汽动引风机跳闸引发 MFT 机组跳闸

2022 年 12 月 13 日，某电厂 4 号机组负荷 775MW，A、B、C、E、F 制粉系统运行，双套引送一次风机运行，引风机转速手动控制（避开叶轮共振区）、静叶投自动跟踪炉膛负压，主蒸汽温度 597℃，主蒸汽压力 21.7MPa，再热蒸汽温度 606℃，再热蒸汽压力 4.3MPa，炉膛压力－201Pa，汽轮机转速 3000r/min，机组 AGC、CCS 投入。

（一）事件过程

11 时 19 分 48 秒，4 号机组 41 号汽动引风机发"排气压力 HH 停机"信号，汽动引风机排汽压力 9.494kPa（模拟量显示未变化），41 号汽动引风机跳闸，联跳同侧送风机，RB 动作；42 号引风机转速 4958r/min，炉膛压力－211Pa。

11 时 20 分 38 秒，手动增加 42 号引风机转速至 5069r/min，炉膛压力升至 1727Pa，炉膛压力开关动作（动作值 1700Pa），锅炉 MFT 首出"炉膛压力高高"，机组跳闸。

（二）事件原因查找与分析

1. 事件原因检查

（1）机组跳闸原因。查阅 DCS 中历史记录曲线，引风机跳闸前后主要参数记录曲线，如图 5-59 和图 5-60 所示。41 号引风机跳闸后，42 号引风机转速在手动控制（因风轮制造质量缺陷，存在共振区，运行中为避开共振区改手动调节转速），静叶自动控制；因未能及时升起转速，导致"炉膛压力 HH"，锅炉 MFT，汽动引风机排汽压力保护触发逻辑，如图 5-61 所示。

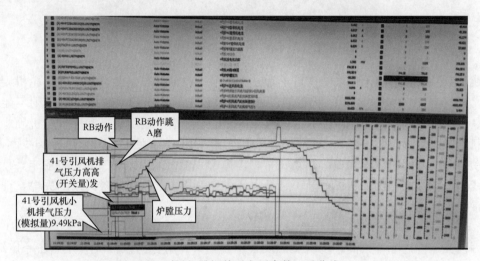

图 5-59　引风机跳闸前后主要参数记录曲线（一）

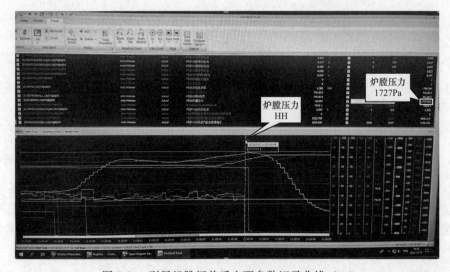

图 5-60　引风机跳闸前后主要参数记录曲线（二）

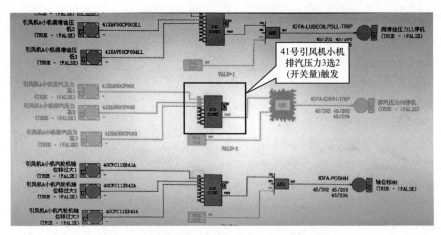

图 5-61　汽动引风机排汽压力保护触发逻辑

11 月 2 日，技术中心人员通过频谱仪测量 4 号机组两台引风机不同转速下振动情况，明确三个转速区间为共振区：41 号引风机在 4000～4200r/min、4500～4750r/min、5300～5400r/min。42 号引风机在 4000～4200r/min、4500～4750r/min。通过实践运行发现，41 号引风机在 4300、4600r/min，42 号引风机在 5000～5100r/min 也在共振区。

（2）41 号引风机跳闸原因。现场检查 41 号汽动引风机排汽压力有两路取样管，一路取样至变送器（模拟量），另一路至压力表与 3 个压力开关，检查排气压力表显示为 0，甩开压力开关接头，连接标准负压表，显示为 0，标准负压表显示，如图 5-62 所示，用压缩空气吹扫取样管路，管路中有水排出，取样管路排出水，如图 5-63 所示；41 号给水泵汽轮机取样表管设计不合理，有 2 处明显低洼处，由于管内蒸汽不流动，与环境温度存在温差，导致给水泵汽轮机乏汽在仪表管路中温度低于排汽压力下的饱和温度在低洼处凝结成水，造成排气压力开关取样管发生水塞，压力开关误发跳闸 41 号引风机信号。

图 5-62　标准负压表显示

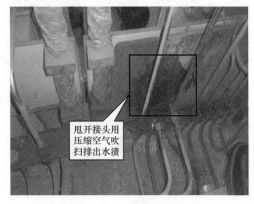

图 5-63　取样管路排出水

2. 事件原因分析

41 号汽动引风机压力测点管路中温度低于排汽压力下的饱和温度在低洼处凝结成水，造成排气压力开关取样管发生水塞，导致 41 号引风机跳闸，42 号引风机转速手动控制，未能及时升起转速，导致"炉膛压力 HH"，锅炉 MFT。

3. 暴露问题

（1）41 号引风机开关量就地取样为一路表管且连接就地压力表，不符合二十五项反事故措施要求：重要保护信号应三取二且独立取样。

（2）压力开关取样表管设计不合理，在取样一次门后和连接压力开关有两处低洼处，易积水导致压力开关误动作。

（三）事件处理与防范

（1）在 2023 年等级检修时，将机组汽动引风机、给水泵汽轮机排汽压力开关（3 个）取样表管更改为独立取样，取样管路敷设应满足 DL/T 774 等行业规范的要求。

（2）对两台引风机给水泵汽轮机排气压力高高跳闸逻辑进行更改，在排汽压力开关量信号三选二后与上排汽压力模拟量信号（高于 50kPa）再触发汽动引风机 METS 跳闸。

（3）修改机组逻辑在 RB 触发时，引风机转速控制由 RB 条件自动切换至转速自动控制，参与 RB 动作。

（4）已在 4 号机组与 3 号机组 4 台引风机给水泵汽轮机排气压力取样表管上缠盘热带，防止因环境温度低积水开关误发。

（5）举一反三，再次排查室外设备防寒防冻措施执行情况，重点排查带保护压力、流量测点伴热带、保温情况。

二、二次风流量波动大造成总风量低导致 MFT 跳闸

2022 年 4 月 24 日 11 时 30 分，某厂 3 号机组负荷 150MW，AGC 投入，3A、3B、3D、3E 磨煤机运行，总风量 708t/h，煤量 71.8t/h，炉膛负压－0.05kPa。

11 时 31 分 17 秒，停运 3E 给煤机。

11 时 36 分 15 秒，停运 3E 磨煤机，保留 3A、3B、3D 磨煤机运行。

（一）事件过程

11 时 31 分 17 秒，3 号机组负荷 146.4MW，机组减负荷停运 3E 给煤机。总风量 781t/h（67.2%）左右，A、B 引风机电流分别为 143.3、142A，引风机动叶开度为 38.4%、39.6%；A、B 送风机电流分别为 31.3、30.9A，动叶开度为 21.4%、22.9%；炉膛压力－0.06kPa；A、B 空气预热器出口二次风压力 0.43、0.41kPa；A、B 侧 SCR 入口氧量为 4.72%、4.11%。

11 时 36 分 26 秒，3E 磨煤机冷风调节挡板开度 26%，一次风流量 44.36t/h，炉膛压力－0.09kPa。

11 时 37 分 05 秒，3E 磨煤机冷风调节挡板关到 0%，一次风流量 23.3t/h，炉膛压力－0.17kPa。

11 时 37 分 07 秒时，3E 磨煤机热风隔绝门关闭。

11 时 37 分 24 秒时，关 3E 磨煤机冷风隔绝门，3E 磨煤机一次风流量降至 15.6t/h。

11 时 37 分 27 秒，关 3E 磨煤机 1 号出口门；30s，关 3E 磨煤机 2 号出口门；33s，关 3E 磨煤机 3 号出口门；35s，关 3E 磨煤机 4 号出口门，3E 磨煤机一次风流量由 15.6t/h 降至 0t/h，炉膛压力－0.27kPa，一次风机 A 电流下降 25A，一次风压力下跌 0.95kPa。

11 时 37 分 49 秒，炉膛压力－0.42kPa；A、B 空气预热器出口二次风压力为 0.10、0.10kPa；总风量由 977t/h（80.7%）左右快速下降。

11 时 38 分 00 秒，A、B 引风机电流分别为 138.2、137.5A，引风机动叶开度为 33.5%、35.2%；A、B 送风机电流分别为 30.6、30.9A，动叶开度为 26.4%、27.9%；炉膛压力－0.28kPa；A、B 空气预热器出口二次风压力为 0.12、0.10kPa；3 号锅炉总风量小于 40% 报警，总风量 342t/h（35%）左右。

11 时 38 分 12 秒，总风量 271t/h（24%）左右，A、B 引风机电流分别为 137.2、136.3A，引风机动叶开度为 33.5%、35.2%；A、B 送风机电流分别为 31、31A，动叶开度为 22.3%、24%；炉膛压力－0.06kPa；A、B 空气预热器出口二次风压力为 0.33、0.24kPa；A、B 侧 SCR 入口氧量为 5.47%、4.99% 时，锅炉 MFT 保护动作，首出原因为"总风量小于 25%"。

（二）事件原因查找与分析

1. 事件过程曲线

MFT 事件过程各相关曲线，如图 5-64 所示；MFT 前一次风机电流、一次风压力、炉膛负压、总风量变化趋势，如图 5-65 所示；MFT 前送、引风机动叶开度及电流变化趋势，如图 5-66 所示；氧量和一氧化碳趋势，如图 5-67 所示。

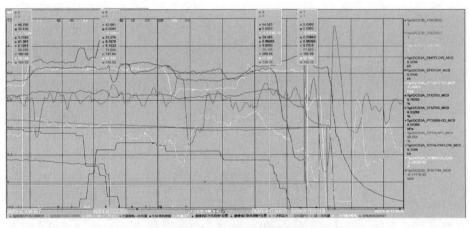

图 5-64　MFT 事件过程各相关曲线

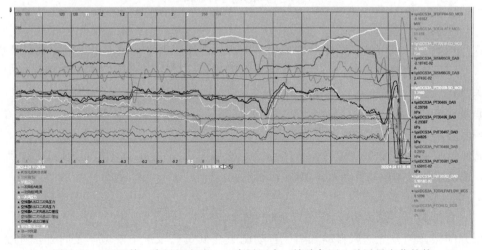

图 5-65　MFT 前一次风机电流、一次风压力、炉膛负压、总风量变化趋势

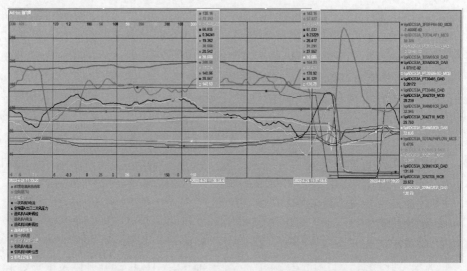

图 5-66　MFT 前送、引风机动叶开度及电流变化趋势

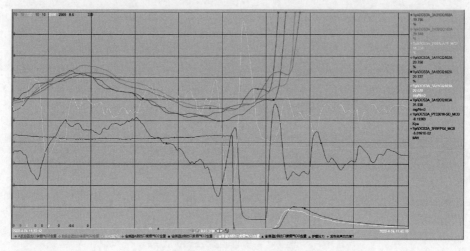

图 5-67　氧量和一氧化碳趋势

2. 事件原因检查

送风控制是送风机控制两侧空气预热器出口二次风压力平均值，引风机控制炉膛负压，二次风小风门手动调节风量，而总风量由一次风流量、二次风小风门流量和燃尽风流量三部分累加构成。

现场检查二次风小风门流量测量装置安装在各层小风门前面。因锅炉设计原因，二次风风道较紧凑，多点矩阵式测量装置布置在小风门前，小风门处风道截面 1.6m×1.8m，多点矩阵式测量装置前直管段 3m 左右，测量装置后直管段 2m 左右，离燃烧器近，易受炉膛压力影响，二次风流量测量装置布置，如图 5-68 所示。

3. 事件原因分析

（1）直接原因：总风量小于 25％延时 10s 触发 MFT。

（2）间接原因：除送风自动和引风自动调节在低负荷工况下响应不及时外，还受以下因素影响。

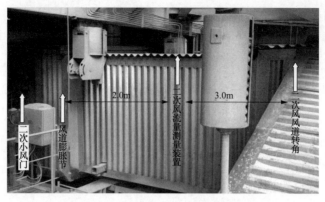

图 5-68　二次风流量测量装置布置

1）二次风小风门开度控制与送风自动设定值之间匹配不优（MFT之前在相同工况下空气预热器出口二次风压设置高时，扰动发生对流量影响小，空气预热器出口二次风压设置偏低时，扰动发生对流量影响大）。

2）二次风低风压运行工况下，一次风压力波动及停磨收风相关操作引起炉膛压力波动加大，多种因素叠加导致二次风测量装置测量误差增大。

3）2021年下半年，燃烧高灰分燃煤，二次风测量装置积堵增速，风量测量装置稳定性变弱。

4. 暴露问题

（1）隐患排查不到位，2021年下半年，燃烧高灰分燃煤，导致二次风测量装置积灰增加情况未全面辨识。

（2）2022年3月以来，因掉渣及停磨过程中一次风扰动，多次出现炉膛压力、总风量信号大幅度波动报警，对总风量低信号报警信号未及时引起高度重视。

（3）低负荷时送风自动和引风自动调节匹配不佳，未及时优化、调整。

（4）二次风流量测量装置输出差压信号在低负荷工况、空气预热器出口二次风压力设定值较小时有随炉膛负压波动加剧现象，未及时分析原因，对多种扰动叠加下出现的后果预判不足。

（5）受一次风机液耦调节特性所限，在稳定工况下调节时，一次风压力有1kPa左右的跳变幅度，逻辑中无针对性优化，引起炉膛负压扰动。

（三）事件处理与防范

（1）加强二次风流量参数波动监测，并定期对风量测量装置进行疏通，根据燃料煤种情况及时疏通（MFT之前二次风流量及燃尽风流量信号波动幅度大，MFT之后对二次风及燃尽风流量测量装置进行吹扫，测量的差压信号趋于稳定）。

（2）增加"总风量小于40%"大屏报警。

（3）优化送风自动和引风自动控制参数，提高风机动叶调节性能。进一步研究送风机主控调节对象由空气预热器出口二次风压力改为总风量的控制策略。

（4）完善主要辅机偏置值设置限值，空气预热器出口二次风压力设定值不低于0.40kPa，送风主控人工设定偏置值不小于－0.2kPa。

（5）针对一次风机液耦调节特性进行针对性逻辑优化，减小一次风压波动。总风量低

MFT 延时时间暂定延长为 20s。增装 A、B 侧二次风母管总风量测量装置。

（6）排查 1～4 号机组自动调节品质及特性，对保护定值进行梳理。排查所有四台机组受煤质波动影响的机组系统运行工况。

三、采样探头组件音速孔堵塞引起脱硫 CEMS 净烟气数据异常

（一）事件过程

2022 年 3 月 11 日 00 时 00 分～07 时 00 分，某厂 1 号机组 CEMS 净烟气 SO_2 数据发生 7 次偶发性突然升高现象。

（二）事件原因查找与分析

1. 事件原因检查

检查发现探头组件中的音速小孔塑料拼装旋钮老化断裂，判断采样探头组件存在故障。CEMS 主要设备损坏应急处理立即联系厂家供货，厂家回复需从外地紧急调货。3 月 12 日 14 时 00 分，采样探头组件到货并更换后，1 号机组 CEMS 净烟气系统采样恢复正常。

2. 事件原因分析

（1）直接原因：采样探头组件音速小孔堵塞。

（2）间接原因：①机组 CEMS 净烟气采样探头组件损坏应急准备需紧急采购，采购实施期间造成 CEMS 净烟气数据长时间异常；②探头组件中音速小孔安装旋钮老化断裂导致无法更换检查。

3. 暴露问题

（1）脱硫 CEMS 净烟气主要备品损坏应急准备不充分。

（2）未定期检查 CEMS 探头组件等设备健康状况。

（三）事件处理与防范

（1）更换采样探头组件。

（2）检查脱硫 CEMS 净烟气主要备品准备情况，落实 CEMS 净烟气主要设备损坏应急准备措施。

（3）在超临界机组仪控设备点检标准中增加"6 脱硫 CEMS 系统设备点检要求的，表格 4 脱硫净烟气采样及预处理系统"探头组件及滤芯检查项。

四、炉水循环水泵流量计高压侧取样管断裂造成机组停运

某公司 3 号机组锅炉为哈尔滨锅炉厂有限责任公司设计制造的 HG-1900/25.4-YM4 型超临界变压直流锅炉，机组于 2006 年 6 月投入商业运行。

炉水循环水泵再循环管道规格为 $\phi356mm \times 45mm$，材质为 WB36。炉水循环水泵流量计生产厂家为银川自动化仪表厂，型号为 LGXFK32300，断裂流量计差压管管座规格为 $\phi27mm \times 8.5mm$，材质为 WB36。

2022 年 7 月 16 日，3 号锅炉炉前 6 层半处炉水循环水泵再循环管道流量计高压侧差压管发生泄漏，7 月 17 日申请调停。

（一）事件过程

2022 年 7 月 16 日 18 时 50 分，3 号锅炉炉前 6 层半处炉水循环水泵再循环管道出现冒汽现象，泄漏声音较大，此时机组负荷 510MW，机组协调方式运行，A、B 送风机正常运

行，A、B一次风机正常运行，A、B引风机正常运行，A、B、C、D、E、F磨煤机运行，总煤量289t/h，锅炉给水流量1398.6t/h，主蒸汽压力22.89MPa，主蒸汽温度567℃。

随即，公司检修部、生产管理部锅炉专业人员进行了现场检查，并通过降参数、部分拆除保温后，发现流量计高压侧差压管处发生蒸汽泄漏，随即申请降低机组负荷及参数运行，现场设置硬隔离，悬挂"烫伤危险，禁止入内"警示牌。

7月17日，向省调申请停机消缺。

7月17日20时3分，3号机组解列。

（二）事件原因查找与分析

事件原因检查：

（1）宏观检查。停炉后检查炉水循环水泵流量计差压管，高压侧差压管管座角焊缝在小管侧整体断裂，流量计差压管侧断面，如图5-69所示；炉水循环水泵再循环管道侧断面，如图5-70所示。

图5-69　流量计差压管侧断面

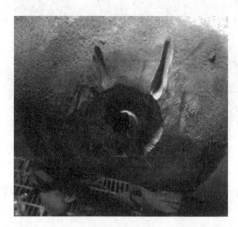

图5-70　炉水循环水泵再循环管道侧断面

压差管断口形貌，如图5-71所示，裂纹起源于管子内壁，裂纹起源附近存在未焊透情况。纵截面断口处形貌，如图5-72所示，断口处存在焊接热影响区组织。

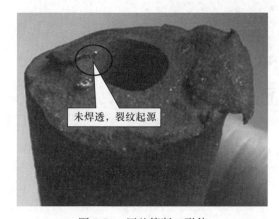

图5-71　压差管断口形貌

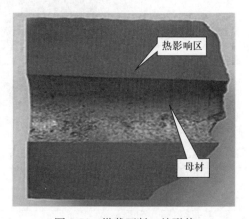

图5-72　纵截面断口处形貌

（2）光谱检验。2022年7月16日，研究院对断裂流量计差压管样进行合金成分分析，光谱检验结果见表 5-4，从检测结果可看出，管子合金成分符合标准要求。

表 5-4 　　　　　　　　　　　　　　光 谱 检 验 结 果

样品	Mn	Cu	Mo	Ni	检验结果
断裂管	1.01	0.66	0.38	1.29	符合
GB/T 5310	0.80～1.20	0.50～0.80	0.25～0.50	1.00～1.30	—

（3）金相组织及显微硬度检验。断裂流量计差压管母材组织为回火贝氏体，热影响区组织为铁素体＋细小的贝氏体组织，组织未见异常。差压管母材组织，如图 5-73 所示；热影响区组织，如图 5-74 所示。

图 5-73　差压管母材组织

图 5-74　热影响区组织

显微硬度测量示意，如图 5-75 所示。从断口处及管子母材分别取 3 个点，同时沿图 5-75 中箭头方向进行显微硬度试验，显微硬度检验结果见表 5-5。流量计差压管母材硬度符合标准要求，热影响区硬度远高于母材。从断口向母材方向，显微硬度值逐渐减小。

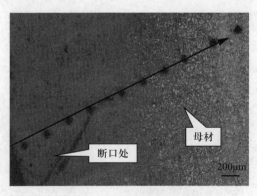

图 5-75　显微硬度测量示意

表 5-5 　　　　　　　　　　　　　显 微 硬 度 检 验 结 果

检测位置	硬度值（HV$_1$）
断口处（热影响区）	294，303，298
母材	236，230，233
从断口处开始，沿图 5-77 中箭头方向，每隔 0.2mm 测量 1 个点，直至母材（硬度值稳定）	296，287，280，276，267，260，254，243，235，238

（4）泄漏原因分析。结合宏观检验、金相检验及显微硬度检验结果，断口位于管座焊接接头热影响区的粗晶区或熔合线处。

查阅图纸发现，流量计差压管管座焊口为厂家焊口，坡口设计形式为管座式插入式结构，流量计图纸，如图 5-76 所示。

断裂流量计差压管管座角焊缝根部存在未焊透，未焊透部位易产生应力集中，加之管座焊缝热影响区处硬度远高于母材，在蒸汽内压作用下，裂纹在根部未焊透部位形成，并扩展导致泄漏。

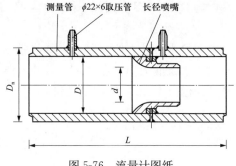

图 5-76　流量计图纸

（三）事件处理与防范

（1）结合每年检修计划，对高温高压管道管座进行无损检测普查，必要时采用超声相控阵进行检测。

（2）全面排查 4 台机组高温高压管道管座数量和结构形式，对于不锈钢材质管座和未焊透结构的管座，结合机组检修进行改造或更换。

第四节　线缆故障分析处理与防范

本节收集了因线缆异常引起的机组故障 5 起，分别是接线端子松动引起温度信号跳变造成电动给水泵保护跳闸、通道内部电荷积聚引起温度异常导致磨煤机跳闸、高温导致电缆绝缘能力降低汽轮机调节阀异常波动、信号线破损短路触发轴承振动故障保护联锁燃气轮机顺控停运、轴承温度信号回路接触不良造成引风机跳闸。

一、接线端子松动引起温度信号跳变造成电动给水泵保护跳闸

2022 年 10 月 20 日，因 1A 汽动给水泵前置泵传动端轴承更换，1A 汽动给水泵停运，1B 汽动给水泵（50％容量）、1 号电动给水泵（30％容量）运行。事发前 2h 开始，1 号机组负荷稳定在 225MW 左右，总煤量约 98.6t/h，1A、1B、1D、1E 磨煤机运行。

（一）事件过程

10 月 20 日 09 时 59 分，启动 1 号电动给水泵。

10 时 47 分，1 号电动给水泵入系，1A 汽动给水泵出系。

14 时 05 分，1A 汽动给水泵前置泵传动端轴承更换许可开工。

22 时 26 分 31 秒，1 号电动给水泵跳闸，首出"液力偶合器轴承温度高"，触发给水 RB，1E 磨煤机跳闸，机组负荷从 226.7MW 开始下降。

22 时 44 分 14 秒，机组负荷稳定在 135MW 左右，1 号炉汽包水位、主给水流量由异常突变进入稳定状态。1 号电动给水泵跳闸后，1 号炉汽包水位最低至 −135mm H_2O，总煤量最低至 49.5t/h。

10 月 21 日 00 时 30 分 33 秒，就地接线盒接线紧固及屏蔽线绝缘处理后，1 号电动给水泵恢复运行。

（二）事件原因查找与分析

1. 事件原因检查

电动给水泵液力偶合器 7～10 号轴承温度 TE16805 跳泵逻辑原理，如图 5-77 所示。1 号电动给水泵液力偶合器 7～10 号轴承温度跳泵信号定值为 H95℃，延时 2s，且带信号品质判断及温升率 10℃/s 闭锁逻辑。

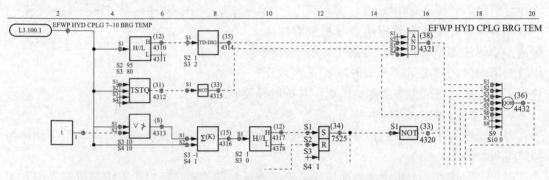

图 5-77　电动给水泵液力偶合器 7～10 号轴承温度 TE16805 跳泵逻辑原理

1 号电动给水泵跳闸后，仪控专业值班人员协同机务人员立即到场对跳闸原因进行排查分析。通过跳闸首出逻辑、报警历史及历史趋势查询分析，确认为电动给水泵液力偶合器 7～10 号轴承温度 TE16805 测点信号跳变误动所致。

电动给水泵液力偶合器轴承温度变化趋势，如图 5-78 所示。1、2、3 线分别为 1 号电动给水泵液力偶合器 7～10 号轴承温度 TE16805、液力偶合器 6 号轴承温度 TE16812、液力偶合器 3～4 号轴承温度 TE16814。1 号电动给水泵运行中 TE16805 明显偏高于另外两点温度，光标线 22 时 25 分 46 秒处为 85.5℃，光标线 22 时 26 分 29 秒前 TE16805 因波动已超过 90℃高报警值，最终因波动超过 95℃（最高值 104℃）跳泵保护定值导致电动给水泵保护跳闸。突变速率超过 9℃/s 但未达温升率 10℃/s 闭锁条件。

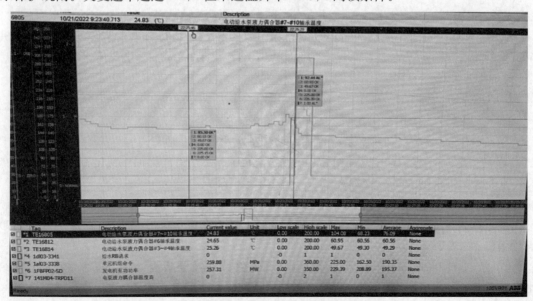

图 5-78　电动给水泵液力偶合器轴承温度变化趋势

检查就地接线盒，发现接线盒内电动给水泵液力偶合器 7～10 号轴承温度 TE16805 接线端子存在松动现象，如图三红圈内接线所示。核对就地热电阻，发现接线盒内电动给水泵液力偶合器 7～10 号轴承温度 TE16805 接线端子下端子实际接的是电动给水泵工作油冷油器进油温度 TE16802 的热电阻信号，即图 5-79 中红圈（芯线套管为 TE26805，需更换）、绿圈（芯线套管为 TE26802）下端子至就地元件接线存在交叉现象。

如图 5-80 所示，检查就地接线盒发现内部至 DCS 热电阻信号电缆屏蔽线未做绝缘处理，至就地元件热电阻信号电缆接线未见屏蔽线，接线工艺不规范。

图 5-79　接线盒　　　　　　　　　图 5-80　就地接线盒

2. 事件原因分析

（1）直接原因：接线端子发生松动引起信号跳变。就地接线盒中热电阻元件转接端子松动容易导致信号跳变及偏高。事件发生时刻，DCS 内 1 号电动给水泵液力偶合器 7～10 号轴承温度测点 TE16805 因松动发生跳变，波动超过 95℃（最高值 104℃）跳泵保护定值导致 1 号电动给水泵保护跳闸。

（2）主要原因：元件信号接线交叉。接线盒内电动给水泵液力偶合器 7～10 号轴承温度 TE16805 接线端子下端子实际接的是电动给水泵工作油冷油器进油温度 TE16802 的热电阻信号，而冷油器进油温度实际运行中超过 80℃且明显高于液力偶合器轴承温度正常值，致使信号跳变时更容易达到 95℃的跳泵保护值。

（3）次要原因：设备运行参数监视不到位。自 1 号电动给水泵入系至事件发生约 12h 时间内，运行人员未能发现 1 号电动给水泵液力偶合器 7～10 号轴承温度参数明显高于另外两点温度的异常情况。

3. 暴露问题

（1）检修质量管控不到位。2020 年，1 号电动给水泵液力偶合器 7～10 号轴承温度 95℃温度开关改热电阻时，项目验收、试验工作不彻底，未能发现两个热电阻信号接线存在交叉现象，且接线工艺存在未做绝缘处理、屏蔽线缺失等不规范情况。

（2）设备运行管理不到位。事件发生时，1A 汽动给水泵前置泵停运抢修、1 号电动给水泵投入运行，当班运行人员对机组给水系统设备特殊运行方式给予的关注度不够，未能及时发现 1 号电动给水泵液力偶合器轴承温度参数明显异常。

（三）事件处理与防范

（1）加强仪控专业检修项目质量管控，提高项目验收、试验质量，信号核对及联锁试验应确保源头准确。

（2）改进1号电动给水泵就地接线盒内接线工艺，保证信号电缆屏蔽线的连续性及DCS单侧接地，减少信号电缆转接。

（3）1号电动给水泵温度跳闸保护温升率由10℃/s改为8℃/s。

二、通道内部电荷积聚引起温度异常导致磨煤机跳闸

2022年11月2日21时29分05秒，1号机组负荷258.56MW，AGC未投入，1A、1C、1D、1E磨煤机运行。

（一）事件过程

2022年11月2日21时29分05秒，1D磨煤机跳闸，首出"磨煤机D润滑油系统故障"，触发RB动作，负荷降至210.12MW。

（二）事件原因查找与分析

1. 事件原因检查

机组RB后，仪控专业值班人员协同机务值班人员立即到场对RB跳闸后有关设备、信号回路排查分析。先检查1D磨煤机润滑油系统跳闸逻辑，确认为磨煤机D推力轴承油槽温度测点温度高，热控人员通过对磨煤机D推力轴承油槽温度历史曲线（如图5-81所示）分析发现，该点温度超过保护定值70℃，其间，温度最高达约71.7℃，但未出现坏值，事件发生前未出现跳变现象，同时未触发温升率保护（10℃/s），基本排除振动导致接线松动的原因，怀疑是长时间运行导致通道内电荷积聚引起温度缓慢爬升，最终超过保护值。

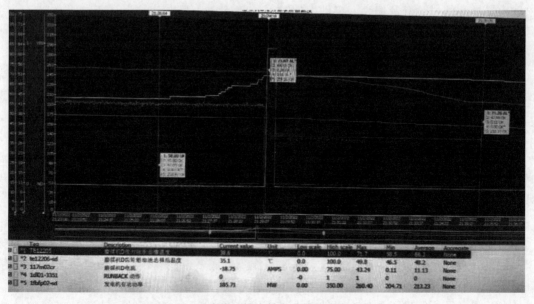

图5-81　D磨煤机推力轴承油槽温度历史曲线

会同机务值班人员至就地检查情况，实际点温枪测量就地推力轴承油槽温度正常，初步认为测点异常导致。

热控人员拆除D磨煤机推力轴承油槽温度元件处接线，发现CRT画面显示D磨煤机

推力轴承油槽温度坏点，说明元件与就地对应，在拆线时接线紧固。热控人员对 D 磨煤机推力轴承油槽温度元件重新放电后接回，并紧固接线端子，相关测点显示正常，无跳变现象。

热控人员随后检查 D 磨煤机推力轴承油槽温度元件回路电缆屏蔽，其屏蔽层仅在 DCS 机柜内接地，其余位置未发现异常。

对磨煤机其余温度元件进行检查，并紧固后，1 号机组 D 磨煤机于 11 月 2 日 22 时 57 分重新启动正常运行。

2. 事件原因分析

D 磨煤机推力轴承油槽温度元件长时间运行，通道内部电荷积聚，DCS 年限较久，抗干扰能力下降，导致温度缓慢爬升，由于测点未出现坏值，且未触发温升率保护（10℃/s），温度超过保护值导致磨煤机跳闸。

3. 暴露问题

（1）1 号机组采用 ABB S＋DCS 系统，由于使用年限较长，系统抗干扰能力下降，易产生电荷积聚现象。

（2）运行及热控人员敏感性不高，D 磨煤机推力轴承油槽温度测点较齿轮箱油池温度偏高未及时发现异常。

（三）事件处理与防范

（1）加大设备巡查力度，对异常温度情况及时发现。

（2）热控人员严格执行定期工作，检查 PI 上主重要测点，发现问题及时处理。

（3）推进 1 号机组 DCS 改造工作，在系统改造前，做好系统日常维护工作。

（4）举一反三，对其余温度测点屏蔽、接线情况进行排查、整改。

三、高温导致电缆绝缘能力降低汽轮机调节阀异常波动

某电厂 7 号机组采用上海汽轮机有限公司生产的 660MW 超超临界汽轮机，有 2 个高压主汽门（TV）、2 个高压调节阀（GV）、2 个中压主汽门（RSV）、2 个中压调节阀（IV）及 1 个补汽阀共 9 只汽阀。主汽门为全开全关型，只有全开和全关两种位置，调节阀为调节型，可根据控制的要求保持在不同的阀位。每只汽阀都有各自独立的控制装置。

（一）事件过程

2022 年 9 月 23 日 13 时 37 分，2 号中压调节阀 IV2＿A VP 模件处于工作状态，IV2＿B VP 模件处于备用状态，此时开度指令为 100％保持不变，反馈出现大幅度下降，反馈 1 从 99.833％下降至 76.503％，反馈 2 从 99.795％下降至 85.750％，随后又立即恢复。2 号中压调节阀 VP 卡均出现 POOR QUILTY 报警。检查历史趋势发现，IV2＿A 与 IV2＿B 连续发生 3 次主备切换，在反馈变化时，IV2 线圈电压负向变化，同时，抗燃油箱油位出现波动，由 610mm 下降至 589mm。检查画面 2 号中压主汽门反馈显示坏点，历史记录显示反馈信号在彻底变为坏点前，曾多次在好点与坏点之间跳变，2 号中压调节阀反馈变化趋势，如图 5-82 所示；2 号中压调节阀反馈突降，如图 5-83 所示。

就地检查 2 号中压调节阀与 2 号中压主汽门阀门状态正常，在全开位置，油管路正常，没有漏油，检查就地接线盒中接线与 VP 卡接线端子均紧固无松动，2 号中压主汽门处温度较高，存在漏汽。

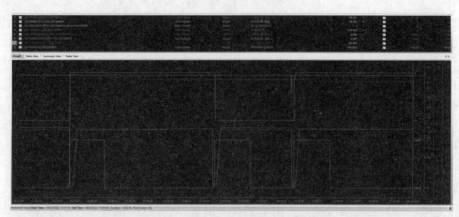

图 5-82　2 号中压调节阀反馈变化趋势

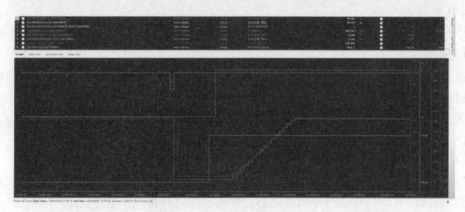

图 5-83　2 号中压调节阀反馈突降

2022 年 9 月 24 日 8 时 37 分，2 号中压调节阀 VP 卡再次出现报警，此时就地检查 2 号中压主汽门处于关闭状态，在历史趋势中加入阀前压力测点，发现压力与阀门反馈同步变化，判断为阀门实际动作。

2022 年 9 月 26 日 12 时 38 分，7 号机组正常运行，1 号高压调节阀 GV1 ＿ A（SLOT1.1.4）VP 模件处于工作状态，GV1 ＿ B（SLOT1.2.5）VP 模件处于备用状态，此时开度指令为 97.8％保持不变，反馈连续 3 次下降 1％，随后又立即恢复，GV1 ＿ A 发出 POOR QUILTY 报警，1 号高压调节阀 VP 卡主备发生切换，切至 GV1 ＿ B 工作，GV1 ＿ A 备用。1 号高压调节阀报警趋势，如图 5-84 所示。

从趋势中可见，1 号高压调节阀指令线圈电压发生 3 次突升，由 －0.6V 突升至 0V 附近；第二次突变时，GV1 ＿ A RVPSTATUS 状态点第 11 位触发，VP 模件检测到次级线圈故障 [2]；第 3 次突变时，GV1 ＿ A 触发 POOR QUALITY，VP 模件主备切换。

检查 VP 模件校验画面中有关参数，发现 TOP CAL POSITION、BOT CAL POSITION 和 DEMOD GAIN 参数设置异常，非正常 1C31194G03/1C31197G05 模件初始参数，如图 5-85 所示。

在咨询艾默生过程控制有限公司厂家技术人员后，得知这三个参数是全行程标定 LVDT 后会自动变的参数，TOP CAL POSITION 代表满位，BOT CAL POSITION 代表零位，DEMOD GAIN 代表调制解调增益，但是 1C31197G05 小卡只能校验零位和满位，

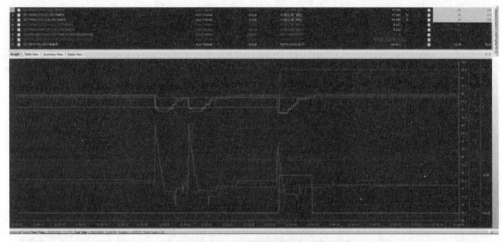

图 5-84　1号高压调节阀报警趋势

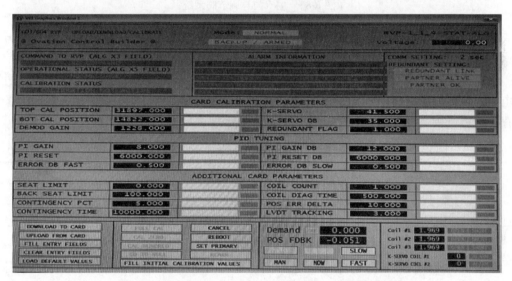

图 5-85　非正常 1C31194G03/1C31197G05 模件初始参数

不可做全行程校验，若进行全行程校验后未将这三个参数重新写入初始值，在阀门运行过程中则会出现异常情况。

（二）事件原因查找与分析

1. 事件原因检查

7号机组主汽门和调节阀采用一拖一结构，即一只主汽门控制一只调节阀。两者共用一根压力油管和一根回油管。油动机的回油通过回油管直接回到油箱，主汽门与调节阀系统，如图 5-86 所示，推断由于 2号中压主汽门动作导致抗燃油管路油压变化，引起 2号中压调节阀动作，阀门反馈出现大幅度下降，由于此时指令仍为 100％，反馈下降触发线圈电压负向变化开 2号中压调节阀，使反馈恢复至 100％。

检查逻辑中 2号中压主汽门两只跳闸电磁阀无跳闸条件触发，检查历史趋势，两只跳闸电磁阀与一只控制电磁阀指令未发生突变，判断为就地故障导致 2号中压主汽门异常关闭。

关闭 7号机组抗燃油至 2号中压汽门组进油阀，在电子室测量 2号中压主汽门 3个电

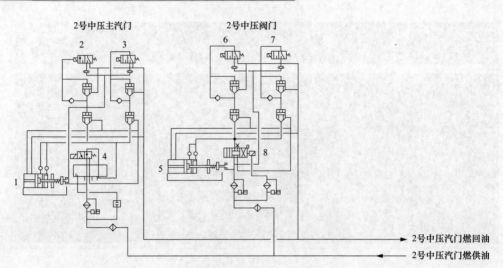

图 5-86　主汽门与调节阀系统

磁阀指令电压，发现控制电磁阀无电压，控制电磁阀指令熔丝两端有 24V 电压，判断为熔丝烧毁，更换同型号 1A 熔丝后测量电压正常。

在电子室拆除 2 号中压主汽门 3 个电磁阀的指令信号线，用绝缘表测量电磁阀线圈线间电阻与对地绝缘情况，电阻测量值见表 5-6，判断 3 个电磁阀线圈线间电阻与对地绝缘情况存在短路与接地可能。

表 5-6 <div align="center">电 阻 测 量 值</div> (Ω)

电阻	跳闸电磁阀 1	跳闸电磁阀 2	控制电磁阀
线间电阻	5	5	13
对地电阻	22k、22k	326、317	347、320

检查 2 号中压主汽门就地油动机接线盒内接线，未发现线缆破损接地情况。

在油动机接线盒内脱开电磁阀至电子室信号，用绝缘表测量电磁阀线圈电阻分别为 43、43、22Ω，对地绝缘为 22kΩ；测量至电子室信号电缆绝缘异常，判断电磁阀线圈未损坏，接线盒至电子室电缆存在短路接地。由于 2 号中压主汽门附近温度较高，电缆从接线盒经过蛇皮管、电缆槽盒、镀锌管进入电缆桥架，用红外测温仪测量电缆槽盒和镀锌管温度，电缆槽盒底部温度达到 106℃，推测为高温导致电缆绝缘下降。

拆除 2 号中压主汽门油动机接线盒内接线做好标记，抽出油动机接线盒至电缆槽盒处电缆，检查发现该段电缆存在破损，位置处于镀锌管固定卡扣处，检查现场发现电缆经过槽盒后通过镀锌管送至下方的电缆桥架内，镀锌管与阀门距离较近，且通过角铁固定，由于 2 号中压主汽门存在漏汽，阀门热量通过固定角铁直接传递至镀锌管内电缆，导致电缆损坏，引起 2 号中压主汽门跳闸电磁阀误动作关闭 2 号中压主汽门。更换 2 号中压主汽门至电子室电缆，重新布置阀门附近电缆槽盒走线，避开阀门高温区域。

2. 事件原因分析

2 号中压主汽门至电子室电缆因高温损坏，引起该主汽门跳闸电磁阀误动作。

3. 暴露问题

（1）安全意识不强，油动机接线盒至电缆槽盒处电缆，经过槽盒后通过镀锌管送至下方的电缆桥架内，镀锌管与阀门距离较近，未采取隔热措施。

（2）分析事故原因时，未通过系统分析，利用系统内其余测点辅助判断原因。此次2号中压调节阀VP卡报警分析时，若能更早将阀前压力测点加入趋势辅助分析，便能更早一步锁定问题原因为2号中压主汽门动作。

（三）事件处理与防范

（1）Ovation系统VP模件1C31197G05卡不能进行全行程校验，只能进行零位和满位校验，否则超限时会引起电压波动引起阀门动作，今后在阀门调试时要注意四期VP模件只能调试零位与满位，可考虑将四期调节阀调试画面中全行程调试按钮隐藏，避免误操作。

（2）在电缆敷设时要注意与热力管道的距离，应满足规程要求，电缆桥架与热力管道间无隔板防护时的距离，平行时应大于500mm，交叉时应大于250mm，与其他管道平行时应大于10mm，避免将电缆槽盒、镀锌管等固定在热管道上，导致热量传递损坏电缆。

四、信号线破损短路触发轴承振动故障保护联锁燃气轮机顺控停运

（一）事件过程

2022年2月23日08时16分，1号机组负荷165MW，燃气轮机透平侧1号轴承振动1、振动2先后故障，触发"瓦振坏点保护"信号发出，触发燃气轮机顺停。故障首出信号为"瓦振坏点保护"。

15时01分，事件原因查明，完成缺陷处理后，机组重新并网。

（二）事件原因查找与分析

1. 事件原因检查

08时05分51秒，1号轴承振动1故障信号发出。

08时15分32秒，1号轴承振动2测点故障发出，1号轴承振动均故障延时20s触发1号燃气轮机顺停程序，燃气轮机顺停减负荷。

检查电子间1号燃气轮机TSI装置运行情况，发现VM600装置1号轴承振动1、1号轴承振动2对应的003、004模件通道灯一直在闪烁，两个通道同时存在故障，测量1号轴承振动1的模件输出直流电压为0V（正常为24V DC）、1号轴承振动2模件输出直流电压为2.3V，与就地端子箱前置器端子测量到的一致。

现场检查1号轴承振动1、1号轴承振动2端子箱，发现就地端子箱至电子阀TSI模件间的电缆铜线外皮有四个位置破损，并粘在一起的情况。

测量1号轴承振动1、1号轴承振动2传感器安装底座金属温度为115℃，传感器表面温度在52~68℃，测量端子箱金属件表面温度在19~23℃，未超过传感器耐高温限值（260℃）。2月23日下午机组重新启动后及2月24日机组正常运行中对上述部位进行测温，均与上述数据相近，未发现异常高温现象。

对破损电缆进行处理：用3M电工胶布包扎破损地方，并用黄蜡套管保护。用500V绝缘电阻表测量电缆线间、对地绝缘无穷大，重新接线后模件报警消失，TCS画面显示正常，进行送信号试验正常后恢复机组备用。

2. 事件原因分析

1号轴承振动前置器至模件间的电缆铜线芯外皮破损，并粘在一起，随机组运行时间增加及受环境影响（振动），1号轴承振动1、2信号线破损面接触短路，触发1号轴承振

动均故障保护，燃气轮机顺控停运。

3. 暴露问题

（1）基建施工管理不到位。存在对靠近电缆的高温热源未做遮拦、隔离，留下隐患，以及电缆进线电缆头在端子箱外现象。

（2）冗余保护信号电缆未分开敷设、穿管。

（三）事件处理与防范

（1）利用1号机小修机会，将本次破损的两根电缆更换为耐高温电缆。

（2）举一反三，对所有端子箱进行全面排查，重点检查电缆有无熔化、包扎不好、松动等隐患，对参与重要保护、自动调节的测点进行详细检查，发现不规范的地方及时整改。

（3）制订滚动检查计划，将所有主保护信号从源头进行滚动彻查，利用机组停机及大、小修对发现的隐患进行整改，优化保护逻辑。

（4）优化燃气轮机顺停逻辑，增加手动中停顺停程序功能。

（5）结合机组大小修加装燃气轮机透平侧1号轴承振动、压气机侧2号轴承振动测点，与原来两个传感器组成三选二保护逻辑，提高燃气轮机轴承振动保护可靠性。

五、轴承温度信号回路接触不良造成引风机跳闸

2022年7月13日，2号机组负荷501MW，主蒸汽压力23.8MPa，主蒸汽温度603℃，一次风压力设定值9.4kPa，实际值8.9kPa，一次风压指令100％，两台一次风机风门开度指令在高限（95％）。

（一）事件过程

01时31分06秒，2号锅炉B引风机电动机驱动端轴承温度波动，2B引风机跳闸，首出"B引风机电动机轴承温度大于95℃"，机组RB动作，联跳A、B、E磨煤机，机组开始自动减负荷。

01时32分04秒，机组负荷减至458MW，一次风压设定值9.4kPa，实际压力13.8kPa，B一次风机喘振报警，15s后B一次风机跳闸，首出"一次风机喘振延时15s"。

01时32分32秒，F磨煤机进口风量低联跳F磨煤机。

01时35分43秒，C磨煤机进口风量低联跳C磨煤机，一次风母管压力最低降至4.82kPa，机组仅剩D磨煤机运行。运行人员立即将A一次风机动叶开至最大，尝试恢复F、C磨煤机运行，但因一次风压低，不满足磨煤机启动条件而无法启动。

01时41分，热一次风母管压力6.7kPa，A一次风机动叶已全开，机组主蒸汽温度543.7℃并持续下降，运行人员快速手动减负荷。

01时47分，F磨煤机启动条件满足，启动F磨煤机运行，启动后因磨煤机出口温度高无法启动F给煤机。C磨煤机出口关断门因状态异常无法启动。

01时51分，2号机组减负荷至125MW，主蒸汽温度470.4℃，主蒸汽温度10min下降超过50℃，手动打闸，锅炉手动MFT，其余按机组停机操作处理。

（二）事件原因查找与分析

1. 事件原因检查

对B引风机电动机轴承温度测点及回路进行检查，温度测点阻值正常，判断回路可能存在接触不良，对回路进行检查紧固，暂时将B引风机驱动端和非驱动端电动机轴承温度

保护退出，跟踪观察。

查询历史记录，2021 年该温度信号共发生两次异常波动后恢复的现象。

对 B 引风机电动机轴承温度跳风机保护逻辑进行检查，设置有测点速率变化超限变坏点功能（≥10℃/s），坏点不参与保护；B 引风机跳闸时该测点波动，历史记录测点未变坏点。

对 B 一次风机振动情况、动叶情况和出口风门进行外部检查，均未发现问题，B 一次风机存在倒转现象，判断 B 一次风机出口风门关不严。

2. 事件原因分析

B 引风机因电动机轴承温度测点波动超限值而跳闸，触发机组 RB 动作；一次风调节速率不足，B 一次风机喘振跳闸；因出口风门关闭不严，一次风母管压力降低，2 台磨煤机因风量低跳闸，燃烧工况恶化，主蒸汽温度无法维持，最终手动打闸停机。

3. 暴露问题

（1）对日常设备缺陷、暴露问题监督不足。对 2B 引风机电动机轴承温度测点保护误动风险增大的重视和敏感度不够。

（2）机组 RB 功能缺失。本次机组 RB 动作后，前馈量及一次风调节速率不足，RB 不成功。

（3）设备日常维护不到位。B 一次风机出口风门关不严，导致一次风母管压力降低。

（三）事件处理与防范

（1）继续分析检查温度异常原因，并举一反三，扩大检查，优化温度保护回路参数，适当调小变速率变坏点定值。

（2）在单点保护核查基础上，对原定保留的单点保护重新进行审查，对误动风险较大又不具备条件整改为三取二的单点温度保护，评估是否设置为重要报警。

（3）将 2 号锅炉一次风机动叶执行机构改造，减小执行机构死区；风机委外送修时关注机械死区，并尽量调小。

（4）结合掺烧劣质煤工况变化，优化 2 台 600MW 机组一次风压自动调节系统参数，择机重新进行 RB 功能试验。

（5）停机后进行一次风机风门严密性检查，并处理。

第五节 独立装置故障分析处理与防范

本节收集了因独立装置异常引发的机组故障 2 起，分别为 DVI 功能块设计不严谨造成 ETS 超速保护误动作机组跳闸、磨煤机跳闸后大油枪无法投运造成 MFT 动作。这些重要、独立的装置直接决定了机组的保护，其重要性程度应等同于重要系统的 DCS，给予足够的重视。

一、DVI 功能块设计不严谨造成 ETS 超速保护误动作机组跳闸

（一）事件过程

2022 年 3 月 6 日 13 时 46 分，某厂 1 号机组负荷 552.88MW，AGC 方式运行。总煤量 242.01t/h，总给水量 1555.7t/h，总风量 1895.01t/h，主蒸汽压力 24.63MPa，汽轮机转速 3000.2r/min，A、B、C、D、E、F 六套制粉系统运行。

13 时 46 分 56 秒，1 号汽轮机跳闸，首出为"ETS 超速动作"。

（二）事件原因查找与分析

1. 事件原因检查

1 号机组 SOE 历史记录，如图 5-87 所示。

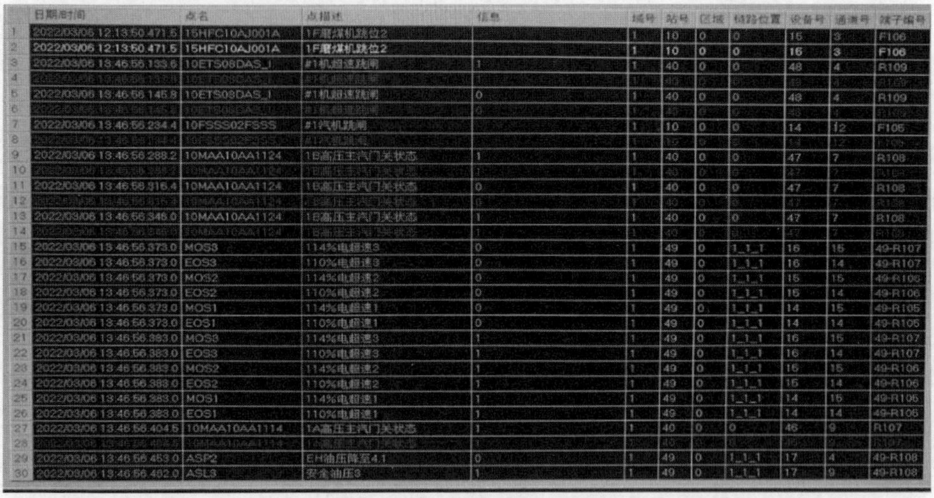

图 5-87　1 号机组 SOE 历史记录

13 时 46 分 56 秒，集控大屏"1 号机汽轮机跳闸"，首出为"ETS 超速动作"，110％电超速第一、二、三点，114％电超速第一、二、三点均有报警，SOE 记录持续时间为 10ms。

13 时 46 分 56 秒，1A、1B 高压主汽门关闭状态。

13 时 46 分 56 秒，1 号炉 MFT 继电器动作，MFT 首出为"汽轮机跳闸"。汽轮机转速正常下降、无异常。检查 DEH 侧转速信号 1、2、3 及 DCS 侧键相转速均显示正常，分别为 3004.41、3005.49、3003.11、3001.75r/min。

2. 事件原因分析

（1）BRAUN 模件参数设置检查。热控人员检查 1 号机组 10CKA49 机柜 BRAUN 模件参数设置正确，110％SP1 设定值为 3300，114％SP2 设定值为 3420。信号接线牢固无松脱现象存在。

（2）BRAUN 卡记录最高转速查询。现场检查 BRAUN 卡储存的机组最近开机并网以来最高转速值分别为启机冲转过程中出现的 3040、3039、3039r/min，此次汽轮机跳闸前记录的瞬时转速均未到达 3300r/min 的触发值。

（3）SOE 记录查询。查询 ETS 控制器 49 号站电超速触发动作时间，13 时 46 分 56 秒 373 毫秒时，110％电超速第一、二、三点，114％电超速第一、二、三点同时触发动作；13 时 46 分 56 秒 383 毫秒时，恢复正常，SOE 记录动作时间为 10ms。

（4）DI12 模件通道 200ms 滤波时间验证。BRAUN 卡根据从转速探头采集的转速值及 110％SP1 设定值为 3300，114％SP2 设定值为 3420，通过继电器（大于定值时失电）输出至 3 块 DI12 模件中，BRAUN 卡接线，如图 5-88 所示。

通过信号发生器进行 200ms 滤波时间验证，滤波时间验证记录见表 5-7。

图 5-88　BRAUN 卡接线

表 5-7 滤 波 时 间 验 证 记 录

信号触发周期（ms）	DI12 模件通道是否触发	SOE 记录时间（ms）
50	否	0
100	否	0
190	否	0
210	是	210

由表 5-7 可知，200ms 滤波起作用，若 DI12 通道从"0-1"或"1-0"触发时 SOE 记录时间至少为 200ms，此次汽轮机跳闸时，SOE 记录的电超速动作时间为 10ms，远远小于 200ms，需 DCS 厂家分析解释。

（5）DI12 模件通道其他信号排查。汽轮机跳闸触发后，查看 40 号站高压主汽门关状态信号为"1"，30ms 后关状态信号为"0"，再 30ms 后关状态信号为"1"，短时间内信号出现连续翻转。

（6）上次汽轮机跳闸相似信息追踪。2021 年 10 月 08 日 02 时 39 分 44 秒，集控大屏"1 号机汽轮机跳闸"，首出为"ETS 超速动作"，110％电超速第一、二点，114％电超速第一、二点均有报警，查询 BRAUN 卡内记录，最高值到达 4772r/min（由于此前没有清除过 BRAUN 历史记录，所以 4772r/min 不能确定是此次跳机时出现）。此次 SOE 记录的电超速动作触发时间也是 10ms，同时，49 站 DI12 模件上安全油压 3 信号也出现了 10ms 的翻转，汽轮机跳闸触发时，安全油压 3 信号为"1"，10ms 变为"0"，10ms 又变为"1"。

（7）其他检查。为验证电源压降对杭州和利时自动化有限公司 DI12 模件的影响，将电压 48V 下降至 28V 时，模件停止工作，信号保持未出现翻转现象，电压恢复后，模件信号显示当前状态。

检查发现 BRAUN 卡在电源电压 24V DC 下降至 12.9V DC 时模件停止工作，模件信号有翻转现象。

进行控制器 K-CU03 冗余切换试验，模件信号未翻转。

3. 暴露问题

直接原因：1 号机组 ETS 电超速信号三取二保护动作，引起 1 号汽轮机跳闸，MFT 信号动作。

由于数据传输过程中数据堵塞或丢包，引起数据变位，由于主控单元内开关量的数据处理模块（DVI功能块）对"0"和"1"的处理机制不严谨，造成"1"的数据被当成"0"处理引起事件发生。

DVI功能块处理机制：DI12模块通道采集值，如果"1"则上报0XE，"0"则上报0X5。CU03控制器收到DI12通道数据后，则通过DVI功能块进行转换。目前转换方法为如果通道值为0XE则转换为"1"，否则都为"0"。这里有不严谨的地方在于如果上报的值既不是0XE也不是0X5，则也转换为"0"，导致问题发生。

ETS站共有4个常闭DI点，从历史数据记录，其中三个点出现过随机性的变位事件。3次是2个点，1次是4个点，1次是6个点，而且异常时同一模块的DI点处理结果是一样的。由于DI模块到主控的数据传输采用Profibus-DP总线，控制站内所有数据采集的周期小于2ms，主控CU03运算周期为10ms，因此在10ms运算周期内，DP实际已更新5次数据，如果某一次传输异常没有被采集，则不会出问题，因此存在一定随机性。

（三）事件处理与防范

（1）修改ETS保护逻辑：将逻辑组态中开关量常闭点信号改为常开点，相应把BRAUN卡内部设置也改为常开点动作。取消1、2号机组49号站ETS原逻辑中汽轮机转速大于3060r/min。

（2）K-CU03控制器采用功能块替换方式升级（含控制器CU03固件、I/O-BUS04固件、DI12固件升级），对DVI功能块修改为如果通道值为0XE则转换为"1"，如果通道值为0X5则为"0"。如果上报的值既不是0XE也不是0X5，则保持前一次的值。

（3）针对K-CU03控制器开发分脉冲校时功能，现场控制站组态改为DI12模块硬件SOE记录，恢复记录精度至亚毫秒，确保SOE时间准确易于事故分析，并进行试验验证。

（4）三块BRAUN卡电源独立供电。

（5）更换ETS控制K-CU03两块，更换DI12模块三块，更换电源模块两块。

（6）BRAUN卡内部扫描周期由5ms修改为40ms。

（7）ETS系统中DI12模块上电超速保护信号通道滤波时间由200ms改为4ms。

（8）定期检查BRAUN卡内转速历史最高纪录，每次机组停机后清除历史纪录。

二、磨煤机跳闸后大油枪无法投运造成MFT动作

某发电公司4号锅炉为北京B&W生产的B&WB-1025/18.44M型亚临界、中间再热、自然循环、单炉膛、平衡通风，前后对冲燃烧方式锅炉，2002年12月投产。

锅炉原燃烧器配置为B&W标准的双调风PAX型旋流煤粉燃烧器。为满足环保要求，2014年6月由武汉天河集团完成低氮燃烧器改造，锅炉共有20只油枪，其中，B、D、E层设置大油枪每层4只，每只大油枪出力1200kg/h，A层为4只由主、辅油枪组成的微油点火枪，微油主油枪出力20～40kg/h，辅助油枪出力10～180kg/h，燃油系统设计供油压力大于1.2MPa，供油温度25～54℃。

（一）事件过程

2022年7月16日20时56分，4号机组负荷159MW，A、B、C、D磨煤机运行，E磨煤机检修，总煤量88.4t/h，给水流量349.4t/h，主蒸汽压力13.03MPa，主蒸汽温度538℃，再热蒸汽压力1.89MPa，再热蒸汽温度541℃。

20时56分20秒，B磨煤机电流先迅速上升后又急速下降，磨煤机出口温度先小幅度下降后迅速上升至120℃，运行人员就地检查发现给煤机出口堵满原煤。

20时59分02秒，炉膛压力由−50Pa突升至322Pa后迅速下降。之后，D、B、C磨煤机火检先后丧失，D、B、C磨煤机先后跳闸（首出层火焰消失）。59分27秒，炉膛压力至最低点−1765Pa。

20时59分48秒，依次投入D层大油枪，油枪火检信号未检测到火焰，大油枪投入不成功。22s后，AQ3投入A层微油，微油点火成功，机组开始减负荷至最终2MW维持。2min后，炉膛压力回升至615Pa，运行人员调整引、送风机至炉膛压力维持在0Pa左右。

21时26分51秒，表盘A层4只油火检检测有火，1只煤火检未检测到有火，运行人员就地通过看火孔观察A磨煤机出口火焰微弱，为防止锅炉爆燃，手动MFT。

21时26分52秒，运行人员准备进行炉膛吹扫，重新点火。27分26秒，运行人员发现锅炉进油压力"0"，立即与油库值班人员联系，确认供油系统出现异常，随即安排人员对供油系统检查。

21时30分50秒，再热蒸汽温度已降至464.34℃且有持续下降的趋势（规程要求"主、再热蒸汽温度下降至460℃，仍继续下降需立即停机"），考虑到锅炉燃烧暂时无法恢复，汽轮机手动打闸停机。

（二）事件原因查找与分析

1. 事件原因检查

（1）锅炉燃烧恶化原因。经查阅DCS历史曲线，B给煤机堵煤后虽然火检信号未消失，但通过B燃烧器进入炉膛的煤粉已经很少，B层近似灭火，此时，炉内A、D、C燃烧器着火，"隔层"燃烧，B给煤机堵煤后炉内燃烧示意，如图5-89所示，其中，C层2支燃烧器、D层4支燃烧器、A层4支燃烧器着火，B、E层燃烧器未着火，使炉内燃烧工况变差，炉膛负压开始大幅度扰动，于20时59分22秒时造成D磨煤机首先灭火，D磨煤机跳闸（首出层火焰消失），D磨煤机跳闸前运行参数，如图5-90所示。

炉膛压力进一步下降，2s后，B磨煤机火检丧失，B磨煤机跳闸（首出层火焰消失），B磨煤机跳闸前运行参数，如图5-91所示。再8s后，C磨煤机火检丧失，C磨煤机跳闸（首出层火焰消失），C磨煤机跳闸前运行参数，如图5-92所示。

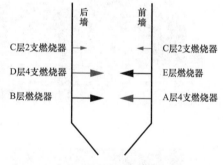

图5-89 B给煤机堵煤后炉内燃烧示意

A磨煤机燃用煤质干燥基挥发分为14.02%，属较难着火煤种，D、B、C磨煤机跳闸后，随炉膛温度逐渐下降，A磨煤粉燃烧逐渐变弱。为防止锅炉爆燃，运行人员手动MFT。磨煤机跳闸前后炉膛压力变化趋势，如图5-93所示。

事件后，经检查入仓煤质报告，事发时锅炉燃用煤种为当天下午班入仓煤，其煤质已与当天上午班入仓煤在挥发分成分上发生较大变化，但运行磨煤机依然保持较高风煤比，是造成燃烧稳定性差的原因之一。

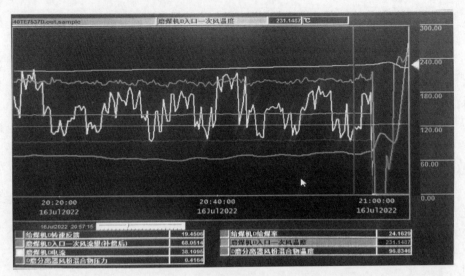

图 5-90　D 磨煤机跳闸前运行参数

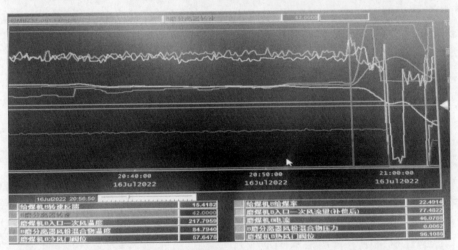

图 5-91　B 磨煤机跳闸前运行参数

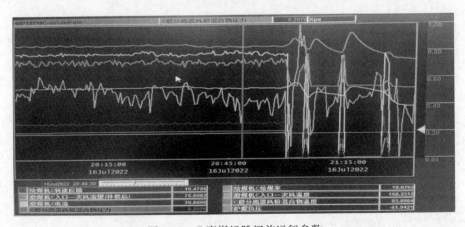

图 5-92　C 磨煤机跳闸前运行参数

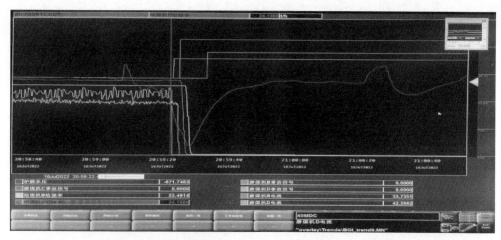

图 5-93　磨煤机跳闸前后炉膛压力变化趋势（蓝色曲线）

（2）大油枪投运不成功原因。D、B、C 磨煤机相继跳闸后，运行人员投入 D、B、C 层大油枪一直不成功，无法起到助燃作用，检查油枪缺陷记录，4 号炉油枪缺陷记录，如图 5-94 所示，发现 4 号炉油枪大部分存在故障且未及时消除，油枪投运定期工作记录不详细，影响了及时投运。

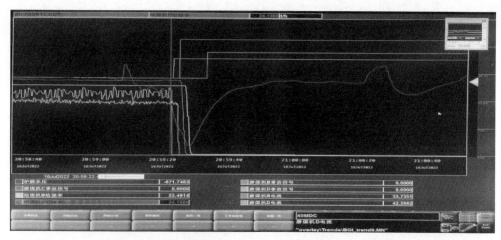

图 5-94　4 号炉油枪缺陷记录

锅炉 MFT 动作后，调阅 DCS 中历史曲线，发现锅炉进油快关阀关闭，供油母管压力由 1.2MPa 上升到 1.9MPa，20s 后又快速下降至 0，锅炉进油母管压力变化情况，如图 5-95 所示。经现场检查发现供油母管泄漏，锅炉无法再次点火，二期供油母管出现漏点，如图 5-96 所示。

2. 事件原因分析

（1）直接原因：D、B、C 磨煤机跳闸后，D、B、C 大油枪一直无法成功投入和 A 磨煤机挥发分较低难以维持燃烧。

（2）间接原因：B 给煤机堵煤后炉内燃烧工况变差、炉膛压力大幅度扰动，造成 D、B、C 磨煤机相继跳闸灭火；事发前，锅炉运行过程中磨煤机风煤比不合理、燃烧稳定性差；供油母管泄漏造成锅炉 MFT 后无法重新点火。

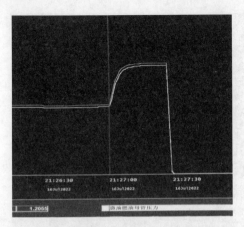

图 5-95　锅炉进油母管压力变化情况　　　　图 5-96　二期供油母管出现漏点

（三）事件处理与防范

（1）应进一步加强设备检修管理、提高设备可靠性，对 4 号炉油枪存在缺陷及时消除，保证油枪能够随时投入。

（2）加强配煤掺烧管理，控制入炉煤煤质，并根据煤质数据及时调整燃烧参数，保证燃烧的稳定性。

（3）完善堵煤预防措施和堵煤处理措施。

（4）清理泄漏点附近燃油沟道以防止火灾，对供油母管进行整体测厚检查、防腐，对壁厚不足的管道进行更换。

第六章

检修维护运行过程故障分析处理与防范

本章对收集的案例筛选了 22 起进行分类，分别就检修维护和运行过程中引发的案例进行了归总和提炼。例如，检修维护中，主要集中在误删除逻辑、误修改逻辑与定值；强制参数限值错误；缺陷处理时操作不当、检修工艺不规范等方面，运行过程中的问题主要集中在设备故障、风机跳闸、主控切为手动后或降负荷中，处理经验不足、操作不当等，导致了机组 MFT。

希望借助本章节案例的分析、探讨、总结和提炼，能对读者提高运行、检修和维护操作的规范性和预控能力上有所帮助。

第一节　检修维护过程故障分析处理与防范

本节收集了因安装、维护工作失误引发的机组故障 11 起，分别为逻辑检查过程误删中压调节阀憋压逻辑导致中压调节阀关闭跳机、检修人员强制参数限值错误导致机组跳闸、误修改逻辑及定值导致脱硫系统跳闸锅炉 MFT、维护人员操作排污阀不当导致水冷壁流量低低机组跳闸、电磁阀线圈缺陷处理时导致抗燃油压低低保护动作跳闸机组、卸荷阀漏油消缺导致"抗燃油压低低"保护动作机组跳闸、检修人员未强制信号导致送风机跳闸、热控人员修改轴向位移保护逻辑操作不当导致机组跳闸、热控人员检修真空泵切换阀操作不当导致真空低低保护误动作、检修工艺不规范造成低油压保护动作导致机组跳闸、某自备电厂孤岛运行机组跳闸。

一、逻辑检查过程误删中压调节阀憋压逻辑导致中压调节阀关闭跳机

某电厂为保证 6 号机组同时满足深度调峰和供热要求，委托 DEH 供应厂家上海汽轮机有限公司制定了中压调节阀憋压方案，在 2021 年 U602B 修中新增了控制逻辑，完成了组态调试工作。

2022 年 1 月 29 日，6 号机组在运行中进行了憋压试验，发现中压调节阀流量指令只能关至 70%，中压调节阀阀位指令仍在 100%，不能满足要求。为解决该问题，尽快满足电网深度调峰要求，联系上海汽轮机有限公司自控中心技术人员（简称上汽厂人员）。2 月 10 日上午到厂进行 6 号机组中压调节阀憋压逻辑回路检查和试验工作。

（一）事件过程

当时 6 号机组负荷 789MW，主蒸汽压力 22.3MPa，主蒸汽温度 600.5℃，再热蒸汽温

度 586.2℃，B、C、D、E、F 制粉系统运行，AGC 和一次调频均投入。

11 时 09 分，6 号机组 A、B 中压调节阀运行中突然关闭，开度由 100.3％降至 0％。

11 时 10 分，6 号机组锅炉 MFT 保护动作，首出原因"再热器保护丧失"，机组解列。

（二）事件原因查找与分析

1. 事件原因检查

上汽厂人员在逻辑检查过程中，误删中压调节阀憋压逻辑的输出指令（指令变 0），调节阀憋压逻辑，如图 6-1 所示，致使"中压调节阀阀限小选模块"输出也变为 0，中压调节阀主控制器输出指令瞬间由 100％下降为 0％，引起 A、B 侧中压调节阀关闭，再热器保护动作，触发锅炉 MFT 动作，机组解列。

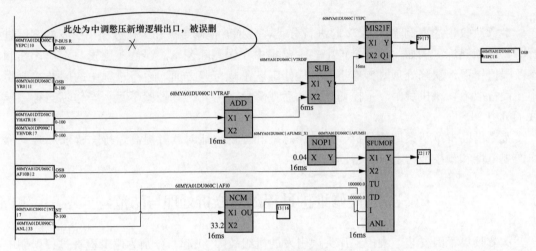

图 6-1　调节阀憋压逻辑

2. 事件原因分析

（1）直接原因：上汽厂人员在逻辑检查过程中，误删中压调节阀憋压逻辑的输出指令。

（2）间接原因：①热控人员对西门子 T3000 控制系统掌握程度不够，过分相信厂家技术人员的业务能力，未及时发现，并阻止厂家误操作；②对此次作业风险辨识和预控不到位，未采取有效防范措施。

3. 暴露问题

（1）厂家服务人员误删中压调节阀憋压逻辑的输出指令。

（2）热控人员能力不够，未及时发现，并阻止厂家误操作。

（三）事件处理与防范

（1）恢复误删的中压调节阀逻辑，并检查逻辑无误。

（2）加强热控人员 T3000 控制系统的技术培训。

（3）加强外来技术服务人员的作业风险交底及监管。

二、检修人员强制参数限值错误导致机组跳闸

2022 年 12 月 3 日，4 号机组负荷 93.04MW，低压缸零出力运行，锅炉给水流量 380t/h，总煤量 94t/h，总风量 546.1t/h，真空－98.33kPa。1 号抗燃油泵运行，2 号抗燃油泵备用，抗燃油压 14MPa。

（一）事件过程

12月2日15时07分，热工专业人员开工作票检查4号机抗燃油系统加热器控制回路。28min后，检查工作结束，终结工作票。

16时06分，热工专业人员A进行检修交代"加热器逻辑为油温低于40℃联启加热器，循环水泵，冷油器电磁阀关闭状态"（经事后排查，抗燃油系统加热器控制回路实际无此逻辑，该检修交代内容有误）。

12月3日13时10分，4号机组汽轮机抗燃油箱油温37.3℃，运行人员联系检修处理加热器不联启问题。

13时15分，值班人员B独自到达现场检查抗燃油温控表，与A电话沟通，A误认为抗燃油温控表AL3报警输出为联启加热器输出，指挥值班人员B将限值由20℃修改为40℃。

13时23分，值班人员B在未开工作票且未与运行人员沟通的情况下，将抗燃油温控表AL3限值由20℃修改为40℃。

13时24分，运行值班员发现4号机组1号抗燃油泵跳闸2号未联动，手动启动1、2号油泵均无效，派值班员就地检查。

13时26分，4号机组汽轮机抗燃油压低至9.0MPa，汽轮机跳闸，锅炉MFT，发电机解列，厂用电快切启动正常。

14时27分，检修人员将AL3限值由40℃改回20℃，4号机组汽轮机1、2号抗燃油泵自启动，停止2号抗燃油泵运行，抗燃油压13.9MPa。

14时30分，4号汽轮机转速到0，投入1号机组盘车。

15时23分，4号机组汽轮机冲转，15min后至3000r/min，各项参数显示正常。

15时44分，4号发电机-变压器组同期并网。

（二）事件原因查找与分析

1. 事件原因检查

（1）油泵控制逻辑检查。机组跳闸后，专业人员检查厂家给出的就地油泵控制逻辑，就地油泵控制逻辑，如图6-2所示。AL1油温超60℃时高温报警；AL2油温超55℃时，启动冷却水泵、开启循环水泵，并自动切断加热器投入；AL3油温低于20℃时禁止主油泵启动，就地控制装置，如图6-3所示。AL4油温低于45℃时切断冷却水泵电源。

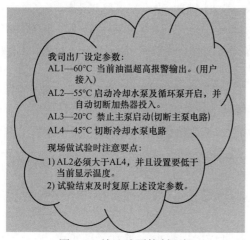

图6-2　就地油泵控制逻辑

图6-3　就地控制装置

（2）机组跳闸原因检查。事件后，专业人员查阅 DCS 中抗燃油泵跳闸过程曲线，抗燃油泵跳闸过程曲线，如图 6-4 所示。根据上述事件过程和过程曲线分析，认为检修人员误将抗燃油温控表 AL3 参数限值，由 20℃更改为 40℃，此时抗燃油箱温控表 AL3 闭合，继电器 K5 得电，K5 三路常开触点一路至 DCS 报警，两路送至电气控制回路，使联入抗燃油泵启动回路的常闭触点断开，导致抗燃油箱油温低油泵闭锁条件触发，触发油泵跳闸及禁止启动油泵功能，导致 2 号抗燃油泵未联锁启动，抗燃油压低保护动作跳闸机组。

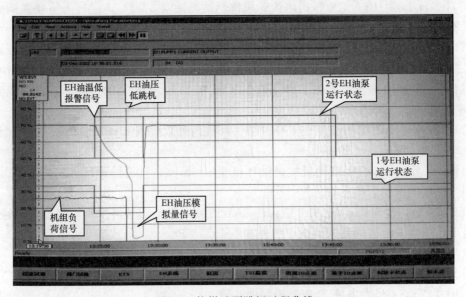

图 6-4　抗燃油泵跳闸过程曲线

2. 事件原因分析

（1）直接原因：A 在未到现场检查确认、不掌握系统逻辑的情况下，错误发出工作指令，违章指挥。值班人员 B 在处理 4 号机组抗燃油系统加热器不联启问题时，无票作业，无监护操作，违反安全操作规程要求，误将抗燃油温控表 AL3 参数限值由 20℃更改为 40℃。

（2）间接原因：隐患排查不到位，就地抗燃油控制柜油箱温度联锁逻辑存在如下隐患。

1）厂家出厂时设置了温度低禁止油泵启动逻辑，控制箱内实际接线逻辑为油温低于 20℃油泵跳闸，温控表 AL3 输出应只作为启动油泵允许条件，不应跳闸运行中的油泵。

2）单温度测点跳闸抗燃油泵不符合二十五项反事故措施要求 9.5.2 规定：所有重要的主、辅机保护都应采用"三取二""四取二"等可靠的逻辑判断方式，因系统原因测点数量不够，应有防保护误动及拒动措施，导致该隐患一起存在。

3）检修人员技能水平不足，之前逻辑排查时未对抗燃油控制逻辑完全掌握，凭借经验认为温控表联锁加热器，违章指挥私自修改保护限值。

3. 暴露问题

（1）两票管理存在漏洞，检修人员作业时未履行工作票流程，存在违章作业、单人作业现象。

（2）人员违章指挥，在未到现场核对、未履行保护投退审批程序的情况下，指挥作业人员修改保护定值。

（3）双重预防机制建设未有效落地，存在作业风险分析不全、隐患排查不彻底现象，未及时发现油温低于20℃，油泵禁止启动逻辑为跳闸逻辑。

（4）违反《防止电力生产事故的二十五项重点要求》的规定，所有重要的主、辅机保护都应采用"三取二""四取二"等可靠的逻辑判断方式，因系统原因测点数量不够，应有防保护误动及拒动措施。

（5）检修人员技能水平不足、责任心不强，逻辑排查时不彻底，未准确排查出抗燃油控制逻辑详细内容，凭借经验认为温控表联锁加热器。

（6）热工专业培训不到位，人员对重要设备逻辑情况掌握不足，未针对性开展抗燃油控制逻辑排查及就地回路逻辑检查专项培训，导致专业人员对就地回路功能不了解，作业风险分析不全。

（三）事件处理与防范

（1）严格按照工作票管理制度执行，落实各级审批人员岗位职责，增加两票及现场检查频次，发现违章指挥、无票作业问题，严格按照"零容忍"原则落实各级人员考核，杜绝此类事件再次发生。

（2）加强保护定值修改过程的管理，对于保护定值修改应严格履行审批程序，并严格落实热工保护、联锁定值修改，需一人操作一人监护的要求，发现不按照要求执行的，从重考核。

（3）检修、运行人员共同成立专项排查组，落实排查责任，开展热工保护逻辑隐患排查，重点对单点保护、逻辑设置不合理及分级报警的问题开展排查，确认是否存在问题。

（4）就地控制柜取消电气回路的温度跳闸保护信号，取消K5继电器；由于取消了温度跳闸保护功能，失去抗燃油箱温度低报警信号，在原DEH画面抗燃油箱油温模拟量点增加小于或等于23℃声音报警；抗燃油箱油温大于或等于20℃允许启抗燃油泵改为人工确认。

（5）对就地关键保护仪表悬挂"重要仪表，谨慎操作"标识，防止人为误动。

（6）加强专业人员技能培训，组织运行及检修人员共同开展保护逻辑、联锁定值相关内容的专项培训，并进行考试，形成长效培训、验收机制。

（7）结合双重预防机制建设推进工作完善风险数据库，并对照执行，杜绝作业风险分析不全的现象。

（8）持续严抓节假日及夜间缺陷处理的流程管理，处理重要缺陷时，专业管理人员必须到岗到位。

三、误修改逻辑及定值导致脱硫系统跳闸锅炉 MFT

某发电公司2号机组为660MW超临界燃煤汽轮机发电机组，锅炉为单炉膛、一次再热、平衡通风、露天布置、固态排渣、全钢构架、全悬吊结构Π形超临界变压直流煤粉锅炉，型号为DG2086/25.4-Ⅱ9。机组配两台三分仓回转式空气预热器。烟气脱硫采用石灰石-石膏湿法脱硫技术，脱硫剂为石灰石，脱硫副产物为石膏，一台锅炉配置一座吸收塔，设计入口SO_2浓度1873mg/m^3（标准状态、干基、6％O_2），脱硫效率98.93％。吸收塔直径为16.2m，高度为40.5m，浆液池高度10.60m，浆池容积为2042m^3。吸收塔设置4台浆液循环水泵和喷淋层，在脱硫入口烟道配备有事故喷淋系统。烟气脱硫装置设计参数见表6-1。

表 6-1 烟气脱硫装置设计参数

项目	单位	设计煤质	校核煤质
机组容量	MW	660	660
机组计算耗煤量	t/h	293.9	340.6
脱硫装置处理烟气量（标准状态湿烟气量）	m^3/s（标准状态）	616.8	613.3
脱硫装置的设计脱硫效率	%	98.93	98.93
RO_2	%（体积百分比）	13.3	13.0
O_2	%（体积百分比）	5.0	5.0
N_2	%（体积百分比）	75.5	74.5
H_2O	%（体积百分比）	6.2	7.5
FGD 入口烟道设计温度	℃	135	135
短期烟气温度波动（空气预热器故障时）	℃	175	175
短期烟气温度波动持续时间	min	30	30
FGD 负荷范围	%	0～100	0～100
FGD 年运行小时数	h	8000	8000

（一）事件过程

2022 年 6 月 15 日 18 时 40 分，脱硫吸收塔入口烟气温度测量值分别为 158.50、160.00、158.86℃，触发脱硫入口事故喷淋动作，灰硫运行班长汇报值长要求主控降低脱硫入口烟温。

6 月 15 日 19 时 00 分，经过运行人员调整，A 空气预热器出口排烟温度测量值由 162.88、162.51、174.18℃下降至 159.35、158.11、169.29℃，B 空气预热器出口排烟温度值由 177.55、174.33、170.03℃下降至 168.45、166.63、164.43℃，但脱硫吸收塔入口在线烟气温度值基本保持不变，为 159.87、161.12、160.43℃，2 号炉 MFT 动作跳闸机组，首出"脱硫系统跳闸"。

（二）事件原因查找与分析

1. 事件原因检查

（1）机组跳闸原因查找。调阅 DCS 组态逻辑，检查发现脱硫系统触发的跳闸逻辑和定值已在 2017 年 4 月由"脱硫吸收塔入口烟气三个温度测点中任意二个测点值大于 180℃延时 20min 后，脱硫系统跳闸"修改为"脱硫吸收塔入口烟气三个温度测点中任意一个测点值大于 160℃延时 20min 后，脱硫系统跳闸"。

2022 年 6 月 15 日 18 时 40 分，脱硫入口烟温超过 160℃，触发开启事故喷淋动作，但脱硫入口在线烟气温度并无明显下降，导致机组在保护动作触发延时 20min 后，锅炉 MFT 动作，机组跳闸。

（2）脱硫系统跳闸逻辑变更检查。2017 年 4 月，2 号机组超低排放改造中，脱硫吸收塔入口烟气温度高高跳脱硫系统的逻辑和定值设置被修改，2017 年 4 月 1 日备份组态逻辑，如图 6-5 所示；2017 年 4 月 8 日备份组态逻辑，如图 6-6 所示。

检查发现该电厂于 2022 年 5 月发布的机组热工保护定值表中，脱硫系统跳闸吸收塔入口烟温高高动作定值为 180℃，2022 年 5 月发布的机组热工保护定值，如图 6-7 所示。

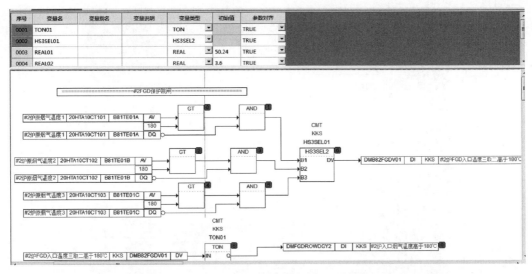

图 6-5　2017 年 4 月 1 日备份组态逻辑

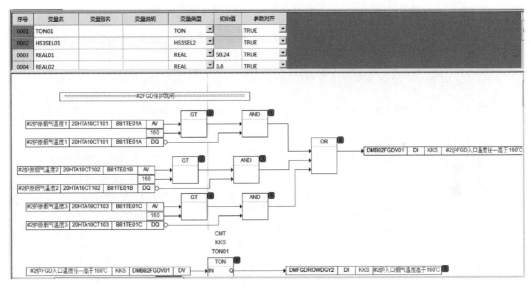

图 6-6　2017 年 4 月 8 日备份组态逻辑

（3）脱硫入口烟气温度高原因查找。2022 年 6 月 15 日 19 时 00 分，2 号机组负荷 410MW，空气预热器 A 进口烟气温度测点分别为 331.94、336.19、335.10℃，空气预热器 A 出口烟气温度测点分别为 159.49、158.25、169.46℃；空气预热器 B 进口烟气温度测点分别为 336.63、337.85、327.28℃，空气预热器 B 出口烟气温度测点分别为 169.07、166.94、164.60℃，分析判断 A、B 两台空气预热器换热性能不佳，导致空气预热器出口烟气温度高。空气预热器 A 侧进出口烟温示意（19 时 00 分），如图 6-8 所示；空气预热器 B 侧进出口烟温示意（19 时 00 分），如图 6-9 所示。

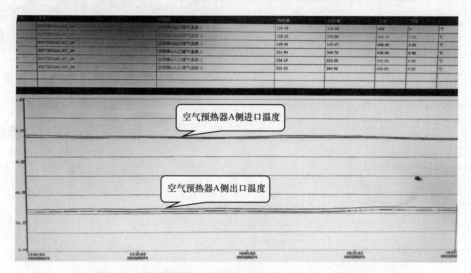

热电阻	氧化风机轴承进油温度	>50℃（延时 3 秒）	吸收塔 A、B 氧化风机跳闸（或）
变送器	氧化风机轴承润滑油压力	<0.078MPa（延时 3 秒）	
热电阻	氧化风机增速机任一轴承温度	>105℃（延时 3 秒）	
热电阻	氧化风机电机任一轴承温度	>85℃（延时 3 秒）	
热电阻	氧化风机电机任一绕组温度	>145℃（延时 3 秒）	
振动探头	氧化风机增速机任一轴承振动	>4mm/s（延时 3 秒）	
变送器	吸收塔液位	>10.9m	
变送器	吸收塔氧化空气母管压力	>100KPa	A、B 氧化风机排空门自动打开（或）
热电阻	A 氧化风机运行且氧化空气减温后温度	>80℃	
变送器	吸收塔液位	>3m	吸收塔 A~D 搅拌器启允许
变送器	吸收塔液位	<2.8m	吸收塔 A~D 搅拌器保护停
热电阻	吸收塔入口烟气温度	>180℃，且开事故喷淋阀，延时 20min，发请求机组保护跳闸信号	FGD 跳闸
热电阻	吸收塔入口烟气温度	>160℃	FGD 入口事故喷淋气动阀保护开（或）
热电阻	吸收塔出口烟气温度	>70℃	FGD 出口事故喷淋气动阀
热电阻	吸收塔至烟囱烟气温度	>80℃	
液位计	工艺水箱液位	>1.5m	A、B 工艺水泵启允许
液位计	工艺水箱液位	<1.2m	A、B 工艺水泵跳闸
液位计	工艺水箱液位	>1.5m	A、B、C 除雾器冲洗水泵启允许
液位计	工艺水箱液位	<1.2m	A、B、C 除雾器冲洗水泵跳闸
热电阻	2 号吸收塔出口烟温	>70℃	A 除雾器冲洗水泵自动启动
热电阻	1 号吸收塔出口烟温	>70℃	C 除雾器冲洗水泵自动启动
热电阻	湿磨机电机线圈温度	<125℃	A、B 湿磨机启允许（与）
热电阻	湿磨机电机轴承温度	<75℃	
热电阻	湿磨机轴承温度	<50℃	
热电阻	湿磨机瓦温度	>60℃	A、B 湿磨机跳闸（或）
热电阻	湿磨机电机轴承温度	>85℃	

图 6-7 2022 年 5 月发布的机组热工保护定值

图 6-8 空气预热器 A 侧进出口烟温示意（19 时 00 分）

（4）脱硫事故喷淋无效原因查找。2022 年 6 月 15 日 18 时 40 分，脱硫入口烟温超过 160℃，触发开启事故喷淋动作，调阅历史曲线，除雾器冲洗水泵 A 电动机电流、除雾器冲洗水泵出口至 2 号吸收塔压力、脱硫系统入口事故喷淋气动门均正常开启，但脱硫入口在线烟温未见明显下降。2022 年 6 月 15 日事故喷淋启动后相关参数曲线，如图 6-10 所示。

为进一步验证事故喷淋的效果，6 月 16 日开展事故喷淋效果试验，由于 2 号机组除雾器冲洗与事故喷淋共用除雾器冲洗水泵 A，此次试验全程保持除雾器不处于冲洗状态。在开启事故喷淋气动门及除雾器冲洗水泵 A 的同时，除雾器冲洗水泵出口至 2 号吸收塔母管压力上升，但脱硫入口在线烟温仍无明显变化。2022 年 6 月 16 日事故喷淋试验期间参数曲线，如图 6-11 所示。

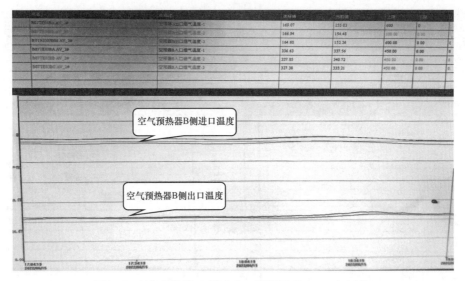

图 6-9　空气预热器 B 侧进出口烟温示意（19 时 00 分）

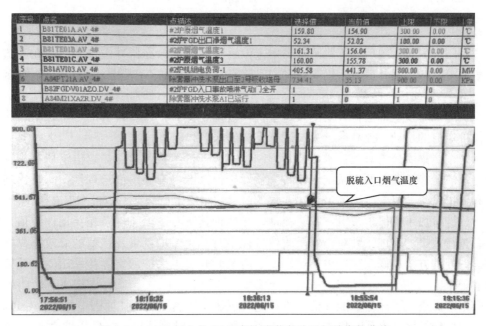

图 6-10　2022 年 6 月 15 日事故喷淋启动后相关参数曲线

事故喷淋无效的原因，除脱硫系统跳闸逻辑中未设置联锁启动除雾器冲洗水泵 A，在脱硫系统入口事故喷淋气动门开启时，仍需手动启动除雾器冲洗水泵 A，因此无法及时进行喷淋降温。其他原因需后期开展相关试验进行验证。

2. 事件原因分析

（1）直接原因：修改脱硫系统跳闸逻辑及定值（脱硫入口烟温高高定值由 180℃改为 160℃），加之空气预热器改造后换热效果差、干式除渣系统漏风量大，造成脱硫入口烟温高于 160℃，触发了脱硫系统延时跳闸保护，同时启动了脱硫入口烟道事故喷淋装置，但脱硫入口在线烟气温度未见明显下降，最终延时 20min 后跳闸机组。

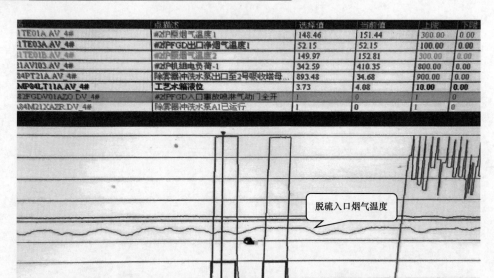

图 6-11　2022 年 6 月 16 日事故喷淋试验期间参数曲线

（2）间接原因：脱硫系统跳闸逻辑中未设置联锁启动除雾器冲洗水泵 A，在脱硫系统入口事故喷淋气动门开启时，仍需手动启动除雾器冲洗水泵 A，无法及时进行喷淋降温。

（三）事件处理与防范

（1）加强对发电部运行人员的技术培训，特别是针对主重要设备的热工保护、联锁逻辑及保护定值的培训，提高运行人员运行操作的水平和能力。

（2）按照集团公司有关技术监督管理制度，检查机组报警、保护定值清册完整性，须确保定值清册能够覆盖所有系统和设备。核对定值来源，确保定值合理性，能够达到异常预警和保护设备的要求。不满足上述要求的应尽快组织定值修订、审批和发布工作。

（3）针对热工主保护逻辑，统一梳理，并核查其所有逻辑条件及相关动作定值，对热工班组进行宣贯、培训。针对检修及改造过程中对重要保护逻辑及定值的修改操作，应制定完善的处理方案和修改变更单；逻辑变更后及时开展主保护的实际传动试验，并留下相关传动记录。

（4）开展空气预热器性能评估，查找空气预热器换热性能不佳原因，并尽快处理。

（5）处理炉底观察孔、检查口关闭不严问题，消除炉底漏风，降低排烟温度。

（6）对事故喷淋母管进行解体检修，检查喷嘴或支管是否发生堵塞；对事故喷淋母管流量进行测试，并与机组理论需要事故喷淋水量进行比对。

（7）定期开展事故喷淋试验，并记录事故喷淋的降温效果。

（8）恢复脱硫系统跳闸逻辑及定值，并在脱硫系统跳闸逻辑中设置联锁启动除雾器冲洗水泵 A，保证脱硫入口烟温高时及时进行喷淋降温。

四、维护人员操作排污阀不当导致水冷壁流量低低机组跳闸

2022 年 3 月 8 日，某电厂 4 号机组 AGC 投入，机组负荷 247MW，主蒸汽压力 16.59MPa，再热蒸汽压力 1.43MPa，主蒸汽温度 568℃，再热蒸汽温度 568℃，炉膛压力

－0.088kPa，总风量 1294.226t/h，总煤量 114.6t/h，主给水流量 645t/h，给水压力 17.43MPa。4 号锅炉屏式过热器抽汽供热系统热态调试中。14 时 15 分 59 秒，4 号锅炉 MFT 动作，首出为"水冷壁流量低低"。

（一）事件过程

2022 年 3 月 8 日 13 时 30 分，电厂设备管理部 4 号锅炉供热提压改造项目负责人，根据 4 号锅炉屏式过热器抽汽供热系统热态试运行方案，组织运行部和设备厂家及改造施工单位相关人员进行热态试运行，外委检修公司安排人员到 2 号集控配合调试。项目负责人对调试人员进行了安全技术交底。根据方案"准备工作"第 10 条"4 号炉屏式过热器抽汽供热流量计安装完成，可投运。"外委检修公司人员对该流量变送器进行排污。

14 时 15 分 06 秒，4 号锅炉主给水流量 B 由 644t/h 突降至 0t/h。52s 后，主给水流量 C 由 687t/h 突降至 0t/h，主给水流量（三取中）由 645t/h 降至 0t/h，此时主给水流量 A 为 696t/h。

14 时 15 分 59 秒，4 号锅炉 MFT，首出为"水冷壁流量低低"。

15 时 32 分，查明事件原因处理后 4 号锅炉点火。

16 时 15 分，4 号汽轮机开始冲转。

17 时 10 分，4 号发电机重新并网。

18 时 51 分，4 号机组负荷 300MW，检查运行正常。

（二）事件原因查找与分析

1. 事件原因检查

4 号锅炉 MFT 保护动作后，热控人员从 DCS 历史曲线中查找 4 号锅炉主给水流量 A、B、C 趋势，4 号锅炉主给水流量 A、B、C 趋势，如图 6-12 所示。

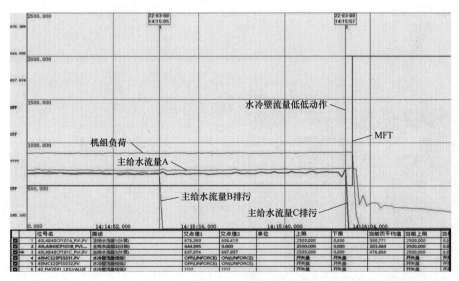

图 6-12　4 号锅炉主给水流量 A、B、C 趋势

热控人员到现场检查 4 号锅炉主给水流量变送器柜，发现外委检修公司人员在现场。经询问，两人刚对 4 号锅炉屏式过热器抽汽供热流量计管路进行排污。进一步询问后，了解到调试人员认为该柜内所有变送器均为屏式过热器抽汽供热系统相关变送器，作业前未

进行设备标识核对，开启同柜内主给水流量变送器 B 正压侧排污阀前，未先开启平衡阀。排污完成后，又开启主给水流量变送器 C 正压侧排污阀。造成 4 号锅炉主给水流量 B、C 流量突降为 0t/h，"水冷壁流量低低" MFT 保护动作。热控人员模拟调试人员排污方式，在未开启变送器平衡阀的情况下开启正压侧排污阀，排污完成后检查确认主给水流量变送器 C 正常，但主给水流量变送器 B 一直为 0t/h，4 号锅炉主给水流量 B 排污后趋势，如图 6-13 所示。

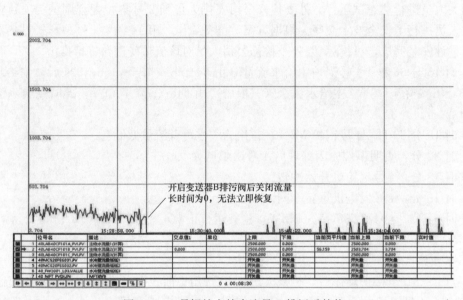

图 6-13 4 号锅炉主给水流量 B 排污后趋势

判断主给水流量变送器 B 已单侧受压损坏后，安排对主给水流量变送器 B 进行了更换。

2. 事件原因分析

（1）直接原因。外委检修公司作工人员在进行 4 号锅炉屏式过热器抽汽供热流量计管路排污工作时，未核对、确认设备标识，盲目开启同一热控柜内主给水流量变送器排污阀，主给水流量变送器（热控保温柜 40CFE01）内设备分布，如图 6-14 所示，造成主给水流量变送器 B 损坏的同时，又对主给水流量变送器 C 进行排污操作，导致"水冷壁流量低低" MFT 保护动作。

（2）间接原因。

1）风险辨识不全面。项目负责人、作业人员均未辨识出主给水供热流量计和屏式过热器抽汽供热流量计，安装在同一热控柜内可能导致的误操作风险和操作人员误操作设备的风险，从而制订相应的防范措施，因此

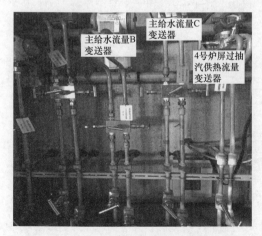

图 6-14 主给水流量变送器（热控保温柜 40CFE01）内设备分布

也未进行相关的安全技术交底。

2）作业人员业务能力不足。外委检修公司作业人员不清楚流量变送器排污步骤，在未开启平衡阀的情况下开启主给水流量变送器 B 正压侧排污阀，导致主给水流量变送器 B 损坏。

3）监护人职责履行不到位。监护人员未真正起到监护作用，未能及时发现，并制止作业人员的违章作业行为。

3. 暴露问题

（1）外委检修公司作业人员安全意识淡薄，作业前未核对、确认设备标识，盲目操作设备。

（2）4 号锅炉主给水流量变送器为基建时安装，已使用 16 年，耐压能力下降，单侧受压后损坏。

（3）项目负责人风险辨识不全面，未辨识出主给水供热流量计和屏式过热器抽汽供热流量计安装在同一柜内，存在操作人员可能误操作设备的风险。在现场安全技术交底时，也未提及相关风险，导致风险管控不到位。

（4）现场监护流于形式，监护人员未检查确认所操作的设备标识牌，未能发现作业人员的误操作行为，未能及时制止违章作业行为，即未起到监护作用。

（5）作业人员技能水平欠缺，不清楚流量变送器排污步骤，不具备进行流量变送器排污操作的技能水平。

（三）事件处理与防范

（1）组织生产作业人员重新学习两票三制相关要求，提高作业人员安全意识，切实落实作业前核对设备标识的要求。

（2）更换损坏的 4 号锅炉主给水流量变送器 B，评估主保护使用的相关变送器设备健康状况。

（3）对所有作业风险重新进行辨识，完善风险分级管控工作方案及危险源识别、评价和控制措施清单。

（4）各生产部门认真吸取本次事件教训，严格落实监护人职责，合理安排作业监护人员，在相关作业时，监护人必须由熟悉作业内容和程序的人员担任。

（5）严把外包人员入厂关，修改外包工程安健环管理标准，在外包人员入场安全教育考试中增加技能水平的比重。

（6）调研，并推进设备标识差异化管理。

五、电磁阀线圈缺陷处理时导致抗燃油压低低保护动作跳闸机组

2022 年 5 月 6 日 15 时 46 分，某厂 5 号机组负荷 33.7MW 正常运行中，抗燃油箱液位由 526mm 快速下降，运行人员降低 5 号机组负荷，抗燃油箱油位继续下降，最低至 211mm 时抗燃油泵跳闸，5 号机组 ETS 跳闸，跳闸首出信号为"抗燃油压低"。

（一）事件过程

2022 年 5 月 5 日，5 号机组 TV1 主汽门活动性试验无法正常动作（就地和 CRT 上均不动作），工程公司热电项目部（外包维护单位）热机一班、电仪二班分析初步判断 5 号机组 TV1 阀电磁阀线圈损坏。

5 月 6 日 12 时 30 分，A 某（热机人员）联系 B 某（电仪人员）检查 TV1 阀电磁阀线圈。维护部 C 某电话联系 A 某，交代若电磁阀线圈检查正常，不得擅自拆卸电磁阀阀体（该设备分工热机一班管辖）检查，等待通知管辖班组人员到场确认。

13 时 00 分左右，工程公司许某安排 D 某（副班长）和 E 某（班员）进行线圈更换工作。

14 时 00 左右，D 某联系 F 某（设备管理部仪控点检）确认现场情况。F 某现场确认后交代因电磁阀箱空间不足，电磁阀线圈如需更换，可拆开电磁阀箱的箱盖。

15 时 10 分，D 某开具 5 号机组 TV1 活动性试验电磁阀线圈更换"工作票，工作班成员为 E 某。维护部、工程公司项目部专业人员双签发工作票和运行许可工作票。

15 时 35 分，工作负责人 D 某带领工作班成员 E 某至 5 号机组 9m 层工作现场，进行现场安全交底后开始工作。

15 时 37 分，工作班成员 E 某对电磁阀线圈进行拆卸更换，拆卸过程抗燃油出现泄漏，抗燃油箱油位低低导致 ETS 跳闸，跳闸首出"抗燃油压低"。

更换电磁阀线圈后，检查 1 号主汽门电磁阀阀体完好、接线盒内接线紧固无松动，检查抗燃油箱液位为 211mm，抗燃油箱液位补油至正常液位，开展主汽门活动性试验正常，机组重新冲转。

17 时 52 分，5 号机组并网。

（二）事件原因查找与分析

1. 事件原因检查

5 号机组 TV1 主汽门电磁阀箱内部，如图 6-15 所示。查阅历史曲线记录并结合作业人员交流发现，因电磁阀箱体空间狭窄，检修人员多次尝试均无法顺利取出线圈。工作负责人 D 某要求将电磁阀阀体靠近线圈侧螺钉稍拧松以便线圈取出，在拧松螺栓过程中抗燃油出现泄漏；41 分时，抗燃油箱液位由 526mm 快速下降，运行人员立即降低 5 号机组负荷。46 分时，抗燃油箱油位最低至 211mm，抗燃油泵跳闸，5 号机组 ETS 跳闸，跳闸首出"抗燃油压低"。

图 6-15　5 号机组 TV1 主汽门电磁阀箱内部

2. 事件原因分析

（1）直接原因。工作成员 E 某松动 TV1 主汽门电磁阀阀体螺栓时，导致抗燃油泄漏，触发抗燃油箱液位低低保护，联锁抗燃油泵跳闸，触发 ETS 跳闸停机。

（2）间接原因。

1）工程公司项目部作业人员业务技能水平不足，对抗燃油系统设备归属不熟悉，拆卸电磁阀线圈方法选择不当；对工作内容风险辨识不到位，工作过程中未能辨识出松动电磁阀阀体螺栓会造成抗燃油泄漏的风险。

2）工作负责人安全意识淡薄，在未进行系统隔离的情况下，指挥松动电磁阀阀体。

3）热机一班、电仪二班工作交接不到位，A 某未转达主管部门交代安全事项，未告知作业人员阀体松动后安全风险。

4）工程公司项目部对重要设备消缺工作的风险辨识不到位，对消缺现场风险管控措施执行不到位。

5）外包项目主管部门维护部虽口头交代安全注意事项，但未跟踪现场实际工作开展情况。

3. 暴露问题

（1）工程公司项目部对班组员工的技能培训不足，未开展 DEH 系统等重要设备检修作业培训。

（2）工程公司项目部专工、班组之间工作交接存在漏洞，对于设备分工分界归属不了解；对重要设备消缺工作重视程度不够，未指派具备相应工作能力和检修经验的人员进行相关工作。

（3）作业人员应急处置能力不足，事件发生后应急处置选择不当，未第一时间联系运行人员进行隔离操作。

（4）工程公司项目部主管部门对现场作业管控不细，管理流程有待优化，对交代工作跟踪监督不够。

（三）事件处理与防范

（1）电厂、工程公司项目部、其他外包单位立即开展举一反三排查，梳理抗燃油系统重要设备的检修维护作业清单，编制检修作业卡，明确检修作业流程。

（2）电厂、工程公司项目部组织专项技能培训，根据梳理的重要检修维护作业清单，加强教育培训，提高作业人员技术技能水平。

（3）组织开展全厂重要设备维护工作的危险源再辨识工作，明确各级风险作业对工作负责人、工作班成员及相关管理人员的具体要求；组织危险源清单专题学习、考评，确保项目部人员熟悉风险作业内容。

（4）工程公司项目部建立健全重要缺陷的沟通机制、应急管理机制，加强应急处置能力培训，确保重要缺陷全过程有效管控。

（5）优化工作任务布置流程，细化停工待检点清单，强化任务要求执行，做好工作任务跟踪闭环管理。

（6）事件责任人 D 某、E 某待岗培训学习，经考试合格后方可重新上岗。

六、卸荷阀漏油消缺导致"抗燃油压低低"保护动作机组跳闸

某电厂 1 号机组汽轮机为哈尔滨汽轮机厂有限责任公司制造的超临界、一次中间再热、单轴、三缸、四排汽、高中压合缸、凝汽式汽轮机，型号为 N650-24.2/566/566，机组采用合作制造方式，高中压积木块为日本三菱公司制造，低压积木块为哈尔滨汽轮机厂有限责任公司制造。

（一）事件过程

2022 年 9 月 7 日 11 时，1 号机组负荷 518MW，主蒸汽压力 22.9MPa，主蒸汽温度 571℃，再热蒸汽压力 3.5MPa，再热蒸汽温度 570℃，6 台磨煤机运行，总煤量 277t/h，机组顺序阀运行，综合阀位指令 90%，中压调节阀全开，抗燃油压 14.01MPa，抗燃油泵 B 运行、A 备用，机组运行正常。

11 时 29 分，现场对 1 号机组 1 号中压调节阀插装卸荷阀漏油缺陷进行隔离消缺，按照技术措施，强制关闭 1 号中压调节阀后，关闭 1 号中压调节阀进油管路手动门进行系统隔离。消缺过程中拆除插装卸荷阀阀盖压板后发现管路带压，抗燃油发生泄漏；29 分 18 秒，OPC 母管油压低开关量报警（报警值 6.89MPa），1～4 号高压调节阀和 2～4 号中压调节阀关闭，同一时间抗燃油系统油压开始出现快速下降趋势。

29 分 21 秒，机组负荷由 518MW 瞬间下降至 0。

29 分 26 秒，抗燃油系统油压由 13.98MPa 下降至 11.2MPa 以下，"抗燃油系统油压低"开关量信号发出，备用抗燃油泵联锁启动，但抗燃油系统油压继续下降。

29 分 31 秒，抗燃油系统油压降至 9.3MPa 以下，抗燃油压低保护动作，机组跳闸。机组跳闸过程相关趋势，如图 6-16 所示。

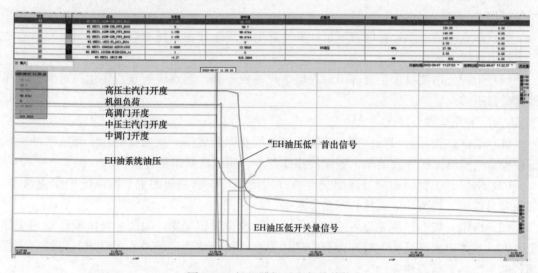

图 6-16　机组跳闸过程相关趋势

（二）事件原因查找与分析

（1）调节阀关闭原因分析。本次非计划停运事件主要是由于 1 号中压调节阀插装卸荷阀至 OPC 母管止回阀内漏，当拆除插装卸荷阀上部压盖时，OPC 母管油压通过内漏止回阀泄压。OPC 母管油压降低，导致各调节阀插装卸荷阀动作，1～4 号高压调节阀和 2～4 号中压调节阀快速关闭。

（2）抗燃油母管油压低原因分析。高、中压各调节阀关闭后机组未跳闸，各调节阀指令不变，进油伺服阀转为进油通路状态，抗燃油经插装卸荷阀（高压 4 只、中压 3 只）卸油至有压回油母管，调节保安油系统（局部），如图 6-17 所示，抗燃油压降至 9.3MPa 以下，抗燃油压低保护动作，机组跳闸。

机组跳闸后，对 1 号中压调节阀插装卸荷阀至 OPC 管路止回阀和插装卸荷阀至有压回油管路止回阀进行解体检查，发现中压调节阀插装卸荷阀至 OPC 管路止回阀 O 形密封圈缺失，导致止回阀内漏。调节阀模块至 OPC 管路底部密封圈缺失，如图 6-18 所示。

（三）事件处理与防范

（1）在线处理缺陷时，应加强对作业过程危险点分析，确保技术措施的可靠性。

（2）全面排查各机组主汽门、调节阀控制模块的止回阀、电磁阀、伺服阀是否存在缺陷，重点检查密封圈漏装等原因导致的阀门内漏问题。

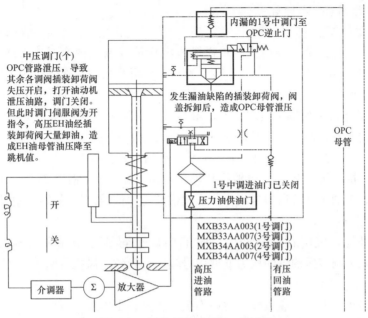

图 6-17　调节保安油系统（局部）

图 6-18　调节阀模块至 OPC 管路底部密封圈缺失

（3）加强对检修安装质量的监督，重要位置和重点设备的安装修复关键节点应由专业人员进行监督、验收。

（4）设备检修、异动后应进行调试、活动试验，对设备可能出现的各种工况条件进行模拟，及时发现设备存在的异常。

七、检修人员未强制信号导致送风机跳闸

（一）事件过程

2022 年 04 月 24 日事件前，1 号机组负荷 199MW，炉膛负压－172.18Pa，1A、1B 两台引风机，1A、1B 两台送风机运行。其中，1A 送风机 B 液压油泵运行，A 液压油泵因消缺工作停电，1A 送风机液压油供油压力 3.828MPa。

14 时 05 分 51 秒，热控人员进行 A 液压油泵消缺。消缺过程中，送风机液压油供油压力低低开关 1、2、3 均动作，导致送风机跳闸。

（二）事件原因查找与分析

1. 事件原因检查

事件后，经热控人员现场检查，A 送风机液压油控制柜内有两个 24V 电源模块 E1、E2，其两路正端输出 24V L1＋、24V L2＋经过直流隔离模块后送到 24V L＋母排 X2 端子排 5、6、7 上。两路负端输出 24V L1-、24V L2-，第二路 24V 电源模块的负端 24V L2-并接到第一路 24V 电源模块输出负端 2 上，由第一路 24V 电源模块输出负端 1（注：24V 电源模块输出负端 1 和负端 2 内部是短接的）送到 24VL-母排 X2 端子排 8、9、10 上。24V 电源经母排 X2 后给送风机液压油 3 个油压开关和油温开关供电。

当热控人员拆除第一路 24V 电源模块输出负端 24L1-时，柜内 24VL-母排失电，导致送风机液压油 3 个油压开关均失电动作，误发供油压力低低信号导致送风机跳闸。

2. 事件原因分析

热控人员进行 A 液压油泵消缺时，未进行消缺过程风险分析和事故预控，不了解电源系统走线，也未强制液压油供油压力低低信号输出，导致送风机跳闸。

3. 暴露问题

（1）暴露出热控人员作业风险源辨识不全，未辨识出拆除 24VL1-后 24VL-负端母排失电，可能会导致送风机液压油供油压力低低信号动作触发跳闸送风机的风险，未采取强制逻辑措施。

（2）仪控班组对控制回路接线不熟悉，未发现 24V 电源模块 E1、E2 负端输出 24V L1-和 24V L2-未单独接入负端母排的隐患。

（3）检修人员安全意识淡薄，盲目施工。工作过程未认真梳理 24V 电源模块接线，拆线前未考虑拆错线引起的后果。

（4）班组技能培训不到位，未针对性开展就地控制回路培训学习，检修作业人员对风机油站控制回路不熟悉。

（三）事件处理与防范

（1）开展就地控制柜内双电源供电回路隐患排查，针对排查出的问题利用停机机会进行整改。

（2）组织研究取消送风机液压油控制柜内双电源模块供电回路的可行性，送风机液压油油压开关和油温开关等信号直接进入 DCS 模件控制。

八、热控人员修改轴向位移保护逻辑操作不当导致机组跳闸

5 号发电机组为 330MW 亚临界氢冷供热机组，2007 年 8 月投产。汽轮机左右两侧分别设计安装轴向位移，且每侧安装 A、B 两支传感器，每侧安装 A、B 两支传感器。5 号机组在检修期前，轴向位移保护先在 TSI 内实现同侧"与"功能，后在 ETS 内实现异侧"或"。5 号机组在检修期中，改进轴向位移保护，先在 TSI 内实现同侧"或"功能，后在 ETS 内实现异侧"与"功能。

（一）事件过程

2022 年 1 月 4 日 22 时 00 分，5 号机组负荷 210MW 左右，B、C、D、E 制粉系统运行，总煤量 105t/h，主蒸汽压力 15.74MPa，主蒸汽温度 537℃，再热蒸汽温度 541℃，主蒸汽流量 608t/h，真空－98.31kPa。汽轮机油温 42℃，轴承振动、胀差、各轴承金属温度

正常，无明显变化。

22 时 41 分 23 秒，汽轮机轴移 1A 测点−0.936mm，"汽轮机轴向位移大"光字牌报警。

22 时 41 分 25 秒，5 号机组汽轮机轴向位移 1A 测点波动至−1.07mm（大于停机设定值），"汽轮机轴向位移大停机"光字牌报警，汽轮机跳闸，ETS 首出原因"轴向位移大"。

（二）事件原因查找与分析

1. 事件原因检查

检查 5 号机组共安装 4 只轴向位移探头（1A、1B、2A、2B）测量参数值，其中，1A 探头显示值在 22 时 41 分 25 秒信号跳变至−1.0mm，达到跳闸动作值，其余三只探头显示正常，没有明显变化，汽轮机轴移测点变化见表 6-2。

表 6-2 汽轮机轴移测点变化

时间	轴移测点			
	1A	1B	2A	2B
22：41：22	−0.768	−0.145	−0.145	−0.182
22：41：23	−0.936	−0.145	−0.145	−0.182
22：41：25	−1.07	−0.145	−0.145	−0.182

检查 ETS 软件跳闸逻辑。保护逻辑是左侧任一轴向位移大（≥1mm 或≤−1mm）"与"上右侧任一轴向位移大（≥1mm 或≤−1mm），符合设计思想。

检查 ETS 硬件跳闸回路（TPM 卡实现）。TPM 卡内逻辑配置为左侧任一轴向位移大、右侧任一轴向位移大按照"或"逻辑组态，形成实质性单点保护。TPM 卡逻辑配置修改为两路相"或"逻辑。TPM 卡逻辑配置为两路相"或"逻辑，如图 6-19 所示。

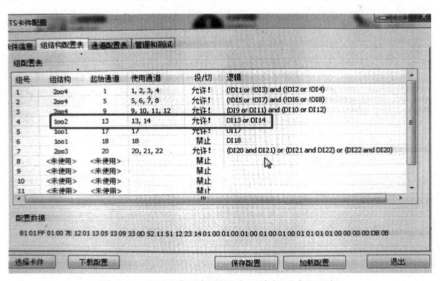

图 6-19 TPM 卡逻辑配置为两路相"或"逻辑

2. 事件原因分析

（1）直接原因：工作人员在修改 5 号机组汽轮机 ETS 轴向位移保护逻辑时，硬接线保护回路未同步与软件逻辑进行修改，形成事实上的单点保护。当汽轮机轴向位移测点 1A 故障，测量值跳变超过跳闸值，导致保护误动，机组跳闸。

（2）间接原因：热控人员在修改完轴向位移保护后及机组启动前，未进行或未严格按检修规程要求进行保护传动试验，未能及时发现隐患，导致运行中保护误动作。

3. 暴露问题

（1）公司在热工保护维护试验方面，规章制度存在漏洞；保护逻辑修改申请单或验收单中，未对异动的保护进行试验的要求，5号机组启动前，没有人核实主保护是否进行过试验工作，管理松懈，违反了二十五项反措关于主保护试验的要求。

（2）未严格执行现有的热工保护维护试验规章制度。

（3）对员工的技能培训不够重视，实际投入较少，使员工新技术的掌握欠缺。

（三）事件处理与防范

（1）对5号机组轴向位移跳闸保护逻辑完善，将ETS硬回路TPM卡逻辑配置修改为两路相"与"。

（2）消除1A轴向位移故障，排查其他主要保护信号。

（3）修改完善公司热工保护维护管理制度、保护异动申请单或验收单，严格执行保护修改、传动、验收流程，所有逻辑修改后必须进行传动试验后方可验收。

（4）机组启动前，热控人员应严格按"二十五项反措"进行联锁保护试验，并进行保护动作条件不同组合试验；相关人员应检查重要保护是否按要求进行了试验。

（5）严格按照电力可靠性标准要求，全厂定期开展设备保护定值、逻辑保护传动单的核对。

（6）针对类似于新型ETS的系统，采取生产厂家与内部培训相结合的方式培训，提高员工技能。

九、热控人员检修真空泵切换阀操作不当导致真空低低保护误动作

某公司2号1000MW机组三大主机均为东方电气制造。2022年5月12日9时，2号机组负荷850MW，CCS运行方式，主蒸汽压力26.7MPa，主蒸汽温度598℃，再热蒸汽压力4.66MPa，再热蒸汽温度618℃，总燃料量331t/h，主机真空－87.3kPa，机组运行稳定。

（一）事件过程

09时19分，机控班班长A某接运行人员通知：2号主机凝汽器备用真空泵快速切换阀气动阀1无法打开，安排人员到现场检查。

10时30分，机控班班长A某联系外委单位人员到2号机组主机真空泵附近，配合机控班B某研究脚手架搭设方案。

10时50分，热控人员C某配合B某检查。由C某在集控室配合运行人员远方操作该气动阀，B某就地检查，再次传动该气动阀仍不动作。

10时55分，热控人员C某进入2号机组热控电子间检查2号主机凝汽器备用真空泵快速切换阀气动阀1电磁阀指令。

11时02分，C某核实就地盘柜位置名称编号无误后（不是设备编号），使用万用表测量指令线有无电压。

11时03分26秒，2号机主机凝汽器A真空破坏阀全关信号消失，A侧凝汽器真空由－88.42kPa快速下降。

11时04分05秒，2号汽轮机ETS保护动作，首出为"排汽装置A压力高"，机组大联锁动作正常，2号锅炉MFT、2号发电机跳闸。

11时05分53秒，2号汽轮机凝汽器A真空破坏阀全开。

（二）事件原因查找与分析

1. 事件原因检查

事件后，现场核查2号机组主机凝汽器A真空破坏电动阀开指令是相邻端子。就地柜内模件接线，如图6-20所示，可见相关设备的端子号、设备编号清晰。

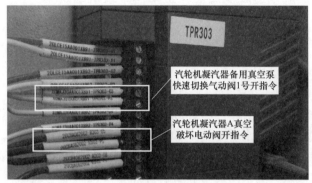

图6-20　就地柜内模件接线

经与热控人员C某交流，并让其模拟前面操作过程后，分析认为C某检查2号机主机凝汽器备用真空泵快速切换阀气动阀1电磁阀控制信号时，未认真核实设备编号，使用万用表检查2号机组主机凝汽器A真空破坏阀开指令信号端子上电压，过失使测量线表棒金属端触碰短路（或万用表设在电流档），导致该真空破坏阀开启。

2. 事件原因分析

（1）直接原因：2号机组真空破坏门被误开，导致2号机组真空值快速降至跳闸值（−70kPa，绝对压力25.3kPa），ETS保护动作跳闸。

（2）间接原因：无论是设备编号记忆错误还是万用表使用错误，由于热控专业人员单独执行检查工作，缺少监护人，失去纠错的机会。此外，未按安全工作工程要求开工作票，2号主机凝汽器备用真空泵快速切换阀气动阀1无法打开，这一故障属于非紧急工作，不应按照夜间抢修流程管理设备的维护检修工作。

3. 暴露问题

（1）管理人员的安全思想认识不到位。对热工消缺工作，无论是否紧急，急于求成，不按照安全工作规程要求开工作票。缺少工作负责人、工作组成员，消缺过程处于自发的混乱状态。运行值长对即将开展的检修消缺工作（即使是抢修）未起到应有的监督作用。

（2）电子间信号接线图缺失。热工C某操作失误，其中有一个关键原因为没有接线图确认，无法准确确定设备信号端子。

（3）基层员工安全意识差。在消缺时，没有自觉结对监督协助工作的习惯，导致C某独自1人在电子间进行检查工作，为事故的发生埋下隐患。另外，对万用表的使用防止表棒误碰短路或防换挡错误意识不强。

（三）事件处理与防范

（1）认真学习安全工作工程，按要求开展工作。非紧急抢修工作，履行整改正规的工作票流程。

（2）加强全员安全思想教育，树立自觉结对协助、监督的习惯。

（3）加强现场作业管理，认真执行监护制度。

（4）梳理检修作业流程管理中存在的各项问题，堵塞安全管理漏洞，进一步完善标准工作票和风险预控票。要求现场工作人员在设备检查、检修前，必须核对设备名称、端子穿管号是否与图纸和工作票上一致，严防走错间隔，误碰运行设备和重要设备的保护。

十、检修工艺不规范造成低油压保护动作导致机组跳闸

（一）事件过程

2022 年 9 月 28 日上午，2 号机组 DCS 显示润滑油母管油压 0.09MPa，油压正常；危急遮断器油压表显示 0.07MPa 左右，油压不正常。值长通知设备部热控专业和维护单位相关人员到现场检查。

9 月 28 日 10 时 50 分，热控专业人员办理热控 "SWF-RE-2022090080 2 号机组危急遮断器油压压力表检查" 两种工作票。项目负责人和外委单位工作负责人携票到现场，确定 2 号机组危急遮断器油压压力表前手动门已经关闭后，开始更换新压力表。

11 时 03 分，检修人员更换新压力表后，打开 2 号机组危急遮断器油压压力表前进油手动门注油。

11 时 04 分，2 号机组跳闸，DCS 首出为 "润滑油压低二值" 保护动作。

17 时 40 分，查明 2 号机组润滑油压低原因，并处理结束，经中调同意后，2 号机组点火。

23 时 33 分，重新并网。

9 月 29 日 2 时 08 分，在机组升负荷过程中发现 A 侧高温过热器区域有明显异响，结合补水流量变化判断 A 侧高温过热器存在泄漏。

2 时 22 分，机组与系统解列。

（二）事件原因查找与分析

1. 事件原因检查

（1）事件后，设备部门组织相关人员检查。检查报警信号记录和历史数据记录，显示 9 月 28 日 11 时 04 分润滑油压力开关（三取二）低二值信号发出，导致汽轮机保护跳闸动作。

检查现场汽轮机润滑油压低试验装置，发现进油手动门开度不足，全开过程中存在卡涩情况。

检查校验原 2 号机组危急遮断器油压压力表，确认原 2 号机组危急遮断器油压压力表不准。

对检修作业和试验过程，按照工作票开展检修作业进行还原检查，发现检修过程中相关人员没有操作低油压保护试验装置进油手动门，压力表更换后注油过程中润滑油从压力表接口处漏出，现场查明原因为油压表垫片安装不规范，接口没有完全贴合。

（2）还原事件试验。为查清事件原因，还原 "9·28" 2 号机组 "非停" 事件过程，10 月 9 日，利用 1、4 号机组停机检修机会，模拟更换危急遮断器油压压力表过程如下。

试验前打开低油压保护装置进油手动门约 1/3 开度，母管压力约 0.08MPa。试验时，由热控人员模拟更换新的油压表，出现油表漏油情况下，远传母管油压快速降至 0.04412MPa，DCS 发低 I 值报警；远传母管油压降至 0.03415MPa，DCS 发低 II 值报警（耗时约 1min），与当时保护动作情况基本一致。

（3）锅炉高温过热器爆管检查。在爆管现场，对 2 号锅炉高温过热器爆管区域检查，发现爆管集中在 A 侧往 B 侧数第 9～13 屏、炉后往炉前数第 1～3 根，经对所有爆口进行宏观检

查及分析，判断初始爆口为 A22-9 下弯焊口以上直管段，爆裂后蒸汽吹损附近炉管。

初始爆口宏观检查，发现初始爆口在 A22-9 下弯头焊口以上位置，初始爆口附近腐蚀减薄明显，爆口处附近管壁有明显的腐蚀坑，表面无明显烟气或蒸汽吹损痕迹，爆口呈开天窗式开裂、边缘较锋利，有轻微的塑性变形，表现为强度不足且有一定的脆性。

2. 事件原因分析

（1）直接原因。检修安装工艺不规范导致机组润滑油压低保护动作和锅炉高温过热器泄漏。

（2）间接原因。

1）新压力表密封铜垫安装工艺不规范，低油压保护试验装置进油手动门开度不足，在压力表注油时，润滑油泄漏且得不到有效补充。

2）生物质锅炉高温过热器管子受高温腐蚀整体减薄，且因晶界腐蚀存在一定的脆性，受机组跳闸后主蒸汽压力突增的冲击，造成高温过热器管子泄漏。

3. 暴露问题

（1）重要关键时期保安全保电力供应工作落实不到位。本次涉及机组重要保护的作业，相关人员风险辨识评估不足，检修作业上报、提级管理落实不到位。

（2）检修人员的检修工艺水平欠缺。压力表密封垫安装未和设备完全贴合，注油过程造成油泄漏，低油压保护试验装置母管油压低。

（3）小型设备的检查和检修维护存在漏洞。日常巡检中，相关人员未发现低油压保护试验装置进油手动门开度不足，即没有及时发现设备隐患，且在阀门打开的过程中有卡涩情况，查阅机组检修计划，该设备未列入检修计划中，给机组运行埋下了安全隐患。

（4）《防止电力生产事故的二十五项重点要求》不符合项整改不及时。2021 年二十五项反措现场查评组提出的"汽轮机润滑油压力低保护信号取样不合理，压力开关信号取样不独立，存在安全隐患"。

（5）四管防磨防爆工作存在不足。未及时发现，并处理高温过热器长期运行后腐蚀减薄情况。

（三）事件处理与防范

（1）各部门要认真落实国庆、"二十大"重要关键时期保安全保电力供应要求，强化安全管理意识。结合公司安全形势和管理要求，提高政治站位和风险控制意识，履职尽责，对相关风险作业提级管理，深入剖析检修作业存在的风险点，严格执行汇报审批程序，为公司安全生产把好关。

（2）加强对检修人员的技能培训，严格遵守检修规程，对涉及保护的检修工作务必要核对验收、谨慎操作。

（3）对 2 号机组低油压试验装置进油手动门卡涩问题全面检查处理，加强机组检修期间对低油压装置系统的全面排查梳理。对小型设备要加大检查和维护力度，及时消除机组设备缺陷。

（4）按照二十五项反措查评组提出的隐患整改建议，尽快推进低油压保护装置的隐患整改工作。整改完成前务必加强对低油压开关的检查维护，保证机组安全运行。

（5）对高温过热器 A 侧往 B 侧数第 9～13 屏爆管影响区域炉管进行割除更换，同时，检查割管周围管子受蒸汽吹扫受损情况及腐蚀减薄情况，对吹损或减薄严重的管子进行扩大更换。同时，扩大对 B 侧同样位置管子进行抽查。

（6）设备部要根据高温过热器整体减薄的现状，持续加强高温过热器管屏厚度检测工作，逢停必检，同时，尽早策划对2号锅炉高温过热器管屏进行整体更换工作。

十一、某自备电厂孤岛运行机组跳闸

某自备电厂2台150MW机组，1号机组停运检修，2号机组运行。2023年9月11日12时10分，220kV诗锰线下网潮流－12.06MW。

（一）事件过程

12分13秒，由于网上限电，地调拉闸203开关，220kV诗锰线203潮流由－12.06MW至0MW，发电机功率由148MW升至155MW。

诗锰线203失电后，园区负荷缺额12MW，园区孤岛频率下降，最低发电厂汽轮机转速下降至2935r/min。12时13分59秒，安稳装置A套低频1轮动作跳锰合金4号电炉184开关，切4号电炉负荷21.3MW，电炉变压器切除过后，孤岛过切，园区孤岛频率上升，汽轮机转速开始缓慢上升。

12时14分27秒600毫秒，汽轮机转速3179r/min，OPC动作，动作OPC电磁阀，OPC油压低报警，同时，汽轮机调节阀总指令置0，高、中压调节汽门关闭，汽轮机转速迅速下降。400ms后转速2850r/min，汽轮机润滑油压0.145MPa，主油泵入口油压0.27MPa，主油泵出口油压1.6MPa。交流润滑油泵联启，高压启动油泵联启正常，润滑油压持续下降。

12时14分30秒，汽轮机转速低于2500r/min触发调频站判断孤网模式，总阀位指令恢复100%，单阀运行，根据汽轮机厂家给定阀门特性曲线，指令100%，所有调节阀开至81%，发电机功率由113MW上升至115MW后继续下降，转速继续下降，直到负荷至零。

17时00分，启动2号锅炉引、送风机并吹扫，19分时点火。

19时05分，汽轮机冲转，冲转参数：主蒸汽压力9.9MPa、主蒸汽温度502℃、再热蒸汽压力1.69MPa、再热蒸汽温度480℃、偏心39μm、油温36.3℃、真空－72.43kPa、高压缸上下内壁温460.5/433.8℃（温差26.7℃）、高压外缸内壁温差30.7℃。

19时15分，汽轮机转速1611r/min，1号轴承X振动266μm、Y振动81.04μm，手动打闸，就地检查未发现异常。

19时25分，重新挂闸冲转，冲转参数：主蒸汽压力8.3MPa、主蒸汽温度504℃、再热蒸汽压力1.17MPa、再热蒸汽温度479℃、偏心0.18μm、油温37.6℃、真空－72.07kPa、高压缸上下内壁温455/433℃（温差26.7℃），外缸内壁温差30.2℃。39分时，汽轮机转速1456r/min，1号轴承X振动268.7μm、Y振动98μm，手动打闸和手动MFT，对锅炉进行保温保压。

20时20分，汽轮机惰走到0，投入盘车运行，盘车电流28.1A，偏心31μm。

9月12日07时00分，值班员发现高压后轴封处有异音，盘车运行电流正常（29.1A），偏心正常（32.90μm）。

9月12日11时30分，组织相关专业技术人员及火电生产技术部专业人员结合机组以往及本次停机参数会商后决定再次启动，并联系电力科学研究院专业人员到厂指导开展振动监测。

17时30分，锅炉吹扫结束，点火成功。

19 时 20 分，轴封温度 309℃投入轴封。

19 时 26 分，启动真空泵抽真空。

21 时 09 分，达冲转参数进行冲转，冲转参数：主蒸汽压力 5.4MPa，主蒸汽温度 434.4℃，再热蒸汽压力 0.25MPa，再热蒸汽温度 420.1℃，润滑油温度 43.5℃，润滑油压力 0.15MPa，偏心 33.02，凝汽器真空－70kPa，高压缸上下内壁温 375.2/364.0℃（温差 11.2℃），高压外缸内壁温差 26.6℃。

21 时 14 分，汽轮机转速 500r/min，手动打闸进行摩擦检查，就地检查无异常。

21 时 17 分，重新挂闸冲转至 1100r/min，各参数正常，继续冲转至 3000r/min（冲转至 1728r/min 时，1 号轴承 X 振动最大 128μm）。

21 时 3 分，汽轮机转速达 3000r/min。

21 时 39 分，并网成功。

（二）事件原因查找与分析

1. 事件原因检查

（1）解列保护动作未动作的原因。检查跳闸逻辑为下述条件任一满足。

1）频率大于 50.75Hz，且频率加速度大于 1Hz/s，延时 0.2s。

2）频率大于 51Hz，延时 0.2s。

3）频率小于 48.75Hz，且频率加速度大于－1Hz/s，延时 0.2s。

4）频率小于 48.5Hz，延时 0.2s。

5）三相电压均小于 85V，且电流大于 13A，延时 0.12s。

6）三相电压均小于 80V，且正向无功功率大于系统无功容量 10%延时 0.12s。

7）任一电压高于 115V，且反向无功功率大于系统无功容量 10%延时 0.2s。

机组协调系统解列保护柜跳闸逻辑 A、B、C、D、E、F、G 条中 B、C、D 三条件达到，但保护压板未投，保护不能动作，电厂侧 203 开关、111 开关未断开，导致孤网判断条件不满足，机网协调中的控制模式不能切为二次调频控制模式，机组负荷不能实现按频率自动调整控制，不能跟踪负荷调整。

（2）负荷过切的原因。机网协调解列保护装置中频率保护未投，故未出口切除负荷。安稳装置设置低频功能，当频率降低时，若频率变化率 0＜－df/dt＜d（f/t）1 时，认为频率下降较慢，则低频 1～4 轮依次输出，低频动作按最小原则切除负荷，安稳装置计算需切除 8.6MW，当时各台炉负荷值：1 号炉 16.9MW、2 号炉 19.0MW、4 号炉 21.3MW、6 号炉 26.3MW、7 号炉 21.6MW、8 号炉 22.1MW。因 1、2 号电炉允切压板未投，3、5 号电炉未运行；实际切除了 4 号炉负荷 21.3MW，导致过切负荷。由 P-F 曲线，机组 F（或转速）将升高。如果当时切除 1 号炉 16.9MW，根据负荷的频率调节效应系数计算，转速不会触及 OPC。12 时 14 分 37 秒，转速从 3177r/min 急剧下降落入低频区，安稳装置低频滑差闭锁，安稳装置未动作（低频 1 轮定值：49Hz，延时 0.2s；低频 2 轮定值：48.4Hz，延时 0.2s；低频 3 轮定值：48Hz，延时 0.2s；低频 4 轮定值：47.5Hz，延时 0.2s，低频滑差闭锁 5Hz/s）。由于转速下降过快达 6Hz/s，滑差大于整定值，导致滑差闭锁。

（3）超速保护 3090r/min 未动作，3180r/min 动作的原因。机网协调系统中，汽轮机转速大于或等于 3090r/min 动作 OPC 逻辑分两部分。

1）当转速大于或等于 3090r/min 且转速加速度大于或等于 80r/s 时，OPC 动作。因为园区带负荷运行，转速上升较慢，根据趋势图计算，加速度为 7r/s，OPC 达不到动作条件。

2）当转速大于或等于 3090r/min 且并网信号消失或投入单机二次调频触发 OPC 动作。该并网信号取至发电机出口油开关状态，当时发电机出口开关处于合闸状态；电厂侧 203 开关、111 开关未跳闸，机网协调未能切入二次调频模式。因此，该条逻辑 OPC 达不到动作条件。

3）当转速大于或等于 3180r/min 时，OPC 硬件动作。18 时 08 分 27 秒 600 毫秒，DCS 中转速达到 3176r/min 时硬件 OPC 动作，动作原因为转速内硬件设定了转速大于或等于 3180r/min 硬件出口动作 OPC，超速限制电磁阀动作，同时，总阀位指令置 0。18 时 08 分 28 秒，OPC 动作复位。由于逻辑中孤网运行状态没来，导致 OPC 动作条件复位而总阀位指令未恢复。此时，机组在所有调节阀关闭的情况下带负荷运行，导致汽轮机转速下降过快。其中，汽轮机转速变化曲线，如图 6-21 所示；OPC 动作时间，如图 6-22 所示；OPC 恢复时间，如图 6-23 所示；软件 OPC 逻辑，如图 6-24 所示；多机孤网模式逻辑，如图 6-25 所示。

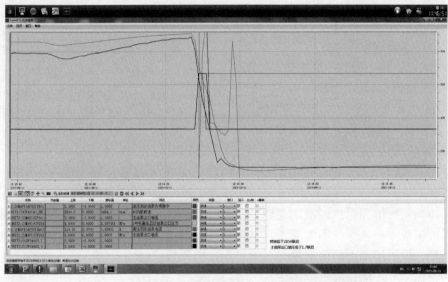

图 6-21　汽轮机转速变化曲线（绿色曲线汽轮机转速）

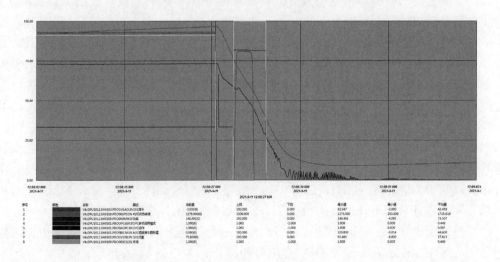

图 6-22　OPC 动作时间

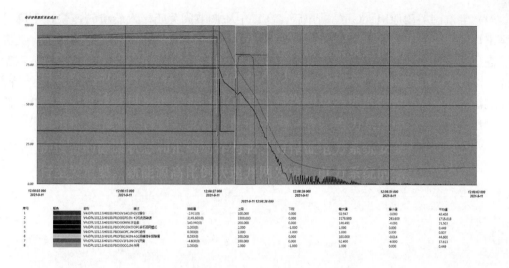

图 6-23　OPC 恢复时间

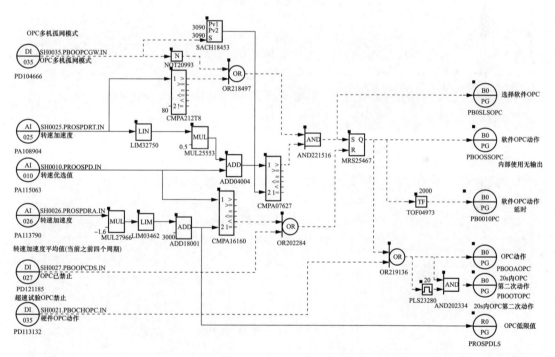

图 6-24　软件 OPC 逻辑

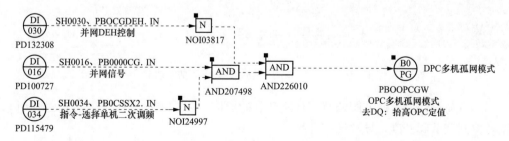

图 6-25　多机孤网模式逻辑

（4）主汽门关闭原因。OPC 动作后，高、中压调节阀关闭，汽轮机转速快速下降，主油泵出口油压下降，转速下降至 2850r/min，联启交流润滑油泵、高压启动油泵，交流油泵、高压油泵联启曲线，如图 6-26 所示，汽轮机转速持续下降；12 时 14 分 29 秒，汽轮机转速 2328r/min，主油泵油压下降至 1.28MPa，由于园区负荷重，发电机出口电压降低，交流润滑油泵、高压启动油泵电压低，泵出力不够，润滑油压、安全油压持续降低，低压安全油压力低于 1.2MPa 报警发出，然后 AST 油隔膜阀动作（根据厂家说明书要求，动作值 1.0MPa），卸掉 AST 油压，关闭主汽门，AST 油压低开关触发机组挂闸信号消失，AST 油压低延时 2s 触发 DEH 停机，机组挂闸信号消失及 ETS 动作曲线，如图 6-27 所示。

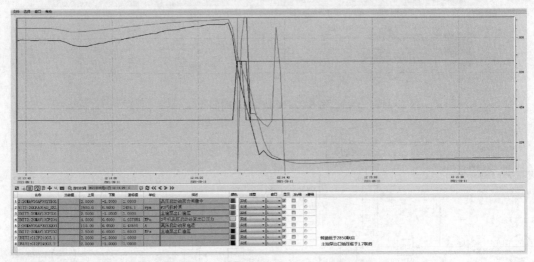

图 6-26　交流油泵、高压油泵联启曲线

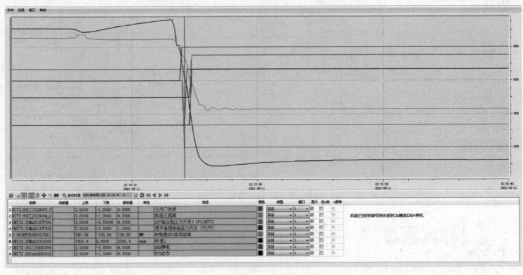

图 6-27　机组挂闸信号消失及 ETS 动作曲线

（5）负荷过切后，调节阀调节，转速升高的原因。一次调频未投入，负荷过切时未及时调整控制调节阀开度，导致转速升高。

（6）发电机-变压器组保护动作情况分析。2 号发电机-变压器组保护 A、B 套均只有启动信号，无动作出口信号。经调取发电机-变压器组保护装置录波，确定保护启动原因为频率低于设定值 48.5Hz，保护启动 4059ms 时收到主汽门关闭信号，保护启动时间共计 7459ms；发电机频率保护定值低频Ⅰ段：47.5Hz 累计 5min；低频Ⅱ段：48Hz 延时 1min；低频Ⅲ段：48.5Hz 延时 100s；频率保护因机端电流 471A＜0.1In（发电机额定电流 6468.9A）闭锁，保护启动时间未达到定值，保护未动作（低频保护经断路器位置接点、无电流标志 0.1In 闭锁）；发电机-变压器组 A、B 套保护收到主汽门关闭信号，但 2 号机组停机过程无逆功率产生，发电机程跳逆功率保护不动作，原因为此时为孤网运行，系统不能提供容量。

2 号发电机-变压器组非电量保护 C 柜"热工保护"动作，动作出口关主汽门、切换厂用电，因备用电源失电，快切装置闭锁，导致厂用电切换不成功。装置记录显示，如图 6-28 所示。

图 6-28　装置记录显示

（7）转速快速下降原因。转速从 2884r/min 降到 565r/min 用时 8s，在转速下降过程中，负荷未切除，大负荷拖动使转速下降很快。

（8）发电机功率由 148MW 升至 155MW 原因分析。线路切除后，同时切除了无功潮流，发电机发出无功不足，导致电压降到 15.8kV，励磁调节器作用下，励磁电压从 210V 上升到 239V，定子电流从 6160A 上升到 6380A，从而有功功率增加。

2. 事件原因分析

（1）直接原因：因调度限电拉开诗锰线 203 线路对侧断路器，园区孤网运行不正常跳机，造成园区失电。

（2）间接原因：机组协调解列保护柜保护压板未投，致使电厂侧 203 开关、111 开关、孤网判断条件不够，OPC、二次调频无法正常动作；此外，安稳装置切电炉负荷压板未全部投入、一次调频控制未投。

（三）事件处理与防范

（1）梳理机网协调系统中稳控装置与解列保护装置内的保护压板投切情况，制定各保护压板的投切方式，并在一个星期内完成运行规程修编。

（2）投入锰合金 1～8 号炉快切压板，实现按联络线潮流自动寻优切负荷，避免过切。因特殊需要不能投入，必须经公司主管生产副总经理同意，批准后可暂时解除，并完善投退记录。

（3）将一次调频死区设定为 ±6r/min，并投入机组一次调频功能。

（4）增加发电机出口开关跳闸，且转速大于或等于 3090r/min 动作 OPC 逻辑。

（5）将机网协调内机组汽轮机转速大于或等于 3090r/min 动作 OPC 逻辑定值改为 3120。

（6）制定脱网后运行的动态试验方案，方案中包含孤网运行试验及 111 断路器同期回路试验，报上管部门备案，并由检修单位通知火电部、维护单位、机网协调厂家择机开展此项工作。

（7）增加在线 TDM 监测系统，并对 TSI 系统中振动保护逻辑进行优化。

（8）加强各测控、保护系统间的对时管理，确保各系统间时间的一致性。

（9）机组停运时核对隔膜阀压力值。

（10）增加发电机低频跳机保护，由相关单位、设备厂家结合孤网运行特点共同讨论确定保护定值。

（11）根据 $T=9550P/N$，机组跳闸后，发电机出口开关未及时跳闸，将在转子上产生很大的转矩，可能危害设备安全。调研考虑增加孤网运行情况下主汽门关闭全停的动作逻辑，并在机组停运后检查轴系和汽轮机叶片的情况。

第二节 运行过程操作不当故障分析处理与防范

本节收集了因运行操作不当引起机组故障 11 起，分别为主给水电动门故障后操作不当导致汽包水位高跳机、一次风机跳闸后操作不当引起主蒸汽压力突升主蒸汽温度突降手动停机、轴封蒸汽带水造成汽轮机转子局部动静碰摩导致振动大机组跳闸、汽轮机主控切为手动后操作不当导致汽包水位低低 MFT、燃烧不稳运行调整不及时锅炉 MFT、磨煤机断煤后突然来煤时处置不当造成汽包水位高 MFT、降负荷中操作不当造成循环水中断低真空保护动作跳机、运行调节不当造成炉膛压力高机组跳闸、机组启动过程中高压胀差超限手动打闸停机、660MW 机组冲转过程中因安全油压低手动打闸、锅炉掉焦导致机组 MFT。

一、主给水电动门故障后操作不当导致汽包水位高跳机

（一）事件过程

2022 年 2 月 10 日晚，某发电公司按省调指令执行 2 号机组启停调峰，当班值长按重大操作到位的管理要求通知相关人员到位。

23 时 38 分，与系统解列。

2 月 11 日 8 时，正式上班时间后，进行人员统筹安排，各生产部门安排一名主任或分管副主任、相关专责在现场履行开机到位职责，其余人员正常参加当日生产早碰头会。

08 时 26 分，并网。

08 时 48 分 07 秒，机组负荷 100MW，汽包水位 −6.08mm，运行副值班员 A 某开始

执行主给水旁路倒换至给水主路运行操作，开启主给水电动门 2（FW-M01，全行程开关方式）；48 分 22 秒，电动门关反馈消失，延时 360s 后阀门状态显示黄色（电动门指令发出后，360s 指令与反馈不一致显示黄色）。

08 时 54 分 20 秒，运行人员 A 某再次发出主给水电动门 2 开指令。

2 号锅炉汽包水位自 8 时 50 分由 63mm 开始呈波动下降趋势，至 8 时 58 分 53 秒下降至−87mm，为提高主给水流量，在 8 时 53 分 08 秒至 8 时 59 分 27 秒时，运行值班员 A 某操作主给水电动门 1（点动型，与主给水电动门 2 串联）FW-M10，开启共计 15 次，主给水流量无明显增加。

08 时 56 分左右，运行人员 A 某告值长 B 某主给水电动门 2 没开到位，有报警。值长 B 某立即到工程师站告开机值班人员热控专工 C 某"主给水电动门 2 开不到位，有报警"。

热控专责 C 某安排正在工程师站开机值班的二班副班长 D 某去现场查看主给水电动门 2 阀门状态。

期间运行值班员 A 某发现给水流量急剧增加，在 9 时 01 分 27 秒～9 时 01 分 44 秒，操作主给水电动门 1（点动型）FW-M10，关闭共计 6 次，于 9 时 07 分 33 秒操作发出关闭主给水电动门 2 指令。

09 时 00 分 58 秒至 09 时 01 分 44 秒，主给水流量开始由 485.03t/h 上升至 1302.3t/h，汽包水位从−14.87mm 升至 247.59mm，汽包水位高三值触发汽轮机 ETS 保护动作。

09 时 01 分 44 秒，机组跳闸。

12 时整，消除主给水电动门 2 执行机构缺陷后，重新并网成功。

（二）事件原因查找与分析

1. 事件原因检查

事件后查阅 DCS 历史记录曲线，主给水电动门 1 操作过程趋势，如图 6-29 所示；主给水电动门 2 故障后至汽包水位高三值保护动作趋势，如图 6-30 所示。

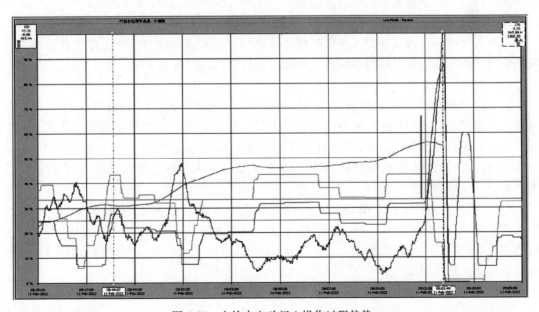

图 6-29 主给水电动门 1 操作过程趋势

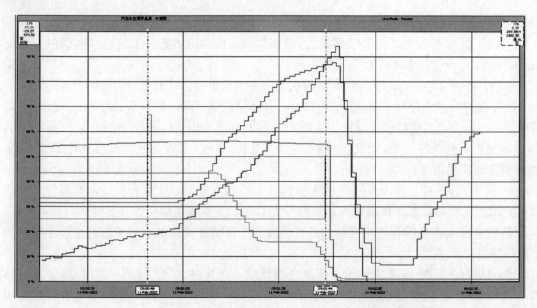

图 6-30　主给水电动门 2 故障后至汽包水位高三值保护动作趋势

根据 DCS 历史曲线，09 时 00 分 48 秒，主给水电动门 2 出现阀门故障报警 FW-M01E；09 时 00 分 50 秒，自动复位；09 时 00 分 58 秒～09 时 01 分 44 秒，主给水流量开始由 485.03t/h 上升至 1302.3t/h，汽包水位从－14.87mm 升至 247.59mm，汽包水位高三值触发汽轮机 ETS 保护动作，机组于 09 时 01 分 44 秒跳闸。

经核查，水位突升的原因为 D 某于 08 时 59 分 25 秒左右单人到达现场，检查发现主给水电动门 2 指示"过力矩"报警，在未向运行人员报告的情况下，根据经验擅自拆开盖板进行执行机构报警复位操作，复位后发现该阀门正在开启，立即按停止按钮，并确认阀门已停止。同时，电话联系控制室但未接通。

2. 事件原因分析

（1）直接原因。现场热控人员未严格按照两票管理要求，擅自扩大工作任务范围，对现场阀门进行复位操作且阀门控制板卡故障自动复位后同时误发出开指令。

（2）间接原因。

1）日计划管理松散、各级管理人员监督岗位职责未落实到位，处理过程中未严格按照日计划管理要求，未做到出现临时性消缺任务时，按照紧急日计划审批流程，依据"七个可行"落实现场安全措施，并按照监督管理岗位责任做到层层把关。

2）运行值长在设备出现故障，并通知热控人员后，未做好主给水电动门 2 突然开启，主给水流量突增的事故预想。

3）运行人员发现主给水电动门 2（全开全关型）开启过程中发生故障报警后，未及时将主给水电动门 1（点动型）开度减小至可控范围或关闭状态再通知热控人员，当主给水电动门 1（点动型）在较大的开度，而与之串联的主给水电动门 2（全开全关型）开启后，导致主给水流量急剧增加。

3. 暴露问题

（1）该事件发生在集团公司冬春保供、保冬奥工作的关键时期，充分暴露出公司各级管理人员落实集团公司安全生产工作会议及安全生产警示教育大会精神不深入、不到位、不彻底。

（2）思想认识不足。安全生产理念未深入人心，安全意识淡薄，对安全生产工作还存在侥幸心理。事件发生后，公司各级管理人员未正确认识到此次事件背后的深层次管理问题，事后分析轻描淡写，未能深刻意识到安全生产的极端重要性，工作作风不严不实。

（3）制度执行不严不实。公司"两票""日计划"及"重大作业到位管理"等制度执行过程中未入心、未落地，风险辨识和危险点控制措施不到位，日常制度学习及培训不到位，未有效杜绝习惯性违章。

（4）岗位职责落实不到位。执行重大操作到位的各级管理人员对现场存在的风险隐患未能及时发现并处置，暴露出各人员岗位职责不清楚、工作作风不硬朗、责任心不强的问题，现场违章作业未得到及时制止和纠正。

（5）安全生产监督管理不到位。安全生产监督人员未深刻落实监督要求，安全督查浮于表面，现场监督不全面、不深入、不彻底，对违章现象未保持严查严打的高压态势，安全生产监管责任落实不到位。

（6）风险防范意识不强，事故预想不充分，沟通联系不到位。热控人员在未做好安全措施和向运行操作台报告的情况下，擅自对执行机构故障报警进行复位操作，运行人员未做好主给水电动门 2 突然开启，主给水流量突增的预想。

（7）重要设备隐患排查不到位。2 号机组主给水电动门 2 执行机构，自 2006 年投产以来使用已超过 16 年，控制板出现老化，运行不稳定，在执行机构报警复位同时出现控制板故障，导致主给水电动门误开动作。

（8）主给水旁路切换操作不完善。出现主给水电动门 2（全开全关型）故障信号后，运行人员连续操作与之串联的主给水电动门 1（点动门），为后续主给水流量突增埋下了隐患。

（三）事件处理与防范

（1）深刻汲取事故教训。公司总经理组织生产系统各级管理人员召开反省大会，深刻认识安全生产工作的基础性、全局性重要意义，全面剖析当前存在的问题，深刻汲取事故教训，彻底转变工作作风，严格落实集团和华银公司各项要求，确保安全生产平稳可控。

（2）开展安全生产整治工作。生产副总经理、总工程师针对此次事件深入全厂各部门、班组开展全面的安全生产警示教育、大反思，各部门结合"学规程、反违章、严惩有章不循"活动，开展大整治活动，杜绝无票作业。

（3）全面落实岗位职责。各部门全面梳理各安全管理制度，尤其是针对机组启停重大作业操作对照岗位职责查漏补缺，严格按制度履职到位，加强现场监督，确保各项工作落到实处。

（4）严格重大操作监护到位制度。严格执行重大操作到位制度，出现设备异常情况时，层层汇报，由现场总指挥进行统一调度，纳入日计划进行管理，切实做到"七个可行"（生产任务可行、安全方案可行、质量要求可行、作业时段可行、人员工具可行、两票准备可行、责任落实可行），确定处理方案，并全过程监督处理到位，确保现场工作安全有序开展。

（5）加强特殊时段安全生产管控。各部门联合成立专门工作小组，梳理特殊时段（如机组启停）常见设备缺陷或异常，完善纸质工作票、操作票标准库，并存放在运行办票室电脑中，以备紧急调用启动临时纸质票办理流程，确保生产需要。

（6）深入开展设备隐患排查治理。各部门全面掌握设备运行状况，对重要系统、设备

（如热工电动门执行机构）的劣化趋势进行分析，及时处理设备缺陷，结合机组大小修，消除安全隐患，全面提升设备可靠性。增加锅炉主给水电动门 1 开度反馈，完善其功能。

（7）规范运行调整操作。完善主给水切换操作步骤，在由主给水旁路切换至主路前先确认主给水电动门 2（全开全关型）在开启状态，再进行主给水电动门 1（点动门）的调整操作，增加主给水切换顺控逻辑，完善主给水电动门顺控开启允许条件。同时结合此次事件，举一反三，梳理运行重点操作，完善标准操作票，规范操作流程。

（8）加强事故预想，提升事故防范能力。在出现设备运行异常或故障时，做好充分事故预想，防范次生情况造成的扩大影响。

二、一次风机跳闸后操作不当引起主蒸汽压力突升主蒸汽温度突降手动停机

2022 年 3 月 12 日，5 号机组负荷 550MW，主蒸汽温度 567℃，主蒸汽压力 22.4MPa，再热蒸汽温度 568℃，再热蒸汽压力 4MPa，给水流量 1874t/h，A、B、C、D、E 磨煤机运行正常，A、B 电动给水泵运行正常，A、B 一次风机运行正常，A 一次风机电流 69A，B 一次风机电流 64A。

（一）事件过程

20 时 01 分 02 秒，风烟系统 B 侧引风机、送风机、一次风机及主辅空气预热器无运行信号，画面多处测点通信故障。

20 时 17 分，检查发现 DCS FC5003 控制柜失电，确认为控制柜内 2 路 24V 电源模块故障，导致机柜 24V 电源失去，FC5003 控制柜电源模块故障，如图 6-31 所示。专业人员立即对故障电源模块进行更换。

图 6-31　FC5003 控制柜电源模块故障

21 时 06 分，电源模块更换结束，控制柜恢复上电，发现 B 一次风机油泵停运，振动大且波动最高 15.2mm/s，立即启动油泵，并减负荷至 330MW，降低 B 一次风机出力，电流由 63A 下降至 54A。

21 时 30 分，发现轴承振动最高值降至 7.0mm/s 左右，轴承温度 65℃，就地检查风机运行正常。

3 月 13 日 04 时 10 分，B 一次风机轴承温度、轴承振动波动，轴承温度 54～70℃，振动 8.3～10.2mm/s，安排加强了运行监视和就地检查。

4 时 11 分，发现 B 一次风机振动测点、电流测点波动加剧、轴承温度升高。

4时15分40秒，机组负荷315MW，主蒸汽温度569℃，再热蒸汽温度567℃，给水流量951t/h，B一次风机跳闸（跳闸首出"一次风机轴承温度保护，跳闸值95℃"），因负荷为315MW，负荷低于420MW未到RB动作条件（RB动作条件符合大于或等于420MW），联锁关闭一次风机出口挡板、一次风联络挡板，一次风压由6.1kPa降至1.2kPa。

4时15分48秒，停运C磨煤机，投入6支微油稳燃。

4时16分06秒，停运E磨煤机，快减负荷至260MW，一次风压恢复至4.0kPa左右，主蒸汽温度561℃，再热蒸汽温度562℃。

4时44分，机侧减负荷到65MW，主蒸汽压力最高24MPa，主蒸汽温度下降至535℃，再热蒸汽温度下降至526℃，仍有下降趋势。

4时46分，手动加负荷到100MW，蒸汽温度快速下降，主蒸汽温度到483℃，再热蒸汽温度到519℃，机组参数无法维持，锅炉手动打闸。

（二）事件原因查找与分析

1. 事件原因检查

主蒸汽压力与主蒸汽温度参数历史记录曲线和一次风机相关参数曲线，如图6-32和图6-33所示。

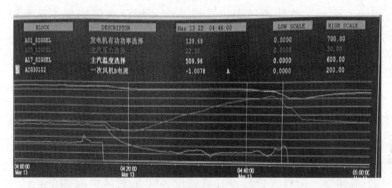

图6-32　参数历史记录曲线1

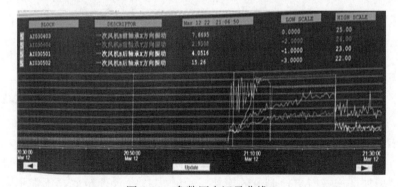

图6-33　参数历史记录曲线2

（1）机组跳闸原因。B一次风机跳闸后，一次风机出口挡板不严，一次风压快速下降到1.0kPa左右，紧急停运两台磨煤机后，一次风压恢复至4.0kPa左右，大量积存磨煤机内的煤粉进入炉内，燃烧加强造成主蒸汽压力突升，运行人员处理过程中操作不当，继续减负荷造成压力进一步升高，加负荷后造成主蒸汽温度 3min 内由 535℃ 降至 483℃，降幅 52℃，打闸停机。

（2）控制柜失电原因。控制柜由 UPS、保安段两路交流电源供电，两路交流分别接入控制柜 AC/DC 电源模块，输出 2 路 24V DC 通过二极管隔离后并联给所有模件供电。两路交流电源有失电监测继电器和报警，两块 AC/DC 电源模块未配置报警指示灯和信号。两个 AC/DC 电源模块均故障，造成控制柜失电。从投产至今未损坏也未更换过（厂家：美国 FOX0BORO），由于电源模块上无电源状态灯、无检测信号，事后无法判断两块电源模块具体故障的次序和时间。

（3）控制柜失电后 B 侧一次风机运行正常原因。DCS 中一次风机启/停为脉冲信号，就地有电气保持回路，因此，DCS 控制柜失电，不影响一次风机运行。

（4）控制柜失电后润滑油泵停运原因。DCS 对润滑油泵运行的控制方式为启动长信号指令，在控制柜失电后长信号指令消失，润滑油泵停止运行。

（5）风机轴承损坏原因。DCS 控制柜失电后，就地检查确认风机运行正常，未及时发现润滑油泵停运。DCS 恢复正常后，只对振动进行了监视和处理，对轴承温度及油温等参数监视不到位，未采取停运风机的措施，导致轴承损坏。

2. 事件原因分析

（1）直接原因：运行人员处理过程中操作不当，加负荷后造成主蒸汽温度 3min 内降幅 52℃，打闸停机。

（2）间接原因：两个 AC/DC 电源模块均故障，造成控制柜失电。

3. 暴露问题

（1）运行管理水平有待提高。

1）异常处置组织不到位。DCS 控制柜失电后异常处置组织不到位，对就地设备巡查不全面，暴露出运行管理不到位，日常事故预想流于形式，应急处置能力欠缺，协调沟通不到位，致使异常处理时存在漏项。

2）岗位履职不到位。运行人员发现异常情况下，未对风机及辅助系统进行全面检查，未能及时发现存在的问题，未采取相应措施进行处理，巡检工作不细致；单元长在事故发生时，对于事故处理工作组织安排不清楚，导致事故扩大，暴露出运行管理不严肃，技术培训不到位。

3）应急处置水平低。B 一次风机跳闸后，一次风压从低到高、炉内燃料异常增加时，运行操作不当。未考虑磨煤机内积粉造成的实际水煤比大于显示的实际状况，在锅炉压力升高的情况下依然减负荷，最终引起主蒸汽压力高、蒸汽温度低参数无法维持，机组被迫停运。

（2）技术管理水平低。

1）技术管理粗放，敏感性差。一是 5、6 号机组 DCS 的电源模块，部分已更换为带有指示灯的新型模块，未及时更换剩余的模块，反映出技术管理粗放，不细不实。二是对异常不敏感，在明知存在一次风机振动异常的问题，仅是交代运行做好事故预想加强监视，没有详细的处置措施。

2）隐患排查不彻底。润滑油泵的控制方式为长信号指令，不符合《火力发电厂热工自动化系统可靠性评估技术导则》（DL/T 261—2022）中"DCS 电动门和电动机的 DCS 输出指令应采用短脉冲，在每个强电回路中设置自保持"规定，历次隐患排查均未发现。

（三）事件处理与防范

（1）强化培训，提升技术能力。加强运行人员应急处置能力的培训，通过专业讲课让运行人员认识到隐形积粉对锅炉燃烧的影响，提高工况下的分析和处置能力，从而正确处理异常，防止事件扩大。定期进行规程考试，提高人员的技术能力水平，尤其是巡检内容和巡检标准。

（2）营造严格执行规程的技术氛围。组织各专业加强规程标准的学习，严格按照标准进行异常处置。对照标准和集团公司隐患排查规定、管理指引提升等，开展对标对表检查。坚决杜绝侥幸心理、经验主义，让执行规程标准成为习惯。对不严格执行规程的行为严肃处罚，决不姑息。

（3）开展控制系统电源模块状态、报警隐患排查。全面排查各控制系统的电源模块，对于 DCS、DEH、ETS、TSI、火检、继电保护等系统的电源隐患及报警信号，发现问题及时安排整改。

（4）排查 DCS 的控制指令。按照《火力发电厂热工自动化系统可靠性评估技术导则》（DL/T 261—2022），逐一排查电动门、电动机的控制指令，避免长指令在控制柜失电误动的隐患。

三、轴封蒸汽带水造成汽轮机转子局部动静碰摩导致振动大机组跳闸

某热电厂 2 号汽轮机是由哈尔滨汽轮机厂有限责任公司生产，型号为 C250/N300-16.7/537/537，形式为亚临界、一次中间再热、高中压合缸、双缸双排汽、单轴、单抽、抽凝式汽轮机。

2022 年 11 月 2 日 00 时，2 号机组负荷 122MW，主蒸汽流量 481t/h，主蒸汽压力 11.7MPa，主蒸汽温度 535℃，真空 −96.3kPa，胀差 11.47mm，润滑油压力 117kPa，润滑油温度 40℃，3 瓦瓦振 10μm，3 瓦 X 向轴振 50μm，3 瓦 Y 向轴振 42μm，4 瓦瓦振 7μm，4 瓦 X 向轴振 33μm，4 瓦 Y 向轴振 27μm，5 瓦瓦振 10μm，5 瓦 X 向轴振 46μm，5 瓦 Y 向轴振 38μm，主机运行参数稳定，发电机保护 A、B 套装置正常投入，两台机组共同带供热运行。

（一）事件过程

11 月 2 日 00 时 14 分，值班员监盘发现 2 号汽轮机 4 瓦瓦振由 7μm 在 3min 内快速上升至 88μm，4 瓦 X 向轴振上升至 173μm，4 瓦 Y 向轴振上升至 122μm，3 瓦瓦振 31μm，3 瓦 X 向轴振 107μm，3 瓦 Y 向轴振 106μm，5 瓦瓦振 29μm，5 瓦 X 向轴振 90μm，5 瓦 Y 向轴振 88μm，其余瓦振、轴振均在正常范围，运行人员迅速采取降低 2 号机组负荷等措施。

00 时 30 分，3、4、5 瓦瓦振、轴振仍然继续升高，4 瓦瓦振最大升高至 137μm，4 瓦 X 向轴振最大上升至 243μm，4 瓦 Y 向轴振最大上升至 150μm，3 瓦瓦振 36μm，3 瓦 X 向轴振 170μm，3 瓦 Y 向轴振 153μm，5 瓦瓦振 8μm，5 瓦 X 向轴振 78μm，5 瓦 Y 向轴振 83μm。在此期间全面检查 2 号机组各参数，主蒸汽流量 445t/h，主蒸汽压力 10.8MPa、主蒸汽温度 532℃、真空 −95.8kPa、胀差 11.5mm、润滑油压力 160kPa、润滑油温度 40.3℃，轴封滤网进汽温度 243℃，均在规程规定范围内。

01 时 39 分，2 号机组电负荷降至 40MW，3 瓦瓦振 35μm，3 瓦 X 向轴振 182μm，3

瓦 Y 向轴振 $166\mu m$，4 瓦瓦振 $133\mu m$，4 瓦 X 向轴振 $237\mu m$，4 瓦 Y 向轴振 $148\mu m$，5 瓦瓦振 $7\mu m$，5 瓦 X 向轴振 $87\mu m$，5 瓦 Y 向轴振 $85\mu m$，3、4、5 瓦振、轴振数值虽趋于稳定但无下降趋势。

02 时 36 分，经申请电网调度同意，手动解列 2 号机组运行，转速到零后盘车投入正常，盘车电流 30A，机组偏心 $58.3\mu m$。供热方式全部切至 1 号机组接带，现有供热设备为 4 台热网加热器、2 台电极锅炉、热泵机组，查看近 15 日天气情况，能够满足供热公司供热需求。

11 月 4 日 21 时 50 分，2 号机组完成动平衡试验后配重调整，锅炉点火、机组冲转，44min 后并网，正常接带负荷，汽轮机 TSI 参数均在正常范围。

（二）事件原因查找与分析

1. 事件原因检查

（1）查看操作记录。异常发生前，汽轮机各配气阀门无操作。查看 DCS 参数变化情况，11 月 01 日 23 时 06 分，低压轴封体温度开始由 130℃ 快速下降至 103℃，并长时间维持在 103℃ 未回升；11 月 02 日 00 时 13 分，汽轮机 3、4 号大轴振动开始异常变化；00 时 29 分，4 瓦 X 向轴振上升至 $239\mu m$，4 瓦 Y 向轴振最大上升至 $150\mu m$；3 瓦 X 向轴振 $170\mu m$，3 瓦 Y 向轴振 $153\mu m$。低压轴封温度及 2 号汽轮机振动变化情况，如图 6-34 所示。

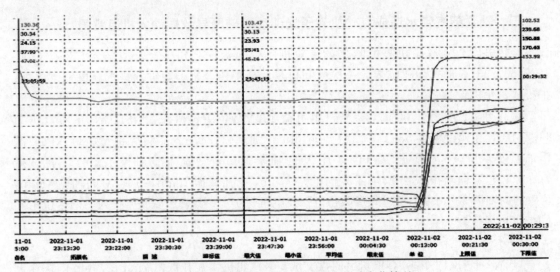

图 6-34　低压轴封温度及 2 号汽轮机振动变化情况

（2）检查影响 2 号机组低压轴封温度变化的参数情况。影响 2 号机组低压轴封温度变化的参数调整示意，如图 6-35 所示。由于电网深度调峰机组负荷下降后，四段抽汽压力下降，再热冷段蒸汽自动投入，冷再至辅助蒸汽调节阀开度由 38% 增加至 41%，辅助蒸汽温度由 277℃ 下降至 267℃，导致低压轴封滤网前供汽温度由 255℃ 下降至 242℃，引起供汽温度下降。

（3）最后一次设备检修情况。2022 年 9 月，2 号汽轮机低压缸转子返至哈尔滨汽轮机厂有限责任公司进行次末级叶片喷涂、末级叶片更换，进行了调频、转子动平衡试验等工作，各项试验合格。转子回装完成后，进行低压转子轴弯曲复测、通流间隙复测、轴瓦数据调整、中心调整等工作，所有修后数据验收合格后扣缸。

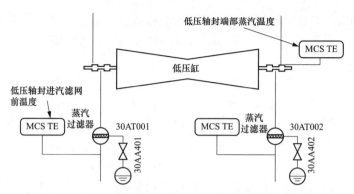

图 6-35 影响 2 号机组低压轴封温度变化的参数调整示意

（4）停机后检查。停机后，打开低压缸人孔门，观察末级叶片锁紧螺母未松动，叶冠无脱落。动平衡块数量与本年度检修后回装时一致，未脱落，排除转子零部件脱落导致动平衡失衡造成振动增大的可能。解体检查低压轴封滤网洁净无堵塞，滤网放水门、放水管通畅；用内窥镜检查滤网至轴封供汽管道无杂物堵塞。

2. 事件原因分析

（1）直接原因。11 月 1 日 23 时 05 分，2 号机组轴封端部汽封温度由 130℃迅速降至 103℃，低于运行规程低压轴封供汽温度 121℃的规定下限，同时，低于对应压力 18.8kPa 下的饱和温度 1.4℃，运行人员未能及时发现这一重要参数的异常变化，未采取投入低压轴封高温备用汽源措施，导致轴封蒸汽带水造成汽轮机转子局部动静碰摩。

（2）间接原因。由于电网深度调峰机组负荷下降后，四段抽汽压力下降，再热冷段蒸汽自动投入，冷再至辅助蒸汽调节阀开度由 38%增加至 41%，辅助蒸汽温度由 277℃下降至 267℃，导致低压轴封滤网前供汽温度由 255℃下降至 242℃，虽仍在正常变化区间，排除低压轴封蒸汽温度受前端参数变化影响直接造成蒸汽带水可能，但已引起供汽温度下降。在系统设计方面，哈一热厂两台机组低压轴封端部汽封供汽管道设计均需穿过凝汽器，2 号机组低压轴封端部汽封供汽正常经过凝汽器时，受到凝汽器冷却影响较大，穿过凝汽器区域后到达低压轴封端部处温度剩余 104℃，实际温差达到 141℃，导致正常运行时低压轴封端部汽封供汽温度偏低，过热度不足，易发生蒸汽带水情况。

3. 暴露问题

（1）对安全生产极端重要性认识亟待提高。哈一热电厂未深刻汲取历史教训，安全生产工作作风不严不实，管理宽、松、软现象依然存在，贯彻落实集团公司、省公司重点工作部署要求不力。

（2）运行人员监盘不到位。11 月 1 日 23 时 05 分，2 号机组轴封端部汽封温度开始下降，至 11 月 2 日 00 时 14 分，2 号机组发生异常振动，此期间值班员未发现轴封温度异常下降。充分暴露企业运行纪律松散，规程要求执行不到位，运行管理严肃性亟待加强。

（3）运行监督管理与培训管理不到位。运行人员对规程重点参数不掌握，技术能力不强，监盘质量不高，未能及时发现机组重要参数存在异常变化，发现问题、分析问题和解决问题的能力严重不足。发电部、设备部、安监部对于技术管理、培训管理、专业监督管理、运行违章管控不到位。

（4）风险意识不足，专业管控不到位。2 号机组低压轴封端部汽封供汽管路穿过凝汽器后温度一直偏低，未能引起汽轮机专业组的足够重视，未针对低压轴封供汽温度设置温度上下限报警，汽轮机专业管理人员未针对这一风险制定防范措施。

（三）事件处理与防范

（1）从严落实责任，夯实运行安全基础管理。切实提高对安全生产极端重要性的认识，严格贯彻落实集团公司、省公司安全生产各项管理要求，从严加强运行管理，加强设备部技术监督管理，加强安监部违章监督管理，提升各级管理人员的履职尽责能力，对于未认真履行岗位职责的人员及时启动无后果追责。

（2）提高运行人员监盘质量。严格执行规程、制度标准要求，加强运行参数的监视及调整，对重要运行参数制作实时曲线进行监视及趋势分析，严格控制轴封系统供汽温度与转子轴封区间金属表面温度相匹配，确保满足汽轮机制造厂的要求。

（3）加强运行人员技能培训。开展运行人员岗位资格达标和运行人员素质提升培训，加大奖惩力度，重点强化技能培训和规程的刚性执行，分别对优秀、合格和不合格人员落实薪点激励与奖惩。

（4）深化风险隐患排查工作。全面梳理影响机组安全稳定运行的重要参数，针对低压轴封蒸汽温度加装 DCS 画面弹窗报警，及时发现参数异常变化，迅速进行异常分析，并采取控制措施防止异常事件发生。结合机组检修对低压轴封穿越凝汽器供汽管路加装套管，消除该区间的降温影响。

四、汽轮机主控切为手动后操作不当导致汽包水位低低 MFT

2022 年 01 月 19 日 05 时 01 分 30 秒，某厂 1 号机组负荷稳定在 341MW，CCS 方式运行，AGC 投入。主蒸汽压力 11.5MPa，主蒸汽温度 542.7℃，总煤量 164t/h，汽轮机高压调节阀开度 63.6%。汽包水位调节正常，设定值 -40mm，汽包水位 -36mm。

（一）事件过程

05 时 02 分 53 秒，AGC 指令增加，锅炉主控逐渐由 53.1% 升至 65.5%。

05 时 03 分 35 秒，1C 磨煤机出口风温高跳闸磨煤机触发燃料 RB。机组切至 TF 方式，汽轮机主控控压，RB 滑压设定目标值 13.6MPa，滑压速率约为 0.17MPa/min，当前实际压力 11.7MPa。

05 时 07 分 37 秒，汽轮机调节阀下调至 19%，运行人员认为开度过小，将汽轮机主控撤至手动。随着主蒸汽压力回升，运行人员缓慢增加汽轮机主控输出，过程中主蒸汽压力持续上升至 15.37MPa，给水流量持续下降，在 0t/h 附近波动，而后汽包水位持续下降。

05 时 14 分 28 秒，"汽包水位 1" 低于 -300mm；10s 后，"汽包水位 3" 低于 -300mm。

05 时 14 分 49 秒，汽包水位低低（三取二）延时 10s 触发锅炉 MFT。

（二）事件原因查找与分析

1. 事件原因检查

事件后查阅 DCS 历史曲线，过程主要参数，如图 6-36 所示；过程给水参数，如图 6-37 所示。

（1）燃料 RB 触发原因。05 时 01 分 10 秒，1C 磨煤机电流自 53A 逐渐下降至 35A，1C 给煤机煤量从 38t/h 升至 45t/h，磨煤机出口风温由 74℃ 升至 104℃。进一步查看给煤机电流曲线。

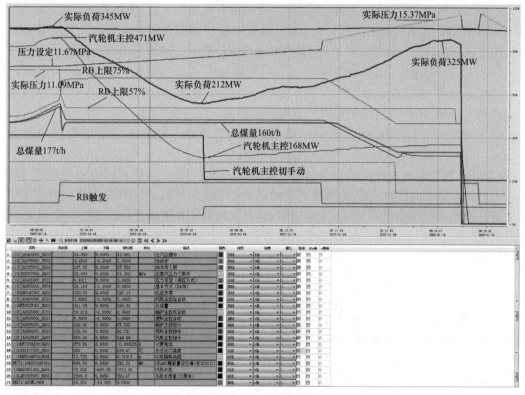

图 6-36　过程主要参数

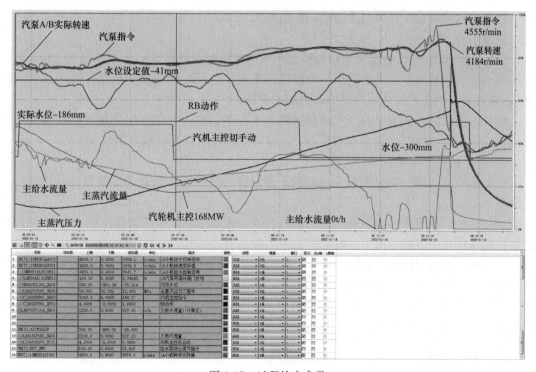

图 6-37　过程给水参数

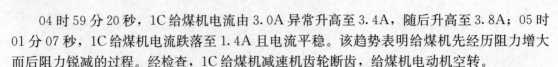

04 时 59 分 20 秒，1C 给煤机电流由 3.0A 异常升高至 3.4A，随后升高至 3.8A；05 时 01 分 07 秒，1C 给煤机电流跌落至 1.4A 且电流平稳。该趋势表明给煤机先经历阻力增大而后阻力锐减的过程。经检查，1C 给煤机减速机齿轮断齿，给煤机电动机空转。

05 时 02 分 53 秒，AGC 指令由 342.39MW 增加至 349.24MW，主蒸汽压力偏差达到 −0.5MPa，锅炉主控指令由 53.1% 升至 65.5%，总煤量由 153t/h 升至 177t/h。给煤机故障虚假出力叠加 AGC 升负荷是该时间点锅炉主控偏大的主要原因。

05 时 03 分 35 秒，1C 磨煤机出口风温高跳闸磨煤机，剩余 3 台磨煤机带载能力为 56.8%，低于当前锅炉主控 65.5%，触发燃料 RB。

（2）RB 复位时压力设定值跳变原因。05 时 07 分 37 秒，汽轮机调节阀下调至 19%，运行人员担心调节阀将汽轮机主控撤至手动，由于 RB 未复位，压力设定值仍然由 RB 回路生成，但是不起作用。05 时 10 分 53 秒，运行人员将 RB 手动复位，压力设定值不再由 RB 回路生成，同时，由于机组处于 BASE 方式，压力设定跟踪当前实际压力 13.58MPa，并随之变化。

（3）水位控制反常原因。RB 发生后，05 时 05 分 35 秒，由于主蒸汽流量低于单/三冲量切换值 650t/h，汽包水位控制切为单冲量控制。

05 时 11 分 30 秒，随着压力持续异常爬升，给水流量持续下降进入小流量范围，在此期间，汽包水位在设定值附近波动，因此，单冲量控制暂未有大幅调节动作。1 分 28 秒后，主蒸汽流量高于单/三冲量切换值 700t/h，汽包水位控制切为三冲量控制，此时，主蒸汽流量为 700.67t/h，给水流量显示为 0t/h，三冲量控制以此作为初始值进行计算。由于此时给水流量处于小流量测不准状态，给水流量在小流量与 0t/h 之间波动，造成三冲量控制无法正常控制。在液位偏低、给水流量突变波动综合作用下，控制输出未能单向大幅调节以提升汽包液位。过程给水参数，如图 6-37 所示。

2. 事件原因分析

（1）直接原因：1C 磨煤机出口风温高跳闸磨煤机触发燃料 RB，RB 过程中运行人员操作不当（将汽轮机主控切为手动后，未根据主蒸汽压力及时调整汽轮机主控高压调节阀开度），导致主蒸汽压力过高，汽动给水泵出力受限。

（2）间接原因：人为干预产生的特殊极端工况下，汽包水位由单冲量控制切为并不适合该工况的三冲量控制，无法有效控制，最终导致汽包水位低低触发锅炉 MFT。

（三）事件处理与防范

（1）建议运行部门制定主重要自动的干预预案，包括人为判断的干预条件及切除后的关注要点。

（2）结合厂内对该特殊极端工况下的汽包水位控制需求，建议优化汽包水位单/三冲量控制切换条件，引入给水流量、稳定程度等判断条件。

（3）由于本次 RB 过程中压调节阀下降趋缓至 19% 期间，MEH 低压调节阀处于正常调节范围（30%～43%）显示给水泵汽轮机汽源足够，同时，干预较大后 RB 主要过程参数参考意义不足，需要机务专业会同热控专业结合近期 RB 试验曲线判断 RB 压力设定值进行优化，若设定值调整较大，建议适时通过试验验证。

五、燃烧不稳运行调整不及时锅炉 MFT

某发电有限责任公司 2 号锅炉为 1100t/h 燃煤、塔式、中间再热负压燃烧，蒸发点可变的本生型直流锅炉，额定压力 19.2MPa。

（一）事件过程

2022 年 8 月 11 日 2 时 57 分，2 号机组负荷 178.5MW，1、2、3、5 号磨煤机运行，总煤量 98.72t/h，汽动给水泵运行，主蒸汽压力 16.66MPa，再热蒸汽压力 2.59MPa，主蒸汽温度 540.84℃，再热蒸汽温度 530.93℃，给水流量 561.44t/h，AGC、AVC 投入，六大风机自动投入。

2 时 57 分 54 秒，1 号磨煤机 13、14 煤火检失去，11 煤火检信号一直处于发讯状态，炉膛压力＋0.022kPa。

2 时 58 分 06 秒，炉膛压力下降至－0.043kPa。09 秒，投入 1 层微油，12、14 油火检发讯，13 油火检未发讯，重新投入 13 微油油枪后 13 油火检发讯，11 油火检信号一直处于发讯状态。

2 时 58 分 11 秒，1 号磨煤机 12 煤火检失去，13 煤火检发讯状态，14 煤火检恢复发讯状态，11 煤火检信号一直处于发讯状态。

2 时 58 分 15 秒，2 号磨煤机 22、23、24 煤火检相继失去，21 煤火检信号一直处于发讯状态。3s 后，2 号磨煤机跳闸，炉膛压力－0.4927kPa。

2 时 58 分 16 秒，3 号磨煤机 31、32 煤火检失去，34 煤火检闪烁，33 煤火检信号一直处于发讯状态 4。

2 时 58 分 24 秒，5 号磨煤机煤火检 52、54 失去，51、53 煤火检信号一直处于发讯状态，火检状态见图 5。

2 时 58 分 28 秒，炉膛压力到达最小值－1.6513kPa（此时，1、3、5 号磨煤机运行）。

2 时 58 分 28 秒，机组负荷 178MW，开始降负荷，主蒸汽温度 539/530℃，再热蒸汽温度 527/525℃。

2 时 58 分 33 秒，手动投入 2 层大油枪，24、22、23 油角阀反馈信号由"关"变为"开"，21 油角阀信号反馈一直处于"关"状态，21、22、23、24 油火检信号一直处于发讯状态 6。

2 时 58 分 45 秒，投入 3 层大油枪，31、32、33 油角阀反馈信号由"关"变为"开"，由于火检信号失真，31、32、34 油火检信号一直处于发讯状态；33 油火检信号发讯状态失去。

2 时 59 分 33 秒，锅炉 MFT 动作，首出"烟气压力高"（动作值＋3000Pa，延时 3s），负荷 143MW，主蒸汽温度 539/530℃，再热蒸汽温度 521/525℃，炉膛压力变化趋势，如图 6-38 所示。

3 时 05 分 36 秒，负荷 5MW，主蒸汽温度 514/506℃，再热蒸汽温度 472/464℃，触发汽轮机 ETS 主保护动作，首出原因为"锅炉保护暨主、再热蒸汽温度低"（锅炉 MFT 动作且主、再热蒸汽温度任一点低于 465℃），机组跳闸，同时发电机解列。

3 时 05 分 40 秒，锅炉吹扫完成，MFT 复位。

3 时 05 分 53 秒，一级吸收塔 A、B、C、D 浆液循环水泵全部跳闸。

3 时 10 分 53 秒，锅炉 MFT 保护动作，首出原因为"脱硫 FGD 保护"（一级吸收塔 A、B、C、D 4 台浆液循环水泵全停延时 300s 触发 FGD 跳闸，并送至锅炉）。

7 时 40 分，2 号炉点火。

（二）事件原因查找与分析

1. 事件原因检查

（1）现场检查。针对一些火检信号一直发讯情况现场检查，发现部分火检电缆已有高温烧融迹象，虽然部分电缆已进行更换，并增加金属保护套管，但长期高温高尘环境下，电缆损坏现象未能杜绝，导致部分火检长期处于"火检有火"信号发讯的不正常状态，不能真实反映实际着火情况，给热工保护带来拒动风险。就地火检电缆损坏情况，如图 6-39 所示。

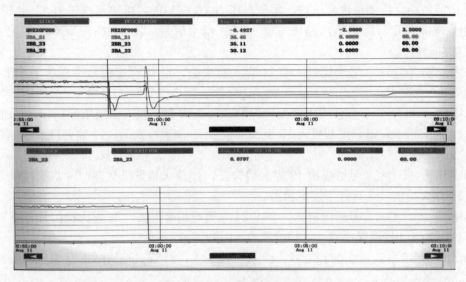

图 6-38　炉膛压力变化趋势

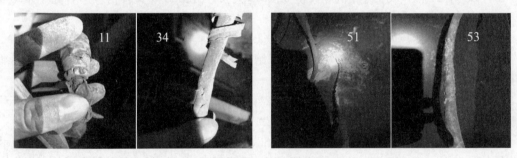

图 6-39　就地火检电缆损坏情况

检查磨煤机"层火焰失去"跳闸保护条件，查阅 2 号磨煤机逻辑图纸为"第 2 层所有煤火检信号均失去，并且第 2 层失去 2 个以上的油燃烧器投运信号时，触发磨煤机跳闸"，但实际逻辑排查发现，煤火检失去采用 4 取 3 方式，且"油燃烧器运行"失去 2 个及 2 个以上两条同时满足联跳磨煤机。因而存在逻辑说明、图纸与实际逻辑不符的情况，且各台磨煤机的层火焰失去保护逻辑设置也不相同，缺乏一致性。此外，查阅油燃烧器运行的判定条件，需满足油火检有火、油阀 1 开、油阀 2 开、油枪进到位、雾化阀开、三通阀开、吹扫阀关共 7 个信号才能输出油燃烧器运行信号。逻辑的过度复杂和不合理造成热工日常维护工作困难，也给运行人员的工况判断带来不利影响，且逻辑越复杂，埋藏的隐患就越多。

针对"一级吸收塔 A、B、C、D 浆液循环水泵全部跳闸"情况，检查 5154 和 5254 开关继电保护定值，发现该过流 I 段保护定值无法躲过所带浆液循环水泵自启动电流，另 2 号机组 6kV 脱硫配电段负荷分配不合理，脱硫一级塔 A、B、C、D 共 4 台浆液循环水泵均接于 6kV 脱硫 D 段，当该段失压时，4 台浆液循环水泵将全停延时 300s 即触发 FGD 保护。此外，6kV 脱硫 C 段失压造成 1 号机组一级吸收塔 B、C、D 浆液循环水泵停止，但因 A 浆液循环水泵连接 6kV 脱硫 A 段未跳闸,因此。未触发浆液循环水泵全停此条保护。脱硫电气转接,如图 6-40 所示。

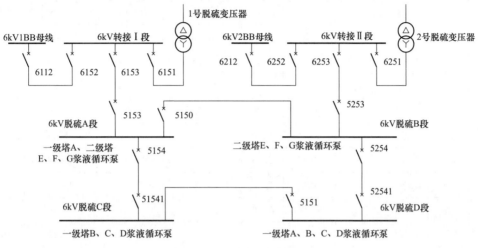

图 6-40 脱硫电气转接

(2)锅炉 MFT 原因。造成锅炉 MFT 的原因为锅炉发生爆燃触发"烟气压力高"保护动作。由于部分热工火检信号失真,属于长期"火检有火"发讯状态,造成磨煤机火检保护"拒动"(例如,5 号磨煤机根据炉膛压力和其他火检信号判断 58 分 24 秒已经灭火,但由于火检信号问题一直保持运行直到 59 分 33 秒 MFT 动作),同时,给运行人员造成炉膛有火的误判,持续的煤粉投入后又投入大油枪助燃,造成炉膛爆燃。

(3)锅炉灭火原因。当日,2 号锅炉入炉煤质变差、油枪可靠性差及运行人员调整不当造成燃烧不稳。

1)当日,2 号锅炉入炉煤质较差,干燥基挥发分 14.76%、干燥基灰分 45.69%、收到基低位发热量 14.82MJ/kg,属于较难燃煤种,运行人员未及时根据煤质变化调整风煤比(可通过风门开度、磨煤机入口压力等参数综合判断),造成 1 号磨煤机首先出现燃烧不稳,炉膛压力波动联锁 2、3、5 层燃烧器相继灭火(炉膛压力由 1 号磨煤机 13、14 火检信号失去时的 0.022kPa 持续下降至 52、54 火检信号失去时的最小值 -1.6513kPa,整个过程中炉膛压力呈持续快速下降趋势,基本可判断 5 号磨煤机两个火检失去后锅炉已经灭火)。各磨煤机跳闸前运行参数见表 6-3,2022 年 8 月一、二期入炉煤化验结果分析见表 6-4。

表 6-3 各磨煤机跳闸前运行参数

项目	单位	1	2	3	4	5
磨煤机出口风温	℃	87.76	92.87	72.91		89.53
磨煤机入口压力	kPa	8.34	—	7.41		8.56
热风门开度	%	95.88	97.89	66.27		94.61
冷风门开度	%	0.00	55.38	47.68	未运行	32.69
磨煤机入口流量	kg/s	17.71	18.59	18.74		14.07
换算至小时流量	t/h	63.76	66.92	67.46		50.65
给煤量	t/h	21.36	33.24	18.98		24.95
风煤比	—	2.99	2.01	3.55		2.03

表 6-4   2022 年 8 月一、二期入炉煤化验结果分析

日期	水分（%）	灰分（%）	挥发分（%）	全水分（%）	全硫（%）	弹筒发热量（MJ/kg）	高位发热量（MJ/kg）	低位发热量（MJ/kg）	上煤量（t）
	Mad	Aad	Vad	Mt	St. ad	Qb. ad	Qgr. ad	Qnet. ar	
1 日	1.43	45.19	16.22	8.23	2.01	16.96	16.75	14.83	5130
2 日	2.00	43.68	17.40	8.96	1.98	17.11	16.91	14.94	5054
3 日	1.53	44.52	15.70	8.48	2.20	17.21	16.99	15.00	6359
4 日	1.89	43.78	18.09	8.32	2.00	17.33	17.12	15.19	11396
5 日	2.09	38.33	18.29	10.18	2.06	19.20	18.98	16.58	10230
6 日	1.69	42.64	15.90	8.95	2.43	17.90	17.65	15.48	10836
7 日	1.75	43.41	17.43	8.42	2.50	17.71	17.46	15.50	10806
8 日	2.41	40.17	18.02	9.19	2.06	18.43	18.22	16.19	10163
9 日	2.10	39.30	18.02	9.37	2.47	19.15	18.89	16.73	10111
10 日	1.85	45.69	14.76	7.39	2.16	16.69	16.47	14.82	10659
11 日									0

2）油枪管理存在问题，可靠性差。油枪定期试验工作不严谨，2 号磨煤机跳闸后运行人员试图投入 21、34 大油枪不成功。查其缺陷库中油枪缺陷，截至 2022 年 7 月 15 日，31、32、34、21 油枪记录故障处于未消除状态，而 8 月 9 日进行的油枪试验记录表显示，除 13 油枪外全部合格，油枪定期试验流于形式，无法为运行人员提供可靠设备保障。

2. 事件原因分析

（1）直接原因。运行人员的事故状态判断力和事故处理能力欠缺，MFT 动作后主、再热蒸汽温度下降过快。运行人员故障状态减负荷不坚决，负荷降速较慢，未能有效控制蒸汽温度下降速率，从锅炉 MFT 动作到汽轮机跳闸、发电机解列仅维持 6min。

（2）间接原因。部分火检信号不能真实反映实际着火情况，造成运行人员对工况的误判断和误操作而导致锅炉 MFT。此外，油枪维护管理不到位，导致大油枪不能及时投运。

3. 暴露问题

（1）煤火检、油火检设备维护不到位，信号失真，无法真实反映炉内煤粉和助燃油的燃烧情况。火检信号由就地火检探头测量，并经尾部放大器处理后输出开关量"火检有火"至集控室后面的火检信号柜内，经端子排转接后送入 DCS。在信号传输过程中，由于就地环境恶劣（锅炉正压运行导致冒灰和环境温度异常高），火检电缆处于高温及煤灰环境下，容易造成传输信号不可靠。针对部分火检长期处于"火检有火"信号发讯的不正常状态，未能及时进行处理消除，导致不能真实反映实际着火情况，给热工保护带来拒动风险。

（2）磨煤机"层火焰失去"跳闸保护条件设置不合理，逻辑说明和保护图纸更新不及时，与实际的逻辑设置存在偏差，给维护工作带来不便。需要热工专业人员对现场的保护逻辑进行认真梳理和排查，完成文件资料的更新工作。

（3）层火焰失去跳闸磨煤机逻辑复杂，并且每台磨煤机的层火焰失去保护都不相同，

给热工维护工作带来相当不便。

（4）5154 和 5254 开关继电保护定值不合理，2 号机组 6kV 脱硫配电段负荷分配不合理。

（三）事件处理与防范

（1）加强入炉煤掺配管理，控制入炉煤煤质，保证掺配均匀，并根据煤质数据及时调整燃烧参数，避免因掺配不均匀出现锅炉燃烧不稳情况的发生。

（2）加强就地火检设备和电缆的可靠性提升治理，对高温区域电缆加装金属隔热套管等方法，避免电缆线芯烧融情况的发生。对火检设备进行升级改造，增加模拟量信号输出，对开关量信号起到参考对比的效果。

（3）加强油枪缺陷管理和定期试验工作管理。对存在缺陷的油枪及时消除，同时，加强定期工作的可靠性。

（4）加强人员培训，提高运行人员的事故状态判断力和事故处理能力。

（5）对 2 号锅炉热工保护逻辑进行全面排查和梳理，并相应进行保护优化工作。可靠性较差的热工信号及时进行整改，避免因热工信号不准确和逻辑保护不合理造成设备拒动和误动。举一反三，对 1 号机组也进行隐患排查。

（6）加强热工专业检修维护工作的制度化管理，尤其对逻辑强制、信号短接、保护投退等操作，必须履行审批手续和相关管理制度，坚决杜绝随意操作，随意修改。定期更新图纸资料，始终保持和现场实际逻辑、实际接线的一致性，做到图实相符，这是热工日常维护工作的红线和底线。

（7）组织各专业技术人员，对炉膛压力 MFT 保护定值进行重新讨论和优化，当前炉膛压力高保护定值为 3000Pa，不符合《中国大唐集团公司提高火电厂主设备热工保护及自动装置可靠性指导意见》（2009 版）的相关要求，应进行优化。

（8）对 5154 和 5254 开关继电保护定值进行合理整定计算。

（9）对 2 号锅炉 1 级吸收塔浆液循环水泵电源配置进行整改和优化，杜绝全部接入同一电源段。

六、磨煤机断煤后突然来煤时处置不当造成汽包水位高 MFT

某电厂 1 号机组的锅炉为东方电气集团东方锅炉股份有限公司制造的 DG1025/17.4-Ⅱ4，亚临界、自然循环、单炉膛四角切圆燃烧、一次中间再热、摆动燃烧器调温、平衡通风、固态排渣、半露天布置、全钢构架、全悬吊结构、炉顶金属屋盖带防雨罩的汽包锅炉。制粉系统采用中速磨煤机冷一次风机正压直吹式制粉系统，配有 2 台上海鼓风机厂有限公司生产的离心式冷一次风机（变频调节），5 台北京电力设备总厂有限公司生产的 ZGM95G 中速辊式磨煤机（4 运 1 备），2 台山东电力设备有限公司生产的离心式密封风机。采用四角切圆燃烧方式，每台磨煤机带一层燃烧器。设计煤种和校核煤种均为河南贫煤和山西贫煤。

2022 年 10 月 08 日 12 时 19 分 00 秒，机组负荷 142MW（蒸汽流量 391t/h），A、B 汽动给水泵并列运行，电动给水泵备用。A、B、C 磨煤机运行，D、E 磨煤机备用，总煤量 108t/h，A 磨煤量 42.2t/h，B 磨煤量 32.7t/h，C 磨煤量 33.1t/h，炉膛负压－15Pa，氧量 3.8%，A、B、C 磨煤机煤质记录见表 6-5。

表 6-5　　　　　　　　　　　　　　A、B、C 磨煤机煤质记录

煤质	单位	A 磨煤机	B 磨煤机	C 磨煤机
M_{ar}	%	8.0	8.0	8.0
S_{ar}	%	1.01	0.89	1.06
A_{ar}	%	39.96	39.72	38.22
V_{daf}	%	17.52	17.04	17.51
$Q_{net,ar}$	kJ/kg	16394	16412	16983

（一）事件过程

12 时 19 分 22 秒，1 号锅炉 B 给煤机电流降低，监盘人员判断为 B 给煤机断煤，立即投 AB 层、BC 层油枪稳燃。22s 后，B 给煤机煤量由 32.7t/h 下降至 2.3t/h，远方投入空气炮不来煤，立即派人就地敲打原煤斗。

12 时 20 分 05 秒，1 号锅炉 C 磨煤机跳闸，首出"煤组火焰失去"。

12 时 20 分 06 秒时，B 磨煤机跳闸，首出"煤组火焰失去"。

12 时 20 分 40 秒，汽包水位快速下降至 -236mm，紧急启动电动给水泵。

12 时 21 分 24 秒，手动打跳 A 给水泵汽轮机。

12 时 22 分 26 秒时，手动打跳 B 给水泵汽轮机，调节汽包水位恢复正常。

12 时 27 分 01 秒，启动 1 号锅炉 C 磨煤机。

12 时 29 分 31 秒，1 号锅炉 C 磨煤机跳闸，首出"煤组火焰失去"。

12 时 32 分 55 秒，汽包水位 +30mm，炉膛负压 -100Pa，A 给煤量 42t/h，油枪着火正常，负荷 36MW，主蒸汽流量 101t/h，主给水流量 100t/h，启动 B 制粉系统，给煤机指令 10t/h，由于 B 磨煤机掺配 3 号筒仓［主要湿黏煤（显德汪中硫）］煤种比例过高（具体不详），B 给煤机频繁断煤，其间，磨辊处于提升状态，就地敲打原煤斗。

12 时 34 分 34 秒，B 给煤机突然下煤，指令 10t/h，煤量瞬间波动至 47.6t/h 后降至 10t/h。一次风机、送风机、引风机及磨煤机等均无调整，此时，汽包水位 +19.7mm，给水流量 99.4t/h，蒸汽流量 100.8t/h。

12 时 35 分 12 秒，汽包水位 +35mm、压力 4.1MPa，汽包水位快速上涨，将电动给水泵勺管关至 10%，电动给水泵出口压力降至 2.3MPa。

12 时 35 分 26 秒，汽包水位升至 300mm，汽轮机跳闸，首出"汽包水位高停机"。

（二）事件原因查找与分析

（1）直接原因：煤场库存结构不合理，加权热值低于 4000kcal/kg，燃煤流动性差，造成 B 磨煤机断煤，导致炉内燃烧恶化，B、C 磨煤机因火焰失去相继跳闸，导致锅炉灭火。

（2）间接原因：运行人员对事件处理能力不足，1 号锅炉 B 磨煤机断煤处理过程中突然下煤，进入炉膛燃料量瞬间增加，同时，炉膛热负荷偏低，配煤热值、挥发分低，瞬间大量来煤，运行人员缺乏对汽包产生虚假水位的判断能力和应急处理措施，汽包水位由 35mm 快速上涨至 300mm，导致水位保护动作机组跳闸。

（三）事件处理与防范

（1）缓解给煤机断煤的问题，首先要加强燃煤管理，严格控制入炉煤的表面水分含量是一个有效的措施。

（2）加强入厂煤管理及配煤掺烧管理，严格执行配煤掺烧方案，明确采购煤及入炉煤边界，禁止燃用不满足入炉煤要求煤种。

（3）本次"非停"事故反映出运行人员对事故预演和应急预案的应对措施存在执行不到位的问题，在煤质恶化趋势已明显显现的情况下，未能对应急处置措施及时进行完善和补充，导致应急处置力度不足，应加强运行人员对事故预想和操作技能的培训。

七、降负荷中操作不当造成循环水中断低真空保护动作跳机

某公司二期机组 3、4 号循环水系统配置 4 台长沙水泵厂有限公司生产的 80LKXA-31 型立式斜流泵（转速 495r/min，扬程 31.06m，流量 $9.1m^3/s$），采用扩大单元制运行。其中，5、6 号循环水泵对应 3 号机组循环供水母管，7、8 号循环水泵对应 4 号机组循环供水母管。3、4 号机组循环水出水分别通过出水母管排至对应虹吸井。

汽轮机为上海汽轮机厂有限公司生产的 CLN600-24.2/566/566 型超临界、一次中间再热、三缸四排汽、单轴、双背压、凝汽式汽轮机，额定背压为 5.4kPa，低真空报警值为 -89.3kPa，低真空保护动作值为 -81kPa。

2022 年 9 月 8 日 7 时 00 分，3、4 号机组负荷均为 530MW，5、6、7、8 号循环水泵运行。4 号机组凝汽器 A、B 侧循环水进水压力均为 0.05MPa，出水门全开，出水温度分别为 38.2、37.8℃，高、低背压凝汽器真空分别为 -93.4、-94.7kPa。

（一）事件过程

7 时 04 分，因 7A 皮带尾部拉紧小车变形，并导致尾部皮带被煤堵转，无法上煤，向调度申请减负荷。

7 时 15 分，各运行机组均开始执行减负荷操作，4 号机组目标负荷 300MW。

7 时 38 分 33 秒，机组负荷 416MW，运行人员同时发出关闭 A、B 侧循环水出水门的指令（该门为带开、关、中间停止功能的电动门），A、B 侧循环水进水压力为 0.03MPa。

7 时 42 分 10 秒，4 号机组负荷 336MW，高、低背压凝汽器真空分别升至 -91.1、-91.2kPa，A、B 侧循环水出水温度分别升至 41.0、38.6℃。

7 时 42 分 45 秒，真空低至报警值 -89.3kPa，触发光字牌报警。运行人员立即检查和启动备用真空泵。此时，A、B 侧循环水出水温度分别升至 43.0、39.7℃。

7 时 43 分 31 秒，主机真空降至 -81kPa，汽轮机低真空保护动作跳闸。

7 时 44 分 07 秒，开启循环水出水门，恢复 4 号机组循环水运行。

8 时 20 分，查明事故原因，并处理后，4 号锅炉点火。

10 时 08 分，7A 拉紧小车变形处理完毕，机组恢复正常上煤。

11 时 35 分，4 号机组并网运行。

（二）事件原因查找与分析

1. 事件原因检查

事件后，查阅 DCS 历史记录，汽轮机低真空保护动作跳闸时，A、B 侧循环水出水温度分别为 45.0、40.7℃。跳闸后，高、低背压凝汽器真空分别升至 -81.47、-75.11kPa，A、B 侧循环水出水温度最高升至 52.2、47.8℃。过程中，机组真空变化趋势，如图 6-41 所示；循环水出水门开度变化趋势，如图 6-42 所示。

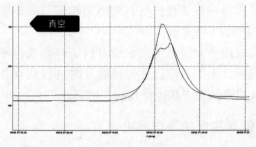

| 图 6-41　机组真空变化趋势 | 图 6-42　循环水出水门开度变化趋势 |

事件后，7 时 44 分 07 秒，查明机组跳闸原因为 A、B 侧循环水出水门全关，立即开启循环水出水门，恢复 4 号机组循环水运行。

检查化验凝结水水质正常，判断未对凝汽器造成伤害。

2. 事件原因分析

（1）直接原因：运行人员操作不规范，同时，节流 A、B 侧循环水出水门，且在指令执行过程中未连续监视循环水出水压力、温度、真空的变化，致使循环水出水门全部关闭，循环水中断。

（2）间接原因：运行操作管理不规范，在交接班期间安排多项操作事项，致使循环水系统操作人员注意力分散且无监护。

3. 暴露问题

（1）运行人员操作不规范。运行人员进行循环水调整操作的同时关小 A、B 侧循环水出水门，重要调整操作后未对已执行的操作结果进行跟踪，及时进行纠正和干预调整。

（2）重要阀门未采取有效闭锁保护措施。对于循环水出水电动门这样影响机组安全运行的重要阀门，未考虑运行操作不到位和阀门故障时可能导致循环水中断的风险，没有制定相应的保护逻辑和技术防控措施。

（三）事件处理与防范

（1）规范运行管理。严格执行调度纪律及操作规程，科学安排运行操作，加强操作监护及操作过程的参数分析。

（2）落实本质安全措施。对于循环水出水电动门采取防范因运行操作不当和阀门故障导致循环水中断的措施，设置相关闭锁逻辑。

八、运行调节不当造成炉膛压力高机组跳闸

某电厂锅炉为上海锅炉厂有限公司设计制造的超临界压力、单炉膛、四角切圆燃烧方式、螺旋管圈、一次中间再热、固态干排渣、全钢构架、Ⅱ 形布置燃煤直流炉，型号为 SG1139/25.4-M4401。采用简单疏水扩容式启动系统，过热器蒸汽温度主要通过煤水比调节和两级喷水微量控制，第一级喷水布置在分隔屏式过热器出口管道上，第二级喷水布置在后屏式过热器出口管道上，过热器喷水取自主给水管道。再热器蒸汽温度采用燃烧器摆动调节，再热器进口连接管道上设置事故喷水，事故喷水取自给水泵中间抽头，共配置五台磨煤机。

2022 年 11 月 19 日 19 时 27 分 00 秒，1 号机组负荷 220MW，总燃料量 132t/h，五台磨煤机运行；主蒸汽流量 739t/h，主给水流量 735t/h，主蒸汽压力 17.5MPa，主蒸汽温度

566℃，再热蒸汽温度553℃；1A、1B汽动给水泵运行，给水主控自动模式；送、引风机自动调节，炉膛负压－45Pa；1号机组带工业供汽，1、2号热网加热器运行，对外供热。

（一）事件过程

19时27分16秒，炉膛负压－76Pa。

19时27分20秒，1号机炉膛负压由－55Pa突降至－1316Pa，火焰电视闪烁。

19时27分22秒，投入AB4油枪，8秒后AB4油枪着火。

19时27分24秒，投入AB2油枪；28秒时投入AB3油枪。

19时27分30秒，炉膛压力测点1、2、3、4分别涨至1711、1985、1795、1730Pa，1号锅炉MFT动作，首出信号是"炉膛压力高高（动作值＋1520Pa）"，汽轮机跳闸，发电机跳闸，各联锁动作正常。

在MFT动作前AB4油角阀已经打开，AB2、AB3油角阀未打开，MFT动作后AB2、AB3、AB4油角阀关闭。

MFT动作后，就地检查未发现异常，向省调申请机组恢复。经省调同意，19时43分45秒，1机组点火；21时09分35秒，并网成功，全面检查机组无异常。

（二）事件原因查找与分析

1. 事件原因检查

（1）煤质取样化验。锅炉灭火后，随即对磨煤机燃用煤质进行取样化验，结果是入炉发热量加权平均值为4018kcal/kg，E磨煤机收到基低位发热量为3368kcal/kg，低于本次改造发热量设计值4300kcal/kg；同时，A磨煤机$V_{daf}=18.87\%$，B磨煤机$V_{daf}=19.71\%$，偏离设计值26%～28%，煤质化验结果见表6-6。分析认为，A、B磨煤机燃用煤质偏离设计值，使入炉煤发热量低，易使A、B层燃烧器着火不良，火检强度降低，导致燃烧抗干扰能力差。

表6-6 煤 质 化 验 结 果

项目	符号	单位	A	B	C	D	E
收到基灰分	A_{ar}	%	31.68	33.70	40.42	38.14	43.72
干燥无灰基挥发分	V_{daf}	%	18.87	19.71	23.81	22.75	24.98
收到基硫	S_{ar}	%	0.94	1.70	1.56	1.91	3.09
收到基低位发热量	$Q_{net,ar}$	kcal/kg	4431	4270	3976	3992	3368
给煤量	—	t/h	28	30	20	27	27

（2）掉渣或塌灰分析。通过调取灭火前后干渣机上方渣井视频，锅炉灭火前未发现明显掉焦或塌灰现象，从排渣温度分析，排渣温度在19分27秒时由21.3℃提升至32.9℃，23min后排渣温度开始明显升高，最大达261.4℃，但温度很快回落，从视频回放及渣井温度变化推断，锅炉灭火前炉膛掉渣的可能性小，由于炉膛负压大幅波动后也会造成浮焦及浮灰脱落，同样会造成排渣温度提升，排渣温度曲线，如图6-43所示。此外，若出现塌灰，E磨煤机受干扰强度应最大，A磨煤机受干扰强度应最小，从火检的变化斜率看，与此不符。

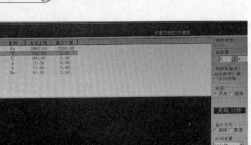

图 6-43 排渣温度曲线

（3）相关检查。锅炉灭火后，排查锅炉本体、干渣机检查孔、各观火孔、人孔门正常，无异常漏风情况。

制粉系统排查，锅炉灭火前燃料量、磨煤机入口风量和风门开度无异常调整。

锅炉灭火前后相关参数曲线记录，如图 6-44 所示。锅炉灭火前，引风机、送风机电流稳定，动叶开度无调整，炉膛氧量稳定；一次风机电动机输出频率、热一次风压无波动；二次风门无调整，炉膛氧量稳定；燃烧器摆角无变化。

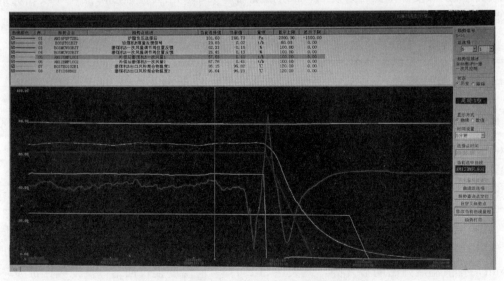

图 6-44 锅炉灭火前后相关参数曲线记录

（4）火检变化次序。19 日正常运行时，A、B 层火检示值偏低（60％、80％），火检失去过程中，火检强度下降初期 B、C 层下降斜率较 A、D 层偏小，具有一定的稳燃能力，A 层火检直线下降（斜率较大），E 层斜率最小，处于最上层，抗干扰能力最好。灭火前火检变化曲线，如图 6-45 所示。

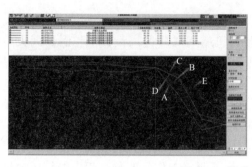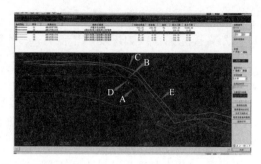

图 6-45 灭火前火检变化曲线

（5）近观火孔区域热态检查。为进一步深度排查，使用高温炉膛多视角观测仪，对近观火孔区域进行了观察，未发现问题，锅炉内近看火孔区域图像，如图 6-46 所示。

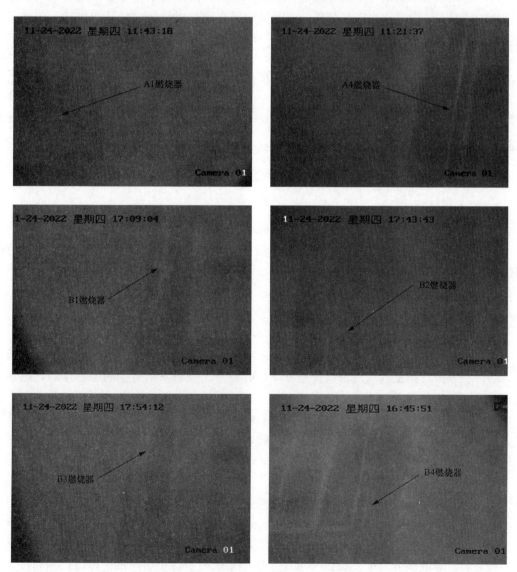

图 6-46 锅炉内近看火孔区域图像

2. 事件原因检查

（1）直接原因：入炉煤发热量低，A、B 磨煤机燃用煤质偏离设计值。锅炉灭火后随即对磨煤机燃用煤质进行取样分析，入炉发热量加权平均值只有 4018kcal/kg，A 磨煤机 $V_{daf}=18.87\%$，B 磨煤机 $V_{daf}=19.71\%$，偏离设计值较多，燃烧抗干扰能力差。

（2）间接原因：热态一次风调平过程中 A 磨煤机风量控制偏大。锅炉灭火前进行了热态一次风调平试验，调整前 A 磨煤机入口风量为 75t/h，推算一次风管风速约为 26m/s，实测风速达 35m/s，该风速偏高，但考虑到机组启动后该磨煤机在此风量下经常运行，且未发生异常，因此未对此风量进行下调，直接进行了调平工作，调整过程中粉管风速发生变化，对燃烧稳定性会有一定的影响。

（三）事件处理与防范

（1）优化原煤采购结构，做好配煤掺烧工作。在目前煤炭市场多变，原煤采购不确定性增加的情况下，做好煤炭市场分析，及时采购符合锅炉燃烧特性的适用煤种，此外，林州公司无筒仓，精细化掺配手段不足，应进一步优化煤场堆放及掺配方式。

（2）本次"非停"事故反映出运行人员对事故预演和应急预案的应对措施存在执行不到位的问题，在燃烧不稳状态下对运行状况把握不到位，导致应急处置力度不足，应加强运行人员对事故预想和操作技能的培训。

（3）加强试验过程中的技术把控，细化试验方案，做好试验过程中的风险分析及防范措施，发现异常应及时停止试验。

九、机组启动过程中高压胀差超限手动打闸停机

（一）事件过程

2022 年 2 月 4 日 15 时 31 分，2 号机组启动并网。

16 时 16 分，2 号机组负荷 136MW，高压胀差超限（$\geqslant$8.5mm），运行人员手动打闸停机。

23 时 29 分，2 号机组重新并网。

（二）事件原因查找与分析

1. 事件原因检查

（1）2 号机组启动过程中，各系统参数正常。手动打闸后，检查汽轮机润滑油系统正常、防进水保护动作正常，汽轮机转速下降，两台一次风机及所有制粉系统停运，燃油跳闸阀关闭。

（2）查阅历史参数曲线发现，机组并网后，低负荷暖机及加负荷阶段主蒸汽温度呈缓慢上升趋势，高压胀差也呈缓慢上升趋势，随着机组负荷及主蒸汽温度升高，高压胀差上升趋势更加明显。

2. 事件原因分析

（1）直接原因：机组启动过程中，主蒸汽温度控制不当，导致高压胀差超限。

（2）间接原因：机组为无汽轮机旁路设计，主蒸汽系统设计一级减温水，且减温水总门投入的逻辑条件是 20%MCR（机组负荷大于或等于 132MW），低负荷阶段蒸汽温度调节手段有限，参数调节困难。2013 年实施了微油系统改造，机组启动阶段可以尽早投入微油系统及制粉系统运行，但由于制粉系统提前投运，主蒸汽温度控制难度增大，主蒸汽温

度偏高，造成高压胀差偏高。

3. 暴露问题

（1）2号机组实施通流改造项目后，汽轮机高压胀差受主蒸汽温度变化影响更加明显，客观上增加了运行操作难度。

（2）专业技术管理不到位。机组启动过程中，长期存在高压胀差偏高问题，未组织分析，未研究制定解决方案和措施。

（3）运行人员技能水平有待提高。机组启动过程中，未认识到主蒸汽温度对高压胀差影响的严重性，调控不及时。

（三）事件处理与防范

（1）针对2号机组启动过程中高压胀差偏高问题，组织分析，制定解决方案和措施。

（2）加强运行技能培训。开展专题培训，提升运行人员操作水平和风险意识。加强机组启动阶段燃烧控制及主蒸汽温度控制，避免过高的主蒸汽温度影响高压胀差。

十、660MW机组冲转过程中因安全油压低手动打闸

（一）事件过程

2021年10月19日14时30分，为2号机组冷态启动做准备，2号汽轮机、2号机组两台汽动给水泵汽轮机及两台引风机给水泵汽轮机进行挂闸试验、AST遮断电磁阀活动试验、机械遮断电磁阀活动试验、主汽门、调节阀活动试验、打闸试验，试验结果均正常。

10月20日，2号机组冷态启动。

04时46分，2号汽轮机1500r/min中速暖机完毕，准备升速至3000r/min。

04时54分，2号机组冲转至2341r/min时跳闸，汽轮机保护ETS首出为"DEH跳闸停机"。设备部热控专业人员检查为安全油压失去导致，后又多次冲转均出现相同现象。

2022年02月15日，2号机组启动过程中，再次出现汽轮机冲转至2340r/min时跳闸，首出为"DEH跳闸停机"。

（二）事件原因查找与分析

1. 事件原因检查

事件后，设备部汽轮机专业及热控专业人员立即到现场，对抗燃油系统、AST遮断电磁阀、机械遮断电磁阀、试验电磁阀、卸荷阀、伺服阀等设备进行详细检查，未发现问题，各处抗燃油系统管道及与电磁阀接口均无明显漏油迹象，排除抗燃油系统外部泄漏情况。

东方汽轮机有限公司控制系统的安全油有两处泄油通道，一处为13.7m危急遮断装置，一处为6.9m高压遮断模组。通过多次对高压遮断装置试验，未发现异常，排除高压遮断模组处5YV、6YV、7YV、8YV电磁阀及判断挂闸信号压力开关故障原因，判断6.9m高压遮断装置正常。

热控专业人员对5、6、7、8号遮断电磁阀进行活动试验，均正常，但2号机组再次冲转至1750r/min时，仍出现安全油压低导致跳闸的情况。

经过多方面排查后，决定通过DEH系统将试验电磁阀4YV带电，随后对2号汽轮机重新冲转，接着顺利冲转至3000r/min，将4YV置正常失电状态，汽轮机保持3000r/min正常运行。

运行人员进行手动打闸试验，汽轮机正常跳闸。之后，将汽轮机再次冲转至3000r/min，

持续运行 30min 无任何异常情况，2 号机组正常并网。升负荷至 330MW 后全面检查机组运行正常，抗燃油压、安全油压正常。

进一步检查发现 DEH 跳闸首出为"安全油压力低停机"，分析认为有可能是位于前箱内机械超速停机装置由于某种外力使飞环碰触遮断隔离组件的撑钩导致安全油泄油。在停机时检查超速飞环与撑钩间隙时发现，飞环与大轴脱落，处于自由状态。

2. 事件原因分析

基于上述查找过程，初步判断事件的原因为飞环脱落处于自由状态，在机组冲转过程中，转速由小到大，离心力逐渐增加，使飞环碰触撑钩导致安全油失去停机，飞环处于自由状态在碰到撑钩后远离撑钩，在机组重新冲转过程中，自由状态的飞环在新位置处于平衡状态，因此，机组重新启动正常。

（三）事件处理与防范

（1）安全油压正常运行中无法监视，对安全油压失去的事故判断影响较大，停机后在 5、7 号与 6、8 号电磁阀的插装阀之间管道上增加远传压力测点变送器，并上传至 DCS；在高压遮断滑阀模块前安全油管道上增加远传压变送器，并上传至 DCS，对两个压力变送器的油压数据进行对比分析，即可详细推断出安全油压失去的故障原因。

（2）利用机组停运机会，对机械遮断隔离滑阀进行检查，判断其动作行程是否到位。在机械遮断阀与汽轮机机头外罩壳安装位置增加标尺，根据标尺读数可具体判断滑阀行程，杜绝类似事件再次发生。对前箱内机械超速装置脱落飞环进行更换，下次启动时做机械超速试验验证飞环调整定值。

（3）汽轮机组任何部件的安装均必须按照厂家说明书进行，尤其对调节保安油系统中精密部套的检修、安装，要特别注意间隙、行程的调整。运行人员在开机过程中应对安全油压系统中重要参数加强监视，尽早发现问题，及时分析处理，消除影响机组安全稳定运行隐患，提高机组的安全可靠性。

（4）加强对运行维护人员复杂调节保安系统相关知识培训，做到人人都熟记于心，遇到异常能够迅速采取措施，避免异常现象进一步扩大，威胁机组安全运行。

十一、锅炉掉焦导致机组 MFT

某厂 2×660MW 超超临界燃煤机组于 2017 年底投产，锅炉为北京巴威超超临界参数变压运行直流炉、单炉膛、前后墙对冲燃烧、平衡通风、紧身封闭布置、固态排渣、全悬吊结构 Ⅱ 形，火检为 ABB Uvisor 外窥视火焰检测系统，控制系统为艾默生过程控制有限公司 OVATION，版本号 3.5.1。

2022 年 10 月 15 日 10 时 00 分，1 号机组负荷 319MW，机组协调方式运行，主蒸汽压力 14MPa，主蒸汽温度 589℃，炉膛负压－179Pa，总燃料量 166t/h，1A、1B、1C、1E 磨煤机运行（配煤方式：1A、1B、1D、1E、1F 市场混煤，1C 矿发煤），每层燃烧器 6 个煤火检信号均正常。

（一）事件过程

15 日 8 时 45 分～9 时 30 分，1 号机组按调度计划曲线由 591MW 降负荷至 320MW。

9 时 59 分 48 秒，锅炉开始 A 层炉膛吹灰器（A04-A07、A11-A14）吹灰。30s 后，捞渣机油压从 8.5MPa 开始升高。

10 时 00 分 52 秒，炉膛负压由—101Pa 开始升高，25s 后，炉膛负压升至 513Pa。

10 时 02 分 19 秒，炉膛负压降至—136Pa，并稳定。其间，B 层燃烧器火检信号模拟量出现不同幅度的减弱，其他煤层火检信号模拟量未发生变化。

10 时 08 分 19 秒，炉膛负压由—179Pa 开始升高；27s 时，炉膛负压最高升至 528Pa；42 秒时，炉膛负压最低降至—252Pa。

10 时 08 分 31~33 秒，B 层燃烧器 B6、B3、B5、B4 火检信号先后消失，延时 2s 后 1B 磨煤机跳闸。

10 时 08 分 32~36 秒，A 层燃烧器 A5、A3、A4、A1 火检信号先后消失，延时 2s 后 1A 磨煤机跳闸。

10 时 08 分 35~41 秒，E 层燃烧器 E1、E2、E3、E6 火检信号先后消失。

10 时 08 分 36~42 秒，C 层燃烧器 C1、C6、C2、C3 火检信号先后消失。

10 时 08 分 42 秒，A、B、C、E 层煤燃烧器有火（4/6）信号全部消失，触发全炉膛灭火信号，锅炉 MFT。

10 时 08 分 44 分，捞渣机驱动油压达到 13.4MPa。

16 日 20 时 48 分，1 号机组并网归调。

（二）事件原因查找与分析

1. 事件原因检查

（1）炉膛压力波动原因。燃烧器火检及 MFT 趋势曲线，如图 6-47 所示。由图 6-47 可知，C 层火检消失后，全炉膛灭火信号触发了 MFT 保护动作。

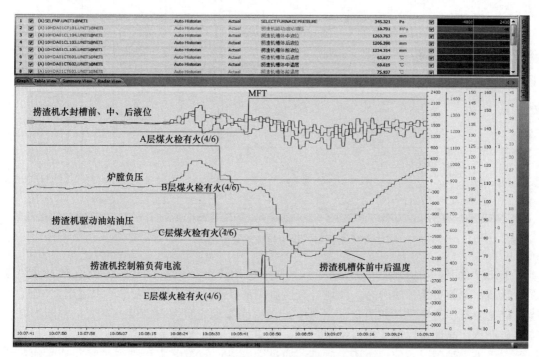

图 6-47 燃烧器火检及 MFT 趋势曲线

捞渣机驱动油压、水封槽液位及炉膛负压趋势，如图 6-48 所示。煤火检火焰强度趋势，如图 6-49 所示。

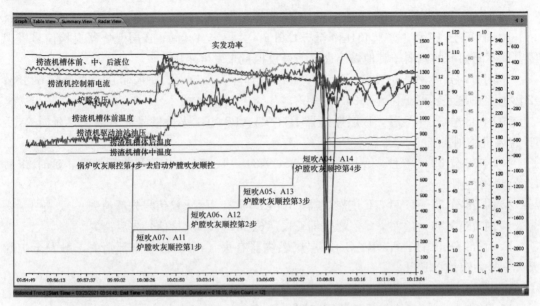

图 6-48　捞渣机驱动油压、水封槽液位及炉膛负压趋势

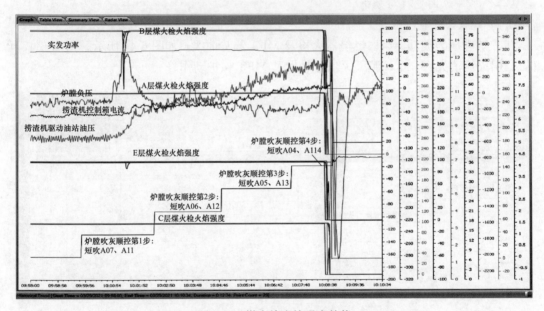

图 6-49　煤火检火焰强度趋势

由图可看出，锅炉开始吹灰 1min 后，捞渣机槽体前中后液位升高，捞渣机驱动油压逐渐升高，炉膛负压开始升高。就地检查捞渣机刮板渣量大，且有大量渣水溢出，MFT 后捞渣机渣溢及积渣情况，如图 6-50 所示。当时，负荷稳定且燃料量保持不变，判断当时炉膛掉焦严重，高温焦块落入捞渣机水封槽，瞬间产生大量水蒸气，甚至破坏了捞渣机水封，导致漏风进入炉膛，致使炉膛压力升高。通过捞渣机控制箱电流和捞渣机驱动油站油压持续升高，也可判断出当时持续的焦块掉落导致捞渣机出力不断升高。

（2）煤火检信号跳变原因。

1）火检探头参数检查。针对炉膛掉焦后各运行煤层火检信号跳变问题，首先检查燃烧器火检探头参数设置，FAU810 分析单元参数设置见表 6-7，当煤火检有火焰参数选择信号（磨煤机入口插板门开状态）时，见 F1B 列参数：火焰强度引入值为 12%，退出值为 10%；火焰频率引入值为 5，退出值为 5，无火延时时间为 2s。

图 6-50 MFT 后捞渣机渣溢及积渣情况

表 6-7 FAU810 分析单元参数设置

序号	参数			CHAN1 煤火检		CHAN2 油火检	
				F1A	F1B	F2A	F2B
1	TRIP POINTS	INTENSITY	PULL IN	60%	12%	60%	20%
			DROP OUT	60%	10%	60%	15%
		FREQUENCY	PULL IN	50	5	50	10
			DROP OUT	50	5	50	5
2	QUAL NOAMALIZATION	INTENSITY		20%	10%	20%	10%
		FREQUENCY		20	5	20	5
3	FREQ SENSITIV			55	5	55	10
4	SMOOTHING	INTENSITY		NONE	5s	NONE	5s
		FREQUENCY		2s	8s	2s	8s
5	DELAY DROPOUT			0.2s	2s	0.2s	2s
6	FLAME PICKUP			2s	1s	2s	1s

2）二次风箱及燃烧器检查。进入二次风箱内部检查发现，风箱内部积灰较严重（二次风箱内积灰情况，如图 6-51 所示），且外窥视火检套筒只延伸至风箱约 1/2 处（外窥视火检套筒开口位置，如图 6-52 所示），并未贯穿二次风箱，存在二次风压波动扬灰或炉膛冒正压导致燃烧器喷口煤粉回流遮挡火检探头的可能。

3）火检信号跳变原因。

a. 炉膛上部大量掉焦时，可能会将燃烧器火焰瞬间切断，造成燃烧不稳，引起局部灭火，并遮挡火检探头，导致锅炉灭火保护动作。

b. 高温焦块遇水产生的大量蒸汽上升进入炉内，对煤粉燃烧区域造成扰动，致使燃烧不稳定的黑龙区和初始着火区进入火检监视区域，其闪烁频率及火焰强度难以达到火检阈值，引起火检信号波动。

图 6-51　二次风箱内积灰情况

图 6-52　外窥视火检套筒开口位置

2．事件原因分析

（1）直接原因：1 号锅炉燃烧特性不佳导致炉膛结焦。机组快速升降负荷（08 时 16 分～08 分 45 分，机组负荷由 366MW 升至 591MW；09 时 00 分～09 时 30 分，机组负荷由 591MW 快速降至 320MW）。当投入吹灰器对炉膛进行蒸汽吹灰时，造成炉膛局部温度下降。在水冷壁表面积聚的熔融状态灰渣在温度下降时转变为固态焦块，其附着力随之降低。一旦条件允许，就会发生掉焦造成捞渣机大量水蒸气上升，1A、1B、1C、1E 磨煤机火检在 10s 内全部丧失，触发全炉膛灭火锅炉 MFT 保护动作。

（2）间接原因：煤种掺烧配比不合理。因矿发煤紧张，28 日 15 时 00 分变更了配煤方式（原配煤方式：1A、1B、1C、1E 矿发煤，1D、1F 市场混煤），将 1A、1B、1E 磨煤机更改为市场混煤（热值 4300kcal，灰分 28%～31%，灰熔点 1160～1250℃），1C 磨煤机为上海庙榆树井矿煤（热值 3200kcal，灰熔点 1240℃）。由于市场混煤煤泥掺配比例大 30%～40%，煤泥灰分大，燃用煤种灰分增加导致锅炉积灰结焦速度增大，煤发热量降低使同样负荷条件下锅炉燃煤量增加，且锅炉 A 层正在吹灰，造成炉膛内扬灰大，对火检丧失造成叠加影响。

3．暴露问题

（1）1 号锅炉较 2 号锅炉燃烧特性差。同样的配煤、配风情况下，1 号锅炉飞灰、炉渣含碳量较大、SCR 入口 CO 含量高，进行了燃烧调整试验但效果并不明显。

（2）燃煤掺配方式不够合理。在矿发煤紧张的情况下临时调整两台锅炉配煤方式，但未考虑到两台锅炉燃烧特性存在差异性，大幅增加 1 号锅炉下层磨煤机市场混煤的掺烧量，新的掺烧配煤方式对锅炉的安全影响缺失验证。

（3）人员经验不足，风险辨识不到位。未充分意识到机组快速升降负荷后锅炉塌焦产生的较大风险，且在发现锅炉掉焦后未及时采取运行调整措施的情况下仍进行锅炉吹灰操作，加剧了锅炉塌焦及扬灰的发生。

（4）技术管理不到位。针对近期煤质劣化锅炉易结焦的情况，未从锅炉受热面壁温、排烟温度等参数变化开展针对性的技术分析，未及时对操作人员进行相应的技术指导。

（5）DCS 逻辑不完善。炉膛吹灰顺控逻辑未考虑低负荷工况下吹灰可能引起掉焦，炉膛负压波动的风险。DCS 逻辑中火检信号失去延时时间设置不完善，无法有效避免短时间大量煤灰及水蒸气进入火检观火孔后对火检测量造成的影响。

（三）事件处理与防范

（1）进行燃烧调整试验。联系技术研究院来厂进行 1 号锅炉燃烧调整试验。在 1 号锅炉燃烧特性存在问题未彻底解决前，1 号锅炉暂不进行低热值、低灰熔点煤种掺配。

（2）优化配煤方式。及时了解市场混煤煤泥含量，对于 1 号锅炉配烧高灰熔点、低灰分、煤泥掺配比例较低的煤种，并适当增加 1 号锅炉二次风量，降低 1 号锅炉结焦风险。

（3）加强人员培训。针对防止锅炉结焦及结焦后的事故处理进行专题培训，组织人员在仿真机室进行锅炉严重结焦的事故演练。

（4）强化技术管理。在煤质异常情况下，及时开展锅炉燃烧监测、技术分析和现场指导；完善集控运行规程及各种工况下的锅炉吹灰管理规定。

（5）DCS 逻辑优化。为防范低负荷段锅炉吹灰对锅炉燃烧的影响，在 DCS 中增加炉膛短吹单吹逻辑，增加炉膛负压报警时（500Pa、−800Pa）停止炉膛吹灰逻辑。原火检卡处火检有火信号有 2s 延时，在此基础上将 DCS 逻辑中燃烧器 6 个煤火检有火信号判断中各增加 1s 断电延时，同时，在各煤层有火（4/6）信号增加 2s 断电延时，再去触发全炉膛灭火 MFT。

第七章

发电厂热控系统可靠性管理与事故预控

随着我国电源结构的不断改革，火电机组逐步发展转变为提供调频、调峰的基础电源主体，火电企业保证设备稳定、经济、环保、运行，提高机组调频调峰适应能力，减少机组非计划停运，成为生产经营管控最重要的内容。受多因素影响，热控原因造成的机组异常或跳闸事件仍时有发生，本书第二～六章的 2022 年故障案例说明，热工专业无论其"非停"故障统计占比还是其设备属性，在降"非停"预控中都十分重要。由于设计时硬件配置与控制逻辑上的不合理、基建施工与调试过程的不规范，检修维护中有操作失误、管理执行与质量验收把关不严、运行环境与日常巡检过程要求不满足，规程要求的理解与执行不到位等原因带来热控设备与系统中隐存的后天缺陷（设备自身故障定为先天缺陷）而造成机组"非停"事件中，很多本是可避免的。

热工系统及设备的可靠性是机组整体安全稳定运行的关键因素，因此，需要专业人员通过基建期间优化设计、规范安装和精心调试，在检修维护期间完善标准、规范作业和严格把关，不断进行隐患排查和及时维护，并实施有效的事故预控措施，才能有效提高热工系统及设备的可靠性，进而降低热工专业导致机组"非停"发生的概率。

本章节总结了前述章节故障案例的统计分析结论，综合了中国发电自动化专委会技术论坛收集的专业人员论文中提出的经验与教训、2016～2021 年由中国电力出版社出版的《发电厂热控系统故障分析处理与预控措施》中提出的事故预控措施的基础上，补充了进一步减少发电厂因热控专业原因引起机组运行故障的措施，供提升机组热控系统的可靠性参考。

第一节　控制系统故障预防与对策

机组从设计到投产运行必定要经过基建、运行和检修维护等过程，各过程面对的重点不同，对热控系统可靠性的影响也会有所不同，总体来说，新建机组主要取决于基建过程中的把控；投产年数不多的机组主要取决于运行中预控措施的落实，而运行多年的机组则主要取决于运行检修维护中的质量控制。

一、电源可靠性预控

影响电源系统可靠性的因素来自多方面，在机组基建阶段，热工系统及设备的选型及出厂验收、电源及逻辑设计的正确性、施工执行标准的程度与规范性、调试及验收质量把控等方面，都对热工系统的可靠性和机组长期稳定运行起着举足轻重的影响。根据发生的故障案例归纳的经验与教训，提出以下预控建议。

1. 电源的配置

（1）电源配置的可靠性需要人员继续关注，第二章中案例表明，不但要保证来自两路互为冗余且不会对系统产生干扰的可靠电源（二路 UPS 电源或一路 UPS 一路保安段电源），而且要保证二路电源来自非同一段电源，防止因共用的保安段电源故障、UPS 装置切换故障或二路电源间的切换开关故障导致热控系统两路电源失去。

（2）就地远程柜电源应直接来从 DCS 总电源柜的二路电源（二路 UPS 或保安段电源＋UPS），否则存在误跳闸的隐患。

（3）对于保护联锁回路失电控制的设备，如磨煤机出口闸阀、抽气止回阀、循环水泵出口蝶阀等若采用交流电磁阀控制，应保证电源的切换时间满足快速电磁阀的切换要求。而对用于保护系统的就地重要并列负载，可按照冗余交叉原则分配在两路不切换的可靠电源上，例如，ETS 系统的 4 个 AST 电磁阀可交叉由 UPS 和保安电源分别供电，任一路电源失去不至直接跳闸。

（4）对 ETS、DEH、TSI、火检等系统优先设计 24V DC 作为控制器工作电源，两路严格不同源的交流电源应分别经独立的电源模块组后冗余输出供电，避免双电源切换装置在切换时引发电压波动造成设备工作异常。

（5）重要系统柜内热工电源所有负载分散分配且根据负载选择合理特性的断路器，凡机柜外部负载均设计独立的断路器或熔断器，且严格计算脱扣电流或熔断电流保证不越级保护，机柜内散热、加热等设备设计专用检修电源，柜内照明和检修插座应单独取电源，与控制系统及相关电源应无交集。

（6）在运行操作员站设置重要电源的监视画面和报警信息，以便问题能及时发现和处理。

（7）重要信号及保护信号仪表应尽量采用 DCS 电源；如采用外部电源，应采用冗余电源切换装置后电源，如风机油压变送器。

（8）并列运行的主辅机保护仪表的专用电源装置应分开配置，并不得取用同一套电源切换后电源，如热式风量流量计、空气预热器转速检测装置等。

（9）并列运行的主辅机控制设备电源应分散布置，不得集中采用同一套电源切换装置，如磨煤机油站、风机油站、OPC 电磁阀、AST 电磁阀等。

2. UPS 可靠性要求

UPS 供电主要技术指标应满足厂家和《火力发电厂热工自动化系统检修运行维护规程》（DL/T 774—2015）要求，并具有防雷击、过电流、过电压、输入浪涌保护功能和故障切换报警显示，且各电源电压宜进入故障录波装置和相邻机组的 DCS 以供监视。UPS 的二次侧不经批准不得随意接入新的负载。

机组 C 级检修时，应进行 UPS 电源切换试验；机组 A 级检修时，应进行全部电源系统降压切换试验，并通过录波器记录，确认工作电源及备用电源的切换时间和直流维持时间满足要求。

自备 UPS 蓄电池应定期进行充放电试验，试验应满足《火力发电厂热工自动化系统检修运行维护规程》（DL/T 774—2015）要求。

3. UPS 切换试验

目前，UPS 装置回路切换试验，二十五项反措提出仅通过断电切换的方法进行，虽然基建机组和运行机组的实际切换试验过程大多数也是通过断开电源进行，但近几年已发生电源切换过程控制器重启的案例证明，这一修改不妥当。因为没有明确提出试验时电压的要求，运行中出现电源切换大多数发生在低电压时，正常电压下的断电切换成功，不等于电压低发生切换时控制系统能正常工作。DCS控制系统对供给的电源一般要求范围不超过±10%，实际上要求电源切换在电压不低过15%的情况，控制系统与设备仍能保持正常工作，因此，检修期间需做好冗余电源的切换试验工作，规范电源切换试验方法，明确质量验收标准。

（1）UPS和热控各系统的电源切换试验，应按照《火力发电厂热工自动化系统检修运行维护规程》（DL/T 774—2015）或《火力发电厂热工自动化系统可靠性评估技术导则》（DL/T 261—2022）要求进行降压切换试验；试验过程中用示波器记录切换时间应不大于5ms，并确保控制器不被初始化，系统切换时各项参数和状态应为无扰切换。

（2）在电源回路中接入调压器，调整输入主路电源电压，在允许的工作电压范围内，控制系统工作正常；当电压低至切换装置设置的低电压时，应能自动切换至备用电源回路，然后再对备用电源回路进行调压，保证双向切换电压定值准确，切换过程动作可靠无扰。

（3）保证切换装置切换电压高于控制器正常工作电压一定范围，避免电压低时，控制器早于电源切换装置动作前重启或扰动。

4. UPS硬件劣化预控

UPS装置、双路电源切换装置和各控制系统电源模块均为电子硬件设备，这些部件可称为发热部件，发热部件中某些元器件的工作动态电流和工作温度要高于其他电子硬件设备。随着运行时间的延续，所有电子硬件设备都将发生劣化情况，但发热部件的劣化会加速，整个硬件的可靠性取决于寿命最短的元器件，因此，发热部件的寿命通常要短于其他电子硬件设备。目前，控制系统硬件劣化情况检验没有具体的方法和标准，都是通过硬件故障后更换，这给机组的安全稳定运行带来了不确定性，在此建议如下。

（1）应建立电源部件定期电压测试制度，确保热工控制系统电源满足硬件设备厂家的技术指标要求，并不低于《火力发电厂热工电源及气源系统设计技术规程》（DL/T 5455—2012）和《火力发电厂热工自动化系统检修运行维护规程》（DL/T 774—2015）要求。同时，还应测试两路电源静电电压小于70V，防止电源切换过程中静电电压对网络交换机、控制器等造成损坏。

（2）控制系统及重要装置上电前，应对两路冗余电源电压进行检查，保证电压在允许范围内，并建立电源测试和记录台账，通过台账溯源比较数据的变化，提前发现电源设备的性能变化。

（3）建立电源故障统计台账，通过故障率逐年增加情况分析判断，同时，结合电源记录台账溯源比较数据的变化，实施电源模件在故障发生前定期更换。

（4）已发生的电源案例由电容故障引起的占比分析，由于电容的失效很多时候还不能从电源技术特性中发现，但会造成运行时抗干扰能力下降，影响系统的稳定工作，因此，对于涉及机组主保护控制系统的电源模块应记录电源的使用年限，建议在5～8年内定期更换。

二、基建可靠性预控

（1）应将整个基建热控系统过程可靠性控制进一步前移，从人员专业素质培训着手进行基建安装调试质量可靠性预控、从以往典型故障案例经验与教训着手进行控制系统逻辑可靠性预控、通过固定节点和动态节点评估及时发现和处理施工缺陷来减少基建遗留问题，进一步提升机组工程质量，实现机组基建与生产无缝衔接。

1）施工前期准备：通过收集提炼的经验与教训，对控制逻辑与电缆全面梳理后，提出逻辑可靠性优化和重要冗余信号分电缆、冗余设备分电缆、分电源清单，组织行业专家论证、落实。协助控制系统设计审查，组织行业经验丰富的专家参加逻辑审查，提交逻辑优化及审查意见。

2）进场培训：工程人员进场后即进行专业人员培训，特别是通过以前问题图片的讲解，让涉及安装、调试、监理、工程和电厂人员掌握安装调试质量要求，提高现场问题监督判断力。同时，对安装调试单位试验室及试验室计量仪表的符合性进行评估，以防止不符合计量要求的计量仪表用于仪表校验。

3）化水仪表施工前期：在最早安装的化水车间，当有部分热工专业设备安装时，组织过程可靠性评估，以此时发现的安装问题结合规程要求进行现场培训，除让专业人员更深刻地了解和理解规程含义并及时按规程要求整改外，以期减少后续安装中类似问题的重复发生。

4）主体设备施工前期：热工桥架施工和部分热工专业设备开始安装时组织可靠性评估，对发现的安装问题提出整改意见外，根据以往工程的经验与教训提出重点安装部位与要求。

5）调试中期：组织逻辑和报警定值核对，结合收集的近期省内外机组误跳闸事件进行逻辑和保护条件优化，避免类似跳闸事件发生。

6）锅炉冲管前：组织不同集团、电厂和电力科学研究院专家，分热控测量系统精度测试组、DCS 基本性能与应用功能组、现场安装质量组和技术资料组、控制保护逻辑可靠性评估组，对已完成安装调试的控制系统进行全面评估，发现的问题提出整改意见，在整套启动前完成整改。

7）机组投产后：根据评估细则要求，组织对热工电源、热工信号取样安装维护、系统接地和技术管理台账、两台机组主要调节回路及协调控制系统的性能和品质进行全面评估，给出机组投产指标和发现问题的整改意见。

（2）严格执行热工电缆的防干扰、防高温及桥架走向设计要求，调试时重要设备尤其是并列设计的设备电源经实际停电核实，联锁保护信号经实际一一动作验证，冗余功能经正反向实际测试，设备标识结合实际安装、悬挂和标志在设备的不可拆卸部分，避免后期人为失误。

（3）对于 TSI 系统测点、AST 电磁阀、LVDT 反馈等就地设备，基建期必须考虑高温、油污、振动、氧化、进水等不利因素对电缆和接线的影响，例如，重要设备接线优先选择耐高温弹簧防松端子，以及接头镀锡镀银、LVDT 连接杆选择防振万向节加双锁死螺母等方法。

（4）机组投运前删除所有不必要的逻辑、接口、画面及通信连接，拆除所有不需要的接线、电源和设备，尽量减少或取消就地不必要的紧停按钮，盘柜内部用于调试、试验和测试的开关、旋钮和钥匙等投产前，均应有可靠的防误动措施。

（5）热工就地重要设备在基建期可根据实际安装情况变更设计，增加必要的防护设施，要与其他专业提前沟通做好热工设备的防踩踏、防砸碰、防割焊、防进水等措施，特别要防止其他专业人员私自拆装、修理、调校、拨弄热工设备和仪表。

（6）在机组基建期间，应严格按照规范开展所有试验项目，避免因工期制约缩减冷热态试验项目；运行中，机组应谨慎开展从未验证过的试验项目，例如，首次进行的试验项目（RB试验、甩负荷试验）、风险较高的试验项目（阀门活动试验、超速试验），以及工况和条件较原设计有较大变化后的试验项目（首次供热供汽、深度调峰）都需要多专业讨论制定详细方案和预控措施。

三、采用 PLC 构成 ETS 系统安全隐患排查及预控

目前，还有一部分保护系统采用 PLC 控制器，随着运行时间的延伸，其性能逐步劣化、故障率增加，加上设计不完善，系统中存在一些隐患威胁着运行可靠性，需要热控专业人员重视。

ETS 系统由两台相互独立的 PLC 控制组件冗余组成，当其中一台发生故障退出运行时，不会影响另一台正常工作，虽能保证机组继续运行，但 ETS 系统的可靠性已降低50%，同时，两套独立的 PLC 控制组件没有远程监视功能，PLC 组件故障不能及时发现，也存在安全隐患。因此，该电厂专业人员针对该事件，结合技术监督及二十五项反措，对现有 ETS 系统进行隐患排查后，发现以下安全隐患。

（1）四个轴向位移保护信号均由同一块 DI 卡输入，当该模件故障后，将使该项保护失灵，产生拒动或误动。原则上，应分别进 ETS 系统不同的 4 块 DI 卡输入。

（2）ETS 系统 PLC 装置中，轴向位移保护采用"两或一与"方式（先或后与），其中，进行"或"运算的两个信号均取自 TSI 中同一块测量模件中，当任一 TSI 卡测量模件故障后，将使保护产生拒动。原则上，应取自 TSI 不同的测量卡分别进 ETS 系统不同的 4块 DI 卡输入。

（3）某厂润滑油压低信号 1、3 接入 PLC 的同一块 DI 卡中，2、4 接入 PLC 的另外同一块 DI 卡中，当任一块 DI 模件故障时，润滑油压低保护将失灵，产生拒动。同理，抗燃油压低保护、真空低保护均如此。原则上，应分别进 ETS 系统不同的 4 块 DI 卡输入。

（4）若 ETS 试验电磁阀组取样为单一取样，以润滑油压为例，润滑油试验电磁阀组仅有一根取样管路，经试验电磁阀组后分出两路分别给润滑油压 1、3 和 2、4 压力开关，当该取样管路渗漏或取样阀门误关时，将导致机组保护误动。同理，抗燃油压低保护、真空低保护均如此。原则上，两路压力开关应分别取样。

（5）以润滑油压低保护在线试验控制逻辑为例，目前，一通道在线试验控制逻辑中，没有润滑油压低压力开关 2 或压力开关 4 的闭锁控制，若该两个开关中有动作状态存在，此时，再对润滑油压低一通道在线试验（试验结果使压力开关 1 和压力开关 3 动作），则将使 ETS 保护动作命令发出，机组发生误跳闸。同理，抗燃油压低保护、真空低保护均如此。

（6）由于 TSI 超速"三取二"逻辑输出由一个开关量点送至 ETS 的 PLC 输入卡中，当该开关量点故障或断开时，或者 PLC 输入模件故障时，将使 TSI 中的"三取二"和 ETS 中的全部失去冗余作用，致使保护出现拒动作，应取消 TSI 机柜内 TSI 超速"三取二"逻辑，将三路 TSI 超速信号分别送至 ETS 中不同的输入模件，在 PLC 中逻辑组态为"三取二"方式保护动作。

（7）由于 DEH 电超速保护信号"三取二"逻辑输出由一个开关量点送至 ETS 的 PLC中，当该开关量点故障或断开时，将使 DEH 中的"三取二"和 ETS 中的全部失去冗余作

用，致使保护出现拒动作，应取消 DEH 机柜内 DEH 超速"三取二"逻辑，将三路超速信号分别送至 ETS 中不同的输入模块，在 PLC 中逻辑组态为"三取二"方式保护动作。

（8）ETS 为双 PLC 系统，两个 PLC 装置同时扫描输入信号，程序执行后同时输出，当其中一个 PLC 装置发生死机时，AST 电磁阀在机组运行中不能失电，ETS 保护则进行了 100% 的拒动状态，严重影响机组的安全（目前 ETS PLC 配置动作逻辑有两种：两套 PLC 出口动作二取二，如果 PLC 故障，输出失电动作；两套 PLC 出口动作二取一，如果 PLC 死机或失电，输出不动作）。

（9）由于四个跳闸 DO 指令（用于控制 AST 电磁阀）均取自同一块 PLC DO 模件，当该 DO 模件故障时，该套 PLC 的 ETS 保护功能将失去，AST 电磁阀在机组运行中不能失电，ETS 保护则进行了 100% 的拒动状态，严重影响机组的安全。

（10）ETS 为双 PLC 系统，两个 PLC 装置同时扫描输入信号，程序运行后同时输出，当某一 DI 模件故障时，由该模件引入的保护跳闸条件将失灵，当该跳闸条件满足时，在该套 PLC 中的该项保护则不会发出动作命令。即使另一套 PLC 中该项跳闸条件满足，能够正确发出保护动作命令，但由于两套 PLC 输出的跳闸命令按并联方式作用于 AST 电磁阀，并且为反逻辑作用方式，只有当两个 PLC 输出的跳闸命令全部动作时，两个闭合的 DO 输出接点全部打开，AST 电磁阀才能失电动作停机。因此，只有一套 PLC 动作时，AST 电磁阀将不能失电，因此，保护将发生拒动。

（11）ETS 控制柜内用于保护输入信号投切的开关为微动拨动开关，固化在一分二输入信号端子板上，并通过插接预制电缆将一路输入信号分为两路分别送至两套 PLC 的 DI 卡，由于微动开关的拨动不受任何限制，也无明显的投入/退出指示，存在误拨动或人为拨动导致保护退出的可能。另外，一分二输入信号端子板与 PLC 的连接采用插头和预制电缆的方式，由于长时间运行，插头焊点存在氧化接触不良的现象，应拆除原一分二输入信号端子板，更换为带有信号保护指示的板卡，板卡与 PLC 采用螺钉压接线方式连接。另外，在 ETS 柜内增加安装能提供向外传输保护投切状态干接点信号的钥匙型保护投切开关，一路输入信号分为两路分别送至两套 PLC 的 DI。投入状态信号由 PLC DO 模件输出后，通过端子排输出到 DCS 机柜，在 DCS 中组态保护投切记录和画面上显示，可直观地知道每项保护的投退状态和投退时间。

（12）发电机故障联动汽轮机跳闸信号等重要动作信号（包括发电机故障信号、锅炉 MFT 信号），输入 ETS 中只有一路，不满足《防止电力生产重大事故的二十五项重点要求》，对于重要保护的信号要采取"三取二"冗余控制方式，易造成保护拒动或误动。

（13）ETS 系统双路 220V AC 电源无快速切换装置只是使用了继电器切换回路，存在切换时间长（实际测量切换时间大于 50ms）、回路不可靠等问题，在电源切换过程中引起 PLC 的重新启动，存在误动的隐患。

建议电厂进行类似排查，及时将排查发现的相关安全隐患汇总制定相应的改造计划，利用机组检修机会进行优化改造，以确保重要保护系统安全可靠运行。

四、信号及接口

热工控制系统通过信号冗余、独立布置和完善逻辑等方法，能有效提升热控设备的可靠性，但若在一些信号和接口的设计处理及维护上考虑不周，仍然会在系统中留下安全隐患。因此，应做好信号及接口的可靠性预控工作。

（1）合理设置控制逻辑的三选中模块或三信号输入优选模块预置值，应对输入信号梳理，确认设置选择输出信号或根据预先设置的数值输出信号正确，同时，优化逻辑，消除输入信号品质下降时输出错误信号。

（2）用于保护、控制回路的多重冗余信号之一（"三取二"或"三取中"中的单个信号），用于保护的验证信号（例如，单个主汽门全关、相邻轴瓦振动大报警等）和闭锁信号（主蒸汽流量限值等），当单一信号异常不及时处理，会增加异常扩大导致"非停"的概率。因此，类似信号应通过组态定时重复报警逻辑，并引入大屏公用报警牌，提醒运行人员联系维护人员及时处理，同时，提前做好故障应对措施预想或干预。

（3）用于多个系统间联锁保护的多重开关量信号，例如，电气送 DEH 的并网信号、TSI/FSSS 送 ETS 的超速信号/MFT 信号（3 路硬接线保护信号），为防止模件、继电器、线路等原因造成异常，应在采集侧增加信号不一致报警；保护动作出口信号，可设计多路信号超过规定合理时间时动作，闭锁出口以防止误动。

（4）用于多个系统间控制的多重模拟量信号，例如，电气送 DEH 的功率信号、TSI 送 DEH 的转速信号、DCS 送 DEH 的 CCS 指令等，应根据安全合理设置处理环节（取大、取小、取中、取均），并定期进行通道处理精度标定测试。

（5）DCS 不同的 DPU 控制器之间、DCS 与 DEH 系统之间、DCS 与励磁系统之间、DCS 与外挂控制优化系统之间等的通信接口，应对软、硬件异常而导致的通信中断及恢复工况下接口信号的变化方式进行实际测试，并根据测试结果采取相应预控措施，确保不因通信问题引发异常或故障而扩大事件的发生。

（6）用于 DCS 热电偶的冷端补偿温度测点应采取冗余分散设计，软件逻辑中增加合理的上下限和速率限制，并设置报警，同区域补偿测点设置必要的偏差报警。

（7）一些电厂 ECS 控制中设计了母线"低电压重启"功能，当母线电压因异常波动至低值时，为防止损坏设备和故障扩大，自动短暂停运一些不会立即导致机组跳闸的设备，当母线电压恢复后再自动依次重启，该功能需要与各专业人员根据设备负载、电气系统结构和具体供电方式讨论恢复自启动的控制参数，防止设置不当扩大故障。

（8）不同的控制系统（如 DCS、DEH）之间的控制接口信号，在因控制权限设置跟踪回路时，尽量提高接口信号的故障响应灵敏度，例如，任一故障不同系统之间增加互报信号确保同向响应同步处理，防止控制回路单向跟踪导致信号循环叠加失控。

五、逻辑及软件

目前，大容量火电机组热工逻辑体系庞大、结构复杂，通过基建调试和试验不能确保万无一失，因极端特殊工况、逻辑设计不完善、参数设置不合理等，出现工况异常时可能产生联锁反应导致故障扩大，但逻辑优化时，应本着简单、直接和高效的原则，应加强对优化修改方案和优化后试验内容的完整性检查研讨，完善并严格执行保护定值逻辑修改审批流程，明确执行人、监护人及执行内容；完善热控联锁保护试验卡，规范试验步骤。

（1）联锁保护回路的设计以保障设备安全为底线，以正确可靠联动为目标，必要的人为确认操作应预留给运行人员，不应过于追求减少机组的"非停"一再降低安全门槛而不断优化联锁保护逻辑，为减少运行人员的操作而一味追求过度自动调节系统的工况适应性、自动切除条件的强化和调节系统安全裕度的减少。

（2）冗余测量、冗余转换、冗余判断、冗余控制等是提升热控设备可靠性的基本方法。因此，除重视取源部件的分散安装、取压管路与信号电缆的独立布置以避免测量源头的信号干扰外，应不断总结提炼内部和外部的控制系统运行经验与教训，深入核查控制系统逻辑，梳理优化备用设备启动联锁逻辑设置，确保涉及机组运行安全的保护、联锁、重要测量指标及重要控制回路的测量与控制信号均为全程可靠冗余配置。对于采用越限判断、补偿计算的控制算法，应避免采用选择模块算法对信号进行处理，而应对模拟量信号分别进行独立运算，防止选择算法模块异常时，误发高、低越限报警信号。

（3）DCS控制系统中，控制器应按照热力系统进行分别配置，避免给水系统、风烟系统、制粉系统等控制对象集中布置于同一对控制器中，以防止由于控制器离线、死机造成系统或机组失去有效控制。同时，测量系统信号处理要考虑数值符合工艺和常理，折线函数确保信号全量程的正确性，避免后续出现低级计算错误。

（4）由于DCS系统以循环扫描为执行方式，在逻辑设计的过程中必须考虑时序对逻辑功能实现的影响，注意相关保护逻辑间的时序配合，并应实际测试其在各种异常工况下逻辑时序处理的正确性和可靠性。保证功能块的执行时序满足逻辑功能要求；防止由于取样延迟和迟延时间设置不当，导致保护联锁系统因动作时序不当而失效。此外，在逻辑组态时，要考虑到操作惯性问题，对逻辑及操作画面进行优化处理时应避免不规范的操作，保证逻辑功能与操作不会相互冲突。

（5）在DCS系统基建或组态时要检测控制器硬件的性能，尤其在当前大量机组进行DCS升级或国产化改造中，要充分检测控制器硬件的性能，进行合理的选型或在软件组态时进行优化，使软件组态与硬件相匹配；根据中国自动化学会发电自动化专业委员会对不同国产DCS系统测试发现的某系统在控制器切换过程中，丢包数量与控制器下挂I/O模件数量有关，模件数减少50％，丢包明显减少的结论，建议合理配置控制器下挂I/O模件数量。

（6）同样的逻辑在不同品牌DCS系统组态后不能确保结果完全一致，例如，温升率闭锁逻辑要结合硬件回路特性经实际试验确定满足现场要求，如采用5℃/s的参数设置在不同的DCS中实际动作值差别很大，有的DCS中实际值可能是1.5℃/s。因此，为保证逻辑的有效性，都需要进行实际验证和优化。

（7）要慎重设计联锁逻辑中备用设备的启动允许条件，综合权衡误启动可能带来的设备风险和闭锁启动带来的负荷损失，例如，某机组允许条件设置不合适导致空气预热器主辅电机联锁异常（A空气预热器辅助电机跳闸，主电机未联启，空气预热器RB动作）。检查发现A空气预热器辅助电机跳闸时，因空气预热器内温度到达报警值，造成空气预热器火灾与转子停转热电偶故障信号发出，主电机启允许条件并不满足，导致主电机联锁启指令未发出。又由于DCS系统无温度模拟量信号显示，只能通过曲线推测实际温度值偏高。因此，应分析梳理、核对备用设备启动联锁逻辑，删除不必要的允许条件，在保证安全可靠的前提下尽可能简化逻辑。

（8）闭环控制回路切换，使用SWITCH功能块转换进行，有可能异常工况下给闭环带来冲击和扰动。因此，闭环控制回路宜以模拟量计算（如采用MIN、MAX等功能块）进行切换而不用开关量触发直接切换。

（9）尽量选择工艺参数，减少根据设备状态进行联锁控制，确保安全。尽量优先选择执行器指令信号替代反馈信号进行重要的逻辑判断，闭环控制回路应设置偏差大切手动功能，并留有足够的控制裕度。

（10）严格进行 DCS 系统的分区分级报警管理，严格限制报警信息总量，确保最高级别报警醒目有效，防止关键报警淹没在垃圾信息中。

（11）机组运行中不应对控制器进行逻辑组态下载、切换控制器等操作；根据实际的 DCS 制定对应的管理规定，通过规范 DCS 的维护、检修工作达到 DCS 设备的良好运行。

六、维护及试验

热工专业人员在日常维护及定期试验工作中，除经验不足，未严格执行规程要求而导致一些故障案例的发生要吸取教训外，相关规程也不可能全面涵盖所有问题，还需要维护人员根据现场设备情况、工作实际和典型问题制定可行的可靠性预控措施。

（1）高度重视热工电源、气源，以及公用系统相关热工设备投入，避免在线仪表、电缆等投入不足、标准降低或监督不到位，防止出现关键设备带病运行或降级运行。

（2）对于一些设计在线试验功能的保护装置，需结合使用周期、设备特性和事故案例制定相应的安全保障措施，例如，在润滑油压力低保护开关配套泄油试验电磁阀管路上增加隔离手动门防止电磁阀异常缓慢泄油（例如，设计了定期自动测试的汽轮机电超速装置增加在线退出硬保护接口等）。

（3）热工电源的稳定性是热工控制系统及装置长期可靠运行的基础和保障，由于电源难于通过定期试验及维护经验发现隐患，更需要严格进行设备分级管理和全寿命管理，推广运行中电源模块红外测温，有条件的关键电源模块 5～6 年进行一轮替换，并结合实际降级使用。

（4）火电厂一些重要的液压阀门一般设计有长带电的电磁阀（例如，AST 电磁阀、旁路快开快关电磁阀等），对这些重要的电磁阀、伺服阀应建立专项检修数据台账（例如，定期测试线圈热态阻值）和维护标准（例如，寿命超 5 年或阻值变化超 10％更换）。

（5）应根据设备实际情况制定机组运行中详细的高危工作风险清单，例如，DPU 冗余切换和逻辑在线下装，在网络核心交换机和服务器的电源、接地、屏蔽上进行检查，对硬接线保护回路进行检查等，要严格避免这些高风险作业，迫不得已进行的也必须按照极端工况准备应急措施。

（6）保护投退和信号强制操作是热工专业人员日常维护工作中较容易忽视的高风险项，规范投退审批、统一操作方法、完善标准操作卡、硬软连接一致性，落实工作监护等措施都可有效防止人员失误，但仍要注意避免使热工保护投退和信号强制成为习惯性的常规操作。

（7）对热工退役设备应高度重视，并严格规范管理，从就地设备、电源、接线到软件逻辑全程彻底隔离、永久退出或完全清理删除，防止出现软硬件控制寄生回路，防止就地退役设备引发次生故障。

七、管理及监督

目前，热工专业管理重点已不仅在于发现设计安装和调试不完善引起的隐患排除，热工设备老化欠维护、设备劣化趋势未完全掌控、对极端工况预估不充分、人员的专业维护水平和故障的处理能力不足、应急措施不到位等已成为主要问题，因此提出以下预控建议。

（1）DCS、DEH 系统的自主可控改造，改造前应深入进行控制系统的出厂验收，改造后应按照新建机组标准进行调试，仪表、执行器等新设备应及时调研实际效果和总结同行运行经验，积极吸取行业内经验教训，举一反三，警惕以自主可控名义进行低品质模仿的设备厂家在电力企业进行试错。确保核心设备的可靠性满足行业标准的要求与现场运行要求，充分利用信息化手段进行数据统计、分析和总结，进一步发挥技术监督在热工专业管理中的关键作用。

（2）形成本厂内多专业定期交流机制，尤其定期与各运行岗位不同人员进行主动、积极、坦诚和充分的交流，通过了解热工设备的参数变换趋势、性能差异特点及不明报警、异常表现等事项，能有效地提前发现和掌握设备异常苗头。

（3）机组启停过程中能有效发现、暴露和考验热工设备的可靠性和安全性能，可结合实际制定启停全过程热工检查、试验、分析和确认的"标准项目表"，通过试用、推广、总结和不断修订完善，能有效掌握设备动态特性、发现隐蔽缺陷、避免低级问题。

（4）热工专业在火电厂降"非停"管控中的作用十分重要，重视热工专业管理和人才队伍建设，靠提高作业规范性来提升人员的维护水平，工作中要积极营造心无旁骛、钻研技术的"工匠"氛围，培养严谨负责的工作态度，引导自主多能、创新的能力，打造技术、作风过硬的高素质热工专业队伍。

（5）电厂机组跳闸案例统计分析表明，设备寿命需引起关注。当测量与控制装置运行接近 2 个检修周期年后，应加强质量跟踪检测，若故障率升高，应及时与厂家一起讨论后续的升级改造方案，应鼓励专业人员开展 DCS 模件和设备劣化统计与分析工作。

（6）健全热控保护装置的保护制度。规矩与制度是保证做好一件事的重要条件，为高质量完成热控保护装置的保护工作，应健全其保护制度，首先建设热控保护装置的定期检查制度，把检查工作划分到每位电力技术人员身上，制定轮班检修制度，巡查检修的工作人员需把每次检查情况进行详细记录，为后续工作创造有利条件。为提升工作人员的工作热情，在建立定期检查制度后，应设置合理、科学的惩罚制度，以此保证工作人员具有负责、认真的工作态度。

热工自动化专业工作质量对保证火电机组安全稳定经济运行至关重要，特别是机组深度调峰、机组灵活性提升、超低排放及节能改造等关键技术直接影响机组的经济效益。在当前发电运营模式与形势下，增强机组调峰能力（但也应综合机组的安全、经济性）、缩短机组启停时间、提升机组爬坡速度、增强燃料灵活性、实现热电解耦运行及解决新能源消纳难题、减少不合理弃风弃光弃水等方面，仍是热控专业需要探讨与研究的重要课题，许多关键技术亟待突破，特别是在如何提高热控设备与系统可靠性方面，还有许多工作要做，因为这直接关系到能否有效拓展火电机组运行经营绩效的基础保证问题。

第二节　环境与现场设备故障预防与对策

热控现场设备运行环境相当较差，是热工控制系统整体的薄弱环节，其灵敏度、准确性及可靠性直接决定了控制系统的整体运行质量和机组运行安全可靠性。2022 年收集的 31 起现场设备故障事件中，不少都具有规律性和相似性，且大部分都可通过预控措施避免，应引起专业人员的高度重视，现提出一些预控意见，供专业人员开展现场设备安全防护预控时参考。

一、测量与控制仪表

1. 调速汽门 LVDT 故障预防

调速汽门 LVDT 故障每年都有发生，故障的原因多数是线圈故障或调速汽门开度在某一开度以上时，由于汽流激荡引起阀体护套震荡，连接在该护套上的 LVDT 连杆长时间受应力导致强度降低而断裂，需热控人员逐渐强制关闭调速汽门，进行在线处理，处理过程不当导致了机组跳闸。考虑到护套震荡和 LVDT 连杆在受应力作用下易产生裂痕的重大隐患，为防止此类事件的发生，建议专业人员进行以下改进与预防措施。

（1）加强热控人员日常巡视检查到位，对重点部位制订隐患设备巡视检查卡，定期检查所有调速汽门连杆，及时发现潜在隐患并处理。

（2）新设计 LVDT 连杆时适当考虑尺寸设计，选择更可靠的材质和外委加工，同时，可增大连杆与门体固定支架之间的间隙，避免或减少动静摩擦，以此降低连杆断裂的危险。

（3）通过举一反三，对现场其他可能产生摩擦的重点部位进行全方面排查，以防止类似事件再次发生。

2. 压缩空气系统可靠性问题预防

仪用压缩空气系统是现场重要的辅助系统，相关气动调整门、抽汽止回阀、部分精密仪表等均需要仪用压缩空气方可正常工作，若压缩空气内含有水、油、尘等均会导致相关设备工作异常，甚至机组被迫停机。因此，专业管理上若疏忽对仪用压缩空气品质的监督，将会对控制系统的安全运行构成严重安全隐患，例如，某电厂一精处理管道上的一气动阀门内漏导致大量凝结水进入仪用压缩空气系统，导致 2 台气动调整门定位器进水损坏，影响范围涉及 3 台气动调整门和 20 余台气动门，威胁机组设备安全运行，但系统设计存在严重的安全隐患（系统管道接引错误，凝结水系统与压缩空气系统之间仅有一气动门及止回阀，没有有效的手动截止门），机组维护检修中均未发现这些隐患说明专业人员对系统设备间的相互影响了解不深入、分析排查不到位，需要专业管理上加强专业培训和对仪用压缩空气控制可靠性、气源品质的监督，消除类似隐患与缺陷，以保证相关设备和仪表安全稳定运行。

3. 检修不规范问题预防

检修工作中缺乏安全意识，未按规程要求规范检修，未严格执行操作票流程，检修工作结束后未能及时做好扫尾工作等，都将留下事故隐患。例如，某电厂 4 号机组负荷 211MW，给水流量 506t/h，炉负压突升至 431Pa，给水流量和机组负荷均有不同程度波动，锅炉本体就地检查前墙 48m 处有漏泄声音。经检查，4 号锅炉四管漏泄检测系统中第 1、6、9、10、11、12 点超过报警值，第 4 点将到报警值。检查历史曲线，第 10 点早在 8 月 8 日就有逐渐增大趋势，间歇的超过报警值，这 6 个监测点从 11 日凌晨 2 点后持续增大超过报警值，并达到最大值。按照报警系统最先报警的第 10 点的位置，漏泄位置大约在炉 40m 后墙附近。经锅炉专业人员判断，确认 4 号锅炉受热面漏泄，但全过程四管漏泄监测系统未能及时、正确地报警。经查原因是锅炉四管漏泄监测系统在机组运行过程中，上位机曾出现过死机、软件故障等，热控检修人员在处理类似缺陷过程中，为防止报警误发，通常拔掉系统报警输出插头，缺陷处理完后再恢复，但上次缺陷处理过程中，报警插头恢复过程中未插牢固，接触不良，而设备专责人每日巡回检查也未能及时在上位机中发现漏泄报警异常情况（四管漏泄监测主机就在 DCS 系统工程师站处），导致信号未及时发出。类似的事件时有发生，反映了人员责任心不强、安全措施执行不力、检修不规范，同组工作人员未能有效核对。

要减少检修不规范造成的类似事件，应该做好以下防范工作。

（1）加强检修人员安全教育，提高责任心，严格两票制度管理，工作前应做好风险分析和防范措施，工作结束后及时恢复，并由工作负责人或工作组成员确认。

（2）严格落实对现场设备的巡视检查制度，发现设备异常及时联系、及时处理，不定期对现场各项检查记录进行抽查。

（3）定期组织对各台机组的四管漏泄装置进行检查，确保四管漏泄监测装置工作正常，报警可靠输出。

4. 执行设备故障问题预防

随着使用年限增加，执行设备电子元器件的老化导致电动执行机构故障率增加，主要的故障类型有控制板卡故障、风机变频器故障、风机动叶拐臂脱落等，这些就地执行机构、行程开关的异常，有些由执行机构本身的故障引起，有些则与设备安装检修维护不当有关。这些故障造成就地设备异常，严重的直接导致机组"非停"。例如，某厂一次风机设备由于厂家设计不合理，拉杆固定螺栓无防松装置，在设备安装时缺少必要的质量验收，运行中螺栓松动、脱落导致拉叉脱开，动叶在弹簧力的作用下自行全开至 100%，最终导致炉膛负压低低跳闸。某厂因执行机构及与动调连接安全销未开口引起连杆脱落导致机组跳闸、油路油质变差引起调节阀卡涩导致机组跳闸，通过对相关案例的分析、探讨、研究，提出以下预防措施。

（1）把好设备选型关，重要部位选用高品质执行机构。目前，市场上执行机构产品较多，质量参差不齐，例如，某厂控制电磁阀因存在质量问题，短时间运行后就出现线圈烧毁现象，导致燃气机组跳闸，因此，应对就地执行机构的电源板、控制板、电磁阀质量进行监督管理（包括备件），选用高品质与主设备相匹配的产品，备品更换后应现场进行功能测试验收，避免因制造质量差给设备带来安全隐患，降低因执行机构故障给机组安全经济运行带来的威胁。

（2）对于能直接切断工质导致机组介质和能量不平衡"非停"的关键电动执行器，保证安全的前提下可部分选择非智能型设备，谨慎选择其短指令自保持功能。

（3）对于气动执行器，要高度重视气源品质保证措施，防止压缩空气露点不满足要求带水局部聚集叠加冬季低温导致阀门异常，同时，配套的过滤减压阀、保位阀等附属设备的检修更换标准不应低于主设备，重要设备的电磁阀可考虑双电磁阀或冗余线圈电磁阀控制。

（4）一些机组 DEH 调节阀同时设计有伺服阀和独立的 AST 遮断电磁阀（AST 电磁阀油路与伺服阀共用油路），当遮断滑阀异常卡涩时，存在抗燃油路短路的可能，此时极易使抗燃油母管失压而造成机组跳闸。除加强油质管理和检修质量管理外，可考虑增加调节阀指令和反馈偏差大、实际阀位较小、该调节阀两个 AST 遮断电磁阀均未动作、抗燃油母管油压偏低条件同时满足时将该调节阀的阀限由 110% 快降到 0%，随后单独遮断该调节阀，避免故障扩大。

（5）变频器在现场的应用很广泛，应设置变频器控制接口信号异常时的安全控制方式，为防止变频器控制部分死机故障导致负载失控，可引入高压开关电流等信号作为判断条件，当变频器正常运行开关电流有效且明显低于正常工作理论值后可延时触发保护。

（6）加强设备的维护管理，将执行机构拉杆固定螺栓和防松装置的可靠性检查列入检修管理，杜绝此类故障的发生。同时，将主重要电磁阀纳入定期检查工作，进行定期在线活动性试验以防止电磁阀卡涩，在控制回路中增加电磁阀回路电源监视，以便及时发现电源异常问题。定期检查、维护长期处于备用状态的设备（如旁路系统控制比例阀、给水泵汽轮机高压调节阀等）。

（7）进一步优化完善逻辑，提高设备可靠性。从本书所列的执行机构故障案例分析，除执行机构自身存在的问题外，控制逻辑存在的问题也是导致机组设备异常发生的重要诱因之一，因此需优化完善控制逻辑。

（8）增加主重要阀门"指令与反馈偏差大"的报警信号，便于运行人员及时发现问题；增加"指令与反馈偏差大"切除 CCS 的逻辑，防止因调节阀卡涩造成负荷大幅度波动。

（9）为提高风机运行的安全稳定性，增加风机变频切工频功能，实现在事故状态下的自动切换。

（10）对一些采用单回路控制的电磁阀，除保证电磁阀质量外，建议整改为双回路双电磁阀控制。主汽门、调节阀等的跳闸电磁阀定期测量线圈电阻值，并做好记录，通过比对发现不合格的线圈，并及时更换。

（11）某厂未及时发现厂商提供的调节阀特性曲线及逻辑定值与机组实际运行工况的差异。DEH 中主蒸汽压力调节回路中各参数之间不匹配，中压调节阀关闭过快，导致给水泵汽轮机进汽压力迅速下降。

5. 测量设备（元件）故障问题预防

部分测量设备（元件）因安装环境条件复杂，易受高温、油污影响而造成元件损坏，为降低测量设备（元件）故障率，根据第五章故障处理的经验与教训总结，从以下几点防范。

（1）测量设备（元件）在选型过程中，应根据系统测量精度和现场情况选取合适量程，明确设备所需功能；安装在环境条件复杂的测量元件，应具有高抗干扰性和耐高温性能。

（2）严格按照设备厂家说明书进行安装调试，专业人员应足够了解设备结构与性能，避免将不匹配的信号送至保护系统引起保护误动，参与主机保护的测量设备投入运行后，应按联锁保护试验方案进行保护试验。

（3）机组检修时，由于测温元件较多，往往会忽视对测温元件的精度校验，尤其在更换备品时，想当然认为新的测温元件一定合格而未经校验即进行安装，导致不符合精度要求的测温元件在线运行，因此，在机组检修时应明确检修工艺质量标准，完善检修作业文件包，对测量元件按规定要求进行定期校验。

（4）随着使用年限的增长，继电器故障率也将上升，建立 DCS、ETS、MFT 等重要控制系统继电器台账，应将主重要保护继电器的性能测试纳入机组等级检修项目中，对检查和测试情况记录归档，并根据溯源比较制定继电器定期更换方案。通过增加重要柜间信号状态监视画面，对重要继电器运行状态进行监控，并定期检查与柜间信号状态的一致性，以便及时发现继电器异常情况。

（5）运行期间应加强对执行机构控制电缆绝缘易磨损部位和控制部分与阀杆连接处的外观检查；检修期间做好执行机构等设备的预先分析、状态评估及定检工作，针对有振动的所处位置的振动的阀门，除全面检查外，还应对阀杆与阀芯连接部位采取切实可行的紧固措施，防止阀杆与阀芯发生松脱现象。

（6）加强老化测量元件（尤其是压力变送器、压力开关、液位开关等）日常维护，对于采用差压开关、压力开关、液位开关等作为保护联锁判据的保护信号，可考虑采用模拟量变送器测量信号代替。

（7）现场重要系统的热工独立控制装置需谨慎选择，并确保可靠性，能纳入DCS系统控制或改造为PLC控制的设备，在讨论其安全性和可行性得到保证的前提下，尽量不设计复杂的就地硬接线控制回路，避免设计就地实现的允启、闭锁、联锁保护等功能回路。

（8）高度重视就地测点的防堵（负压）、防漏（轴温）、防振（LVDT）、防干扰（TSI）、防冻（汽包水位）措施，设计阶段尽量采用最高技术标准，维护阶段不随意更改原设计或降低标准，采用新设备、新材料、新工艺时，要谨慎并有预控措施。

（9）设计防冻伴热的重要仪表管要确保有同标准的后备伴热设备或应急手段，并与主设备同步进行定期检查、试运、检修和更换，在有代表性的监视点适当增加远传温度测点。

（10）用于热工保护的检测元件等控制设备，根据设备分类等级利用机组检修机会进行检定，通过定期校验确定设备和装置的稳定性及动作可靠性。

6. TSI系统故障问题预防

因TSI系统模件故障、测量信号跳变、探头故障而引起的汽轮机轴振保护误动的事件时有发生。与汽轮机保护相关的振动、转速、位移传感器工作环境条件复杂，大多安装在环境温度高、振动大、油污重的环境中，易造成传感器损坏；另外，保护信号的硬件配置不合理、电缆接地及检修维护不规范等，都会对TSI系统的安全运行带来很大的隐患，也造成了多起机组跳闸事故和设备异常事件的发生。通过对本书相关案例的分析、归类，总结出以下防范措施。

（1）TSI系统一般在基建调试阶段对模件通道精度进行测试，大部分电厂在以后的机组检修中未将模件通道测试纳入检修项目，因此，模件存在故障也不能及时被发现，建议在机组大修时除将传感器按规定送检外，还应对模件的通道精度进行测试，并归档保存，对有问题的模件及时进行更换处理。

（2）对冗余信号布置在同一模件中及TSI、DEH信号电缆共用的，应按《防止电力生产事故的二十五项重点要求》第9.4.3条：所有重要的主、辅机保护都应采用"三取二"的逻辑判断方式，保护信号应遵循从取样点到输入模件全程相对独立的原则进行技术改造，将信号电缆独立分开，并将传感器信号的屏蔽层接入TSI、DEH系统机柜进行接地；必要时增加模件，保证同一项保护的冗余信号分布在不同模件中，以提高主机保护动作的可靠性。确因系统原因测点数量不够的，应有防止保护误动措施的要求。

（3）传感器回路的安装，应在满足测量要求的前提下，尽量避开振动大、高温区域和轴封漏汽的区域；就地接线盒应采用金属材质，并有效接地；前置器应安装在绝缘垫上与接线盒绝缘，保证测量回路单点接地。

（4）随着TSI系统使用年限增加，模件因老化而故障率上升，因此，需加强TSI系统模件备品备件的管理，保证备品数量且定期检测备品，使备品处于可用状态，一旦模件故障可及时更换。

（5）将TSI系统模件报警信息（LED指示灯状态）纳入DCS日常巡检范围，每次停机期间通过串口连接上位机读取和分析 TSI 系统模件内部报警信息，以消除存在的隐患。

（6）在机组停机备用或检修时，对现场所有 TSI 传感器的安装情况进行检查，确保各轴承箱内的出线孔无渗油，紧固前置器与信号电缆的接线端子，信号电缆应尽可能绕开高温部位及电磁干扰源。应记录各 TSI 测点的间隙电压，作为日后的溯源比较和数据分析。

二、管路、线缆安全防护预控

1. 管路故障预控措施

测量管路异常也是热控系统中较常见的故障，本书所列举的故障主要表现在仪表管沉积物堵塞、管路裂缝、测量装置积灰、仪表管冰冻、变送器接头泄漏等，这些只是比较有代表性的案例，实际运行中发生的大多是相似案例，通过对这些案例的分析，提出以下几点反措建议。

（1）针对沉积物堵塞，查找分析堵塞原因和风险，实施预防性措施，必要时对水质差、杂质较多（泥沙较多）的管路，更换增大仪表管路孔径（如将 $\phi14$ 的更换为 $\phi18$ 的不锈钢仪表管），同时，加强重要设备滤网的定期检查和清理工作，减轻堵塞。

（2）机组检修时，对重要辅机不仅检查泵体表面，应将泵轴内部检查列入检修范围内，避免忽视内在缺陷。

（3）对燃气轮机天然气温控阀等控制气源应控制含油含水量，定期对控制气源质量进行检测；定期对减压阀、闭锁阀等进行清洗去除油污；必要时可加装高效油气分离器来降低控制气源含油含水量。

（4）风量测量装置堵塞造成测量装置反应迟缓，不能快速响应，会导致自动调节系统出现超调、发散等，严重时造成总风量低保护动作，应加强风量测量装置吹扫，发现测量系统异常应缩短吹扫周期。为保证风量测量装置准确性，可增加自动吹扫设备或选用带自动吹扫的风量测量装置。

（5）二次风量自动控制宜取三个冗余参数的中值参与调节控制；被调量与设定值偏差大时自动切手动，偏差值设定值应根据实际工况和量程等因素进行合理设置，避免偏差值设定值不当而导致在异常工况下自动不能及时切除情况发生。

（6）力学测量仪表的接头垫片材质要求，应符合《电力建设施工技术规范　第 4 部分：热工仪表及控制装置》（DL 5190.4—2012）垫片要求，重点应检查高温高压管道测点仪表回路上的接头垫片，不能采用聚四氟乙烯垫片，否则一旦管路接头上有漏点，耐温不满足会加剧泄漏情况的发生。

（7）取样管与母管焊接处应防止管道剧烈振动导致取样管断裂，发现管道振动剧烈时应及时排查原因并消除，必要时可将取样管适当加粗，保证其强度满足要求。

（8）防止仪表管结冰，在进入冬季前，安排防冻检查工作。给水、蒸汽仪表管保温伴热应符合规范要求；给水、蒸汽管道穿墙处的缝隙应封堵，一次阀前后管道应按要求做好保温。

2. 降低控制电缆故障的预控措施

线缆回路异常是热控系统中最常见的异常，例如，电缆绝缘能力降低、变送器航空插头接线柱处接线松动、电缆短路、金属温度信号接线端子接触不良等，针对电缆故障提出以下防范措施。

（1）加强控制电缆安装敷设的监督，信号及电源电缆的规范敷设及信号的可靠接地是最有效的抗干扰措施（尤其是 FCS），应避免 380V AC 动力电缆与信号电缆同层、同向敷设，电缆铺设沿途除应避开潮湿、振动，宜避开高温管路区域，确保与高温管道区域保持足够距离，避免长期运行导致电缆绝缘老化变脆降低绝缘效果。若现场实际情况无法避开高温管道设备区域，则应加强保温措施，并定期测温，以保证高温管道保温层外温度符合要求；电缆槽盒封闭应严实，电缆预留不宜过长，避免造成电缆突出电缆槽盒之外；定期对热控、电气电缆槽盒进行清理排查，发现松动、积粉等问题及时清理封堵，保证排查无死角，设备安全可靠。

（2）对控制电缆定期进行检查，电缆损耗程度评估、绝缘检查列入定期工作中。机组运行期间加强对控制电缆绝缘易磨损部位的外观检查；在检修期间对重要设备控制回路电缆绝缘情况开展进线测试，检查电缆桥架和槽盒的转角防护、防水封堵、防火封堵情况，提高设备控制回路电缆的可靠性。

（3）对于重要保护信号，宜采用接线打圈或焊接接线卡子的接线方式，避免接线松动，并在停机检修时进行紧固；对重要阀门的调节信号，应尽可能减少中间接线端子；对热控保护系统的电缆，应尽可能远离热源，必要时进行整改或更换高温电缆。变送器航空插头内接线应进行焊接，防止虚焊等不规范安装引起接触不良导致的设备异常。

（4）定期对重要设备及类似场所进行排查，检查各控制设备和电缆外观、测量绝缘等指标，对有破损的及时处理，不合格的予以更换，对有外部误碰和伤害风险的设备做好安全防护措施。

（5）温度测量系统采用压接端子连接方式的易导致接触不良，因此，应明确回路检查标准及检修工艺要求，避免隐患排查不全面、不深入而埋下安全隐患。

（6）一个接线端子接一根电缆，若需连接两根电缆时，应制作线鼻子，进行接线紧固。接线端有压片时，应将电缆线芯完全压入弧形压片内，防止金属压片边缘挤压电缆线芯致其受损存在安全隐患。接线端子铜芯裸露不宜太长，防止接拆线时金属工具误碰接地造成回路故障。

（7）接线盒卡套外部边缘接触面应光滑，防止电缆在振动、碰撞等因素下造成线缆破损，线缆引出点处采取防护措施（如热缩套保护等）防止产生摩擦。

（8）针对控制设备所处的粉尘、高温、低温、电磁干扰等环境条件，落实防止控制设备电子元件老化故障、线路老化、取样管路冻结、管路堵塞造成输入信号故障的措施。分析设备所处的环境条件，做好防止阀门、锅炉高温灰泄漏造成附近控制设备和电缆损坏的措施。

第三节　热控系统管理和防治工作

制度是基础，人是关键。从本书案例分析中可体会到很多事件、设备异常的发生都与管理和"人"的因素息息相关，一些因对制度麻木不仁、安全意识不强、技术措施不力而造成的教训让人惋惜。因此，应做好人的培养，加强与同行的技术交流，不断借鉴行业同仁经验，开拓视野，促使人员维护水平和安全理念的不断提升，同时，注重制度在落实环节的适用性、有效性，避免陷入"记流水账式"落实制度的恶循环，切实有效做好热控系统与设备可靠管理和防治工作，服务于机组安全经济运行。

一、重视基础管理

由于热控保护系统的参数众多、回路繁杂，为使专业人员更全面、快速、直观地对重要保护系统熟悉，组织专业力量针对机组启停、检修和运行期间常见的问题进行总结提炼，编制"主重要保护联锁和控制信号回路表（包括就地测点位置、接线端子图、DCS 电子间模件通道、逻辑中引用位置等）""机组启动前系统检查卡""日常巡检卡（细化、明确巡检路线、巡检内容和巡检方法等）"。编制过程可促使专业人员全面而直观地认识控制系统，完成后不但在每次停机检修、日常巡检期间可利用该表针对性的"从面到点"按照预定的步骤巡检、试验、隐患排查，提高现场作业人员分析处理保护回路异常的效率，还可作为专业培训的教材，长期坚持下去，就能将事故消弭于无形，为机组安全稳定运行提供保障。例如，某电厂通过这样工作，发现了诸多隐患（例如，DCS 继电器柜双路电源供电不正常、吹灰系统程控电源和动力电源不匹配、LVDT 固定螺钉异常松动等），产生很好的效果。

上述工作过程中，应集思广益，同时，通过参加技术监督会、厂家技术论坛、兄弟电厂调研、学术论文学习等多种渠道，多学习同类型机组典型事故案例，不断搜集汲取适合自身机组特点的经验与教训、技术发展方向和先进做法，博采众长，针对性排查和消除机组隐患，提高控制系统可靠性和机组运行稳定性。

1. 加强热控逻辑异动管理

发生的逻辑优化事件或设备异常中，有些与管理不完善相关，优化前对优化对象缺乏深入理解，未制定详细的技术方案，导致优化后留下隐患。例如，某 600MW 超临界煤燃烧器有火判定逻辑功能块设置错误，导致全部火焰失去触发 MFT 保护动作，根本原因是工作人员对 DCS 系统中"AND"功能块的应用理解不够深入，逻辑优化时，机组炉膛调节闭锁增减逻辑设计时，将炉膛压力闭锁增条件只作用在引风机变频操作器，而没有同时闭锁增作用炉膛压力 PID 调节，当闭锁增条件出现和消失时引起指令突变，负压大幅波动而导致炉膛压力低低 MFT。反映了逻辑优化人员对一些功能块和逻辑优化设计理解不深，在方案变更后，仅对原修改部分逻辑进行删除，未对功能块内部进行置位恢复，留下的隐患在满足一定条件时发生作用造成事件。

因此，应加强逻辑异动管理。逻辑优化前，提前强化对优化逻辑的理解，制定详细技术方案，包括作业指导书、验收细则、规范事故预想与故障应急处理预案等，有条件时在虚拟机系统修改验证后实施。实施过程应严格执行技术管理相关流程、规定，按技术方案进行。

2. 提高控制系统抗外界干扰能力

信号电缆外皮破损、现场接线端子排生锈、接线松动、静电积累、接地虚接、电缆屏蔽问题等，都容易对测控信号造成干扰，导致控制指令和维护工作产生偏差。因此，做好以下预防工作。

（1）为防止静电积累干扰，现场带保护与重要控制信号的接线盒应更换为金属材质，并保证接地良好；机组检修时，对电缆接线端子进行紧固，防止电缆接触电阻过大引起电荷累积导致温度测量信号偏差情况发生；为有效释放静电荷，也可将有静电累积现象的信号线通过一大电阻接地试验，观察效果。

（2）定期检查和测试控制柜端子排、重要保护与控制电缆的绝缘，将重要热控保护电缆更换为双绞双屏蔽型电缆，保护与重要控制信号分电缆布置，并保证冗余信号独立电缆间保护一定间距，以消除端子排、电缆等因绝缘问题引发的信号干扰隐患。

（3）在进行涉及机组热控保护与重要控制回路检查中，原则上禁止使用电阻挡进行相关的测量和测试工作，防止造成保护与重要控制信号回路误动；现场敏感设备附近、电子间和重点区域，原则上禁止使用移动通信设备（除非经过反复测试证明，不会产生干扰影响）。

（4）增加提升抗干扰能力措施。优化机组保护逻辑，对单点信号保护增加测点或判据实现保护"三取二"判断逻辑，增加速率限制、延时模块，进行信号防抖，防止干扰造成机组"非停"。

3. 加强检修运行维护与试验的规范性

热控保护系统误动作次数与相关部门配合、人员对事故处理能力密切相关，类似故障会有不同结果。若一些异常工况出现或辅机保护动作操作得当，可避免 MFT 动作，反之可能会导致故障范围扩大。试验中，除引起机组跳闸编入本书的案例外，另有多起引起设备运行异常，有的因故障处理前的处理方案制定考虑周全而转危为安，有的因故障处理前的处理方案考虑不全面而导致故障影响扩大（甚至机组跳闸），具体情况如下。

（1）制定处理方案时应考虑周全。某电厂 3 月 5 日下午，运行人员发现 1 号机组 DCS 系统报单网故障，热控人员检查后发现 DAS2 主 DPU 故障引起网络异常，已自动切至从 DPU 运行。热控人员针对 DAS2 系统的故障情况和处理过程中可能遇到的问题，制定了三个故障消除方案。

1）手动对 DPU 进行复位。观察故障报警是否存在，若恢复，则不再进行以下操作。若故障存在，则执行 2）。

2）对主 DPU 热插拔。若故障消除，则不进行以下操作，反之执行 3）。

3）在线更换该 DPU。为防止更换过程中，主、从 DPU 均初始化带来的风险，故障处理前采取防范措施：由于 DAS2 部分测点带联锁保护，为防止设备误启动，运行人员将两台顶轴油泵、汽轮机交流润滑油泵、汽轮机直流润滑油泵、氢密封油备用油泵在 CRT 操作端挂"禁操"牌；同时，热控人员将 DAS2 的压力修正参数在其他控制器强置为当前值。

3 月 5 日 21 点 05 分，热控人员对 DAS2 主 DPU 按 1）进行操作，手动将 DAS2 主 DPU 面板上开关由 RUN 切换到 STOP 位置。3s 后，将 DPU 面板上的开关由 STOP 切换回 RUN 位置。数秒钟后，主 DPU 面板上的故障消除，状态恢复正常。大约 1min，DCS 系统单网故障消失，系统状态恢复正常。

由上述的处理过程，结合 DPU 的错误信息、DAS2 主从 CPU 的网络状态（WRAPA、WRAPB）和日立 DCS 厂家专业人员讨论，确认该主 DPU 网口故障导致了 DPU 网络异常。同时，也提醒热控人员进行每日巡检中，应将主、从 DPU 状况列入检查，检修时应对 DCS 所有站点进行电源、网络、控制器冗余切换试验，以便提前发现异常，并及时进行处理。

（2）运行检修维护不当导致机组"非停"的建议。要减少机组跳闸次数，除热控专业人员需在提高设备可靠性和自身因素方面努力外，还需以下措施。

1）根据现场环境条件开展设备治理。处于高温区域的现场设备，除选用耐高温电缆外，在机组检修期间开展重点区域的绝缘测试，防止机组在运行期间因电缆绝缘下降造成信号干扰；利用机组检修机会开展隐蔽性测点检查。通过对同类型热工事故案例分析总结，开展热工设备可靠性治理和设备隐患排查工作。定期对运行年久的保护系统取样管路、保护装置进行检查，防止因取样管路发生锈蚀穿孔导致管路不严密造成真空低等保护误动。现场保护系统用的变送器、控制柜应设置明显醒目的标识，防止人为误碰保护设备造成保护误动。

2）在DCS维护中，控制温湿度、灰尘满足技术规程要求，以减少设备劣化倾向。定期检查DCS控制系统各电源、控制器、模件等运行状态。定期开展DCS控制系统性能测试，并进行综合性能评估。对于达到使用年限要求的DCS控制系统，根据性能评估结果，综合考虑实施控制系统改造。在保护回路故障处理时，严格执行热工保护投退管理要求和正确的故障处理步序。在处理过程中防止走错间隔，误动其他保护系统。

3）热控和机务的协调配合和有效工作，达到对热控自动化设备的全方位管理。

4）强化运行与检修维护专业人员的安全意识和专业技能培训，增强人员的工作责任心和考虑问题的全面性，提高对热控规程和各项管理制度的熟悉程度与执行力度，相关热控设备的控制原理及控制逻辑的掌握深度；通过收集、统计"非停"事故，并针对每项机组或设备跳闸案例原因的深入分析，扩展对设备异常问题的分析、判断、解决能力和设备隐患治理、防误预控能力。

5）在进行设备故障处理与调整时，做好事故预想，完善相关事故操作指导，加强运行监视，保证处理与调整过程中参数在正常范围内。

6）制订热控保护定值及保护投退操作制度，对热控逻辑、保护投切操作进行详细规定，明确操作人和监护人的具体职责，重要热控操作必须有监护人。

7）在涉及DCS改造和逻辑修改时，应加强对控制系统的硬件验收和逻辑组态的检查审核。

二、热控设备相关的非计划停运事件预控

1. 控制系统硬件故障导致机组"非停"的预防

（1）DCS控制系统受电子元器件寿命的限制，运行周期一般在10～12年，其性能指标将随时间的推移逐渐变差。多家电厂DCS运行时间超过十年，硬件老化问题日渐明显，未知原因故障上升。应加强对系统维护，每日巡检重点关注DCS系统故障报警、控制器状态、控制器负荷率、硬件故障等异常情况。完善控制系统故障应急处理预案，做好DCS模件的劣化统计分析、备品备件储备和应急预案的演练工作，发现问题及时正确处置。按照《火力发电厂热工自动化系统可靠性评估技术导则》（DL/T 261—2022）的要求，对运行时间久、抗干扰能力下降、模件异常现象频发、有不明原因的热控保护误动和控制信号误发的DCS、DEH设备，定期进行性能测试和评估，据测试、评估结果和之前缺陷跟踪，按照重要程度适时更换部件或进行改造。

（2）建立详细DCS故障档案，定期对控制系统模件故障进行统计分析，评定模件可靠性变化趋势，从运行数据中挖掘出有实用价值的信息指导DCS的维护、检修工作。

（3）通过控制系统电源、控制器和I/O模件状态等的系统诊断画面，及时掌握控制系统运行状态；严格控制电子间的温度和湿度。制定明确可行的巡检路线，热控人员每天至少巡检一次，并将巡检情况记录在热控设备巡检日志上。

（4）重视就地热控设备维护。TSI传感器、火检探头、调节阀伺服阀、两位式开关、

执行器、电磁阀等故障多发，是设备检修和日常巡检维护的重点。压力测量宜采用模拟量变送器替代开关量检测装置，例如，炉膛压力保护信号、凝汽器真空保护信号的检测可选用压力变送器，便于随时观察取样管路堵塞和泄漏情况；有条件的情况下，应在 OPC 和 AST 管路中增加油压变送器，实时监视油压，及时发现处理异常现象。

（5）加强热控检修管理，规范热控系统传动试验行为，确保试验方法正确、过程完整。加强运行设备信号的监视、巡检管理，应避免热工设备"应修未修""坏了再修"的现象。

（6）设备和系统消缺要做好事故预想，严格执行 DL/T 774《热工自动化系统检修运行维护规程》和相关反事故措施，杜绝人为误操作。

2. 深入隐患排查

一些设备的异常情况未能得到及时发现，致使影响范围扩大，反映了点检、检修、运行人员日常巡检不到位，暴露出设备检修质量和设备巡检质量不高。应加强热工保护专项治理行动、规范热控检修及技术改造、巡检与点检过程的标准化操作、监督与管理工作（例如，控制系统改造和逻辑修改时，加强对控制系统逻辑组态的检查审核，严格完成保护系统和调节回路的试验及设备验收）。

深入开展热控逻辑梳理及隐患排查治理工作，为所有电源、现场设备、控制与保护联锁回路建立隐患排查卡片。从取源部件及取样管路、测量仪表（传感器）、热控电源、行程开关、传输电缆及接线端子、输入输出通道、控制器及通信模件、组态逻辑、伺服机构、设备寿命管理、安装工艺、设备防护、设备质量、人员本质安全等所有环节进行全面排查。除班组自查管辖范围设备外，也可组织班组间工作互查，通过逻辑梳理和隐患排查，促进人员全面深入了解机组设备状况和运行控制过程，全面熟悉技术图纸资料，掌握主机、重要辅助设备的保护联锁、控制等逻辑条件和 DCS 软件组态。

3. 重视人员培训

（1）运行人员对设备熟悉程度不够，在事故处理过程中，不当操作会导致事故扩大化。应加强运行技术培训及事故预案管理，通过对运行人员"导师带徒""以考促培"等培训方式，进行有针对性的事故预想、技术讲课、仿真机实操、事故案例剖析培训，强化仿真机事故操作演练，开展有针对性的事故演练，提升各岗位人员对 DCS 控制逻辑和控制功能的掌握、异常分析及事故处理的能力。强化责任意识，加强运行监盘管理，规范监盘巡查画面频率，确保监控无死角。

（2）提高监盘质量，加强异常报警监视、确认。机组正常运行期间，至少每两分钟查看，并确认"软光字"及光字牌发出的每项报警，通过 DCS 系统参数分析、就地检查、联系设备人员鉴定等方式确定报警原因，并及时消除；异常处理期间，运行人员对各类报警重点监视，分析报警原因，避免遗漏重要报警信息。

（3）认真组织编写机组重要参数异常、重大辅机跳闸等事故处理脚本，下发至各岗位人员学习，确保运行人员掌握异常处理过程中的操作要点及参数的关联性，提高事故处理的准确性和及时性。

（4）认真统计、分析每次热控保护动作发生的原因，举一反三，消除多发性和重复性故障。对重要设备元件，严格按规程要求进行周期性测试，完善设备故障、测试数据库、运行维护和损坏更换登记等台账。通过与规程规定值、出厂测试数据值、历次测试数据值、同类设备的测试数据值比较，从中了解设备的变化趋势，做出正确的综合分析、判断，为设备的改造、调整、维护提供科学依据。

（5）制定分散控制系统故障应急处理措施，并定期开展故障应急演练是应对分散控制系统故障的有效措施。对 DCS 可能出现的故障（如死机、黑屏、电源故障、通信中断、硬件故障等），如何快速诊断和恢复成为解决问题的关键。中国自动化学会发电自动化专业委员会曾组织编写了一套《发电厂分散控制系统典型故障应急处理预案》丛书，促进了各电厂专业人员的培训和故障处理能力的升级。现不少电厂在进行自主可控 DCS 改造后，建议重新组织编写各品牌《自主可控发电厂分散控制系统典型故障应急处理预案》，针对不同故障类型制定不同的故障处理方法，为各电厂开展自主可控分散控制系统故障培训与应急演练提供参考，以应对突发的 DCS 故障，提高快速故障处理能力。

4. 查找故障时融合专业多原因

有些故障看起来似有干扰嫌疑，但实际上不一定由电磁干扰引起。同一故障现象，可能会由多种原因引起。在汽轮机阀门清理、整定后，应进行汽轮机行程实验，发现有波动情况时，除热控专业人员查找原因外，机务专业人员还应及时排查管路阻力是否发生变化。

5. 提高监督工作有效性

（1）加强日常监督管理，对原因深入分析，举一反三，务必采取相应的防范性措施，避免由于类似原因导致机组发生强迫停运事件。应加强落实学习《火电技术监督管理办法》《防止电力生产重大事故的二十五项重点要求》等相关文件、标准。

（2）对送、引、一次风机动叶执行机构拐臂的检查、紧固及发现问题的处置要求等工作设置质量见证点，严格设备检修质量过程管控及验收把关。对具有速率限制与品质判断功能的温度单点保护，在进行联锁保护试验时，除试验断线工况外，还应试验"温度波动并保持后仍然保持好点"的特殊情况，以便回路存在的隐患及时被发现。

（3）加强设备的巡检与点检工作，按规定的部位、时间、项目进行（尤其隐蔽部位设备），做好巡检记录及巡检发现问题的汇报、联系及处置情况。加强设备防护及抗干扰治理工作，现场设备按规程要求做好防水、防冻措施，并纳入日常定期检查的工作里，避免因防护不到位导致局部设备故障引起机组跳闸；对于现场可能存在的干扰源进行排查和治理，特别是控制电缆和动力电缆交叉布置的情况，做好清理和防护工作，避免因干扰导致信号误动引起机组跳闸。

（4）核对偏差参数定值与动作设置符合机组实际运行工况要求。考虑锅炉结焦、断煤等客观因素易导致水位波动异常，应根据运行实际设置水位偏差解除自动的设定值；梳理重要调节自动解除条件控制逻辑，排查类似隐患，制定合理防范措施；RB 保护动作时闭锁给水偏差大切除自动逻辑。

（5）加强技改项目实施中的质量验收。吸取兄弟电厂的经验与教训，在新设备出厂、到货、安装和验收时严格把关，深入系统内部发现设备留存的不合理设置问题。在技改项目实施过程中，要加强安装的验收工作，加强对设备投运后运行状态的跟踪；完善检修作业文件包，明确涉及风机动叶连接件的检修工艺为质检点。完善运行规程，明确风机动叶故障或电流异常时的具体操作要求。

（6）加强设备异动手续的管理工作，严格执行异动完成后的审核工作，主辅机保护逻辑修改后，应按规程要求对逻辑保护进行传动试验，验证逻辑的正确性。保护逻辑异动前，机组暂时不具备试验条件时，评估实施的可行性，不涉及机组重大安全隐患时，可等机组具备试验条件时再执行，执行后通过验证后方可投入该项保护。

（7）规范运行管理，严格执行各项规程和反措要求，完成启机前相关设备的逻辑保护传动试验。规范试验方法和试验项目，对主机保护试验保证真实、全面。重视系统综合误差测试：新建机组、改造或逻辑修改后的控制系统，应加强 I/O 信号系统综合误差测试，尤其应全面核查量程反向设置的现场变送器与控制系统侧数据一致性，避免设置不当导致事件的发生。

（8）加强设备台账基础管理工作，设备图纸、逻辑组态及程序备份等资料应有专人负责整理并保管，以便程序丢失或设备故障能及时恢复。

（9）热工技术监督工作应延伸到基建机组，开展基建机组全过程可靠性控制与评估工作，提高机组安装调试质量，减少基建过程生成的安全隐患。

后　　记

　　本书收集、提炼、汇总了 2022 年电力行业热控设备原因导致机组"非停"的 106 起典型案例。通过这些案例的事件过程和原因查找分析、防范措施和治理经验，进一步佐证了提高热控自动化系统的可靠性，不仅涉及热控测量、信号取样、控制设备与逻辑的可靠性，还与热控系统设计、安装调试、检修运行维护质量密切相关。本书最后探讨了优化完善控制逻辑、规范制度和加强技术管理，提高热控系统可靠性、消除热控系统存在隐患的预控措施，希望能为进一步改善热控系统的安全健康状况，遏制机组跳闸事件的发生提供参考。

　　热控设备和逻辑的可靠性，很难做到十全十美，但在热控人的不懈努力下，本着细致、严谨、科学的工作精神，不断总结经验和教训，举一反三，采取针对性的反事故措施，那么，可靠性控制效果一定会逐步提高。

　　在编写本书的过程中，各发电集团、电厂和电力研究院的专业人员给予了大力支持，在此表示衷心感谢。

　　与此同时，各发电集团，一些电厂、研究院和专业人员提供的大量素材中，大部分人员列入了本书参编人员，但有部分案例未能提供人员的详细信息，因此书中也未列出素材来源，在此对那些关注热控专业发展、提供素材的幕后专业人员一并表示衷心感谢。